U0426018

“十二五”国家重点出版规划项目
雷达与探测前沿技术丛书

雷达目标识别原理与实验技术

Principle and Experiments of Radar Target Recognition Technology

胡明春　王建明　孙俊　李士国　著

国防工业出版社
·北京·

内 容 简 介

本书在介绍雷达目标识别基础知识的基础上，分析不同目标的目标特性，详细给出基本的特征提取和分类方法，针对不同的实际应用需求，分别介绍空中目标、地面目标、舰船和弹道导弹目前常用的雷达目标识别方法，并基于仿真和实测数据，对各种识别方法进行验证，给出不同应用条件下的识别流程。本书在内容上不但有理论分析，而且更偏重于解决实际应用中面临的问题，力求帮助雷达工程技术人员尽快掌握雷达目标识别技术。

本书具有系统性和实用性，对从事雷达总体技术研究、雷达信息处理的工程技术人员具有较大的设计指导意义，对于从事雷达系统与技术教书、学习的高等院校师、生是一本很有实践价值的教材或参考书，对于从事雷达装备使用与维护的雷达部队官兵也是很好的雷达工程技术知识的参考书。

图书在版编目（CIP）数据

雷达目标识别原理与实验技术／胡明春等著．—北京：国防工业出版社，2017.12
（雷达与探测前沿技术丛书）
ISBN 978－7－118－11527－7

Ⅰ．①雷…　Ⅱ．①胡…　Ⅲ．①雷达目标识别－研究
Ⅳ．①TN959.1

中国版本图书馆 CIP 数据核字（2018）第 008723 号

※

国防工業出版社出版发行
（北京市海淀区紫竹院南路 23 号　邮政编码 100048）
天津嘉恒印务有限公司印刷
新华书店经售
*
开本 710×1000　1/16　**印张** 25¼　**字数** 437 千字
2017 年 12 月第 1 版第 1 次印刷　**印数** 1—3000 册　**定价** 106.00 元

国防书店：(010)88540777　　发行邮购：(010)88540776
发行传真：(010)88540755　　发行业务：(010)88540717

“雷达与探测前沿技术丛书”
编审委员会

编辑委员会

总　序

雷达在第二次世界大战中初露头角。战后,美国麻省理工学院辐射实验室集合各方面的专家,总结战争期间的经验,于1950年前后出版了一套雷达丛书,共28个分册,对雷达技术做了全面总结,几乎成为当时雷达设计者的必备读物。我国的雷达研制也从那时开始,经过几十年的发展,到21世纪初,我国雷达技术在很多方面已进入国际先进行列。为总结这一时期的经验,中国电子科技集团公司曾经组织老一代专家撰著了"雷达技术丛书",全面总结他们的工作经验,给雷达领域的工程技术人员留下了宝贵的知识财富。

电子技术的迅猛发展,促使雷达在内涵、技术和形态上快速更新,应用不断扩展。为了探索雷达领域前沿技术,我们又组织编写了本套"雷达与探测前沿技术丛书"。与以往雷达相关丛书显著不同的是,本套丛书并不完全是作者成熟的经验总结,大部分是专家根据国内外技术发展,对雷达前沿技术的探索性研究。内容主要依托雷达与探测一线专业技术人员的最新研究成果、发明专利、学术论文等,对现代雷达与探测技术的国内外进展、相关理论、工程应用等进行了广泛深入研究和总结,展示近十年来我国在雷达前沿技术方面的研制成果。本套丛书的出版力求能促进从事雷达与探测相关领域研究的科研人员及相关产品的使用人员更好地进行学术探索和创新实践。

本套丛书保持了每一个分册的相对独立性和完整性,重点是对前沿技术的介绍,读者可选择感兴趣的分册阅读。丛书共41个分册,内容包括频率扩展、协同探测、新技术体制、合成孔径雷达、新雷达应用、目标与环境、数字技术、微电子技术八个方面。

(一) 雷达频率迅速扩展是近年来表现出的明显趋势,新频段的开发、带宽的剧增使雷达的应用更加广泛。本套丛书遴选的频率扩展内容的著作共4个分册:

(1)《毫米波辐射无源探测技术》分册中没有讨论传统的毫米波雷达技术,而是着重介绍毫米波热辐射效应的无源成像技术。该书特别采用了平方千米阵的技术概念,这一概念在用干涉式阵列基线的测量结果来获得等效大口径阵列效果的孔径综合技术方面具有重要的意义。

（2）《太赫兹雷达》分册是一本较全面介绍太赫兹雷达的著作，主要包括太赫兹雷达系统的基本组成和技术特点、太赫兹雷达目标检测以及微动目标检测技术，同时也讨论了太赫兹雷达成像处理。

（3）《机载远程红外预警雷达系统》分册考虑到红外成像和告警是红外探测的传统应用，但是能否作为全空域远距离的搜索监视雷达，尚有诸多争议。该书主要讨论用监视雷达的概念如何解决红外极窄波束、全空域、远距离和数据率的矛盾，并介绍组成红外监视雷达的工程问题。

（4）《多脉冲激光雷达》分册从实际工程应用角度出发，较详细地阐述了多脉冲激光测距及单光子测距两种体制下的系统组成、工作原理、测距方程、激光目标信号模型、回波信号处理技术及目标探测算法等关键技术，通过对两种远程激光目标探测体制的探讨，力争让读者对基于脉冲测距的激光雷达探测有直观的认识和理解。

（二） 传输带宽的急剧提高，赋予雷达协同探测新的使命。协同探测会导致雷达形态和应用发生巨大的变化，是当前雷达研究的热点。本套丛书遴选出协同探测内容的著作共10个分册：

（1）《雷达组网技术》分册从雷达组网使用的效能出发，重点讨论点迹融合、资源管控、预案设计、闭环控制、参数调整、建模仿真、试验评估等雷达组网新技术的工程化，是把多传感器统一为系统的开始。

（2）《多传感器分布式信号检测理论与方法》分册主要介绍检测级、位置级（点迹和航迹）、属性级、态势评估与威胁估计五个层次中的检测级融合技术，是雷达组网的基础。该书主要给出各类分布式信号检测的最优化理论和算法，介绍考虑到网络和通信质量时的联合分布式信号检测准则和方法，并研究多输入多输出雷达目标检测的若干优化问题。

（3）《分布孔径雷达》分册所描述的雷达实现了多个单元孔径的射频相参合成，获得等效于大孔径天线雷达的探测性能。该书在概述分布孔径雷达基本原理的基础上，分别从系统设计、波形设计与处理、合成参数估计与控制、稀疏孔径布阵与测角、时频相同步等方面做了较为系统和全面的论述。

（4）《MIMO雷达》分册所介绍的雷达相对于相控阵雷达，可以同时获得波形分集和空域分集，有更加灵活的信号形式，单元间距不受$\lambda/2$的限制，间距拉开后，可组成各类分布式雷达。该书比较系统地描述多输入多输出（MIMO）雷达。详细分析了波形设计、积累补偿、目标检测、参数估计等关键技术。

(5)《MIMO雷达参数估计技术》分册更加侧重讨论各类MIMO雷达的算法。从MIMO雷达的基本知识出发,介绍均匀线阵,非圆信号,快速估计,相干目标,分布式目标,基于高阶累计量的、基于张量的、基于阵列误差的、特殊阵列结构的MIMO雷达目标参数估计的算法。

(6)《机载分布式相参射频探测系统》分册介绍的是MIMO技术的一种工程应用。该书针对分布式孔径采用正交信号接收相参的体制,分析和描述系统处理架构及性能、运动目标回波信号建模技术,并更加深入地分析和描述实现分布式相参雷达杂波抑制、能量积累、布阵等关键技术的解决方法。

(7)《机会阵雷达》分册介绍的是分布式雷达体制在移动平台上的典型应用。机会阵雷达强调根据平台的外形,天线单元共形随遇而布。该书详尽地描述系统设计、天线波束形成方法和算法、传输同步与单元定位等关键技术,分析了美国海军提出的用于弹道导弹防御和反隐身的机会阵雷达的工程应用问题。

(8)《无源探测定位技术》分册探讨的技术是基于现代雷达对抗的需求应运而生,并在实战应用需求越来越大的背景下快速拓展。随着知识层面上认知能力的提升以及技术层面上带宽和传输能力的增加,无源侦察已从单一的测向技术逐步转向多维定位。该书通过充分利用时间、空间、频移、相移等多维度信息,寻求无源定位的解,对雷达向无源发展有着重要的参考价值。

(9)《多波束凝视雷达》分册介绍的是通过多波束技术提高雷达发射信号能量利用效率以及在空、时、频域中减小处理损失,提高雷达探测性能;同时,运用相位中心凝视方法改进杂波中目标检测概率。分册还涉及短基线雷达如何利用多阵面提高发射信号能量利用效率的方法;针对长基线,阐述了多站雷达发射信号可形成凝视探测网格,提高雷达发射信号能量的使用效率;而合成孔径雷达(SAR)系统应用多波束凝视可降低发射功率,缓解宽幅成像与高分辨之间的矛盾。

(10)《外辐射源雷达》分册重点讨论以电视和广播信号为辐射源的无源雷达。详细描述调频广播模拟电视和各种数字电视的信号,减弱直达波的对消和滤波的技术;同时介绍了利用GPS(全球定位系统)卫星信号和GSM/CDMA(两种手机制式)移动电话作为辐射源的探测方法。各种外辐射源雷达,要得到定位参数和形成所需的空域,必须多站协同。

(三) 以新技术为牵引,产生出新的雷达系统概念,这对雷达的发展具有里程碑的意义。本套丛书遴选了涉及新技术体制雷达内容的6个分册:

(1)《宽带雷达》分册介绍的雷达打破了经典雷达5MHz带宽的极限,同时雷达分辨力的提高带来了高识别率和低杂波的优点。该书详尽地讨论宽带信号的设计、产生和检测方法。特别是对极窄脉冲检测进行有益的探索,为雷达的进一步发展提供了良好的开端。

(2)《数字阵列雷达》分册介绍的雷达是用数字处理的方法来控制空间波束,并能形成同时多波束,比用移相器灵活多变,已得到了广泛应用。该书全面系统地描述数字阵列雷达的系统和各分系统的组成。对总体设计、波束校准和补偿、收/发模块、信号处理等关键技术都进行了详细描述,是一本工程性较强的著作。

(3)《雷达数字波束形成技术》分册更加深入地描述数字阵列雷达中的波束形成技术,给出数字波束形成的理论基础、方法和实现技术。对灵巧干扰抑制、非均匀杂波抑制、波束保形等进行了深入的讨论,是一本理论性较强的专著。

(4)《电磁矢量传感器阵列信号处理》分册讨论在同一空间位置具有三个磁场和三个电场分量的电磁矢量传感器,比传统只用一个分量的标量阵列处理能获得更多的信息,六分量可完备地表征电磁波的极化特性。该书从几何代数、张量等数学基础到阵列分析、综合、参数估计、波束形成、布阵和校正等问题进行详细讨论,为进一步应用奠定了基础。

(5)《认知雷达导论》分册介绍的雷达可根据环境、目标和任务的感知,选择最优化的参数和处理方法。它使得雷达数据处理及反馈从粗犷到精细,彰显了新体制雷达的智能化。

(6)《量子雷达》分册的作者团队搜集了大量的国外资料,经探索和研究,介绍从基本理论到传输、散射、检测、发射、接收的完整内容。量子雷达探测具有极高的灵敏度,更高的信息维度,在反隐身和抗干扰方面优势明显。经典和非经典的量子雷达,很可能走在各种量子技术应用的前列。

(四) 合成孔径雷达(SAR)技术发展较快,已有大量的著作。本套丛书遴选了有一定特点和前景的5个分册:

(1)《数字阵列合成孔径雷达》分册系统阐述数字阵列技术在SAR中的应用,由于数字阵列天线具有灵活性并能在空间产生同时多波束,雷达采集的同一组回波数据,可处理出不同模式的成像结果,比常规SAR具备更多的新能力。该书着重研究基于数字阵列SAR的高分辨力宽测绘带SAR成像、极化层析 SAR 三维成像和前视 SAR 成像技术三种新能力。

(2)《双基合成孔径雷达》分册介绍的雷达配置灵活,具有隐蔽性好、抗干扰能力强、能够实现前视成像等优点,是 SAR 技术的热点之一。该书较为系统地描述了双基 SAR 理论方法、回波模型、成像算法、运动补偿、同步技术、试验验证等诸多方面,形成了实现技术和试验验证的研究成果。

(3)《三维合成孔径雷达》分册描述曲线合成孔径雷达、层析合成孔径雷达和线阵合成孔径雷达等三维成像技术。重点讨论各种三维成像处理算法,包括距离多普勒、变尺度、后向投影成像、线阵成像、自聚焦成像等算法。最后介绍三维 MIMO-SAR 系统。

(4)《雷达图像解译技术》分册介绍的技术是指从大量的 SAR 图像中提取与挖掘有用的目标信息,实现图像的自动解译。该书描述高分辨 SAR 和极化 SAR 的成像机理及相应的相干斑抑制、噪声抑制、地物分割与分类等技术,并介绍舰船、飞机等目标的 SAR 图像检测方法。

(5)《极化合成孔径雷达图像解译技术》分册对极化合成孔径雷达图像统计建模和参数估计方法及其在目标检测中的应用进行了深入研究。该书研究内容为统计建模和参数估计及其国防科技应用三大部分。

(五) 雷达的应用也在扩展和变化,不同的领域对雷达有不同的要求,本套丛书在雷达前沿应用方面遴选了 6 个分册:

(1)《天基预警雷达》分册介绍的雷达不同于星载 SAR,它主要观测陆海空天中的各种运动目标,获取这些目标的位置信息和运动趋势,是难度更大、更为复杂的天基雷达。该书介绍天基预警雷达的星星、星空、MIMO、卫星编队等双/多基地体制。重点描述了轨道覆盖、杂波与目标特性、系统设计、天线设计、接收处理、信号处理技术。

(2)《战略预警雷达信号处理新技术》分册系统地阐述相关信号处理技术的理论和算法,并有仿真和试验数据验证。主要包括反导和飞机目标的分类识别、低截获波形、高速高机动和低速慢机动小目标检测、检测识别一体化、机动目标成像、反投影成像、分布式和多波段雷达的联合检测等新技术。

(3)《空间目标监视和测量雷达技术》分册论述雷达探测空间轨道目标的特色技术。首先涉及空间编目批量目标监视探测技术,包括空间目标监视相控阵雷达技术及空间目标监视伪码连续波雷达信号处理技术。其次涉及空间目标精密测量、增程信号处理和成像技术,包括空间目标雷达精密测量技术、中高轨目标雷达探测技术、空间目标雷达成像技术等。

(4)《平流层预警探测飞艇》分册讲述在海拔约20km的平流层，由于相对风速低、风向稳定，从而适合大型飞艇的长期驻空，定点飞行，并进行空中预警探测，可对半径500km区域内的地面目标进行长时间凝视观察。该书主要介绍预警飞艇的空间环境、总体设计、空气动力、飞行载荷、载荷强度、动力推进、能源与配电以及飞艇雷达等技术，特别介绍了几种飞艇结构载荷一体化的形式。

(5)《现代气象雷达》分册分析了非均匀大气对电磁波的折射、散射、吸收和衰减等气象雷达的基础，重点介绍了常规天气雷达、多普勒天气雷达、双偏振全相参多普勒天气雷达、高空气象探测雷达、风廓线雷达等现代气象雷达，同时还介绍了气象雷达新技术、相控阵天气雷达、双/多基地天气雷达、声波雷达、中频探测雷达、毫米波测云雷达、激光测风雷达。

(6)《空管监视技术》分册阐述了一次雷达、二次雷达、应答机编码分配、S模式、多雷达监视的原理。重点讨论广播式自动相关监视(ADS-B)数据链技术、飞机通信寻址报告系统(ACARS)、多点定位技术(MLAT)、先进场面监视设备(A-SMGCS)、空管多源协同监视技术、低空空域监视技术、空管技术。介绍空管监视技术的发展趋势和民航大国的前瞻性规划。

(六) 目标和环境特性，是雷达设计的基础。该方向的研究对雷达匹配目标和环境的智能设计有重要的参考价值。本套丛书对此专题遴选了4个分册：

(1)《雷达目标散射特性测量与处理新技术》分册全面介绍有关雷达散射截面积(RCS)测量的各个方面，包括RCS的基本概念、测试场地与雷达、低散射目标支架、目标RCS定标、背景提取与抵消、高分辨力RCS诊断成像与图像理解、极化测量与校准、RCS数据的处理等技术，对其他微波测量也具有参考价值。

(2)《雷达地海杂波测量与建模》分册首先介绍国内外地海面环境的分类和特征，给出地海杂波的基本理论，然后介绍测量、定标和建库的方法。该书用较大的篇幅，重点阐述地海杂波特性与建模。杂波是雷达的重要环境，随着地形、地貌、海况、风力等条件而不同。雷达的杂波抑制，正根据实时的变化，从粗犷走向精细的匹配，该书是现代雷达设计师的重要参考文献。

(3)《雷达目标识别理论》分册是一本理论性较强的专著。以特征、规律及知识的识别认知为指引，奠定该书的知识体系。首先介绍雷达目标识别的物理与数学基础，较为详细地阐述雷达目标特征提取与分类识别、知识辅助的雷达目标识别、基于压缩感知的目标识别等技术。

(4)《雷达目标识别原理与实验技术》分册是一本工程性较强的专著。该书主要针对目标特征提取与分类识别的模式,从工程上阐述了目标识别的方法。重点讨论特征提取技术、空中目标识别技术、地面目标识别技术、舰船目标识别及弹道导弹识别技术。

(七) 数字技术的发展,使雷达的设计和评估更加方便,该技术涉及雷达系统设计和使用等。本套丛书遴选了3个分册:

(1)《雷达系统建模与仿真》分册所介绍的是现代雷达设计不可缺少的工具和方法。随着雷达的复杂度增加,用数字仿真的方法来检验设计的效果,可收到事半功倍的效果。该书首先介绍最基本的随机数的产生、统计实验、抽样技术等与雷达仿真有关的基本概念和方法,然后给出雷达目标与杂波模型、雷达系统仿真模型和仿真对系统的性能评价。

(2)《雷达标校技术》分册所介绍的内容是实现雷达精度指标的基础。该书重点介绍常规标校、微光电视角度标校、球载BD/GPS(BD为北斗导航简称)标校、射电星角度标校、基于民航机的雷达精度标校、卫星标校、三角交会标校、雷达自动化标校等技术。

(3)《雷达电子战系统建模与仿真》分册以工程实践为取材背景,介绍雷达电子战系统建模的主要方法、仿真模型设计、仿真系统设计和典型仿真应用实例。该书从雷达电子战系统数学建模和仿真系统设计的实用性出发,着重论述雷达电子战系统基于信号/数据流处理的细粒度建模仿真的核心思想和技术实现途径。

(八) 微电子的发展使得现代雷达的接收、发射和处理都发生了巨大的变化。本套丛书遴选出涉及微电子技术与雷达关联最紧密的3个分册:

(1)《雷达信号处理芯片技术》分册主要讲述一款自主架构的数字信号处理(DSP)器件,详细介绍该款雷达信号处理器的架构、存储器、寄存器、指令系统、I/O资源以及相应的开发工具、硬件设计,给雷达设计师使用该处理器提供有益的参考。

(2)《雷达收发组件芯片技术》分册以雷达收发组件用芯片套片的形式,系统介绍发射芯片、接收芯片、幅相控制芯片、波速控制驱动器芯片、电源管理芯片的设计和测试技术及与之相关的平台技术、实验技术和应用技术。

(3)《宽禁带半导体高频及微波功率器件与电路》分册的背景是,宽禁带材料可使微波毫米波功率器件的功率密度比Si和GaAs等同类产品高10倍,可产生开关频率更高、关断电压更高的新一代电力电子器件,将对雷达产生更新换代的影响。分册首先介绍第三代半导体的应用和基本知识,然后详细介绍两大类各种器件的原理、类别特征、进展和应用:SiC器件有功率二极管、MOSFET、JFET、BJT、IBJT、GTO等;GaN器件有HEMT、MMIC、E模HEMT、N极化HEMT、功率开关器件与微功率变换等。最后展望固态太赫兹、金刚石等新兴材料器件。

本套丛书是国内众多相关研究领域的大专院校、科研院所专家集体智慧的结晶。具体参与单位包括中国电子科技集团公司、中国航天科工集团公司、中国电子科学研究院、南京电子技术研究所、华东电子工程研究所、北京无线电测量研究所、电子科技大学、西安电子科技大学、国防科技大学、北京理工大学、北京航空航天大学、哈尔滨工业大学、西北工业大学等近30家。在此对参与编写及审校工作的各单位专家和领导的大力支持表示衷心感谢。

王小谟

2017年9月

前 言

随着现代军事电子技术的发展,现代战争演变为以高技术信息战、电子战为中心的战争,仅能提供目标位置信息的常规雷达已逐渐不能满足现代战争的需要,雷达目标识别的作用日益重要。

雷达目标识别技术是20世纪50年代逐渐发展起来的,从此,雷达的功能从目标位置的测量和参数估计,发展到目标类型和属性的判定,极大丰富了雷达提供的信息质量和数量。

雷达目标识别技术经过几十年的发展,在对飞机、舰船、地面目标以及弹道导弹识别上取得了进展,形成了大量理论成果,并在装备中有所应用。

本书详细介绍了当前雷达目标识别领域已有研究成果以及具有应用潜力的研究方向,包括雷达目标识别的基本概念、常用方法、仿真实验到实测数据验证等,力求使本书兼具基础性和实用性,对目标识别的工程应用有所帮助,其中大量的雷达实测数据为识别算法的验证和完善提供了支撑,是本书的特点之一。

全书共分10章,第1章简述雷达目标识别的作用,雷达目标识别国内外研究现状,取得的主要进展,当前目标识别技术存在的主要问题。第2章介绍雷达目标识别的基本方法、主要流程及处理方法。第3章介绍雷达目标散射特性。第4章介绍雷达目标识别常用的特征,包括RCS、一维像、二维像、运动特征、微动特征等。第5章介绍分类器的基本原理和分类器设计。第6章针对空中目标,介绍从架次识别、类型识别到型号识别所使用的不同特征和方法。第7章针对地面目标,利用SAR图像及其他特征,开展地面静止和运动目标的识别。第8章针对舰船目标,综合利用目标的窄带和宽带特征及其他信息,开展舰船大中小及类型分类识别。第9章针对弹道导弹真假弹头识别,利用目标的运动特征、微动特征、一维像、二维像、质阻比、极化特征等进行综合识别,并分析各种特征的提取条件,从目标识别角度对雷达系统设计进行需求分析。第10章对雷达目标识别技术的发展进行展望,给出目标识别技术应从多特征、多平台、多传感器角度进行综合识别,以实现复杂应用条件下的目标识别。

由于雷达目标识别技术的迅速发展,加上作者水平和试验验证条件的限制,书中难免存在不足和错误,恳请广大读者批评指正。

作者

2017 年 9 月

目　录

第1章 概论

1.1 雷达目标识别的作用

雷达(Radar)是“Radio Detection and Range”缩写的音译,其基本功能是利用目标对电磁波的散射而发现目标,并测定目标的空间位置。雷达的发展历史可以追溯到19世纪科学家赫兹所从事的电波传播试验。20世纪30年代,对无线电技术的研究有了重大突破,雷达作为一种基本的无线电探测装置开始应用于军事领域。相比于其他传感器,雷达具有全天时、全天候和远距离探测的能力,在军事应用方面起着不可替代的作用。

随着现代军事电子技术的发展,现代战争演变为以高技术信息战、电子战为中心的战争,对战场动态信息的实时监测和处理是关系到战争胜败的重要因素。仅能提供目标位置信息的常规雷达已逐渐不能满足现代战争的需要,人们希望了解关于目标的进一步详细的信息,对雷达目标识别提出了更高的要求。

雷达自动目标识别(ATR)技术是利用雷达等探测设备对探测到的目标的数量、种类、类型等进行自动判别,可以提供目标属性、类别,甚至其武器挂载情况等信息,对于提高军队的指挥自动化水平、攻防能力、国土防空、反导能力及战略预警能力具有十分重要的作用。

雷达目标识别技术开始于20世纪30年代,1934年,苏联列宁格勒无线电物理学院的B. K. Shembel利用耳机监听从“Rapid”连续波雷达的目标回波中解调出来的“声音”信号,可在3~7km的距离上识别不同类型的飞机目标。1958年,美国用AN/FPS-16雷达跟踪苏联刚发射的第二颗人造卫星Sputnik Ⅱ,雷达专家D. K. Barton对记录的雷达回波信号进行分析,发现其振幅起伏中有与角反射器相类似的周期分量存在,从而判断苏联第二颗人造卫星上带有角反射器,并由此推理出苏联当时的卫星跟踪网是由第二次世界大战时使用的低威力雷达所组成。Barton划时代的推断深刻地改变了雷达自身的内涵,标志着雷达测量已由普通的参数测量走向特征测量的新阶段。此后的50多年里,雷达目标识别迅速发展,应用越来越多,积累了许多理论和工程应用研究成果,已成为当今雷达技术领域的一个重要方向[1-8]。

1955 年,法国生产的 RATAC 雷达和 RASIT 雷达可利用多普勒音频信号识别地面运动目标。20 世纪 60 年代,美国 AN/FPS－85 相控阵雷达利用极化信息判断出美国“探测者－45”气象卫星有两块太阳能电池板没有完全打开。20 世纪 70 年代初,美国在夸贾林导弹靶场,利用 Tradex、Altair 和 Alcor 等多部雷达组网,开展目标特征信号测量和目标识别的研究和实验,成功地从少量诱饵云和助推器碎片中识别出“民兵”导弹弹头,实现了真假导弹目标识别。20 世纪 70 年代中期,美国提出的一种基于舰载雷达的雷达目标识别专利,通过提取雷达目标在 B 显示器上的轮廓像长度、宽度等特征实现了对海面目标的分类识别。

20 世纪 80 年代,美国国防部向军事委员会提供了一份“关键技术报告”,将自动目标识别技术列为 20 项国防关键技术之一,随后,美国国防高级研究计划局(DARPA)针对未来军方的潜在需求,在自动目标识别技术上开展了探索性研究,美国海军实验室(NRL)和美国空军研究实验室(AFRL)都先后设立了有关的研究计划。陆军导弹司令部(MICOM)对飞机类目标雷达识别开展了研究,包括高分辨距离像、多普勒调制、短脉冲谐振、ISAR 等目标识别技术。目前,雷达目标识别技术已广泛应用于防空预警、海上监视、空间探测以及反导等国防领域,并在航天、航海以及国土检测等方面为国民经济发展做出了重要贡献。

从目标识别对象来看,目前雷达目标识别技术可以大致分为弹道导弹识别、空中目标识别、地面目标识别和海上目标识别等应用类型。

弹道导弹目标识别目前主要涉及的是真假弹头的识别,即区分弹头目标和诱饵及其他目标。该项技术是美国国家导弹防御系统计划的重点攻关项目,是弹道导弹防御的关键技术。

空中目标识别主要是对飞机的识别,包括军用飞机、民用飞机等。近 20 年时间内,飞机目标识别一直是国内外 RATR 研究的热点,它主要利用窄带雷达的目标回波信号、宽带雷达的距离像回波信号以及 ISAR 图像信号来提取相关特征进行识别。

地面目标识别,主要是利用 SAR 图像对地面的目标进行分类识别,包括道路、桥梁、机场以及车辆、坦克、导弹发射架等。例如,可以利用窄带雷达信息提取目标的微动特征来区分轮式车辆和履带式车辆,也可利用宽带雷达的 SAR 图像特征对车辆目标进行进一步的识别。

海上目标识别是对海面上的舰船等目标进行识别,包括区分舰船目标和非舰船目标、军舰目标和民船目标,以及不同类型的军舰目标(巡洋舰或导弹快艇等)等不同需求,在现代战争日益注重制海权的背景形势下具有重大的战略意义。

从识别手段来看,分为合作目标识别和非合作目标识别(NCTR)。合作目标识别一般指利用敌我识别器进行敌我属性以及目标类型的识别。非合作目标识别是利用传感器获得的目标信息进行目标类型及属性的判别。本书中的目标识别除了特别标明外,一般指的都是非合作目标识别。

从信息来源看,分为有源识别和无源识别。有源识别是利用雷达发射的信号对目标进行分类识别;无源识别是利用接收设备侦收目标发射的电子信号进行识别。本书的目标识别主要是利用雷达发射的信号进行识别。

从识别层次来看,目标识别一般包括四个层次,分别是数量识别、种类识别、类型识别和型号识别。数量识别是对目标的数量进行判定;种类识别是一种粗分类,如大、中、小型的区分;类型识别更进一步,如分辨出飞机中的喷气式飞机、螺旋桨飞机和直升机等;型号识别就是进一步识别出目标的具体型号,如战斗机中的 F-15、"幻影"-2000 等。对于常规低分辨雷达,目标一般相当于一个点目标,只能在数量及种类层次,最多在类型层次上对目标分类。宽带雷达的分辨单元远小于目标尺寸,获得的一维距离像包含目标结构沿距离方向的投影,从而有可能在型号层次上将不同目标区分开来。因此,识别的层次是和雷达所能提供的信息质量密切相关的。

1.2　国内外现状及进展

目标识别技术经过 50 多年的发展,取得了大量的研究和应用成果,由于不同类型目标的目标识别进展情况不同,下面分别对弹道导弹、空中目标、海上目标及地面目标识别的进展情况进行介绍。

1.2.1　弹道导弹识别

弹道导弹是现代战争中极具威力的进攻性武器,它具有射程远、速度快、精度高、突防能力强、杀伤威力大、效费比高等优点。自第二次世界大战末期弹道导弹问世以来,世界各国便竞相研制各种进攻性导弹,高密度、高强度的导弹战将成为战争初期或关键时刻的主要作战方式;同时,为了增强导弹的突防能力,各种隐身技术、电磁干扰技术、诱饵、弹头机动变轨技术等突防措施也纷纷被采用。弹道导弹具有重大的战略、战术威慑作用,已经成为影响世界政治格局、左右战场态势,甚至决定现代战争胜负的重要因素,是国防实力的标志和国家地位的重要象征(图 1.1)。

弹道导弹防御系统是指用以拦截在飞行轨道上的弹道导弹或其组成部分的系统,包括拦截武器系统,预警探测系统和战斗管理/指挥、控制、通信与信息系统三部分。要拦截弹道导弹,首先必须提前探测到导弹目标,因此预警探测系统是弹道导弹防御的前提(图 1.2)。为了突破弹道导弹防御系统的拦截,新一代

图 1.1　美国“和平卫士”洲际弹道导弹(见彩图)

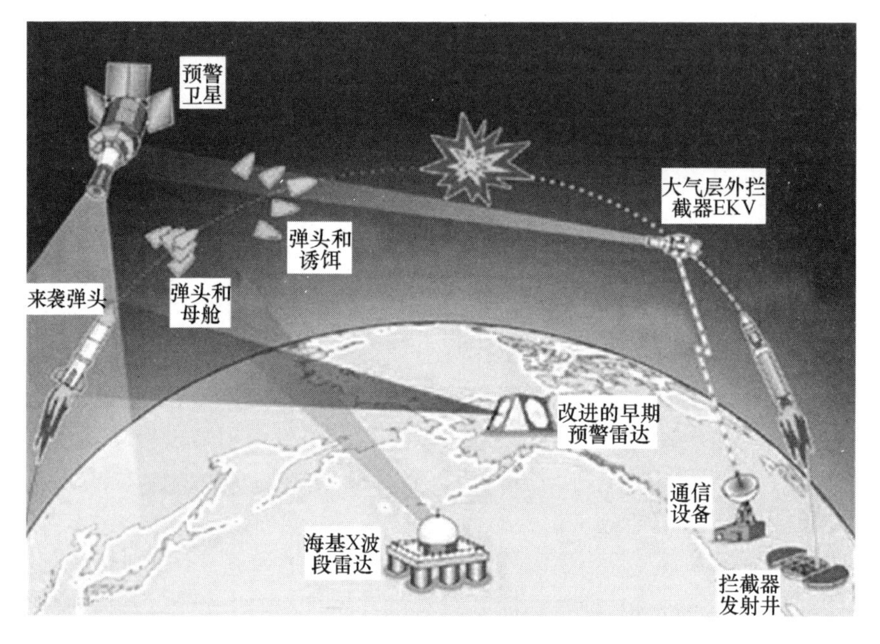

图 1.2　美国弹道导弹防御系统拦截示意图(见彩图)

的弹道导弹都具备先进的突防措施,其中一个重要措施是在关键时刻释放多个假弹头或诱饵,使弹道导弹防御系统无所适从或增加拦截负荷。在这种情况下,预警探测系统能否从多个目标中识别出真弹头至关重要[1,9,10]。

弹道导弹与弹道导弹防御是矛与盾的关系,它们之间对抗的核心是突防与识别。弹道导弹雷达目标识别是20世纪60年代发展起来的,其任务是从来袭导弹目标群(包含大量的诱饵、弹体碎片等构成的威胁管道)中识别出真弹头,是弹道导弹防御系统中最为关键的核心问题之一,也是最具挑战性的技术难题[1],直接关系到弹道导弹防御的成败。真假弹头的识别贯穿整个探测阶段,是天基预警系统、远程预警雷达、地基雷达(GBR)以及大气层外拦截器识别系统综合能力的体现。

美国一直在开展弹道导弹雷达目标识别方面的研究工作[9-14]。20世纪60年代,美国弹道导弹预警系统中的AN/FPS-49弹道导弹预警和跟踪雷达采用轨迹比较法进行目标识别。20世纪80年代的“星球大战计划”将收集弹道导弹各部分和再入飞行体的特征数据列为重要项目,设想利用AN/SPQ-11相控阵雷达和新研制雷达来获取目标的微波特性数据,以实时成像识别为重点,建立目标特性的模型和数据库。20世纪90年代以来,随着美国国家导弹防御和战区导弹防御的提出,雷达目标识别再度成为热点。

为了有效地开展弹道导弹目标识别研究,美国专门研制了很多先进的高性能雷达来录取弹道导弹数据,研究、观测苏联等国家弹道导弹试验,并在夸贾林靶场组织反导试验。为了测试弹道导弹防御系统雷达的目标识别性能,到2006年9月为止,美国共进行了11次国家导弹防御系统拦截试验,其中6次成功,5次失败。

目前美国弹道导弹防御系统的雷达目标识别技术处于国际领先水平,并由早期的基于单一传感器的目标识别向多传感器融合识别发展。其中,利用高分辨力雷达的目标识别,已开始进入实用阶段;基于ISAR的雷达目标识别已得到验证;基于GBR的真假弹头目标识别已突破许多关键技术。综合起来,对于弹道导弹目标的识别大致有三个途径:一是特征识别,通过辨认信号特征来推演目标的特征信息,例如,利用回波信号的幅度、相位、极化等特征及其变化来估计目标的飞行姿态、结构特征、材料特征等;二是成像识别[4-7],通过高分辨力雷达成像,确定目标的尺寸、形状等;三是再入识别,通过获取目标的弹道参数(质阻比),确定质量特性[8]。

弹道导弹攻防的强对抗,决定了导弹防御系统中的目标识别需要建立在弹道导弹不同阶段呈现出来的物理特性和对抗条件基础之上,识别需求决定了探测器配置、类型及技术指标等要求。据报道,出现的突防措施包括诱饵、干扰箔条、弹头隐身、机动、等离子隐身和尾焰冷却、主动电子对抗、雷达寻的弹头、弹头加固、核爆炸干扰、齐射战术、多弹头等(图 1.3)。文献[1]分别列表给出了弹道导弹突防措施、不同飞行阶段的各种诱饵、攻防对抗双方采用的技术手段和探测设备、弹道导弹各飞行阶段的识别特征等。

图 1.3 “民兵”Ⅲ型导弹的充气诱饵和真弹头

导弹防御系统目标识别的前提是对导弹目标特性的深入研究,包括典型弹头及其伴随飞行物的物理参数、大气层外运动特性、高层稀薄大气层内减速特性、电磁散射特性、红外辐射特性。只有充分掌握待识别目标的目标特征机理,才有可能发现各目标之间的特性差异,从而有针对性地采取相应的特征提取方法,并建立典型目标特性数据库,实现有效的目标识别。导弹防御系统可在助推段、中段和再入段进行目标识别和拦截。在助推段,弹道比较短,拦截技术难度较大。在再入段,拦截时间短,拦截风险大。在中段,目标飞行时间长,可以实现较长时间的识别与拦截,因此,中段被认为是导弹防御的关键阶段。美国弹道导弹防御系统的地基雷达对处于中段(自由段)的弹道导弹目标的跟踪和识别,在整个拦截过程中具有至关重要的地位。

在理论上,能够用于识别真假弹道目标的特征主要有三类:一是目标的尺寸和形状等结构特征;二是目标的温度;三是目标的运动特征。目标温度这一特征主要由红外探测器负责获取,多用于主动段和拦截时的寻的阶段。在提取目标的结构特征方面,根据雷达所采用的信号形式、带宽等参数的不同,又可进一步分为基于窄带雷达的特征提取方法、基于宽带一维像的特征提取方法、基于ISAR 成像的特征提取方法和基于极化信息的特征提取方法。在提取目标的运动特征方面,可进一步分为目标的质心运动特征提取方法和微运动特征提取方法。

弹道导弹目标识别面临复杂的目标环境,实时性要求高,单一识别手段无法给出令人信服的结果,需要利用弹道导弹防御系统中的各种传感器进行融合识别。以美国弹道导弹防御系统为例,天基、地基、海基和拦截弹上各传感器获得目标的光、热、电等信息,都传送到作战管理中心进行融合处理,得到对目标群一致完整的描述,基于此确定下一步作战指令。目前,国外(主要是美国)在弹道导弹防御目标融合识别方面取得了较多成果。美国国防部在 2000 年透露,地基中段防御系统中用于中段拦截的识别措施达 24 种之多,并试图利用软件来优化和融合这些识别算法。林肯实验室对不同频带的雷达回波进行相干处理,合成更宽频带的弹头 ISAR 成像结果。Nichols 研究中心利用激光雷达和红外融合以保证在某个传感器性能下降的情形下仍能够可靠识别导弹目标。林肯实验室利用 X 波段雷达、激光雷达和被动式红外传感器对 Firefly 试验观测得到的特征用神经网络进行融合，判断诱饵释放前、释放中和释放后三个阶段。

下面分别简单介绍弹道导弹识别的主要方法。

1）轨道特征

主动段是从导弹离开发射台到导弹关机为止的一段，该段上，发动机和控制系统一直工作，导弹和诱饵尚未分离，作为一个整体目标存在。在弹道导弹发射的主动段，弹道导弹目标识别需要从飞机、卫星等空中目标及空间目标中识别出弹道导弹。当弹道导弹在大气层内飞行时，一般可以利用弹道导弹与飞机等空中目标之间的运动特性（包括速度、高度、加速度等）差异进行识别。而弹道导弹在大气层外飞行时，弹道导弹识别需要实现导弹与卫星等空间目标的区分，虽然它们一般都是沿椭圆轨道飞行，但是由于弹道导弹需要再入大气层以实现对地打击，通过雷达测量的目标位置等信息，可以获得弹道目标运动方程中的 6 个轨道根数，从而实现星弹识别。

2）RCS 特征

弹道类目标沿轨道运动时，由于目标姿态相对于雷达视线不断发生变化会造成目标 RCS 的变化，这种变化与目标外形结构以及运动规律有关。弹道导弹为了实现精确的打击，在飞行过程中，弹头会采用姿态修正技术，以保持弹头的指向稳定，而弹体、碎片和诱饵一般不具备姿态控制功能，因此，弹头的 RCS 数值较小且变化稳定，而具有翻滚等不规则运动的弹体、碎片等的 RCS 会大一些，并且 RCS 起伏很大，这一特征可以作为弹头的识别依据之一。目标 RCS 特征包括 RCS 值、RCS 统计特征及 RCS 序列分析等。

3）微动特征

为确保其弹头有效地命中目标，弹道导弹必须对弹头进行有效控制，采取突防技术的弹头大都采用弹头姿态控制，以有效降低再入弹头的雷达散射截面和回波起伏。另外，为了保证弹头的可靠再入，减少再入散布，提高命中精度，弹头突防要求进行弹头的姿态控制和速度控制，一般是在释放完各种突防设备后，在弹头上施以自旋转技术及其姿态控制技术，使其进入自身旋转稳定状态。而弹体、轻重诱饵等一般没有姿态控制设计，因此，弹头由于具有姿态控制系统，其飞行相对稳定。虽然有进动角及进动现象伴随，但其进动角一般不大，因而其目标回波受进动的调制较小。但是假目标或其他诱饵由于存在翻滚、进动角大或摆动，其目标回波受进动的调制必然很大，这种由调制引起的回波起伏，是识别真假目标很好的信息和依据。

美国从 20 世纪 60 年代起就开始研究弹头类目标的微动特性，在 1990 年进行了两次 Firefly 火箭探测试验来研究弹道导弹的微动特性。第一次，Firepond 激光雷达在 NASA 的 C 波段和 X 波段雷达 Haystack 的引导下，在 700km 以外成功地观测到了可膨胀锥体气球的展开和膨胀过程。在第二次 Firebird 的飞行试验中，成功采集到了目标展开过程和几类再入诱饵特征的数据，验证了利用微动特性进行弹道导弹中段真假弹头识别的可行性。基于弹头微动特性识别弹头的关键是对微多普勒的精确估计和提取，一种思路是利用激光雷达得到的目标 ISAR 像序列，进行进动参数的估计，在某些特殊情况下也可以利用 RCS 序列估计进动参数；另一种思路是建立目标回波信号与章动角、进动周期的关系，通过周期信号检测得到调制周期，并估计章动角。另外，目标的进动特性与其运动惯量相联系，弹头和锥体气球的进动特性不同，导致运动惯量存在差异，因此，通过目标运动惯量的比较也可以进行弹头目标的识别。

4）高分辨一维像特征

目标的一维距离像（或一维散射中心）是光学区雷达目标识别的重要特征，与目标实际外形之间有着紧密的对应关系，可以作为识别真假弹头的依据，在弹道导弹目标识别中具有十分重要的意义。

弹道导弹飞行速度快，若相对于雷达的径向速度分量较大，会使宽带一维距离像产生展宽、畸变，需精确估计出目标运动速度，进行速度补偿，校正距离像畸变。目标的进动、章动、翻滚等微运动也会造成各散射中心位置在雷达视线上的投影发生变化，导致目标一维距离像序列按一定规律变化。从一维距离像可以提取目标尺寸特征、微动特征、形状特征等进行目标识别。

5）高分辨二维像特征

通过逆合成孔径技术（ISAR），可以获得目标的高分辨二维像，从而较为直观地得到目标的外形及结构信息，是目标识别的重要手段之一[15]。弹道导弹防御中，由于弹道导弹、诱饵及碎片等组成的弹道导弹目标群具有目标运动速度快、运动形式复杂（常伴有自旋、进动等自身运动，以及机动等）、目标多等特点，给二维成像处理造成困难，在成像过程中需综合考虑这些运动特点，才能得到较为满意的图像，从而进行分类识别处理。同时，由于弹道类目标外表光滑，造成散射点较少，会影响识别效果。

对于二维 ISAR 像，其二维分辨力越高，从图像中获取的关于目标的信息就越丰富，后续的目标检测和识别性能就越好。改善图像分辨力的手段主要有两种：一是提高雷达系统带宽和成像积累角，但是利用该方法，雷达研制周期长、成本高，且受宽带器件及处理技术水平的限制；二是采用带宽外推技术，以当前测量数据作为初始值，对距离和方位向空间谱带宽进行外推，得到较大带宽的空间谱估计值。这种方法避免了对雷达的改动，依靠算法的改进，在雷达原有带宽的基础上，有效提高了雷达的分辨力。数据外推后可以直接采用 FFT 进行二维成像以满足成像实时性的要求。美国的林肯实验室从 20 世纪 70 年代就开始了增强宽带图像分辨力的研究，提出了带宽外推处理技术，通过多个不同波段的稀疏子带外推合成超宽带雷达图像[6]。

6）极化特征

极化特性是雷达目标电磁散射的基本属性之一，描述了电磁波的矢量特征。极化特征反映了目标的固有特性（如尺寸、形状、结构、材料等），是与目标本身有密切联系的特征。任何目标对照射的电磁波都有特定的极化变换作用，其变换关系由目标的形状、尺寸、结构和取向决定。由于弹头目标外形简单，极化分量相对稳定，因此可以利用极化信息对弹头目标进行识别。利用极化信息进行弹道导弹识别的方法包括极化散射矩阵、瞬态极化响应、极化一维像以及极化二维像等[16,17]。

7）再入特征

从弹头再入大气层到命中目标为止的飞行阶段为再入段。该段目标飞行时间较短，一般只有几分钟。再入段存在的弹道目标也主要是真弹头、诱饵和碎片。诱饵分为轻诱饵（如金属丝、箔条、喷漆金属薄膜的充气球等）和重诱饵。轻诱饵适用于大气层外的突防，在进入大气层后会很快燃烧。重诱饵的运动特性和弹道系数与真弹头非常相近，弹头突防时，真弹头隐藏在大量诱饵组成的目标群当中，造成真弹头识别困难。

弹道导弹再入大气层时，诱饵和弹头由于质量不一样，会因大气层的过滤作用而表现出不同的减速特性，描述这一特征的就是质阻比。质阻比是其质量与迎风面积的比值，因此，再入段导弹防御系统目标识别的关键问题是在较高的高度上快速准确地估计出再入目标的质阻比。

再入目标质阻比估计主要有两种方法：一种是公式法，直接利用雷达测量信息，基于质阻比的定义公式，通过多项式拟合等方法，根据再入运动方程计算质阻比[11]；另一种是滤波法，该法基于再入运动方程将质阻比作为状态矢量的一个元素，利用非线性滤波方法实时估计质阻比[12]。

1.2.2 空中目标识别

在现代战争中，空中打击成为主要打击手段之一。从海湾战争、阿富汗战争、伊拉克战争以及科索沃战争来看，空中打击的作用日益重要。而防空作战中，飞机迎战、防空导弹等防御武器的使用，都需要对来袭飞机进行识别确认。来袭飞机常进行编队飞行，甚至伪装成大型民航机等，因此对来袭飞行器进行识别的需求日益紧迫，要求在最短的时间内判断来袭目标的种类（作战飞机、侦察机、预警机、民航机等）、数量（架次）、真假目标、威胁程度等，以制定应对策略。可以说对空中目标的分类识别是雷达目标识别最早的应用，目前仍然是研究热点之一[2,3]。

美国俄亥俄州立大学实验室针对低分辨力窄带雷达，在不同极化方式、不同方位角和不同频带情况下建立了飞机的 RCS 数据库，用以分析各种窄带雷达目标识别方法的性能。从 20 世纪 70 年代开始，基于宽带雷达回波的目标识别，即利用目标高分辨力距离像的目标识别技术得到了长足的发展，但与此同时，基于窄带雷达的目标识别技术仍在研究与发展之中。美国 AN/MPQ - 53“爱国者”雷达具备了针对高、中、低空目标探测、跟踪和有限识别的能力。其有限识别能力主要利用了目标的调制谱、目标幅度起伏以及目标运动特性作为目标识别的主要识别特征。美国 Scranton 大学的 Teli 教授于 1996 年用多特征决策空间识别法为常规窄带防空警戒雷达构造了雷达目标识别系统，该系统使用 6 维联合特征（目标幅度起伏、调制谱、目标速度等）在 AWG - 10 雷达（PD 体制）上实现了对 F - 18飞机几乎实时的识别。加拿大 Leung 博士于 2000 年为现役 AN/FPN - 504 和 AN/FPN - 508 低分辨力雷达设计了目标跟踪分类器。目标跟踪分类器实时提取 4 维特征：来自敌我识别系统的目标属性、雷达测量的目标高度、跟踪器估计的目标速度以及加速度。分类器联合 4 维特征，将飞机目标分为 5 类——商用友机类、军用友机类、商用未知类、军用敌机类、杂波类，取得了较好的分类效果。

美国陆军导弹司令部于 1988 年开始开展飞机类雷达目标识别的系统研究，其中包含高分辨一维距离像的识别，他们认为雷达 HRRP 目标识别是一种很有前途的目标识别方法，几乎所有的宽带雷达均可获取目标的一维距离像来进行识别。美国国防预研计划署于 20 世纪 90 年代设立了一系列用高分辨距离像识别目标的基础研究计划，如面向系统的高分辨距离像的自动识别和动目标利用计划。其中，动目标利用计划的主要内容之一就是在复杂背景下获取目标的一维距离像。为了协调 RATR 技术的研究，美国国防部还设立了 RATR 工作组来负责雷达数据的标准化和识别性能评估。

从 1984 年开始，为了解决防空问题中的非合作目标识别问题，北约 12 国（美国、英国、法国、德国、荷兰、挪威等）联合开展了非合作空中目标识别计划，项目包括识别技术路线的论证、阶段重点技术的研究、多次试验的开展、数据的录取和分析以及研究结论和报告等。该计划在近 20 年的研究中分别对喷气发动机调制（JEM）、一维像、二维像识别等关键技术进行了研究和试验。每一次试验以参与国的多部不同波段（L、S、C、X）雷达为平台，对十多种类型、几十架次的合作飞机进行数据录取（图 1.4）。该计划的目标识别率未见报道，但是该计划是北约较为系统的一次目标识别试验项目，大力推动了欧美识别技术的发展，形成了较为完整的目标识别体系，在多部目标识别专著中均提到该计划的重要贡献。

空中目标识别主要利用窄带信号和宽带信号进行特征提取和识别，下面简

图 1.4　参与试验的德国 TIRA 雷达(见彩图)

要介绍空中目标识别的主要方法。

1.2.2.1　窄带信号目标识别

1) 运动特征

运动特征是目标运动过程中表现出的不同特征,如运动轨迹、飞行高度、巡航速度、加速性能、爬升速率等。飞机的不同种类之间由于设计上的差异造成运动特征有较大差异,如战斗机、螺旋桨飞机和直升机三类飞机在飞行速度、飞行高度、加速度上有很大的差异性,可以利用目标的速度、高度等联合组成特征矢量来区分战斗机、螺旋桨飞机和直升机,从而实现目标类型的"粗"判别。

2) 调制特征

飞机上的运动部件如螺旋桨或喷气发动机旋转叶片、直升机的旋翼等会产生周期运动,存在对雷达回波的周期性调制。不同目标的周期性调制谱差异很大,可用于目标识别。Bell 等[13]详细分析了喷气发动机的调制(JEM)现象,并建立了相应的数学模型,为利用 JEM 效应进行目标识别奠定了理论基础。美国 Gardner 的实验报告最早验证了不同频段雷达飞机回波中的调制谱现象;1984 年法国 Jean 在 COTAL AV 自动跟踪雷达上对飞机回波闪烁频谱进行分析;1986 年,美国 Fliss 用相干连续波在实验室精确测量了飞机螺旋桨的调制谱,得到与飞机旋转部件对应的调制谱[18]。20 世纪 90 年代,研究人员发表了一系列分析旋转部件对电磁波调制的理论研究文献[19]。

1.2.2.2 宽带信号目标识别

1）距离像特征

高分辨距离像反映了在一定雷达视角时，目标上散射体（如机头、机翼、机尾方向舵、进气孔、发动机等）的散射强度沿雷达视线的分布情况。因此，高分辨距离像包含目标重要的结构特征，对目标分类识别有重要价值。

距离像作为识别特征存在幅度敏感性、方位敏感性和平移敏感性，在识别过程中需要进行预处理[3]。

2）ISAR 特征

空中目标的结构特征明显，可以通过 ISAR 二维像获得目标的尺寸及结构信息，并提取目标的运动部件信息，是飞机识别的重要手段。

二维 ISAR 像直接作为目标识别特征除了维数过高之外，还存在平移、旋转和尺度变化等问题，因此需要对二维 ISAR 图像进行特征提取（如矩特征、面积特征等），以区分不同目标[20]。

1.2.2.3 宽窄带综合目标识别

由于雷达的宽带作用距离较窄带小，同时由于雷达资源有限，限制了宽带的使用。在实际应用中，为了保证目标识别的作用距离和发现距离匹配，采用分层识别的策略，运用宽窄带综合识别，首先可利用目标的窄带特征（包括速度特征、RCS 特征、多普勒特征等）对目标进行粗分类，然后再利用宽带信息（包括一维像、二维像等）进行进一步的精细识别。

1.2.3 海上目标识别

现代战争中，制海权和海上态势感知日益重要，其中，海上目标的分类识别尤其重要。海上目标识别包括三个层次：舰船目标和非舰船目标（如岛礁等）的识别；军舰目标和民船目标的识别；不同类型军舰目标（巡洋舰还是导弹快艇）的识别。

舰船目标识别上，国外公开报道的基于实测数据开展的舰船类型成像及分类识别的内容较少。在舰船类型特征分析与识别方面，主要分为窄带识别和宽带识别。

1）窄带识别

美国在 20 世纪 70 年代提出一种基于舰载雷达的自动目标识别专利，该专利方法通过提取雷达目标 B 显轮廓像的长度、宽度等轮廓特征实现了对海面目标的分类识别；澳大利亚 CEA 公司在 20 世纪 90 年代初利用港口监视雷达进行了基于目标 B 显轮廓像舰船目标识别研究。

20 世纪 90 年代国防科技大学郭桂蓉等人提出了基于非相参雷达回波的舰船自动识别新方法，设计的识别系统对八类船识别率超过 90%[21,22]。国防科技大学黎湘等提出了一种基于中分辨雷达回波序列的舰船目标识别方法，该方法抽取回波序列轮廓像的统计特征、矩特征等 11 维识别特征，选择 ART 神经网络为分类器进行分类识别，得到了平均 91% 的正确识别率[23]。

2）宽带识别

国外在舰船目标方面更加强调基于宽带高分辨的成像及目标识别等能力。20 世纪 90 年代初期，法国汤姆逊 - CSF 公司研制的 Ocean Master/400 机载海面侦察雷达能在严酷的电子战条件下，用 ISAR 二维成像方法对舰船目标进行分类识别，该雷达工作于 X 波段，距离分辨力为 3m，带宽为 50MHz，已作为出口商品（图 1.5）。英国 SELEX 公司研制的 Seaspray 5000E 雷达以 Sea Lynx、Sea King 为载机平台，具有对海面目标辅助分类功能。以色列 IAI 公司研制的 EL/M - 2022 雷达具有海面目标分类等功能。

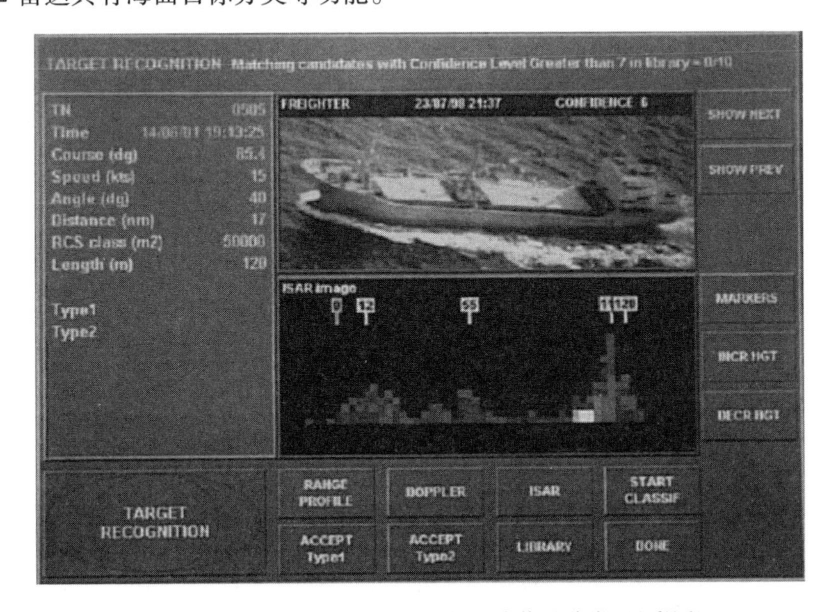

图 1.5　Ocean Master 雷达对油轮的成像及分类（见彩图）

德国也正计划将机载 SAR/ISAR 的处理机加装到新一代海上侦察雷达系列中；加拿大也有对其海上侦察飞机上的 AN/APS - 506 搜索雷达加装 SAR/ISAR 处理单元的计划，该雷达工作于 X 波段。

20 世纪 80 年代初期美国研制的 AN/APS - 137 机载海面监视雷达，应用 ISAR 技术对舰船目标进行成像，使机载雷达能获得海面上舰船的成像，在远距离上对雷达目标进行识别（图 1.6）。

(a) 舰船

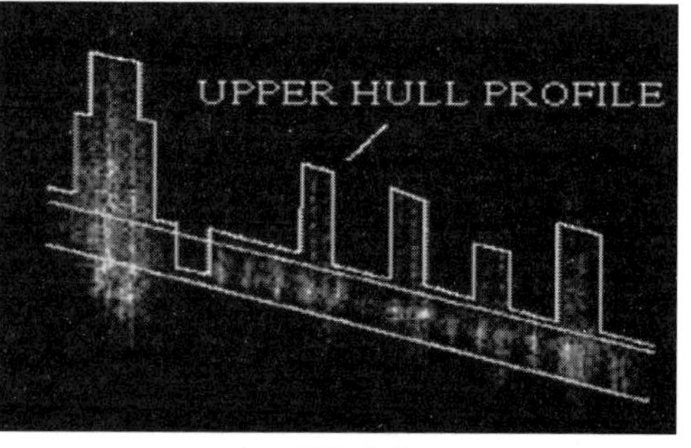

(b) 舰船成像

图 1.6 舰船成像识别图(见彩图)

1.2.4 地面目标识别

地面目标识别是基于雷达的观测信息(主要是 SAR 图像)对地面目标(包括道路、桥梁、机场、港口等固定目标以及坦克、军车、装甲车、导弹发射架等可移动目标)进行分类识别,地面目标识别技术在军事上具有重要的意义,地面目标识别可以用于威胁判断、军事设施判断、获得战场上详细的态势情况,以供快速响应和决策,为战略预警、战场侦察、目标打击、损毁评估等提供支撑。

在 SAR 目标自动识别方面,尤其是针对运动军事目标识别,国外很多著名机构进行了许多卓有成效的研究,如美国林肯实验室、陆军实验室、空军研究实验室(AFRL)、密西根环境研究所、怀特实验室、佛罗里达大学、亚特兰大大学、卡耐基梅隆大学、杜克大学、马里兰大学等都展开了广泛深入的研究。

20 世纪 80 年代中期,美国麻省理工学院的林肯实验室最早开展 SAR 的 ATR 研究。自林肯实验室的研究之后,鉴于 SAR 的 ATR 在军事上的巨大价值,20 世纪 90 年代,世界各国对其投入了大量的资金,并且部署了周密的研究计划。很多著名的研究机构涉足了 SAR 的 ATR 研究领域,欧洲方面,从 20 世纪中后期开始,各主要国家如法国、英国、德国、意大利、荷兰等依托欧盟的一些研究所也展开了较为广泛的 SAR ATR 的研究。其中比较著名的 SAR 目标识别系统有:①SAIP 系统:1997 年,美国公布的一个半自动图像情报处理系统;②AN/APG-76 自动目标识别系统:1998 年,由美国 Norwalk 的 Greenspan 研究小组设计完成;③陆军实验室 ATR 系统:集成在无人机(UAV)的地面控制站,该系统采用林肯实验室的识别处理流程;④InfoPack 系统:1998 年,英国的 Oliver 研究小组开发的解译软件;⑤SAHARA 系统:1997 年,由比利时皇家军事研究院开发的半自动场景分析、目标检测识别系统;⑥SAR ATR workbench 系统:2002 年,由加拿大国防研究与发展中心牵头的若干机构开发,可用于陆地与海洋目标的实时检测。

美国国防高级研究计划局(DARPA)和空军研究实验室(AFRL)于 20 世纪 90 年代中后期联合推出的运动和静止目标获取与识别(MSTAR)计划。MSTAR 计划的研究目标是利用基于模型的视觉技术研制下一代 SAR ATR 系统,使 ATR 系统对现实环境的不确定性具有一定的鲁棒性。DARPA 公开发布了大量距离和方位分辨力均为 0.3m 的 SAR 图像数据,向研究机构提供真实的包含军用目标的高分辨力 SAR 图像,从而推动 SAR ATR 的发展,目前该计划还在进行之中[24-26]。

MSTAR 数据是由美国 DARPA/AFRL MSTAR 项目组提供的实测 SAR 地面静止军用目标数据,录取了地面目标的 X 波段、HH 极化方式、0.3m×0.3m 高分辨力聚束式 SAR 数据,样本是 SAR 对地面目标的成像数据,目标包括 3 大类:BMP2(装甲车)、BTR70(装甲车)、T72(主战坦克),它们的光学图像和 SAR 图像如图 1.7 所示。MSTAR 数据中每类目标像的方位覆盖范围均为 0°~360°,间隔 1°。利用俯仰角为 17°时对地面目标的 SAR 成像数据作为训练样本,测试样本是在俯仰角为 15°时对 3 大类 7 个型号的地面目标 SAR 成像数据,以验证算法的有效性和可推广性。

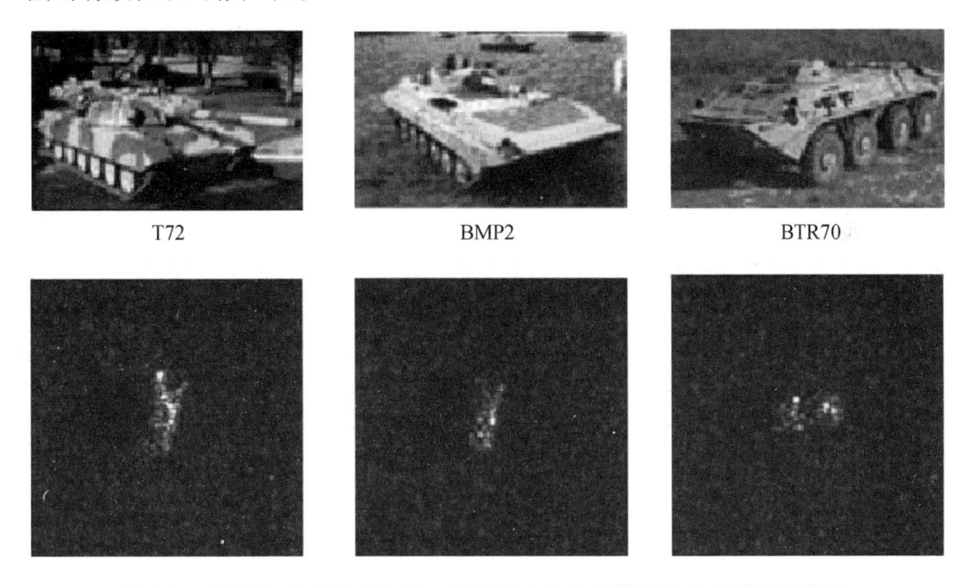

图 1.7　MSTAR 计划中录取的三类目标的光学图像和 SAR 图像(见彩图)

国内有关地面目标识别研究起步较晚,在对车辆、桥梁、道路等目标的识别方面取得了一定的成果。

总的说来,雷达目标识别技术研究已有数十年的历史,积累了一大批理论与技术成果[27-36],至今仍然是学术界、工程界的研究热点之一。目标识别研究不仅有重大的理论和学术意义,而且具有广阔的应用前景,特别是巨大的军事应用价值,美、俄等军事强国均把它作为发展未来智能化武器系统的重点和需要首先突破的关键技术。

我国在雷达目标识别研究上经过多年发展,多家单位在不同雷达体制、不同应用背景的目标识别研究中取得了一些成果[1,3,37-40]。在识别算法上,国内的研究水平与国外先进水平基本一致,但是国外的目标识别技术已经逐步实用化、装备化,在目标识别的应用上,与国外的差距较大。

1.3 目标识别面临的问题

目标识别虽然取得了不同程度的进展,但是目标识别技术本身还存在许多技术问题有待攻克,主要包括:

1) 算法的稳健性:目标识别算法在复杂应用环境下的稳健性,如低信噪比、低数据率等。

2) 特征的有效性:在不同的应用场景下,提取的目标特征是否可以有效表征目标从而区分目标的不同属性,是目标识别的基础。

3) 处理的实时性:在很多应用中都需要目标识别具有较好的实时性,尤其是在军事应用中。能否实时地获得目标属性是衡量目标识别有效性的重要指标。

4) 模板的可用性:目标识别离不开模板库的建立,模板库一方面存在是否完备等问题,另外一方面,模板库还需要具有自动建模、自动更新等功能,才能使得目标识别具有实际应用的可能。

1.4 本书主要内容及章节安排

本书在介绍雷达目标识别基础知识的基础上,针对不同的实际应用需求,研究了空中目标、地面目标、舰船和弹道导弹的雷达目标识别方法,并基于仿真和实测数据,对识别方法进行验证,给出了不同应用条件下的识别流程。在理论分析的基础上,更关注解决实际应用中面临的问题。

第1章概论,简述雷达目标识别的作用,雷达目标识别国内外研究现状,取得的主要进展,存在的主要问题,本书主要内容概述及各章节的安排介绍。

第2章雷达目标识别基础,介绍雷达目标识别的基本方法、主要流程及处理方法。

第3章雷达目标散射特性,包括目标电磁散射特性基础、目标散射特性数据研究获取方法以及目标窄带、宽带散射特性的内容。

第4章特征提取技术,介绍雷达目标识别常用的特征,包括RCS、一维像、二维像、运动特征、微动特征等。

第 5 章分类器技术,介绍分类器的基本原理和分类器设计。

第 6 章飞机目标识别技术,针对空中目标,介绍从架次识别、类型识别到型号识别所使用的不同特征和方法,针对仿真和实测数据,对识别方法进行验证。

第 7 章地面目标识别技术,针对地面目标,利用 SAR 图像及其他特征,开展地面静止和运动目标的识别,包括桥梁、机场、车辆等。

第 8 章舰船目标识别技术,针对舰船目标,综合利用目标的窄带和宽带特征及其他信息,开展舰船大中小及类型分类识别。

第 9 章弹道导弹识别技术,针对弹道导弹真假弹头识别,利用目标的运动特征、微动特征、一维像、二维像、质阻比、极化特征等进行综合识别,并分析了各种特征的提取条件,从目标识别角度对雷达系统设计进行了需求分析。

第 10 章雷达目标识别技术展望,针对目标识别的研究现状和存在的问题,对雷达目标识别技术的发展进行展望,提出目标识别技术应从多特征、多平台、多传感器角度进行综合识别,以实现复杂应用条件下的目标识别。

参考文献

[1] 周万幸. 弹道导弹雷达目标识别技术[M]. 北京:国防工业出版社,2012.

[2] 张光义,王德纯. 弹道导弹防御系统中的预警探测雷达[J]. 系统工程与电子技术,1996,18(5):28 - 31.

[3] 杜兰. 雷达高分辨距离像目标识别方法研究[D]. 西安:西安电子科技大学,2007.

[4] 王璐,刘宏伟. 基于时频图的微动目标运动参数提取和特征识别的方法[J]. 电子与信息学报,2010,32(8):1812 - 1817.

[5] 白雪茹,周峰,邢孟道,等. 空中微动旋转目标的二维 ISAR 成像算法[J]. 电子学报,2009,37(9):1937 - 1943.

[6] Cuomo K M,Piou J E,Mayhan J T. Ultrawide - Band Coherent Processing[J]. IEEE Trans. on Antennas and Propagation,1999,47(6):1094 - 1107.

[7] 梁百川. MD - GBR 雷达对弹道导弹目标识别[J]. 航天电子对抗,2008,24(6):5 - 11.

[8] 王林琛. 弹道式导弹[M]. 北京:宇航出版社,1987.

[9] 史仁杰. 雷达反导与林肯实验室[J]. 系统工程与电子技术,2007,29(11):1781 - 1799.

[10] 金林. 弹道导弹目标识别技术[J]. 现代雷达,2008,30(2):1 - 5.

[11] 王海芳,钱卫平. 再入目标质阻比的测量[C]. 海口:中国航空学会第六届航空通讯导航技术学术交流会论文集,2002.

[12] Cardillo G P,Mrstik A V,Plambeck T. A Track Filter for Reentry Object with Uncertain Drag[J]. IEEE Trans. on Aerospace and Electronic Systems,1999,35(2):394 - 408.

[13] Bell M B,Gyubbs R A. JEM modeling and measurement for radar target identification[J]. IEEE Trans on AES,1993,29(1):12 - 13.

[14] Li Hsueh – Jyh, Yang Sheng – Hui. Using range profiles as feature vectors to identify aerospace objects[J]. IEEE Trans. on Antennas and Propagation, 1993, 41(3): 261 – 268.
[15] 保铮,邢孟道,王彤. 雷达成像技术[M]. 北京:电子工业出版社,2005.
[16] 王雪松. 宽带极化信息处理的研究[D]. 长沙:国防科学技术大学,1999.
[17] 庄钊文,肖顺平,王雪松. 雷达极化信息处理及其应用[M]. 北京:国防工业出版社,1999.
[18] Fliss G G, Mensa D L. Instrumentation for RCS measurements of modulation spectral of aircraft blades[A]. Proceedings of the IEEE National Radar Conference. Los Angeles: IEEE AES Society, 1986: 95 – 98.
[19] 丁建江. 防空雷达飞机目标调制周期特征的研究[J]. 电子学报,2003,31(6): 903 – 906.
[20] 张兴敢. 逆合成孔径雷达成像及目标识别[D]. 南京: 南京航空航天大学,2001.
[21] Guo Guirong, Zhang Wei, Yu Wenxian. An Intelligence Recognition method of ship targets [J]. Institute of Electrical Engineer, 1989, 3: 1088 – 1096.
[22] 郭桂蓉. 一种有效的舰船目标识别新方法[J]. 系统工程与电子技术,1990(6): 7 – 15.
[23] 黎湘,郁文贤,郭桂蓉. 一种基于雷达回波序列的舰船目标识别方法[J]. 现代雷达, 1997(1): 1 – 6.
[24] Keydel E R, Lee S W, Moore J T. MSTAR extended operating conditions: a tutorial[J]. Proc of SPIE on algorithm for synthetic aperture radar imagery IV. 1996, 2757: 228 – 242.
[25] Ross T D, Bradley J J, Hudson L J, et al. O'connor. SAR ATR – So What's the problem? – An MSTAR Perspective. Algorithm for Synthetic Aperture Radar Imagery VI [C]. Orlando, FL: 1999, SPIE 3721: 662 – 672.
[26] Ross T, Worrell S, Velten V, et al. Standard SAR ATR evaluation experiments using the MSTAR public release data set[J]. Part of the SPIE Conference on Algorithms for Synthetic Aperture Radar Imagery V, 1998, 3370: 566 – 573.
[27] Fuller D F, Terzuoli A J, Collins P J, et al. 1 – D feature extraction using a dispersive scattering center parametric model. IEEE 1998 Antennas and Propagation Society International Symposium, 1998, 2: 1296 – 1299.
[28] Inggs M R, Robinson A R. Neural approaches to ship target recognition[C]. IEEE International Radar Conference, Alexandria, Virginia, USA, 1995: 386 – 391.
[29] Pastina D, Spina C. Multi – feature based automatic recognition of ship targets in ISAR[J]. IET Radar, Sonar&Navigation, 2009, 3(4): 406 – 423.
[30] Stove A G. A Doppler – based target classifier using linear discriminants and principal components[C]. Proceedings of the 2003 International Radar Conference, Adelaide, Australia, 2003: 171 – 176.
[31] Chen V C. Micro – Doppler effect of micro – motion dynamics: a review[C]. SPIE Proceedings on Independent Component Analyses, Wavelets, and Neural Networks, Orlando, FL, 2003 (5102): 240 – 249.

[32] G L V, Nicolas J M. Micro – Doppler analysis of wheels and pedestrians in ISAR imaging [J]. IET Signal Process. 2008, 2(3): 301 – 311.

[33] Smith G E, Woodbridge K, Baker C J. Template Based Micro – Doppler Signature Classification[C]. European radar conference, Manchester, 2006, 158 – 161.

[34] Cetin M, Karl W C. Feature – Enhanced Synthetic Aperture Radar Image Formation based on Nonquadratic Regularization[J]. IEEE Trans. Image Process. 2001, 10(4): 623 – 631.

[35] Chen V C, Li F, Ho S S, et al. Analysis of micro – Doppler signatures[J]. IEE Proc. Radar Sonar Navig, 2003, 150(4): 271 – 276.

[36] Chen V C, Li F, Ho S S, et al. Micro – Doppler effect in radar: phenomenon, model and simulation study[J]. IEEE Trans on AES, 2006, 42(1): 2 – 21.

[37] 黄培康. 雷达目标特征信号[M]. 北京:宇航出版社,1993.

[38] 高倩,刘家学,吴仁彪. 一种基于高分辨力距离像自动目标识别新方法[J]. 中国民航学院学报,2002,20(1):1 – 4.

[39] 林青松,胡卫东,虞华,等. 低分辨雷达回波序列轮廓像目标分类方法研究[J]. 现代雷达,2005,27(3): 24 – 28.

[40] 陈行勇. 微动目标雷达特征提取技术研究[D]. 长沙:国防科学技术大学,2006.

第2章 雷达目标识别基础

本章从雷达目标识别应用的角度，介绍雷达目标识别的基本原理、雷达目标识别的主要流程以及其中涉及的识别特征和分类技术。

2.1 基本原理

雷达目标识别是从雷达回波数据中提取目标的特征并进行目标的类别、真假和属性等判决的过程。雷达目标识别的过程包括特征提取、分类器选择和训练、模型测试等步骤。

识别特征是雷达目标识别的基础，是不同类型目标能够区别开来的根本，特征的稳定性与可分性直接影响后续处理的复杂性与识别效果，因此在识别处理之前首先要针对目标特点选择适当的识别特征，得到具有高同类聚集性和异类差异性的特征。根据不同类型的雷达所提取目标散射信息的不同，雷达目标特征包括回波的幅值、相位、频率和极化等信息，以及目标的 RCS、速度、加速度、一维像、二维像、微动特征、目标尺寸等信息[1,2]。这些信息可通过目标的靶场动态测量、外场静态测量、微波暗室缩比模型等手段获取。在特征提取之前，可能还需要降噪、对齐等预处理工作。识别特征在进行分类时，一般用矢量的形式表示。

在获得目标特征之后，需要设计分类器进行目标分类，这包括分类器的选择和训练两部分。分类器的选择是指选用适合具体雷达目标识别问题的分类器，常见的分类器有模板匹配分类器、决策树分类器、模糊判别分类器、线性判别分类器、SVM 分类器、神经网络分类器以及它们的组合[1,3]。分类器的训练是指利用一定数量的给定类别标签的样本，对所选择的分类器的具体参数进行求解和确定，使得分类器的输出类别尽量与样本标签类型相同。

模型测试是利用一部分未参加训练的样本（类别已知），对提取的目标特征、选择的分类器及其参数的有效性进行评估。如果分类准确率较高，那么可以采用该特征和分类器对其他样本进行分类，否则，需要重新进行特征选择和分类器设计。

雷达目标识别的基本框架如图 2.1 所示。

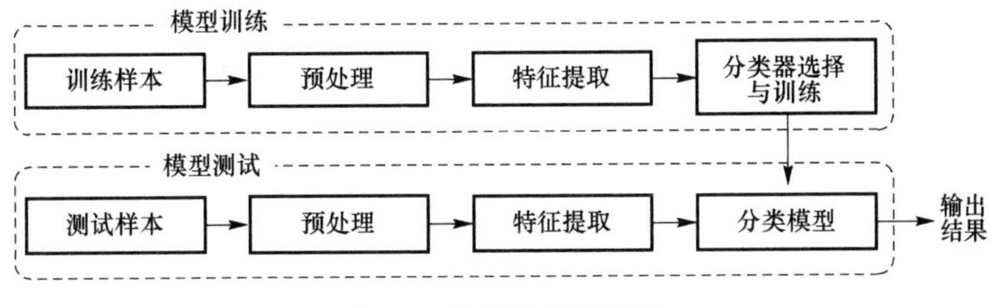

图 2.1　雷达目标识别框图

2.2　主要流程

本节介绍雷达目标识别的主要处理流程,包括对雷达目标识别的目标类型、目标特征的选择和提取、分类器的选择和训练等。

雷达目标识别按照目标属性不同,可分为空中目标识别、地面目标识别、海面目标识别、空间目标识别[1,4,5],具体而言,空中目标识别包括飞机的架次识别、类型识别、型号识别,地面目标识别可分为车辆识别、机场目标识别、港口目标识别,海面目标识别包括舰船粗分类、精分类以及舰船岛礁分类,空间目标识别包括星弹分类、目标状态识别、弹头诱饵分类等。

目标识别问题不同,所采用的目标特征也不同。空中目标识别主要利用目标运动特征(高度、速度、加速度等)、调制特征、一维像、二维像等,海面目标识别主要利用目标 RCS、一维像、二维像等特征,地面目标识别主要利用微多普勒、SAR 像等特征,空间目标识别主要利用目标 RCS、微动特征、一维像、二维像、极化特征、再入特征等[6]。雷达目标识别中的特征抽取至今仍未形成完整的理论体系,个别特征对于目标识别的作用难以量化。因此,现阶段的雷达目标识别研究都是在现有目标识别理论的指导下,不断尝试各种特征抽取手段,最后根据所掌握数据的分类效果对目标特征抽取方法进行取舍。

虽然不同目标识别问题采用的目标特征不尽相同,但是几乎所有的目标特征都是雷达发射的电磁波与目标相互作用而产生的各种信息,它们包含在目标散射回波之内。窄带雷达由于分辨力较低,只能将探测对象看作点目标,得到目标的散射截面积(RCS)及其统计参数、角闪烁误差(AGE)及其统计参数、极化散射矩阵、散射中心分布、距离、方位、速度等特征信息。宽带雷达可以将探测对象当作扩展目标,获得更详细的雷达目标特征信息,例如,目标一维像、二维像、微动参数等。

虽然从目标回波中可以提取多种目标特征,然而用于目标识别的特征数目并非越多越好。因为从同一目标回波中抽取的特征难免存在一定的相关性,而这种相关性往往是不易察觉的。冗余特征不仅会使运算量增大,而且还可能引入不必要的噪声。避免冗余特征的唯一途径是从目标电磁散射的机理出发,抽取与目标属性直接相关的特征,使每个特征都能得到合理的解释,但实际上很难做到这一点。此外,在光学区,由于目标特征对姿态角比较敏感,为了使特征抽取能够得到目标所有姿态下的完整信息,训练数据应来自目标所有的姿态,理论上相邻姿态角之间的间隔应越小越好。

信号信噪比低、数据率低、测量精度低、目标关联错误等问题是影响目标特征可区分性和置信度的重要因素,因此,在特征提取之前,需要进行相应的预处理工作,以降低噪声的影响和特征的敏感性、解决数据奇异和特征维度不一致等问题。数据预处理的手段包括抑制噪声、杂波及其他有源和无源干扰,虚警鉴别与多目标分辨,成像识别时的目标(载体)运动补偿、斑点效应的抑制和目标分割等。下面以各类目标识别问题经常用到的一维像特征为例说明雷达数据预处理的过程及重要性。

虽然一维像具有目标高分辨特性,可以提供目标识别所需要的识别信息,但在实际应用中,首先需要通过预处理解决一维像的敏感性问题。一维像的敏感性是由雷达特性、目标结构和运动特性相互作用所引起的,主要体现在幅度敏感性、平移敏感性和姿态敏感性。[7,8]

1) 去幅度敏感性

幅度信息在一定程度上反映了目标的散射特性,是识别目标的有用信息,但由于距离像的幅度是雷达发射功率、目标距离、目标处的雷达天线增益、电波传播、雷达高频系统损耗和雷达接收机增益等的函数,在不同的测量条件下得到的目标距离像在矢量幅度上具有较大的差异,很难直接利用。图 2.2 给出了某目标在一段时间内 HRRP 最大值相对幅度的起伏情况。可以看到即使是相邻回波其幅度的差异也是十分明显的,在此基础上提取的许多特征常相差一个常数倍,无法直接利用,在实际应用中一般通过能量(或幅度)归一化消除幅度的差异,克服幅度敏感性问题。

为了克服一维像的幅度敏感性,对一维像进行能量归一化的方法如下:

$$y(n) = \frac{x(n)}{\sum_{n=1}^{M} x^2(n)}$$

式中:$x(n)$为原始一维距离像;$y(n)$为能量归一化后的一维距离像;M 为距离像长度。

2) 去平移敏感性

当雷达目标是运动目标时,目标的运动可以分解为雷达视线方向(RLOS)

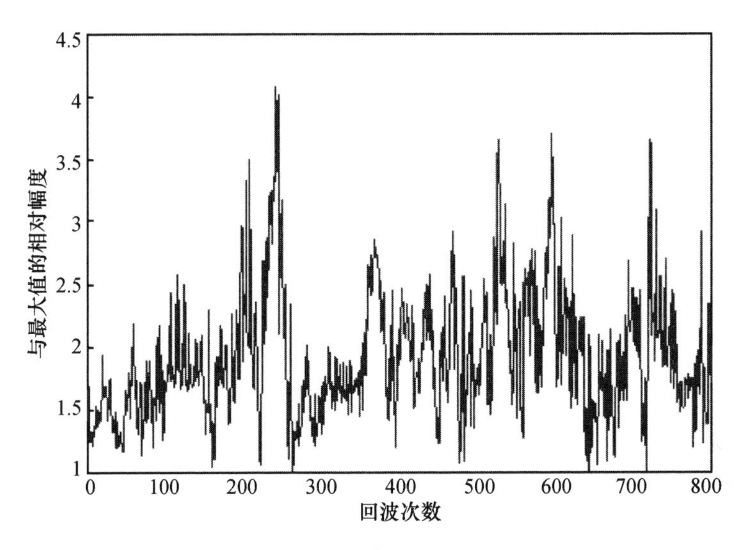

图 2.2　一维像最大值的相对幅度起伏情况

的平动和径向相对静止条件下的转动，由于 HRRP 距离开窗具有一定的余量，目标的平动在 HRRP 上反映为目标像的平移，在识别应用中产生平移敏感性。在雷达目标识别研究中通常利用滑动对齐或提取平移无关特征的方法来减小平移敏感性的影响(图 2.3)。

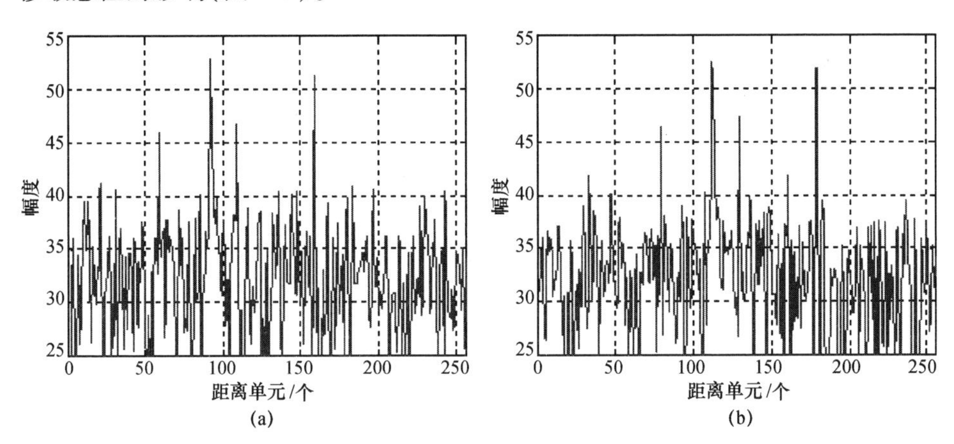

图 2.3　同一目标在不同参考距离条件下的一维像

3）去姿态敏感性

由于 HRRP 相当于目标部分散射点在距离向上的投影，当目标姿态发生改变时，目标的 HRRP 会发生相应的改变，表现为 HRRP 的姿态敏感性。图 2.4 给出了某目标姿态角连续变化情况下，HRRP 回波间的相关系数变化情况。由图中可以明显看到相邻回波相关性比较平稳，而与第一次回波相关系数随着姿态角差距的加大明显下降。一般来讲导致 HRRP 的姿态敏感性的原因有两方面：一是子回波相对相位改变，二是散射点越距离单元走动。

当目标姿态角发生改变时，同一距离单元内的各散射点相对于雷达的距离发生不同的改变，导致各散射点的子回波的相对相位变化，使得对应距离单元的幅度产生较大的差异，较大极值点的位置一般不会发生变化。当姿态角改变较小时，散射点发生越距离单元走动的情况较少，HRRP 的姿态敏感性主要由子回波的相对相位变化引起。而随着姿态角变化增大，越距离单元走动的散射点增多，各距离单元内的散射点发生较大变化，目标的 HRRP 不仅较大极值点的幅度发生变化，较大极值点的相对位置和数目也会发生改变。在雷达目标识别研究中通常利用分角域建模或利用平均距离像识别的方法来减小姿态敏感性的影响。

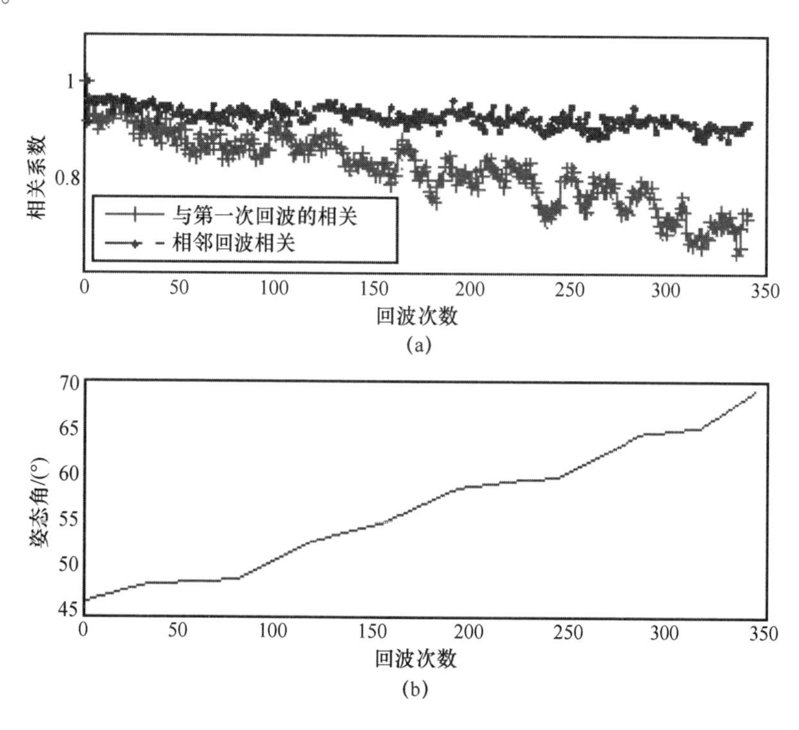

图 2.4　不同姿态一维像的相关性(见彩图)

在获得雷达目标的特征之后，利用分类器技术可对目标进行分类或者识别，这部分包括分类器的选择、训练和测试等步骤。分类器的选择是指选用适合具体雷达目标识别问题的分类器，常用的分类算法有统计模式识别算法、神经元网络模式分类算法、基于专家系统的人工智能识别算法、模糊模式分类算法及其他复合分类算法。确定分类器类型之后，利用样本特征和样本标签，学习分类器的具体参数，例如线性判别分析中的投影方向和阈值、神经网络分类器中的网络结构和权重系统。分类器的测试是利用一部分类别已知但是未参加训练的样本，对选择的分类器及其参数的有效性进行测试，该过程的分类准确率越高，则表示分类器的效果越好。分类器测试时通常采用交叉验证的方案，例如把所有已知类别的样本随机平均分成 5 份，每次取其中 4 份进行训练，剩余 1 份进行测试，最后对 5 次测试的分类准确率进行平均。

2.3　识别特征

识别特征是目标识别的灵魂，识别处理之前首先要针对目标特点选择合适的识别特征。雷达目标识别中的识别特征可分为窄带特征和宽带特征两类，它们分别是从雷达窄带回波和宽带回波提取的特征，具体特征如下。

2.3.1　窄带特征

低分辨窄带雷达一般是指距离分辨力大于一般雷达探测目标大小的雷达，在窄带雷达上，目标被近似表示为“点”目标，无法提取目标的精细结构，但是在窄带信号中可以提取许多整体性、特有属性层次下的特征，虽然有时无法进行目标的精细识别，但在其基础上进行粗分类和辅助性分类的研究，仍然具有重要意义[9]。分析当前研究情况，低分辨窄带雷达的目标特征可以粗略地分为以下六方面。

2.3.1.1　目标运动特征

目标的运动学参数，如目标的航迹、速度、机动性、空间坐标信息等揭示了不同目标空间位置和运动状态随时间的变化特性，可以有效反映目标运动性能，对于不同目标具有一定的区分能力。

飞机的飞行高度一定时，速度越大，要求发动机推力越大；飞行高度越高，对发动机推力变化越缓和，推力越小。对某一特定目标而言，飞机类型与其飞行高度、速度、机动的性能密切相关。例如，目标的运动速度、飞行高度等信息在一定程度上可以判断喷气式飞机、螺旋桨飞机、直升机、导弹等目标。

导弹、火箭、卫星、炮弹等目标的运动轨迹反映了目标随时间的变化情况，真假弹头、轻诱饵的运动轨迹有可能不同，通过滑窗多普勒（SWD）处理，得到多普勒－时间曲线，可以跟踪目标发生的各种事件，如主发动机关机、弹头弹体分离、诱饵及子弹头释放、姿态角调整等，并从中提取目标的各种运动特征，包括目标的飞行姿态、精确轨道、弹道系数（质阻比）、速度与加速度特征（再入时的减速特性）以及质心的运动特征（自旋、进动、章动），与数据库相结合，可以识别真假目标、诱饵、弹体、助推器或末级碎片等。例如，气球等假目标与弹头的速度在再入时差异很大，大气的过滤作用可以将弹头从干扰丝、充气假目标一类与弹头运动特征差别明显的干扰中区别出来。

2.3.1.2 波形和序列轮廓像特征

由于目标尺寸等整体性信息可以在窄带波形上得到一定的反映，基于单次窄带回波和序列回波轮廓像提取的特征可以用于编队飞机架次识别和目标粗分类。

低分辨力雷达因系统本身的局限性而不能揭示目标的细节信息，而且导弹目标尺寸比飞机目标小得多，且形状单一，不同目标单个波形间的差异小，但通过对大量的目标回波波形分析，即对目标回波波形进行批处理，仍可以从目标的波形组提取特征，如波形组的总体有效宽度，波形组能量的均值、方差等，获得波形拟稳态参数及波形变迁参数等，进行导弹弹头、弹体与诱饵的粗分类。针对低分辨雷达目标回波波形组的特性，综合运用现代信号处理的理论与技术，实现智能化地区分回波内本质的差异，即可区分不同类型、不同数量及真假目标的雷达回波特征差异，从而达到粗略识别目标类型、数量及真伪的目的。

2.3.1.3 RCS 特征

RCS 是度量雷达目标对照射电磁波散射能力的物理量，目标 RCS 时间序列反映目标在某一角度范围内 RCS 随角度的变化特性，与目标的结构、尺寸、材料、运动特性等直接相关，利用 RCS 序列可以提取 RCS 均值、极值、方差、偏度、峰度等统计特征。由目标 RCS 时间序列可粗略估计目标的几何尺寸，分析其形状特征。另外，一些空间目标具有自旋特性，且旋转频率稳定，其动态 RCS 有一定的规律性，根据目标的 RCS 时间序列受自旋运动的周期调制规律可以估计出目标的自旋频率，而假目标、碎片或诱饵一般没有姿态控制机制，其旋转、翻滚运动可以看成是随机运动。因此，可以通过判断观测体是否具有自旋特性来实现空间目标的粗分类。同样，可以通过 RCS 的大小判断海面舰船的吨位。

2.3.1.4 调制谱特征

通常飞机的尺寸与雷达波长相比，飞机目标散射都在光学区。由于光学区各散射中心的相互作用比较小，其散射视为线性局部过程，即飞机总的散射回波是各个独立散射中心散射回波的线性叠加。飞机旋转部件的每个桨叶散射仍然在光学区，每个桨叶可视为一个等效散射中心。旋转部件对其回波会产生一定的多普勒调制（称为微多普勒调制），其调制谱由一系列线谱组成，不同类别飞机对多普勒的调制特性不同，提取这种调制信号特征（JEM 特征）可以区分不同类型的飞机。

调制回波的多普勒谱调制周期是区分不同发动机类型飞机的一个有效特征[10~12]。调制周期只与旋转部件的旋转速度和桨叶数有关,不受飞行姿态影响,在飞行过程中是不变的。一般来说,直升机的调制周期最小,即谱线间隔最小,螺旋桨飞机居中,喷气式飞机(小型喷气式,如战斗机;大型喷气式,如民航)的调制周期较大,可以作为飞机目标的分类特征。在弹道导弹目标飞行过程中,弹头经常会有自旋、进动、章动等运动特性,从雷达目标回波中提取这些运动特征,可用于弹头目标识别。

2.3.1.5 目标极点或自然频率

目标的自然频率由目标的结构决定,不同目标的自然频率各不相同,且和目标的姿态无关,即从不同视角获取同一目标回波提取的自然频率都是相同的。目标极点分布只取决于目标形状和固有特性,与雷达的观测方向(目标姿态)及雷达极化方式无关,从而给雷达目标识别带来很大方便。基于波形综合技术的目标识别方法避开了需要实时地直接从含噪的目标散射数据中提取目标的极点的问题,它将接收到的目标散射信号回波与综合出来的代表目标的特征波形进行数字卷积,再根据卷积输出的特征来判别目标。

2.3.1.6 目标极化特征

目标的极化特征在一定程度上反映目标的形状信息,可以利用目标的极化散射矩阵来识别结构相对简单的目标。由于低分辨雷达复杂目标的极化特征对目标姿态极为敏感,通常需要与其他方法配合使用。

2.3.2 宽带特征

高分辨宽带雷达能够提供目标精细的结构信息,可以利用的目标特征有目标高分辨一维像、ISAR 图像、SAR 图像以及各种图像序列。

2.3.2.1 一维像特征

处在光学区的雷达目标,当照射电磁波的带宽使得其距离分辨单元远小于目标的径向尺寸时,目标连续占据多个距离单元,形成一幅在雷达视线距离上投影的具有高低起伏特点的目标幅度图像,称为目标一维距离像,它揭示了目标沿视线方向散射中心的分布,反映了目标精细的结构特征[13]。目标的一维距离像(或一维散射中心)是光学区雷达目标识别的重要特征,与目标实际外形之间有着紧密的对应关系,在飞机识别、舰船识别、弹道导弹目标识别中具有十分重要的意义。

然而,目标的一维距离像具有姿态敏感性,直接利用目标一维距离像作为特征具有较大的随机性,但只要对目标一维距离像进行适当处理,比如在时域、频域或时频域提取目标强散射中心位置和幅度特征,仍可以得到反映目标内在特性的特征。

2.3.2.2 二维像特征

高分辨雷达的目标二维像与一维像相比,含有更多的目标结构信息,有利于识别目标。因此,高分辨雷达的目标识别技术越来越受到人们的重视。二维成像识别目标就是利用合成孔径雷达或逆合成孔径雷达得到的高分辨二维像进行目标识别(图 2.5)。宽带波形导致的高径向分辨力与高多普勒分辨力导致的高横向分辨力相结合,是 SAR 和 ISAR 的成像基础。所呈现的二维像一定程度上反映了目标形状和结构特征,获取了很多的目标结构信息,因而有较好的识别性能。

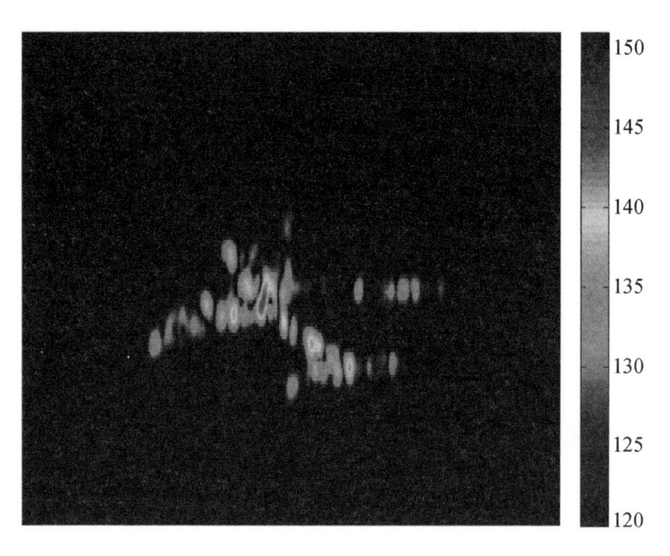

图 2.5 飞机模型的高分辨 ISAR 像(见彩图)

2.4 分类技术

在目标识别中,分类技术起着重要作用。模式识别中所用的分类方法经过特定的变换基本上都可作为雷达目标的分类方法。根据是否需要提取明确的特征矢量,可以将雷达目标分类方法分为传统方法和智能化方法。传统分类方法先要进行目标特征提取,然后在由目标特征构成的特征矢量空间度量待分类目标与库内所有目标特征矢量间的距离,利用线性判别分析、支持向量机等分类器进行目标识别。这种方法的关键在于目标特征的提取,特征提取的优劣直接决定了分类性能的好坏。智能化方法主要是基于近些年来发展起来的深度学习技术,它具有自学习功能,能够挖掘输入信息的深层特征,是未来目标分类研究领域具有较好发展前景的一类方法。然而这类方法的分类性能严重依赖于训练样本的广泛性和代表性,这也是它目前在雷达目标识别中应用受限的重要因素。具体而言,雷达目标识别中常用的分类方法有以下四种:

1)统计模式识别

统计模式识别是一种根据已知样本的统计特性来对未知类别样本进行分类的传统的模式识别方法。常用的方法有最近邻域法、相关匹配法、多维相关匹配法、最大似然 Bayes 分类器、Bayes 优化决策规则、最大似然函数法等。该方法与问题领域的属性无关,因而其算法具有较好的普适性,且易于实现。在特征维数较小的领域,可取得较好的效果。

2)模糊模式识别

在模糊集理论基础上发展起来的模糊模式识别技术适用于目标特征存在不同程度的不确定性,而这种不确定性在雷达目标识别中随处可见。在进行目标识别过程中,模糊模式识别技术通过将数值变换提取的目标特征转换成由模糊集及隶属函数表征,再通过模糊关系和模糊推理等对目标的所属关系加以判定。

3)基于模型和基于知识的模式识别

基于模型的模式识别方法是用一种数学模型来表示从目标样本空间或特征空间中获取的、描述目标固有特性的各种关系准则。在建模过程中,除了利用目标的物理特性外,还运用了特征之间的符号关系准则,如特征随姿态角变化的规律等。因此,该方法在一定程度上改善了传统统计模式识别方法中信息利用率不高的缺点。

基于知识的模式识别方法是结合人工智能技术的识别方法,它把人们在实践中逐步积累的知识和经验用简单的推理规则加以描述,并转换成计算机语言,利用这些规则可以获得与专家有同样识别效果的模式识别结果。它克服了统计模式识别难以有效处理目标姿态变化、特征模糊、部分被遮蔽等识别中的难题。

4)神经网络模式识别

神经网络具有自适应、自组织、自学习能力,可以处理一些环境信息十分复杂、背景知识不清楚的问题,通过对样本的学习建立起记忆,然后将未知模式判别为其最为接近的记忆[14-16]。

随着战场环境的日益复杂和各种目标特性控制技术的进一步发展,雷达目标识别技术将面临更加严峻的挑战。而基于信息融合的目标识别可以有效结合不同特征的优势,提高系统的抗干扰能力和环境适应能力,降低判决的不确定性,为解决雷达目标识别问题开辟了一条重要途径。

融合识别可以理解为充分利用多种特征或多个传感器资源,将这些关于目标身份的信息依据某种准则来进行组合,以获得更为准确可靠的目标识别结果。根据信息的抽象层次,融合目标识别可以分为数据层融合目标识别、特征层融合目标识别、决策层融合目标识别。

1）数据层融合目标识别

数据层融合是最低层次的融合,通过对每个传感器的原始测量信号关联和配准后进行融合,以得到品质更高的信号,然后对融合后的信号进行特征提取与模式分类得到目标的识别结果。为了融合原始测量信号,要求各传感器的原始测量信号必须是同质的(即必须是目标相同或相似物理量的观测)而且能被正确地关联和配准。对融合后的信号的处理等同于单源的处理(图2.6)。

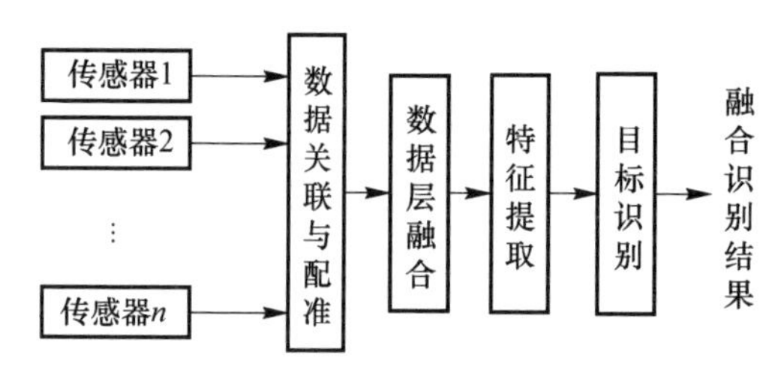

图2.6　数据层融合识别框图

数据层融合通常应用于图像目标识别领域中图像信号的融合。此外,数据层融合还可以对多次雷达回波直接进行合成以改善雷达信号处理和目标识别的性能,例如雷达测量目标位置信息时横向距离测量精度较低,通过三部雷达融合测量,利用每部雷达的高精度径向距离测量信息,可以有效提高目标位置信息测量精度(图2.7)。数据层是目标识别的最底层,融合损失少,信息互补性强,准

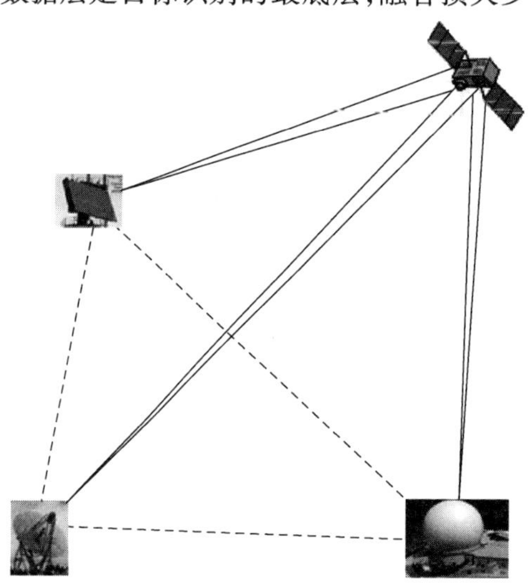

图2.7　多雷达定位提高测量精度(见彩图)

确性最高。但是它也有局限性:①处理数据量大,实时性差;②融合在最底层进行,传感器信息不确定性要求融合具有更高的纠错能力;③只能进行同类信息融合;④相关配准要求较高。

2）特征层融合目标识别

特征层融合属于中间层融合,各传感器根据各自获取的原始测量数据抽象出目标特征,融合中心对各传感器提供的目标特征矢量进行融合,并将融合后获得的融合特征矢量进行分类得到目标识别结果。同样,融合中心在对各传感器提供的目标特征矢量进行融合前需要对各组特征矢量进行关联处理,以保证参与融合的特征矢量来自同一个目标,这可以通过目标状态估计技术来解决。(图2.8)

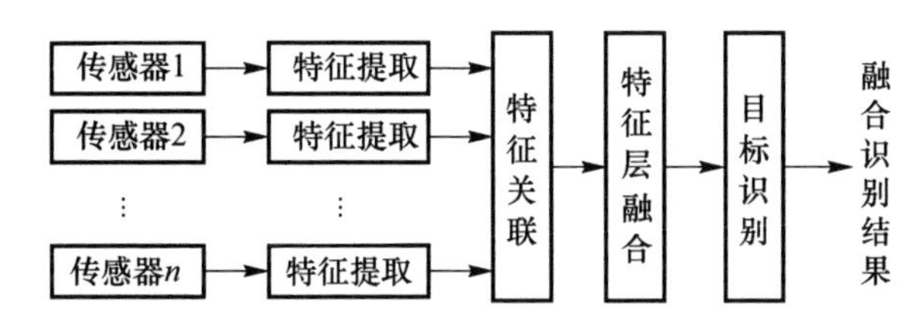

图2.8　特征层融合识别框图

特征层融合目标识别是数据层融合目标识别与决策层融合目标识别的折中形式,其对数据配准要求不像数据层融合那样严格,信息损失、对通信带宽和计算机等资源的要求处于数据层融合和决策层融合之间,既保留了足够数量的重要信息,又实现了可观的信息压缩。参与融合的传感器可以是异质传感器,具有较大的灵活性。但是融合特征矢量中量纲不统一的问题更加突出,而且融合特征矢量维数一般都比较高,这些将给后面的模式分类带来一定的困难。

3）决策层融合目标识别

决策层融合目标识别就是各传感器先在本地分别进行预处理、特征提取、模式分类,建立起对所观测目标的初步结论,然后融合中心对各传感器的识别结果进行融合以得到最后的识别结果(图2.9)。融合中心在对各传感器提供的识别结果进行融合前同样需要进行关联处理,以保证参与融合的识别结果来自同一个目标,这可以通过目标状态估计技术来解决。预警中心综合利用多雷达测量

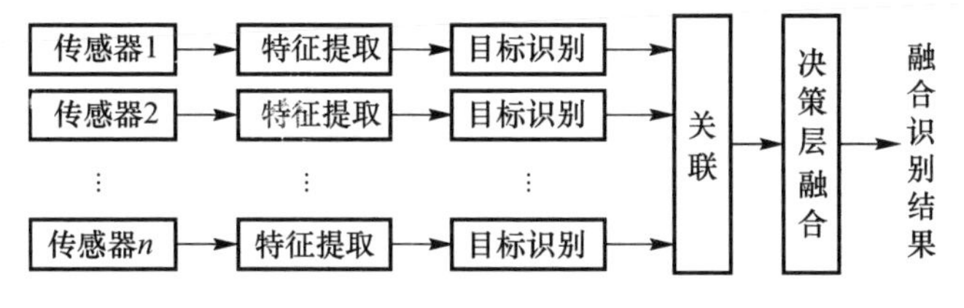

图2.9　决策层融合框图

信息进行空间目标或空中目标融合识别时,多采用决策层融合的方案,即把多个测量设备给出的识别结果进行融合(图 2.10)。

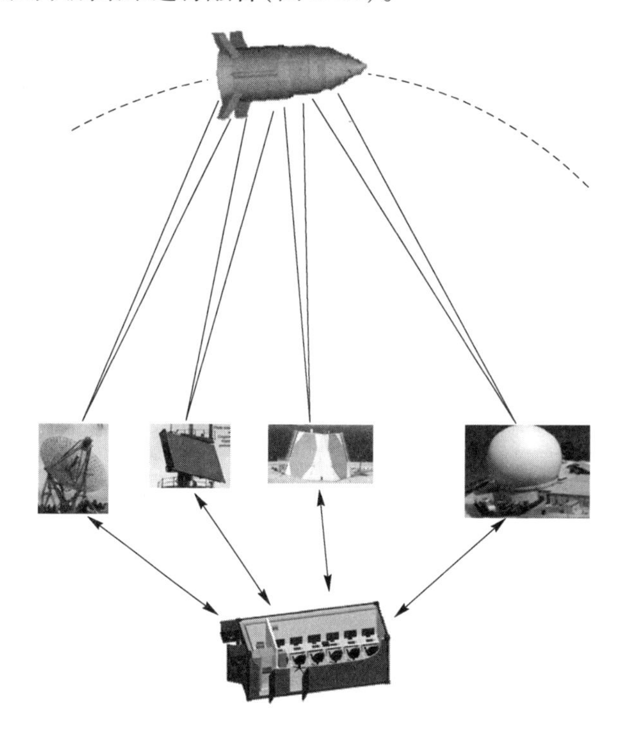

图 2.10 预警中心多雷达融合方案(见彩图)

不同层次的融合各具特点,需要根据数据特性与识别要求适当选择。目前雷达目标识别中应用较多的是特征层融合和决策层融合。

本章介绍了雷达目标识别的基础,首先介绍了雷达目标识别的主要过程和步骤,其次针对目标识别中的目标特征和分类技术两个重要的概念进行了简要介绍。在本书的后续章节中,将针对这两个概念进行更加详细的介绍。

参考文献

[1] Tait P. Introduction to Radar Target Recognition[M]. Stevenate,UK:IET,2006:432.
[2] 杨士毅. 雷达识别及反识别技术综述[J]. 系统工程与电子技术,1989(4):35 - 46.
[3] 黄敬雄. 常规雷达目标识别的原理和方法研究[D]. 西安:西安电子科技大学,1995.
[4] 许小剑,黄培康. 防空雷达中的目标识别技术[J]. 系统工程与电子技术,1996(5):48 - 62.
[5] 于连庆. 雷达目标识别方法研究[D]. 南京:南京理工大学,2007.
[6] 黄培康. 雷达目标特性[M]. 北京:电子工业出版社,2005.
[7] 姜义成. 高分辨力雷达目标识别方法的研究[D]. 哈尔滨:哈尔滨工业大学,2005.

[8] 王洋．雷达目标识别的高分辨处理技术[D]．南京：南京理工大学,2006.
[9] 丁建江,张贤达．低分辨雷达目标智能识别的最新进展[J]．现代雷达,2002,24(3)：1－4.
[10] 丁健江,张贤达．常规雷达 JEM 特征分析与目标分类的研究[J]．电子与信息学报,2003,25(7):956－962.
[11] 丁建江．飞机目标调制特征的研究及应用[D]．北京:清华大学,1998.
[12] Bell M B, Gyubbs R A. JEM modeling and measurement for radar target identification [J]. IEEE Trans. on AES,1993. 1,29(1)：73－87.
[13] Mitchell R A, Dewall R. Over view of high range resolution radar target identification [C]. Proceedings of Automatic Target Recognition Working Group, Monterey, CA. 1994.
[14] 胡守仁．神经网络导论[M]．长沙:国防科技大学出版社,1993.
[15] 陈大庆,保铮．基于多层前向网络的雷达目标一维距离像识别[J]．西安电子科技大学学报,1997,24(1)：1－7.
[16] 黄敬雄,谢维信,黄建军．基于模糊神经网络的目标识别[J]．西安电子科技大学学报,1997,24(1)：72－77.

第3章 雷达目标散射特性

雷达通过天线将电磁能量辐射到空间，利用接收到的目标散射回波信号，对目标进行检测、跟踪、成像与识别，因此雷达目标散射特性是雷达系统的共性技术，是雷达目标识别研究的重要基础与依据。

雷达目标散射特性主要研究在入射雷达波照射下，目标在频率域、角度域、极化域的电磁散射机理与特性，包括窄带特性、宽带特性、极化特性等。

本章主要介绍雷达目标散射特性相关内容，包括目标散射特性基础、目标散射特性研究方法，以及目标窄带、宽带散射特性的相关内容。

3.1 目标散射特性基础

当雷达波照射到被探测目标时，目标会对入射雷达波在全空间方向进行电磁散射，这是雷达进行目标探测的物理基础。

本节将介绍目标的电磁散射机理、在雷达业内普遍使用的用于定义目标散射能量大小的雷达散射截面积[1]（RCS）以及部分简单外形目标的电磁散射特性。

3.1.1 电磁散射机理

要研究目标电磁散射特性，就需要知道电磁波与目标相互作用时的电场与磁场，麦克斯韦方程组[2-12]是描述电磁场的基本定律。

本小节将介绍麦克斯韦方程组、介质本构关系、目标的电磁场边界条件、散射场的数学描述等电磁散射机理与公式。

3.1.1.1 麦克斯韦方程组

英国著名物理学家麦克斯韦在总结高斯、安培、法拉第等人研究的基础上，通过引入位移电流的概念，成功预言了电磁波的存在与传播，并建立了完整表述电磁规律的方程组。下式是微分形式的麦克斯韦方程组：

$$\begin{cases}\nabla \times \boldsymbol{E} = -\dfrac{\partial \boldsymbol{B}}{\partial t} \\ \nabla \times \boldsymbol{H} = \dfrac{\partial \boldsymbol{D}}{\partial t} + \boldsymbol{J} \\ \nabla \cdot \boldsymbol{D} = \rho \\ \nabla \cdot \boldsymbol{B} = 0\end{cases} \tag{3.1}$$

式中：$\boldsymbol{E}$ 为电场强度；$\boldsymbol{D}$ 为电位移矢量；$\boldsymbol{H}$ 为磁场强度；$\boldsymbol{B}$ 为磁感应强度；$\boldsymbol{J}$ 为电流强度；ρ 为电荷密度。

根据电荷守恒定律可得电流连续性方程为

$$\nabla \cdot \boldsymbol{J} = -\frac{\partial \rho}{\partial t} \tag{3.2}$$

3.1.1.2　介质本构关系

介质本构关系通常是由试验确定或根据介质的微观结构推导而得到，一般来说，对于很多介质，本构关系满足如下公式：

$$\begin{cases}\boldsymbol{D} = \varepsilon \boldsymbol{E} \\ \boldsymbol{B} = \mu \boldsymbol{H} \\ \boldsymbol{J} = \sigma \boldsymbol{E}\end{cases} \tag{3.3}$$

式中：ε 为介电常数；μ 为磁导率；σ 为电导率。

3.1.1.3　电磁场边界条件

在实际电磁散射问题中，空间中往往存在多种媒质，即存在不同媒质的交界面，在这些交界面上，由于媒质特性发生突变，导致某些场量也发生变化。下面给出电磁场边界条件。

$$\begin{cases}\hat{n} \times (\boldsymbol{H}_1 - \boldsymbol{H}_2) = \boldsymbol{J}_s \\ \hat{n} \times (\boldsymbol{E}_1 - \boldsymbol{E}_2) = 0 \\ \hat{n} \cdot (\boldsymbol{B}_1 - \boldsymbol{B}_2) = 0 \\ \hat{n} \cdot (\boldsymbol{D}_1 - \boldsymbol{D}_2) = \rho_s\end{cases} \tag{3.4}$$

式中：$\hat{n}$ 为边界面上的法线单位矢量，方向由媒质 2 指向媒质 1。

3.1.1.4　目标电磁散射问题的数学描述

目标在入射雷达波照射下的电磁散射过程可以认为是入射波在材料界面上

感应出的电流所致，这些感应电流产生目标散射场，它向全空间各个方向进行能量辐射，空间任意位置的总电磁场是入射电磁场与散射电磁场之和，即

$$\begin{cases} \boldsymbol{E}_{\mathrm{T}} = \boldsymbol{E}_{\mathrm{I}} + \boldsymbol{E}_{\mathrm{S}} \\ \boldsymbol{H}_{\mathrm{T}} = \boldsymbol{H}_{\mathrm{I}} + \boldsymbol{H}_{\mathrm{S}} \end{cases} \tag{3.5}$$

式中：$\boldsymbol{E}_{\mathrm{I}}$ 和 $\boldsymbol{H}_{\mathrm{I}}$ 分别为入射电场与磁场；$\boldsymbol{E}_{\mathrm{S}}$ 和 $\boldsymbol{H}_{\mathrm{S}}$ 分别为散射电场与磁场；$\boldsymbol{E}_{\mathrm{T}}$ 和 $\boldsymbol{H}_{\mathrm{T}}$ 分别为总电场与总磁场。

电磁场必须满足的电磁边界条件可以表示为等效的电流源和电荷源，它们又成为散射场的源，于是表面电流和虚构的表面磁流可用表面上总的切向场来表示，切向磁场可以表示为电流 $\boldsymbol{J}_{\mathrm{s}}$：

$$\hat{\boldsymbol{n}} \times \boldsymbol{H}_{\mathrm{T}} = \boldsymbol{J}_{\mathrm{s}} \tag{3.6}$$

而切向电场可以表示为虚构的磁流 $\boldsymbol{M}_{\mathrm{s}}$：

$$\hat{\boldsymbol{n}} \times \boldsymbol{E}_{\mathrm{T}} = -\boldsymbol{M}_{\mathrm{s}} \tag{3.7}$$

相应的电荷密度和虚构的磁荷密度则通过电荷守恒定律表示为

$$\begin{cases} \rho_{\mathrm{s}} = \dfrac{1}{\mathrm{i}\omega\varepsilon} \nabla \cdot \boldsymbol{J} \\ \rho^{*} = \dfrac{1}{\mathrm{i}\omega\mu} \nabla \cdot \boldsymbol{M} \end{cases} \tag{3.8}$$

式中：ρ_{s} 为电荷密度；ρ^{*} 为虚构的磁荷密度。

当要考虑空间中的目标散射场，可以把麦克斯韦方程组和矢量格林定理结合起来应用，以获得关于散射场的场方程组，斯特莱顿（Stratton）首先提出这种方法，如图 3.1 所示，边界面 S 将区域 1 和区域 2 分隔开，假设每个区域都有电流、磁流、电荷、磁荷。

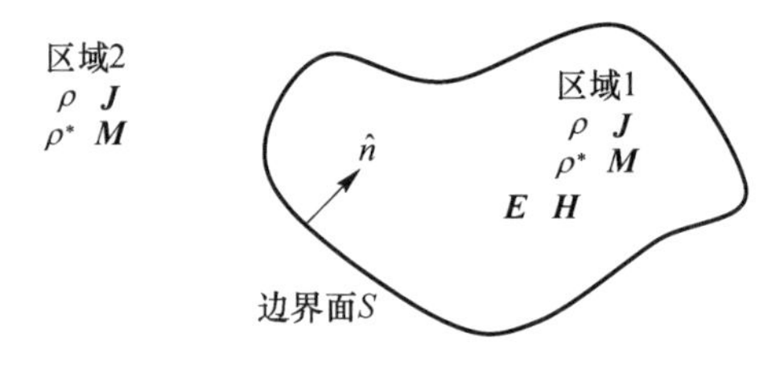

图 3.1　电磁散射问题的描述

区域 1 中任何一点的场可由斯特莱顿－朱兰成（Stratton－Chu）方程[4]给出，它等于区域 1 中各个源的体积分和由区域 2 中的源所形成的在边界面 S 上电磁场的面积分之和。

$$
\begin{aligned}
\boldsymbol{E}_S &= \int_V \left(\mathrm{i}\omega\mu \boldsymbol{J}G - \boldsymbol{M} \times \nabla G + \frac{1}{\varepsilon}\rho \nabla G \right) \mathrm{d}V + \\
&\quad \oint_S [\mathrm{i}\omega\mu(\hat{\boldsymbol{n}} \times \boldsymbol{H})G + (\hat{\boldsymbol{n}} \times E) \times \nabla G + (\hat{\boldsymbol{n}} \cdot E) \nabla G] \mathrm{d}S \\
\boldsymbol{H}_S &= \int_V \left(\mathrm{i}\omega\varepsilon \boldsymbol{M}G + \boldsymbol{J} \times \nabla G + \frac{1}{\mu}\rho^* \nabla G \right) \mathrm{d}V - \\
&\quad \oint_S [\mathrm{i}\omega\varepsilon(\hat{\boldsymbol{n}} \times \boldsymbol{E})G - (\hat{\boldsymbol{n}} \times \boldsymbol{H}) \times \nabla G - (\hat{\boldsymbol{n}} \cdot \boldsymbol{H}) \nabla G] \mathrm{d}S
\end{aligned}
\tag{3.9}
$$

式中：$G = \dfrac{\exp(\mathrm{i}kR)}{4\pi R}$是自由空间的格林函数；$R = |\boldsymbol{r} - \boldsymbol{r}_s|$；$\boldsymbol{r}_s$ 是源点矢量；$\boldsymbol{r}$ 是场点矢量。

Stratton - Chu 方程描述了任意物体电磁散射的一般情况，可用求解积分方程的数值计算方法获得它们的解，后面将介绍求解散射问题的相关数值方法。

对于理想导体情况[7-9]，Stratton - Chu 方程可以简化为

$$
\begin{aligned}
\boldsymbol{E}_S &= \mathrm{i}\omega\mu \oint_S \left[\boldsymbol{J}G + \frac{1}{k^2}(\nabla \cdot \boldsymbol{J}) \nabla G \right] \mathrm{d}S \\
\boldsymbol{H}_S &= \oint_S (\boldsymbol{J} \times \nabla G) \mathrm{d}S
\end{aligned}
\tag{3.10}
$$

式(3.10)就是描述目标散射电磁场的方程式。

3.1.2 RCS 定义

在雷达行业内，雷达散射截面积[13-20]（RCS）是一种度量目标对入射雷达波电磁散射能力的物理量，目标 RCS 是雷达目标识别的重要特征之一，其定义如下：

$$
\sigma = 4\pi \lim_{R \to \infty} R^2 \frac{|\boldsymbol{E}_s|^2}{|\boldsymbol{E}_i|^2} \tag{3.11}
$$

式中：σ 为雷达散射截面；R 为雷达与目标的距离；$\boldsymbol{E}_s$ 为雷达处收到的目标散射电场强度；$\boldsymbol{E}_i$ 为目标处入射雷达波电场强度。

RCS 的单位是 m^2，由于目标 RCS 数值起伏很大，通常采用分贝平方米进行表示，即 dBsm，与线性单位之间换算公式为 $\sigma_{dB} = 10 \times \lg(\sigma)$。

根据公式，RCS 是定义在远场条件下的，因此散射电场与入射电场都是平面波，RCS 与距离没有关系。

目标 RCS 并不是目标实际的物理几何横截面积，只是目标的一种等效散射面积，它表征目标截获和散射雷达入射波的能力。

影响目标 RCS 的因素很多,主要包括目标外形与结构、表面涂覆材料、入射波频率、入射波极化、入射角度、散射角度等。因此,目标 RCS 通常不是常数,而是随多种因素变化的变量,具有一定的概率分布。

RCS 按雷达接收站与发射站和目标之间的夹角来分,有单站 RCS、双站 RCS。如果收发位于同一地理位置,使用同一天线,则是单站 RCS;如果收发位置不重合,则是双站 RCS,入射波方向与散射波方向之间在目标处形成的夹角称为双站角。

RCS 按照雷达入射波波长与目标物理特征尺寸的关系,可以分为瑞利区、谐振区与光学区。首先定义目标电尺寸,即目标电尺寸等于目标物理几何尺寸与波长之比,$ka=2\pi a/\lambda$,a 是目标物理几何尺寸,λ 是入射波波长。当电尺寸 $ka<0.7$ 时,目标处于瑞利区,RCS 主要与目标体积有关,一般与波长 4 次方成正比;当目标电尺寸 $ka>20$ 时,目标处于光学区,RCS 主要取决于其外形、表面粗糙度等;谐振区是目标电尺寸介于瑞利区和光学区之间,$0.7\leqslant ka\leqslant 20$,由于目标上各个散射分量之间存在干涉,RCS 随频率变化产生起伏振荡特性,在此区域内,预估目标 RCS 只有采用求解矢量波动方程的严格解。

目标 RCS 是一种标量,它是入射场与散射场极化特性的函数。根据电磁场理论,任意电场极化可以分解为一组相互正交的电场极化分量之和。因此可以采用矩阵形式表示极化散射特性:

$$\begin{bmatrix} E_1^{\mathrm{S}} \\ E_2^{\mathrm{S}} \end{bmatrix} = \begin{bmatrix} S_{11} & S_{12} \\ S_{21} & S_{22} \end{bmatrix} \begin{bmatrix} E_1^{\mathrm{I}} \\ E_2^{\mathrm{I}} \end{bmatrix} \tag{3.12}$$

式中:$\begin{bmatrix} E_1^{\mathrm{I}} \\ E_2^{\mathrm{I}} \end{bmatrix}$是一组正交极化入射电场;$\begin{bmatrix} E_1^{\mathrm{S}} \\ E_2^{\mathrm{S}} \end{bmatrix}$是一组正交极化散射电场;$\begin{bmatrix} S_{11} & S_{12} \\ S_{21} & S_{22} \end{bmatrix}$是目标极化散射矩阵,是具有幅度与相位的复数。

极化散射特性也是雷达目标识别的重要特征参数之一,在高分辨力合成孔径成像目标识别中具有重要应用。

3.1.3 金属球的散射特性

金属球由于具有与视角无关的独特几何特性,且可以通过分离变量法给出精确的电磁散射特性理论解析解,因此被广泛应用于电磁仿真算法验模、雷达系统标校、目标 RCS 测量定标等场合,掌握金属球的电磁散射特性结果具有非常重要的理论价值与工程意义。

金属球的几何外形与球坐标系吻合,是为数不多的具有理论解析解的散射目标。根据文献[7],金属球的散射电场计算公式如下:

$$
\begin{aligned}
E_{\theta}^{s} &= \frac{jE_0}{kr}e^{-jkr}\cos\phi\sum_{n=1}^{\infty}j^n\left[b_n\sin\theta P_n^{1'}(\cos\theta) - c_n\frac{P_n^1(\cos\theta)}{\sin\theta}\right] \\
E_{\phi}^{s} &= \frac{jE_0}{kr}e^{-jkr}\sin\phi\sum_{n=1}^{\infty}j^n\left[b_n\frac{P_n^1(\cos\theta)}{\sin\theta} - c_n\sin\theta P_n^{1'}(\cos\theta)\right]
\end{aligned}
\tag{3.13}
$$

$$
b_n = -a_n\frac{\hat{J}_n'(ka)}{\hat{H}_n^{(2)'}(ka)}, c_n = -a_n\frac{\hat{J}_n(ka)}{\hat{H}_n^{(2)}(ka)}, a_n = \frac{j^{-n}(2n+1)}{n(n+1)} \tag{3.14}
$$

式(3.13)和式(3.14)中数学符号说明详见文献[7]。

利用上述计算公式,编写计算程序,可以获得金属球在频率域 RCS、极化域 RCS、宽带一维距离像和双站 RCS 的散射特性。

3.1.3.1　金属球频率域 RCS 特性[20]

定义金属球的电尺寸为金属球大圆周长与雷达波长的比值,即 $ka=\frac{2\pi a}{\lambda}=\frac{2\pi fa}{c}$,$k$ 是波数,a 是金属球半径,λ 是入射波波长,f 是入射波频率。定义金属球归一化 RCS 为金属球 RCS 与金属球几何横截面积 πa^2 的比值,即$\frac{\sigma}{\pi a^2}$。

图 3.2 是半径为 a 的金属球归一化 RCS 随电尺寸 ka 变化的曲线。

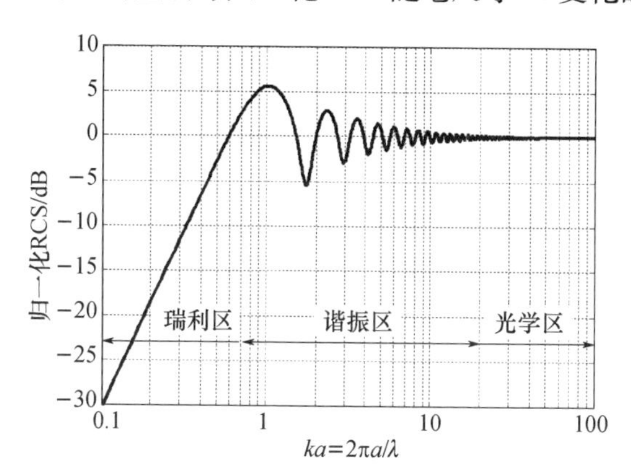

图 3.2　金属球归一化单站 RCS 曲线

从图 3.2 可见,金属球频率域归一化 RCS 曲线可以划分为三个区域,即瑞利区、谐振区和光学区。

1）瑞利区

电尺寸 $ka<0.7$ 属瑞利区,即雷达波长远大于金属球半径。采用曲线拟合方法,对数归一化 RCS 随电尺寸 ka 变化的拟合公式为

$$对数归一化\ RCS(dB) = 40 \times \lg(ka) + 9.56 \tag{3.15}$$

将式(3.15)转化为线性归一化 RCS 的拟合公式为

$$线性归一化\ RCS = 9.0365 \times (ka)^4 \tag{3.16}$$

将式(3.16)转化为线性 RCS 的拟合公式为

$$RCS(m^2) = 28.389 \times k^4 \times a^6 \tag{3.17}$$

从式(3.17)可见,金属球在瑞利区的 RCS 与波数 k 的 4 次方和半径 a 的 6 次方成正比,即瑞利区 RCS 与频率 4 次方成正比。

2) 谐振区

电尺寸 ka 介于 0.7 和 20 之间属谐振区,即雷达波长与金属球半径相当,金属球归一化 RCS 随电尺寸 ka 呈现振荡衰减并收敛的特点。后面将通过宽带一维距离像分析,给出谐振区 RCS 具有振荡特性的原因——金属球镜面反射与球表面爬行波绕射这两个散射源相干叠加。

$ka \approx 1.028$ 时,对数归一化 RCS 最大值约 5.65dB;$ka \approx 1.744$ 时,对数归一化 RCS 最小值约 -5.54dB。

3) 光学区

电尺寸 $ka > 20$ 属光学区,即金属球半径远大于雷达波长,金属球 RCS 与频率无关,等于金属球几何横截面积 πa^2。金属球光学区 RCS 等于其几何横截面积属特例情况,对其他复杂目标并不一定成立。

3.1.3.2 金属球极化域散射特性

根据金属球散射电场计算公式(3.13),金属球的交叉极化等于 0,只有同极化散射,因此金属球的极化散射矩阵$\begin{bmatrix} S_{11} & S_{12} \\ S_{21} & S_{22} \end{bmatrix} = \begin{bmatrix} \sigma & 0 \\ 0 & \sigma \end{bmatrix}$。

3.1.3.3 金属球宽带一维距离像特性

针对瑞利区、谐振区和光学区,分别研究金属球的宽带一维距离像散射特性。

瑞利区 ka 的范围取 0.1 ~ 0.7,谐振区 ka 取 0.7 ~ 20,光学区 ka 取 20 ~ 100,金属球宽带一维距离像分别如图 3.3 所示。图中横坐标是用金属球半径 a 进行归一化的径向距离,横坐标 0 对应于金属球的球心位置,纵坐标是金属球宽带一维距离像的归一化幅度。

从图 3.3 可见,在瑞利区宽带一维距离像中仅有一个散射峰,位于金属球的球心位置;而在谐振区与光学区则存在两个散射峰,第一个散射峰位于横坐标 -1位置处,这是金属球对入射波镜面反射造成的,其散射能量最强,第二个散射

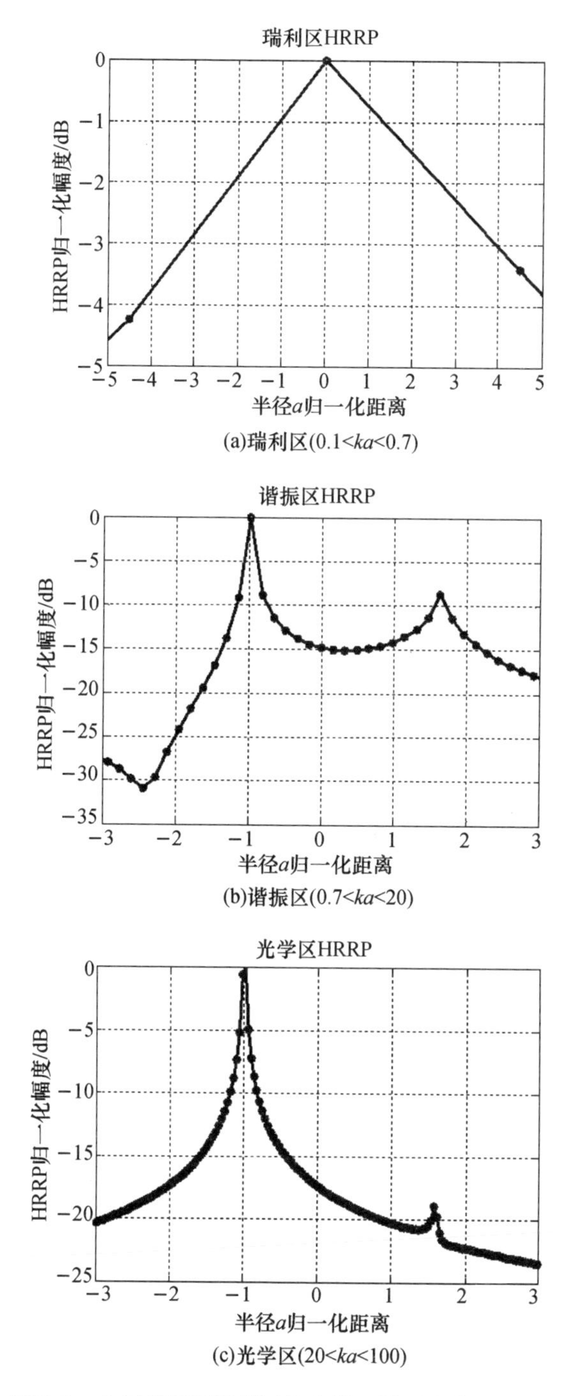

(a)瑞利区($0.1<ka<0.7$)

(b)谐振区($0.7<ka<20$)

(c)光学区($20<ka<100$)

图 3.3　金属球不同散射区的宽带一维距离像(HRRP)

峰位于横坐标 1.57 位置处,这是由于金属球在入射波激励下,球表面的爬行波围绕金属球阴影面传播并散射造成的,其散射能量相对较弱,如图 3.4 所示。

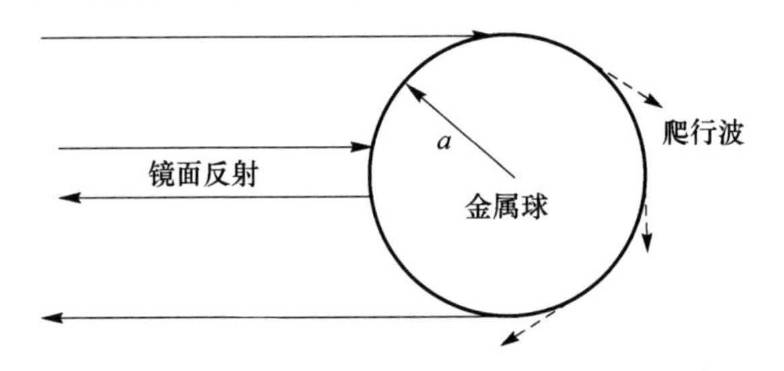

图 3.4 金属球镜面反射与表面爬行波

在图 3.4 中,爬行波围绕金属球阴影的传播路程与镜面直接反射路程差为 $2a+\pi a=5.14a$,单程距离差为 $2.57a$,这就对应于金属球宽带一维距离像中两个散射峰值之间的距离。

爬行波沿金属球表面传播会不断散射,金属球电尺寸 ka 越大,爬行波传播路径越长,衰减则越大,散射就越弱,最终仅存在镜面反射。

3.1.3.4 金属球双站散射特性

根据金属球散射电场计算公式,按照瑞利区、谐振区和光学区,分别研究金属球的双站 RCS,双站角定义如图 3.5 所示。

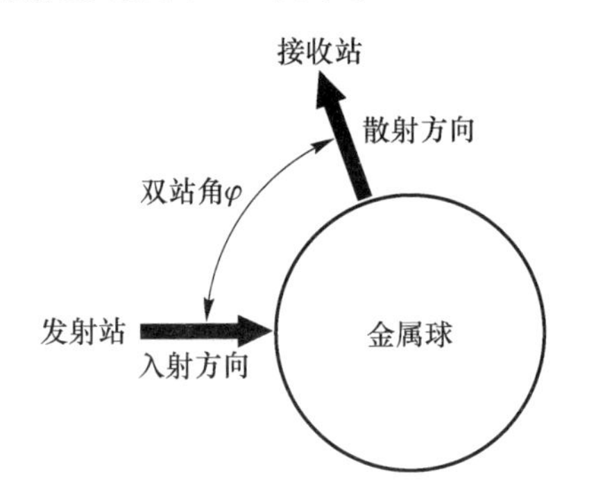

图 3.5 金属球双站角示意图

1) 瑞利区

瑞利区 $ka=0.1$ 和 $ka=0.5$ 的双站 RCS 曲线如图 3.6 所示,其中包括 E 面和 H 面。当入射方向与散射方向构成的双站散射平面内包含入射电场矢量,则称为 E 面;当入射方向与散射方向构成的双站散射平面包含入射磁场矢量,则称为 H 面。

从图 3.6 可见,瑞利区双站 RCS 都小于双站角为零的单站 RCS;E 面双站

RCS 在双站角约 118°～120°附近存在极小值。

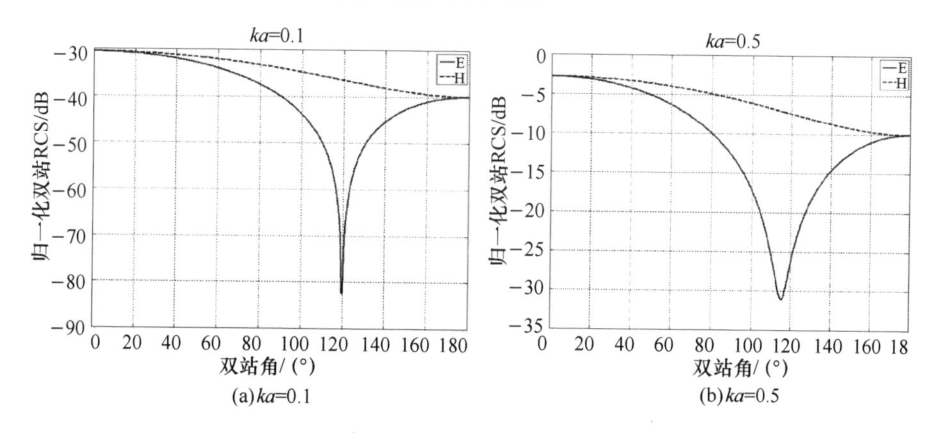

图 3. 6　归一化双站 RCS(瑞利区)

2）谐振区

谐振区 $ka=1$、$ka=2$、$ka=5$ 和 $ka=10$ 的双站 RCS 如图 3. 7 所示，其中包括

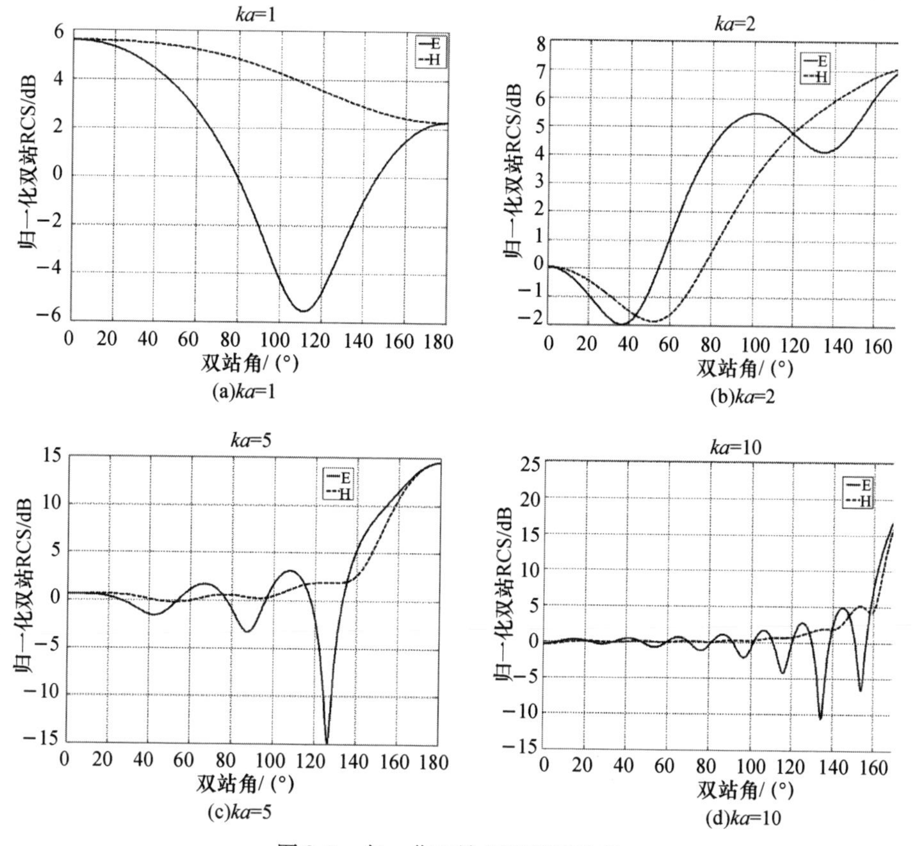

图 3. 7　归一化双站 RCS(谐振区)

E 面和 H 面。随着 ka 增大,大双站角的双站 RCS 大于单站 RCS。H 面双站 RCS 比 E 面双站 RCS 随双站角起伏要小。

3）光学区

$ka=50$ 和 $ka=100$ 的双站 RCS 如图 3.8 所示,其中包括 E 面和 H 面。从 $ka=50$ 的曲线可见,双站角在 0°～120°范围内,双站 RCS 近似等于单站 RCS,随着双站角变大,E 面双站 RCS 振荡起伏变大,H 面双站 RCS 则单调增加。当 ka 继续增大,双站 RCS 等于单站 RCS 的最大双站角也随之增大,如 $ka=100$ 时,双站角在 140°以内,双站 RCS 等于单站 RCS,因此电大尺寸金属球可用于双站 RCS 测量定标。

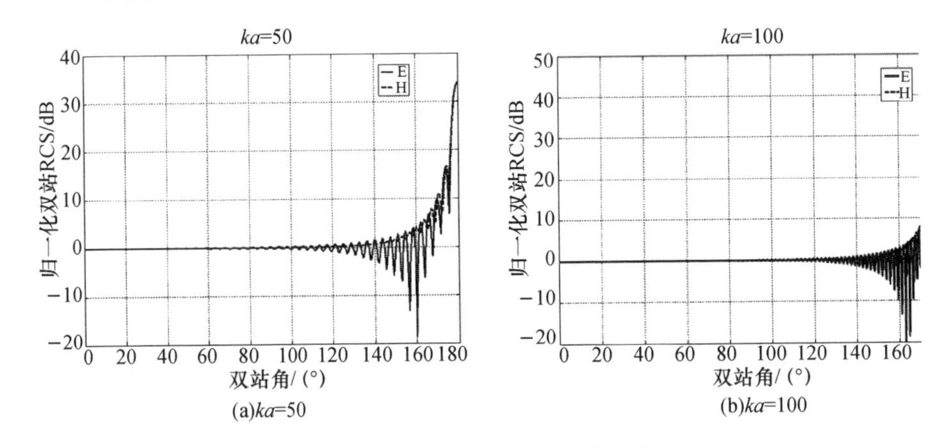

图 3.8　归一化双站 RCS(光学区)

3.2　目标散射特性研究方法

雷达目标电磁散射特性的机理与现象非常复杂,既与目标自身的几何外形、结构和表面涂覆材料有关,又与入射电磁波的频率、角度和极化相关。理论分析、电磁仿真、内外场测量已经成为研究雷达目标电磁散射特性的主要方法。

本节将重点介绍研究获取目标特性数据的三类方法。

3.2.1　理论分析

理论分析,又称解析法、经典解法、级数解法,是根据目标电磁散射问题与电磁场边界条件,利用分离变量法,严格求解经典麦克斯韦方程组的方法,有许多经典电磁理论著作可供参考[2,4,7]。

仅当目标表面与某个正交坐标系的坐标面重合或平行时,才能利用分离变量法建立目标散射问题的严格解析解。到目前为止,只有在 11 种正交坐标系下才可以利用分离变量法,因此解析法无法求解外形复杂目标的电磁散射问题,只能求解一些外形特殊的简单目标体,如球体、柱体、尖劈等。

理论分析虽然应用范围有限,但由于能够获得严格理论解,对理解电磁散射机理、推导高频近似方法、仿真算法验模、RCS 测量定标、雷达系统标校等都具有非常重要的价值。

3.2.2　电磁仿真

为了能够获得具有任意复杂外形目标的电磁散射特性,许多科学家开始研究对麦克斯韦方程或与之等效的积分方程采用数值计算法求解电磁散射问题。随着20世纪40年代计算机的诞生以及随后计算机软硬件性能水平不断发展与提高,利用数值法求解散射问题的电磁仿真成为可能。电磁仿真算法可以分为高频近似法与全波数值法[10,21],下面分别进行介绍。

3.2.2.1　高频近似法

高频近似法,又称为射线光学法。当目标外形几何尺寸远大于入射电磁波波长时,称目标是电大尺寸目标或目标处于散射的光学区。对于电大尺寸目标,基于散射场的局部性原理,即忽略目标上不同部位之间的电磁互耦,可以应用高频近似法分析电磁散射问题,散射场主要来源于各个独立散射中心回波的相干叠加。

从20世纪50年代以来,相继出现了多种高频近似法,主要包括几何光学(GO)法、几何绕射理论(GTD)、一致性几何绕射理论(UTD)、一致性渐近理论(UAT)、等效电流法(ECM)、等效边缘电流(EEC)、物理光学(PO)法、物理绕射理论(PTD)、增量长度绕射系数(ILDC)法和弹跳射线方法(SBR)等。

几何光学法[22](GO)采用光学的射线和射线管概念分析电磁散射现象,能够较为准确地计算直射场、反射场和折射场,但无法分析阴影区的绕射场,具有物理概念清晰和简单易算的特点。

几何绕射理论[23](GTD)是 J. B. Keller 于20世纪50年代提出的,在几何光学的基础上,引入了绕射射线的概念,克服了几何光学在阴影区失效的缺点,同时改善了照亮区的几何光学解,但在照亮区和阴影区的边界过渡区内失效。

20世纪70年代由 Kouyoumjian 与 Pathak 提出的一致性几何绕射理论[24](UTD)和 Lee 与 Deschamps 提出的一致性渐近理论[25](UAT)克服了 GTD 的缺陷。UTD 和 UAT 在几何光学阴影边界过渡区内都有效,在阴影边界过渡区外自动简化为 GTD。

但基于射线理论的缘故,GO、GTD、UTD 和 UAT 在焦散区都失效,可以采用由 Millar 提出的等效电流法[26]以及 Michaeli 提出的等效边缘电流[27](EEC)来解决,但是当几何光学阴影边界区与绕射线或几何光学射线的焦散区重合时,则需要采用后面介绍的物理绕射理论(PTD)进行计算。

物理光学法[22](PO)基于斯特莱顿 - 朱兰成(Stratton - Chu)方程的简化形式,即忽略目标阴影区的电流分布,认为目标照亮区的表面电流仅由入射电磁场激励产生,散射场由目标表面感应电流通过积分计算获得。根据经验,PO 在偏离垂直入射角 ±40°以内能给出较好的计算结果。PO 无法考虑目标上存在的不连续性,不能计算交叉极化特性。

物理绕射理论[28](PTD)是苏联学者 Ufimtsev 于 20 世纪 60 年代提出的,是物理光学法(PO)的引申,即通过引入电流修正项来改善物理光学得到的目标表面感应电流,对几何光学阴影边界过渡区和射线的焦散区都有效。随着计算机技术的发展,PTD 获得了广泛应用。

由于 GTD 和 PTD 都依赖于二维尖劈问题的严格解,故只能应用于 Keller 锥的散射方向。Mitzner 提出的增量长度绕射系数(ILDC)法[29]克服了上述应用的限制,可以推广到任意散射方向。

弹跳射线(SBR)法[30]是基于上述多种高频法的综合实现,能够计算包括腔体在内的复杂目标电磁散射问题。

高频近似法具有物理概念清楚、场分布可以直接写出表达式、简单易用、计算速度很快、存储量少等优点,因此被广泛应用于各类电大尺寸复杂目标电磁散射特性分析。结合计算机图形学以及计算机显卡图形处理单元(GPU)硬件加速等新技术,高频近似法获得了很快发展。

基于高频近似法的国外典型电磁仿真软件有 Xpatch、Lucernhammer、RadBase 等,其中 Xpatch[31]软件是由美国 Leidos 公司(原 SAIC 公司)开发,代表当前国际最先进水平的高频电磁仿真软件。经过多年的开发、应用和改进,Xpatch 可以分析提取军用复杂目标的电磁特征,包含目标 RCS、宽带一维距离像、合成孔径雷达像、逆合成孔径雷达像以及三维散射中心等。

3.2.2.2 全波数值法

全波数值法是对微分形式的麦克斯韦方程组或与之等效的积分方程用数值计算方法进行求解的一类电磁仿真算法,主要包括由 Harrington 提出的矩量法[32,33](MoM)、Yee 提出的时域有限差分法[34](FDTD)以及有限元法(FEM)等算法。由于数值法能够计算任意外形的复杂目标,且具有计算精度高、使用灵活等优点,而得到广泛应用。

矩量法(MoM)是将微分形式的麦克斯韦方程组转化为积分方程,基于线性叠加原理和格林函数,通过基函数和权函数将积分方程离散化为矩阵方程进行求解。由于仅需要在目标表面进行网格剖分,矩量法非常适用于电磁辐射与散射问题的求解。

时域有限差分法(FDTD)是采用有限差分来代替麦克斯韦旋度方程组的微分算子,从而将微分方程离散化为差分方程,进而求解空间电磁场问题。不同于积分形式的矩量法,时域有限差分法需要人为引入吸收边界条件(Absorbing Boundary Conditions,ABC),将开放域散射问题转化为有限域问题进行求解,吸收边界条件主要有 Mur 边界条件[35]、完全匹配层[36](Perfectly Matched Layer,PML)等。时域有限差分法具有编程简单、计算复杂度较低、适于并行计算的特点,通过在空间域与时间域进行离散化,非常适合复杂非均匀媒质与时域散射问题的求解。

在机械结构领域被广泛应用的有限元法[37,38](FEM)也被引入电磁散射问题的分析。有限元法通过将描述散射问题的微分方程转化为泛函变分的形式进行离散化求解。由于有限元法离散后得到的是稀疏矩阵方程,存储量和计算量都远小于稠密满矩阵,因此非常适合求解三维复杂媒质的散射问题。

为了满足计算精度,全波数值法通常需要在一个波长范围内剖分 6 ~ 10 个网格,受限于计算机的存储量和计算量,无法求解电大尺寸目标的电磁散射问题,仅适用于电小尺寸散射问题。

从 20 世纪 90 年代以来,基于全波数值法的快速算法受到高度关注,相继发展出多种高效快速算法[39],如阻抗矩阵局部化[40](IML)、自适应积分法[41](AIM)、共轭梯度 - 快速傅里叶变换法[42](CG - FFT)、快速多极子方法[43-45](FMM)和多层快速多极子方法(MLFMA)[46,47]等,能够在很大程度上降低存储量和计算量。快速多极子方法通过多极子展开和对目标进行分组,采用“聚合 - 转移 - 配置”的方式将矩量法的存储量和计算量由 $O(N^2)$ 降低到 $O(N^{1.5})$ 量级(N 是未知数个数);采用多层分组技术的多层快速多极子方法,则将存储量和计算量进一步降低到 $O(N\times\log N)$ 量级,极大地增强了仿真能力,提高了求解散射问题的电尺寸规模。因此,快速多极子方法于 2000 年被《IEEE 科学与工程计算杂志》评选为 20 世纪十大最重要的算法之一[48],“在处理 N 个物体的计算复杂度上获得突破性进展,被应用于从天体力学到蛋白质重组的广大领域”。

利用现代高性能并行计算机与高效并行快速算法,全波数值法的求解能力得到了极大地提升。目前,基于高度并行 MLFMA 的快速算法,在高性能服务器上已经能够求解达数亿未知数的超电大尺寸任意外形复杂目标的电磁散射问题,这在过去是难以想象的。

基于全波数值法的国外仿真软件主要有 SAF、SIGLBC、FISC[49]、HFSS、Tempus、Eiger、CARLOS、CICERO、Galaxy、JRMBoR、FEKO、CST、XFDTD 等。

3.2.3　内外场测量

利用雷达对目标开展散射特性测量,为雷达目标识别研究提供重要数据来源。根据 RCS 的定义，被测目标必须满足远场平面波照射的条件，即 $R > \frac{2D^2}{\lambda}$，这被称为瑞利准则。室内场和室外场测量系统通过不同方法可以实现远场条件，下面分别介绍室内场测量和室外场测量。

3.2.3.1 室内场测量

室内测试技术的关键问题是如何在有限的距离内得到平面波。可以采用紧缩场[15,17,19]（CATR）技术或利用近场测量/近远场变换的方式实现远场测量要求。

室内场测量系统具有占地小、测量频段宽、测试效率高、背景电平低、测量精度高、不受气象条件影响能够全天候工作、保密性好等优点，因而受到高度关注。

1）紧缩场测量

紧缩场通过在微波暗室内采用精密反射面或介质透镜，将馈源产生的球面波在近距离内变换为平面波，从而满足远场测试要求，反射面是目前应用最多的紧缩场测量形式，此外还有全息测量技术。

紧缩场测试系统包括反射面、馈源、目标支架、幅相测量及分析控制软件四个分系统[50,51]。反射面将馈源发出的球面波矫正为平面波，测试频率越高，对反射面的型面精度要求则越高，包括单反射面、双反射面等形式；馈源系统负责辐射和接收电磁波，测量的各个波段需要采用不同形式的馈源天线，为了提高测试效率，可采用超宽带馈源，一种馈源一次能够测试几个波段的目标散射特性数据；目标支架提供对待测目标的支撑，使目标置于静区范围内，要求支架的后向散射远小于被测目标，因此低散射支架对隐身目标 RCS 测量非常重要。此外，为了获得待测目标随方位角度变化的电磁散射特性数据，支架系统都配备了方位面、甚至俯仰面能够转动的伺服系统。目标电磁散射响应由幅度和相位测量分系统得到，一般采用商用矢量网络分析仪完成该功能，当测量隐身目标时，还需要使用功率放大器或者低噪声放大器，以提高幅/相测量系统的灵敏度。

紧缩场产生的用于测量目标特性的平面波区域被称为目标静区，待测目标就放置于此区域。由于室内场地的限制，静区尺寸有限，紧缩场通常仅能测量中小尺寸目标或根据电磁缩比关系对缩比模型进行测量。

国外非常重视雷达目标散射特性的测量研究，陆续建成了不同尺寸、多种用途的紧缩场测量系统，图 3.9 所示为美国林肯实验室的室内场测量系统。图 3.10 所示为美国海军的室内紧缩场测量系统。

2）近场测量

散射近场测量[10]是在辐射近场测量基础上发展起来的。目前，在国际上天线近场测量已经成为通用的测试标准，具有很高的测量精度。根据近场扫描形

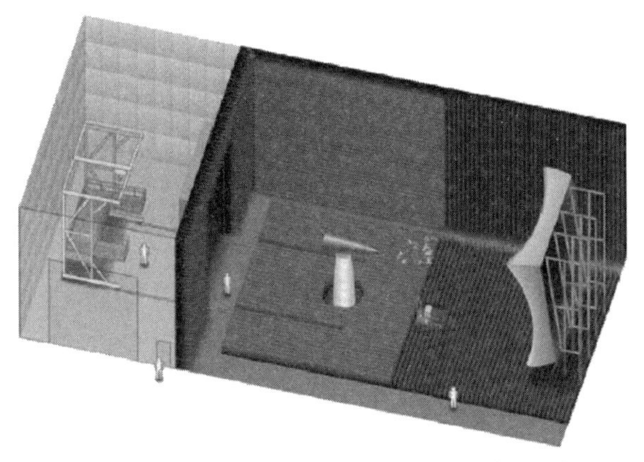

图 3.9　美国林肯实验室的室内场测量系统(见彩图)

图 3.10　美国海军的室内紧缩场测量系统(见彩图)

式,可以分为平面近场测量、柱面近场测量和球面近场测量,其中平面近场测量是应用最多、最成熟的一种散射特性测量方式。

近场测量系统包括一个连接收发探头天线的微波矢量网络分析仪,高精度位置步进的扫描架系统完成近场采样移动和承载平台的功能。收发探头天线在被测目标附近完成散射采样的功能,在计算机上用软件完成各个方向上的平面波综合,因此也称为数字紧缩场。利用测量的近场散射数据通过近远场变换,可获得目标在远场的散射特性。

由于在室内对全尺寸目标散射特性测量具有优势,近场测量系统近些年来受到高度关注,国外已经建成了多座近场测量系统。图 3.11 所示为安装在美国佐治亚州 Marietta 工厂的 F-22 近场测试系统以及安装在得克萨斯州 Fort Worth 工厂的 F-35 近场测试系统。

室内场测量具有很多优势,宽带的雷达特征测量和成像诊断分析对于研制和验证军事目标雷达回波能量减缩技术是十分重要的。检查这类武器的低可探

(a) F-22 近场测量系统

(b) F-35 近场测量系统

图 3.11　近场测量系统(见彩图)

测性能不仅对于验收测试,而且对于飞行在线维护和作战损伤维修都是非常重要的。另外从安全保密的角度,室内场测量也具有优势。在投资上,不需要大面积的室外场地投资和维护,可以建造在总装厂附近、在空军基地的机库中,甚至还可以装在航空母舰的飞机库中。

3.2.3.2　室外场测量

根据待测目标运动与否,室外场测量可以分为静态测量和动态测量。

1）静态测量

室外场静态测量系统主要包括发射与接收设备、目标支架与转台、定标体、数据采集与记录、控制系统等[10,17,19]。为了满足远场条件,待测目标与测量天线之间的距离通常很远,可达数千米。图 3.12 所示为某室外场静态测量系统。

图 3.12　室外静态测试场(见彩图)

待测目标架设在低散射目标支架上,由多频段收发天线进行目标散射特性测量,如图 3.13 所示。

(a)低散射支架

(b)多频段收发天线

图 3. 13　目标支架与收发天线(见彩图)

为了降低环境电磁干扰对测量精度的影响,室外场通常选择建在人烟稀少、地势开阔、保密性较好的戈壁地区。

国外非常重视室外静态测量场地的建设,从 20 世纪 50 年代开始,美国和西方其他国家相继开展室外静态测试场建设,其中最著名的 RATSCAT 国家测试场,位于美国新墨西哥州白沙靶场内,是美国目标特性测量认证的重要权威机构,如图 3. 14 所示。

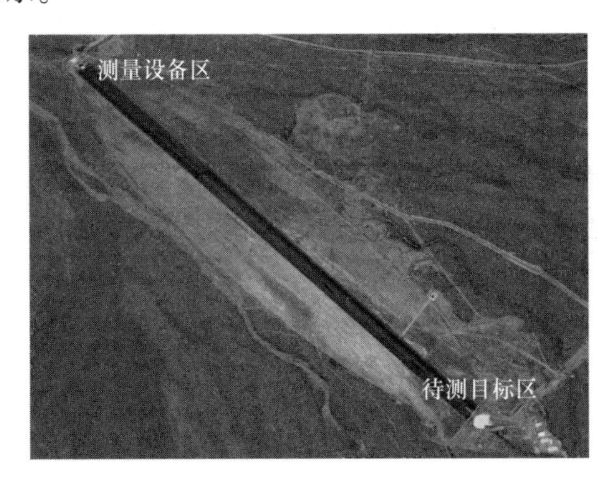

图 3. 14　美国 RATSCAT 测试场(见彩图)

室外场静态测量系统的优点主要有:对待测目标几何尺寸无严格限制,适于进行全尺寸、大目标的测量;具有优良的低频段测试性能;测量数据置信度高等。主要缺点有:占地面积大、建设成本高、测量条件易受环境影响、背景电平高、保密性差,针对高频段大尺寸目标,仍然无法满足远场条件,需要采用近远场变换修正测量结果。

2）动态测量

与静态测量相比，利用目标如飞机、导弹等，处于动态飞行状态时，测量获取目标的电磁散射特性数据，真实性、准确性、可信度较高，动态测量平台包括地面固定式和移动式，移动式平台又可分为车载、舰载、机载。

美国非常重视动态测量场地与设备的建设，自 20 世纪 50 年代苏联率先发射人造卫星上天，以及随后苏联的弹道导弹对美国构成的严峻威胁，都促使美国加快开展空间目标（如卫星与弹道导弹）的雷达目标识别与目标电磁散射特性研究工作，尤其是雷达外场实录设备的研制，可用于己方与敌方目标散射特性数据录取，为弹道导弹突防、远程预警探测、反导目标识别等提供具有重要价值的珍贵实测数据。

为了开展反导预警探测系统与弹道导弹目标识别研究的需要，美国在西太平洋马绍尔群岛夸贾林环礁的里根试验场（Reagan Test Site）兴建了多种频段和不同用途的地基测量雷达[52]，包括 ALTAIR、Tradex、ALCOR、GBR－X、MMW 等，如图 3.15 所示。

图 3.15　夸贾林环礁里根试验场（见彩图）

为了开展空间目标监视，针对宽带成像与目标识别研究的需要，美国在马萨诸塞州 Westford 建成了林肯空间监视组合体（LSSC），包括 Millstone、Haystack、HAX、Firepond 等大型测量雷达，如图 3.16 所示。

为了满足对他国航天发射与弹道导弹试验监视的需要，通过建造综合测量船，利用搭载的雷达设备抵近监视录取火箭与导弹的雷达目标散射特性数据，为雷达目标识别等研究提供最真实的测量数据。目前美国已经建造了“观察岛”号、“无敌”号、“洛伦茨”号等雷达测量船，船上安装有包括“朱迪·眼镜蛇”、“双子星·眼镜蛇”、“朱迪·眼镜蛇升级版”等多频段、多功能、高性能的目标特性测量雷达，如图 3.17 所示。

图3.16 林肯空间监视组合体(见彩图)

(a)"观察岛"号测量船

(b)"无敌"号测量船

(c)"洛伦茨"号测量船

图3.17 美国主要雷达测量船(见彩图)

3.3 目标隐身技术

为了有效反制敌方雷达的远距离预警探测与目标识别能力,降低目标 RCS 是一条重要的技术手段。根据雷达方程,在雷达系统各参数不变的情况下,雷达最大可探测距离与被探测目标 RCS 的1/4次方成正比,如下式所示。

$$R_{\max} = \left[\frac{P_{\mathrm{t}} G A_{\mathrm{e}}}{(4\pi)^2 S_{\min}} \sigma \right]^{1/4} \tag{3.18}$$

因此,目标 RCS 越小,则雷达有效探测距离越近,所能提供的预警时间就越短,雷达目标识别就越困难。

表3.1假设针对 RCS 为 $2\mathrm{m}^2$ 的常规飞机,雷达系统最大探测距离为350km,当目标 RCS 分别降低到 $0.1\mathrm{m}^2$、$0.01\mathrm{m}^2$、$0.001\mathrm{m}^2$ 后,雷达最大探测距离分别下降到165km、93km 和52km,雷达系统将出现严重的探测盲区;假设目标以 Ma 数1速度飞行,针对不同 RCS 的目标,雷达所能提供的预警时间分别约为17min、8min、4.5min 和2.5min。

表 3.1　不同 RCS 对应的最大探测距离与预警时间

RCS/m^2	最大探测距离/km	与 $2m^2$ 探测距离比值	预警时间/min
2	350	1	17
0.1	165	0.47	8
0.01	93	0.26	4.5
0.001	52	0.15	2.5

以缩减目标 RCS,降低目标被雷达远距离发现、跟踪与目标识别能力为目的的隐身技术[53,54],就成为现代武器装备的重要发展方向。以美国为代表的世界许多国家都在大力开展雷达隐身技术研究。以美国为例,从 20 世纪 50 年代开始就在 U－2、P－2V 等高空侦察机上采用雷达吸波材料(RAM)等隐身措施,以减小飞行器的 RCS;70 年代中期研制的 B1－B 战略轰炸机,其 RCS 仅有 B－52的 3%～5%,从而使雷达对它的探测距离下降约 58%;80 年代飞行器隐身技术有了突破性进展,第三代隐身飞机 F－117A 和 B－2 已于 80 年代末期装备部队,它们的 RCS 下降约 20～30dB,使雷达探测距离下降到原来的约 1/3～1/6;以美国 F－22 和 F－35 为代表的第四代先进隐身飞机已经相继研制成功,F－22 目前已经装备美国空军,成为重要的军事威慑力量,F－35 也已装备美军,并将大量出口多个国家。目前,美国已经启动第五代先进战斗机的研制工作,隐身性能是重要设计方面。

此外,俄罗斯、印度、韩国、日本等国家都在积极开展隐身飞机的研制工作,隐身飞机将成为未来空战的主角,传统非隐身飞机将无法生存。

3.3.1　目标散射中心

理论分析、电磁仿真、实验测量均表明:在高频区,目标总的电磁散射可以是由目标某些局部位置上的电磁散射源在空间相干叠加合成的,这些局部性的散射源通常被称为等效多散射中心,或简称多散射中心[1]。

根据电磁散射理论,目标散射中心相当于 Stratton－Chu 积分方程中的一个数字不连续处,从几何观点来分析,就是一些曲率不连续处与表面不连续处,此外,还包含目标镜面反射、多次反射、爬行波、绕射波等引起的散射。因此,目标散射中心是目标自身固有特性,对雷达目标识别具有非常重要的意义。

图 3.18 给出某飞机目标的主要散射源分布情况,包括雷达及天线罩、进气道、座舱、机身、外挂武器和油箱、尾喷管、垂尾等强散射源,以及机翼棱边、机身表面凸起螺钉、表面缝隙、炮管、加油口等弱散射源。

上述散射部位可以总结为腔体角反射、镜面反射、柱面散射、曲面散射、直边缘绕射、曲边缘散射、尖端绕射等散射几何结构,表 3.2 给出不同散射几何结构

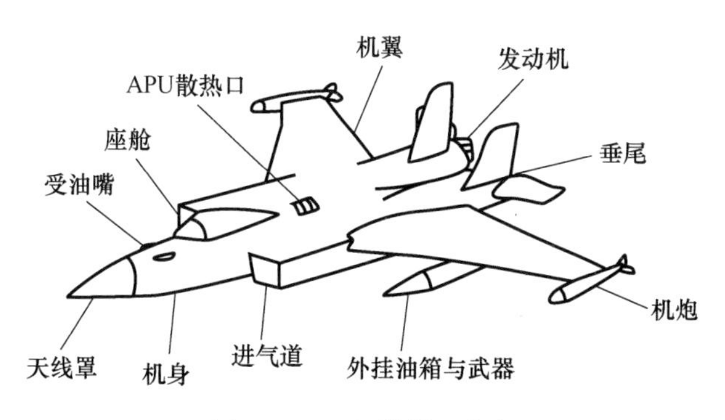

图 3.18 飞机散射源分布

对应的最大 RCS 以及随频率变化关系。

从表 3.2 可见,为了降低目标 RCS,必须极力消除角反射器、平板、柱面等随频率平方项、一次方项增加的强散射源,改变目标散射中心的分布情况。

表 3.2 目标散射 RCS 与随频率变化关系

目标名称	最大 RCS	频率关系
三面角反射器	$\frac{12\pi a^4}{\lambda^2}$	f^2
二面角反射器	$\frac{8\pi a^2 b^2}{\lambda^2}$	f^2
平板	$\frac{4\pi a l^2}{\lambda^2}$	f^2
圆柱体	$\frac{2\pi a^2 b^2}{\lambda}$	f^1
球体	πa^2	f^0
直边尖劈(楔)垂直入射	$f(\theta,\phi)l^2$	f^0
曲边尖劈(楔)	$\lambda f(\theta,\phi)$	f^{-1}
尖锥顶	$\lambda^2 g(\alpha,\beta,\theta,\phi)$	f^{-2}

3.3.2 主要隐身技术

从 20 世纪 60 年代开始,美国就系统性开展了以降低飞行器雷达可观测性的隐身技术研究。经过多年摸索与实践,目标外形设计、涂覆吸波材料是两种最主要的隐身技术,其他还包括有源/无源阻抗加载、等离子隐身等措施。

外形隐身技术[54]就是依据电磁散射理论,通过调整目标表面几何外形与布局,使目标反射的电磁波能量偏离雷达接收方向,从而达到降低某些方向上的目标 RCS 的目的。

材料隐身技术是指通过采用特殊设计的涂料或复合材料，将照射到材料上的电磁波能量转化为热能的形式，减小反射电磁波能量，以此达到降低目标 RCS 的效果。

在目标表面进行开槽、接谐振腔或周期结构无源阵列等，用以改变目标表面电流分布，减缩给定方向角的后向散射，称为无源阻抗加载；如果在目标上加装转发器，增加一个电磁辐射的有源目标，用它抵消目标自身本体的散射场，则称为有源阻抗加载。

等离子体是广泛存在于自然界中的一种电中性的电离气体，它是继物质存在的固体、液体、气体三种形态之后出现的第四种物质形态，因而也被称为物质第四态。由于等离子体对电磁波具有折射、绕射、衰减等特性，因此被用于目标隐身技术的研究。通过高压、放射源激励在目标表面产生等离子体云，用于降低目标自身本体的电磁散射。由于等离子体隐身技术无需改变目标外形，因而解决了困扰设计师们的隐身措施与气动性能的矛盾，成为一种重要的隐身手段。

以美国 F－22 隐身飞机为例，该机主要隐身措施包括：采用翼身融合、机翼赋形、垂尾外倾、翼边平行、舱门边缘锯齿化、S 形进气道、油箱与武器内置、平面相控阵雷达天线阵面后倾、天线阵面边缘非规则外形等外形隐身技术；采用金属化座舱盖、带通频率选择性表面（FSS）天线罩、钛合金结构材料、复合材料、多种吸波材料和涂层、尾喷口陶瓷吸波材料等材料隐身技术；此外，提高飞机表面机械加工精度、精细处理缝隙拼接等部位，对隐身效果也有好处。通过综合应用多种隐身技术与先进的制造加工手段，大大减少和削弱了散射源的数量和强度，降低了目标的 RCS。图 3.19 是美国 F－22 隐身飞机图片。

图 3.19　美国 F－22 隐身飞机

3.4　窄带散射特性

研究不同目标的 RCS 窄带散射特性,对雷达系统设计、窄带雷达目标识别具有重要意义。

下面给出部分目标的 RCS 窄带散射特性,按照 RCS 随方位角变化、频率变化、极化变化、双站角变化分别给出。

3.4.1　随方位角变化散射特性

1）金属方板单站 RCS 曲线

图 3.20 给出某厚度很薄的金属方板在固定频率雷达波照射下,随入射角变化的两种极化单站 RCS 曲线,其中 HH 代表入射电场与散射电场都是水平极化,VV 代表入射电磁与散射电场都是垂直极化。从图 3.20 可见,当雷达波垂直金属板入射时,目标 RCS 最大,约 38dBsm,斜入射时,目标 RCS 急剧下降,约 0 ~ 10dBsm,掠射时,垂直极化 RCS 很小,水平极化 RCS 约 -4dBsm。

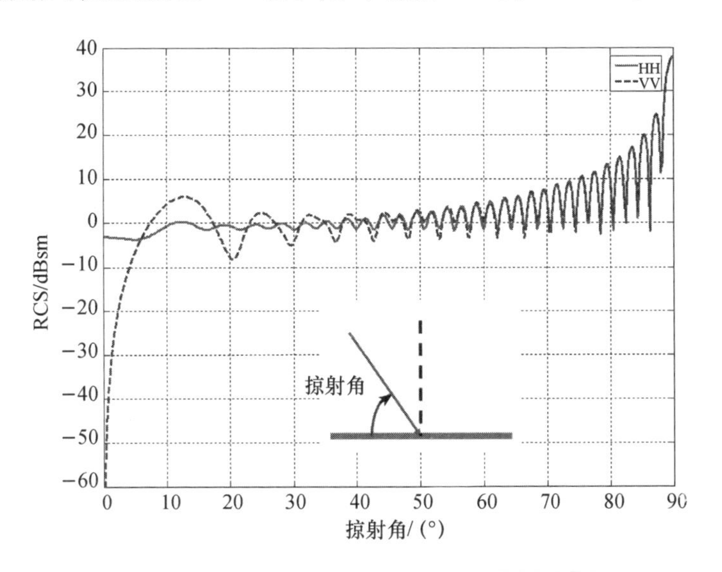

图 3.20　金属方板单站 RCS 曲线(见彩图)

2）金属圆锥体单站 RCS 曲线

图 3.21 给出某半锥角约 9.5°的金属圆锥体随入射角变化的单站 RCS 曲线。图中包括水平极化 RCS 和垂直极化 RCS。从图 3.21 可见,当入射角为 0°迎头入射时, RCS 约 - 10dBsm, 随入射角增大, 目标 RCS 快速下降, 约

-20dBsm，当入射角约80°，垂直圆锥体侧面入射时，目标RCS最大，约13dBsm，继续增大入射角，RCS急剧下降到约-20dBsm，当入射角约180°，垂直圆锥体底面入射时，目标RCS达到最大值，约18dBsm。从图3.21可见，金属圆锥体水平极化RCS与垂直极化RCS之间的差异不大。

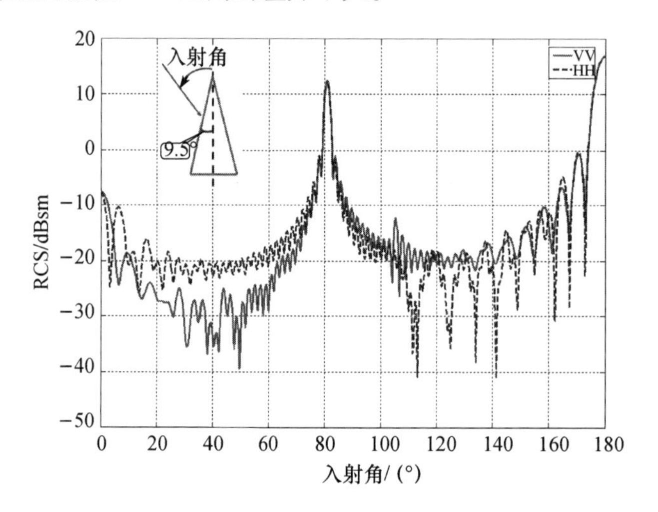

图3.21　圆锥体单站RCS曲线(见彩图)

3）金属二面角反射器单站RCS曲线

图3.22给出某金属二面角反射器随入射角变化的单站RCS曲线。从图3.22可见，在入射角-30°~30°宽角范围内，目标RCS较大且最大起伏不超过8dB；与入射角90°时，即垂直于单边的RCS相比，二面角反射器中心方向的RCS

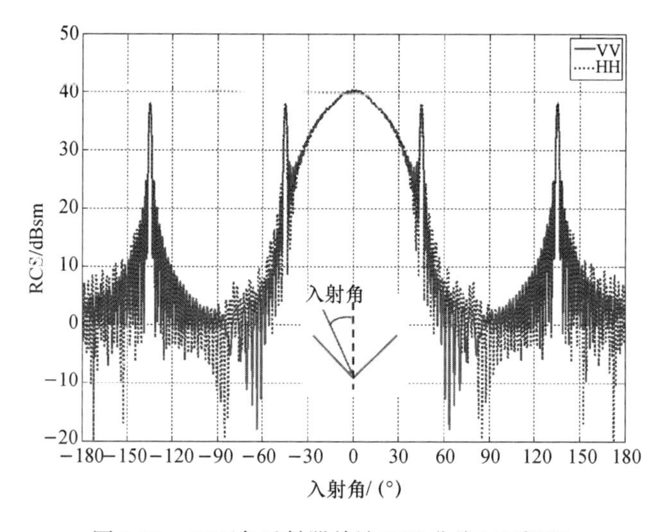

图3.22　二面角反射器单站RCS曲线(见彩图)

散射波束宽度更宽,RCS 最大增大 3dBsm。因此,二面角反射器被用于目标 RCS 增强,以及目标 RCS 测量标校。

4）飞机方位面单站 RCS 曲线

图 3.23 引自美国 Skolnik 所著《雷达系统导论》[13] 中的 B－26 轰炸机在 3GHz 方位面单站 RCS 测量结果。从图 3.23 可见,该常规非隐身飞机在迎头方向 RCS 约 20dBsm,机身侧向 RCS 约 25～30dBsm。

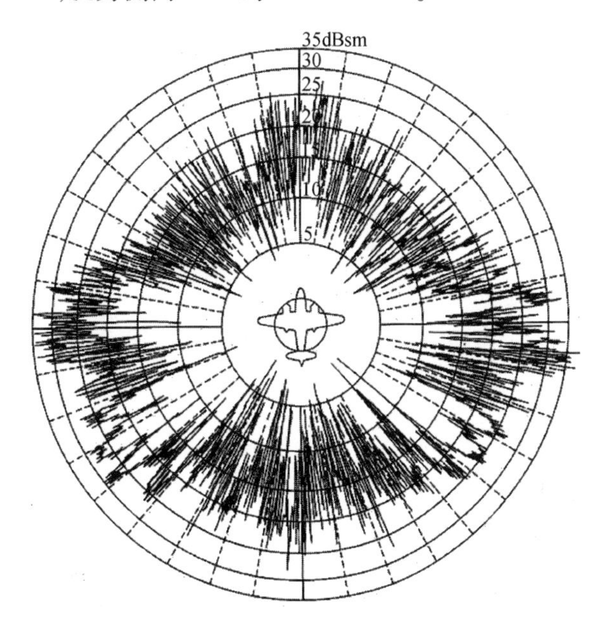

图 3.23　B－26 轰炸机单站 RCS 曲线(见彩图)

5）舰船方位面单站 RCS 曲线

图 3.24 引自美国 Skolnik 所著《雷达系统导论》[13] 中的海军大型补给舰在 9.225GHz 方位面 RCS 测量结果。从图 3.24 可见,该军舰在舰艏与舰艉方向 RCS 约 50dBsm,左右舷方向 RCS 约 65dBsm。

3.4.2　随频率变化散射特性

表 3.3 列出引自黄培康所著《雷达目标特性》[1] 中飞机在不同频段的 RCS。

表 3.3　典型飞机 RCS 统计平均值与波段关系(单位:m^2)

飞机 \ 波段	VHF	UHF	L	S	C	X	Ku
F-16S	6～40	4～6	0.4～1.2	0.4	0.4	0.4	0.4～0.8
F-117A	7～75	1～7	0.1～1.0	0.02～0.1	0.02	0.02	0.02～0.1

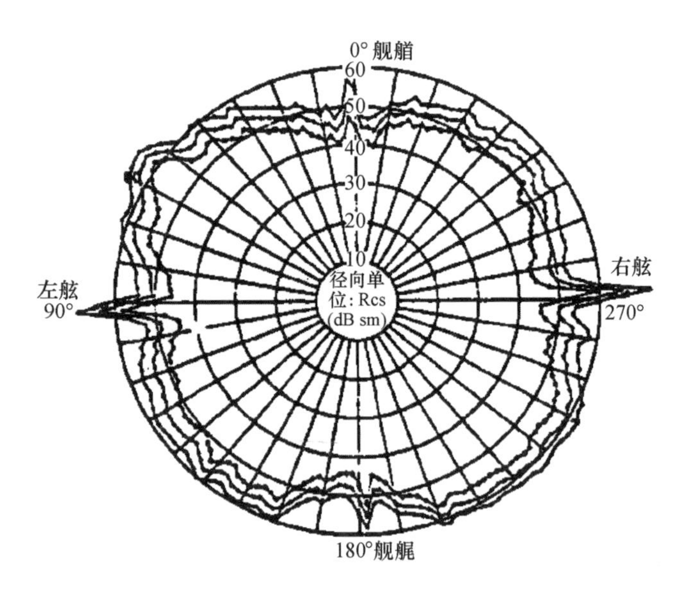

图 3.24　海军补给舰单站 RCS 曲线

图 3.25 给出引自黄培康所著《雷达目标特性》中某典型隐身飞机 RCS 随频率变化的曲线。

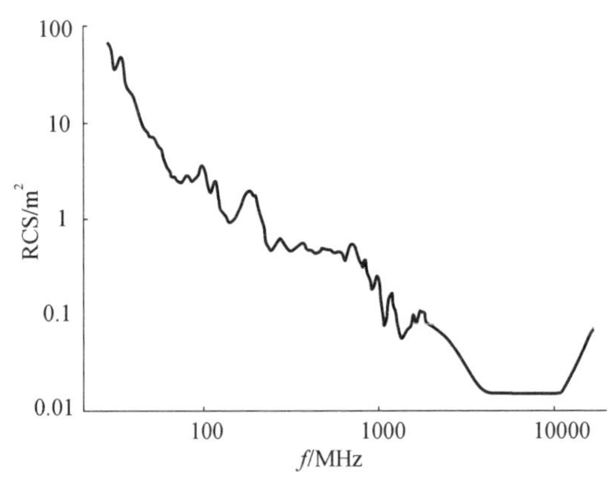

图 3.25　典型隐身飞机 RCS 随频率变化曲线

3.4.3　随极化变化散射特性

1）等边三角形金属板单站 RCS 曲线

图 3.26 给出等边三角形金属板在掠射角 20°下，方位面内水平极化（HH）与垂直极化（VV）RCS 曲线。从图 3.26 可见，水平极化入射时，金属板水平前缘是主要散射源；垂直极化入射时，金属板水平后缘是主要散射源。

2）金属圆锥体不同极化单站 RCS 曲线

图 3.27 是金属圆锥体在四种极化组合下（VV、VH、HH、HV）的单站 RCS 曲

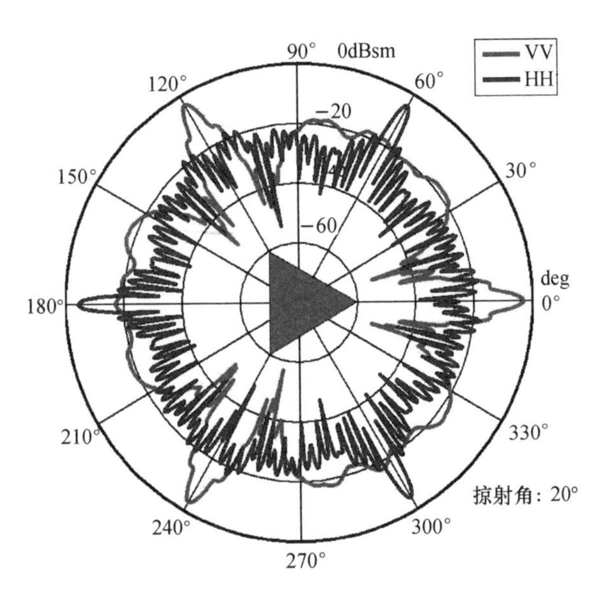

图 3.26　等边三角形金属板单站 RCS 曲线(见彩图)

线。从图 3.27 可见,交叉极化远小于同极化。

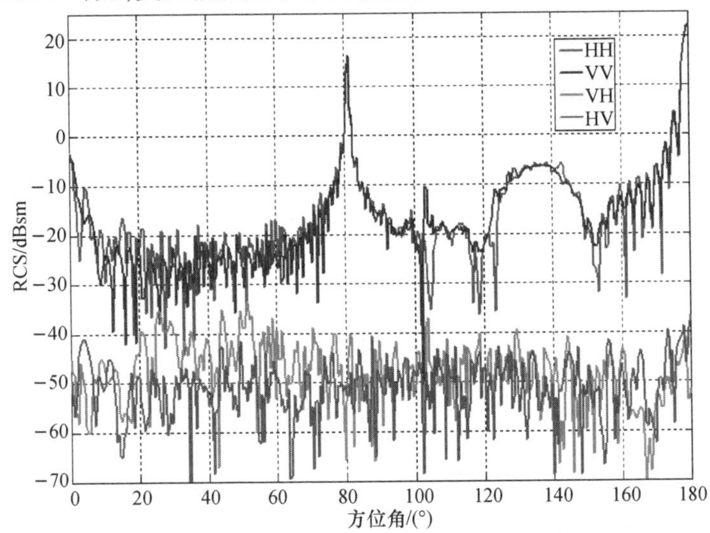

图 3.27　圆锥体不同极化下单站 RCS 曲线(见彩图)

3.4.4　随双站角变化散射特性

图 3.28 给出某飞机在水平极化与垂直极化下方位面不同入射角下的双站 RCS 结果。从图 3.28 可见,当迎头入射时,大双站角下的双站 RCS 大于单站 RCS。

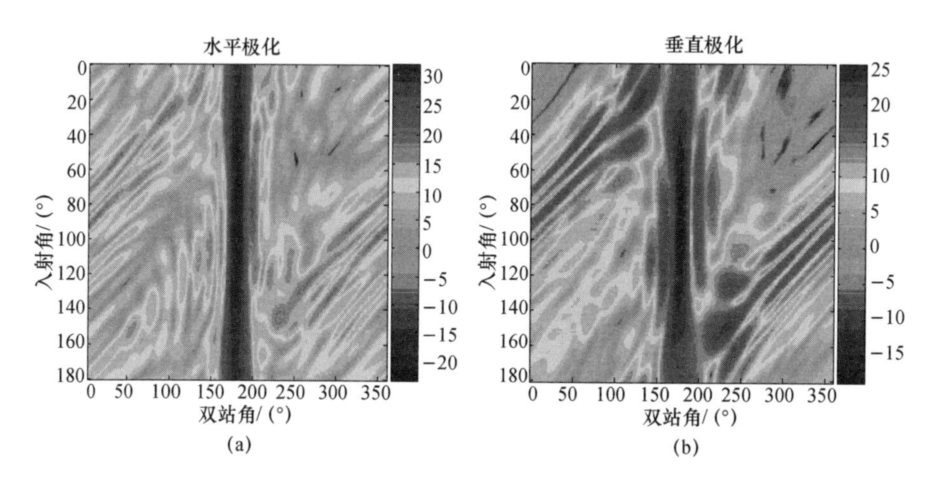

图 3.28 某飞机双站 RCS 结果(见彩图)

3.5 宽带散射特性

当雷达发射信号的带宽足够大,其距离分辨力远小于目标几何尺寸时,就能够分辨目标局部细节散射特征。研究目标宽带散射特性,对散射中心诊断、目标隐身设计、目标宽带成像、雷达目标识别具有非常重要的价值。

下面分别介绍目标宽带一维距离像、二维 ISAR 与 SAR 像。

3.5.1 宽带一维距离像

利用雷达发射宽带信号,能够获得目标沿雷达波入射方向的宽带一维距离像。由于每个脉冲回波信号都能够进行宽带一维距离成像,具有成像速度快、分辨力高的特点,且可以测量目标的距离长度,因此宽带一维距离像是雷达目标识别的重要手段。图 3.29 是某飞机的宽带一维距离像。

3.5.2 ISAR 像

雷达不动,利用目标旋转,通过对一组目标回波进行相干积累,能够获得目标二维 ISAR 像。图 3.30 是引自 Skolnik 所著《雷达系统导论》[13] 中美国 B-52 轰炸机在 X 波段迎头方向的 ISAR 像。从图中可以清楚地看见飞机发动机、机头与机身的强散射源分布情况。

3.5.3 SAR 像

目标不动,利用雷达运动,通过对一组目标回波进行合成孔径相干积累,能够获得目标二维 SAR 像。图 3.31 所示为 T-62 坦克。

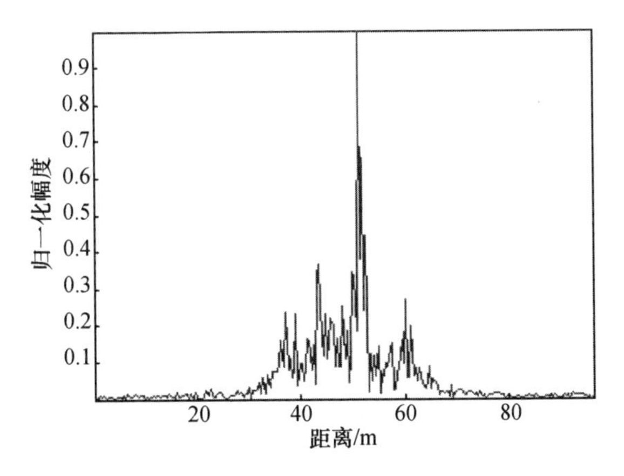

图3.29 飞机宽带一维距离像

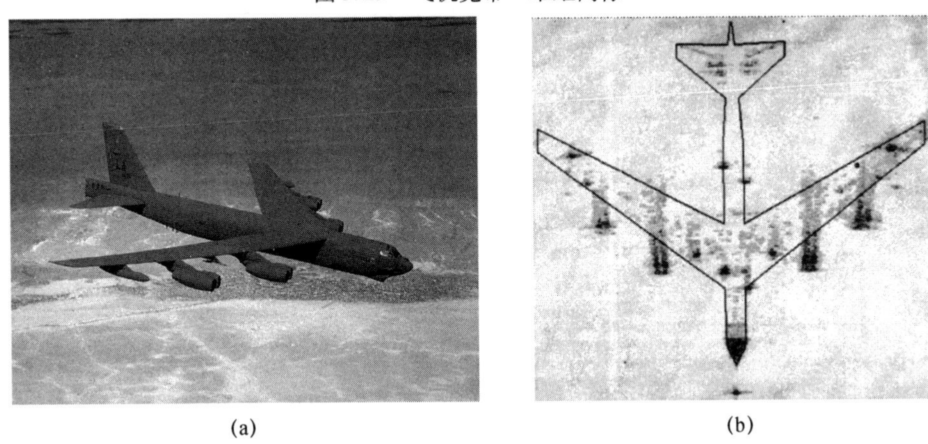

(a) (b)

图3.30 B-52飞机(a)与X波段ISAR像(b)(见彩图)

图3.31 T-62坦克(见彩图)

图3.32是T－62坦克在Ku波段的SAR成像结果，成像分辨力分别为0.3m、0.15m和0.1m。从图可见，成像分辨力越高，目标轮廓与细节越清晰，越有利于雷达目标识别。因此，高分辨力SAR成像对雷达目标识别具有重要价值。

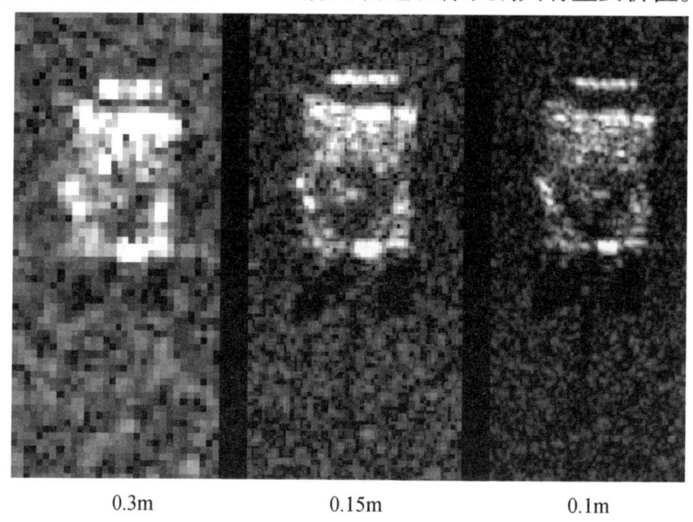

图3.32 T－62坦克不同分辨力SAR成像结果

参考文献

[1] 黄培康．殷红成．许小剑．雷达目标特性[M]．北京：电子工业出版社，2005.

[2] Kong J A. Electromagnetic Wave Theory[M]. New York：John Wiley & Sons，1986.

[3] 玛奇德L M. 电磁场、电磁能和电磁波[M]．何国瑜，董金明，等译．北京：人民教育出版社，1982.

[4] Stratton J A. Electromagnetic theory[M]. New York：McGraw－Hill，1941.

[5] Stratton J A. 电磁理论[M]．何国瑜，译．北京：北京航空航天大学出版社，1986.

[6] Balanis C A. Advanced engineering electromagnetics[M]. New York：John Wiley & sons，Inc.，1989.

[7] Harrington R F. Time－Harmonic Electromagnetic Field[M]. New York：McGraw－Hill，1961.

[8] 劳兰P，考森D R. 电磁场与电磁波[M]．陈成钧，译．北京：人民教育出版社，1980.

[9] 周永祖．非均匀介质中的场与波[M]．聂在平，柳清伙，译．北京：电子工业出版社，1992.

[10] 何国瑜，卢才成，洪家才．电磁散射的计算和测量[M]．北京：北京航空航天大学出版社，2006.

[11] 曹伟，徐立勤．电磁场与电磁波理论[M]．北京：北京邮电大学出版社，2003.

[12] 刘鹏程．工程电磁场简明手册[M]．北京：高等教育出版社，1991.

[13] Skolnik M I. Introduction to Radar Systems[M]. New York：McGraw－Hill，2001.

[14] Skolnik M I. 雷达手册[M]. 王军,译. 北京:电子工业出版社,2003.

[15] Knott E F, Shaeffer J F, Tuley M T. Radar Cross Section[M]. New York: SciTech Publishing Inc, 2004.

[16] Bhattacharyya A K, Sengupta D L. Radar Cross Section Analysis and Control[M]. New York: Artech House, Inc, 1991.

[17] KnottE F, Shaeffer J F, Tuley M T. Radar Cross Section - Its Prediction Measurement and Reduction[M]. New York: Artech House, 1985.

[18] Fuhs A E. Radar Cross Section Lectures[M]. New York : AIAA, 1986.

[19] Knott E F. Radar Cross Section Measurements [M]. New York: Van Nostrand Reinhold, 1993.

[20] 克拉特 E F. 雷达散射截面——预估、测量和减缩[M]. 阮颖铮,陈海,等译. 北京:电子工业出版社,1988.

[21] Chew W C, Jin J M, Michielssen E, et al. Fast and Efficient Algorithms in Computational Electromagnetics[M]. Boston: Artech House, 2001.

[22] 聂在平. 目标与环境电磁散射特性建模——理论、方法与实现[M]. 北京:国防工业出版社,2009.

[23] KellerJ B. Geometrical theory of diffraction[J]. J. Opt. Soc. Am., 1962, 52: 116 - 130.

[24] Kouyoumjian R G, Pathak P H. A uniform geometrical theory of diffraction for an edge in a perfectly conducting surface[J]. Proc. IEEE, 1974, 62: 1449 - 1461.

[25] Lee S W, DeschampsG A. A uniform asymptotic theory of electromagnetic diffraction by a curved wedge[J]. IEEE Trans. Ant. Progat., 1976: 24, 25 - 35.

[26] MillarR F. An approximate theory of diffraction of an electromagnetic wave by an aperture in a plane screen[J]. Proc. IEEE, 1956, 103: 177 - 185.

[27] Michaeli A. Equivalent edge currents for arbitrary aspects of observations[J]. IEEE T - AP, 1981, 32: 252 - 258.

[28] Ufimtsev Y P. Method of edge waves in physical theory of diffraction [J]. IZD - Vo Sov. Radio, 1962: 1 - 243.

[29] Mitzner. Incremental Length Diffraction Coefficients (Tech. Rep. No. AFAL - TR - 73 - 296) [R]. Spring - field. VA: National Technical Information Service. 1974.

[30] Lee S W, Ling H, Chou R C. Ray tube integration in shooting and bouncing ray method[J]. Micro. Opt. Tech. Lett., 1988, 1: 285 - 289.

[31] Hazlett M, Andersh D J, Lee S W, et al. XPATCH: a high - frequency electromagnetic scattering prediction code using shooting and bouncing rays[R]. Targets and Backgrounds: Characterization and Representation, 1995.

[32] Harrington R F. Field Computation by Moment Methods[M]. New York: MacMillam, 1968.

[33] 李世智. 电磁辐射与散射中的矩量法[M]. 北京:电子工业出版社,1985.

[34] YeeK S. Numerical solution of initial boundary value problems involving Maxwell's equation in isotropic media[J]. IEEE Trans. Ant. Progat., 1966, 14: 302 - 307.

[35] Mur G. Absorbing boundary conditions for the finite – difference approximation of the time domain electromagnetic field equation[J]. IEEE Trans. EMC,1981,23: 377 – 382.

[36] BerengerJ P. A perfectly matched layer for the absorption of electromagnetic waves[J]. J. of Computational Physics,1994,114: 185 – 200.

[37] JinJ M. The finite element method in electromagnetics[M]. New York: John Wiley & Sons, Inc. 1996.

[38] 米特拉. 计算机技术在电磁学中的应用[M]. 金元松,译. 北京:人民邮电出版社,1983.

[39] Chew W C, Jin J M, Lu C C, et al. Fast Solution Methods in Electromagnetics[J]. IEEE Trans. Antennas Propag. ,1997,45: 533 – 543.

[40] Canning F X. Transformations that produce a sparse moment matrix[J]. J. Electromag. Waves Appl. ,1990,4: 983 – 993.

[41] Bleszynski E, Bleszynski M, Jaroszewicz T. AIM: Adaptive integral method for solving large – scale electromagnetic scattering and radiation problem [J]. Radio Science, 1996, 31: 1225 – 1251.

[42] Catedra M F, Torres R P, Basterrechea J. The CG – FFT method: Application of signal processing technique to electromagnetics[M]. Boston: Artech House,1995.

[43] Rokhlin V. Rapid Solution of Integral Equations of Scattering Theory in Two Dimensions[J]. J. Comput. Phys,1990,86(2):414 – 439.

[44] Coifman, Rokhlin, Wandzura. The fast multipole method for the wave equation: a pedestrian prescription[J]. IEEE Antennas and Propagation Magazine,35: 7 – 12,1993.

[45] Song J M, Chew W C. Fast multipole method solution using parametric geometry [J]. Micro. Opt. Tech. Lett. ,1994,7:760 – 765.

[46] Song J M, Chew W C. Multilevel fast – multipole algorithm for solving combined field integral equations of electromagnetic scattering[J]. Micro. Opt. Tech. Lett. ,1995,10: 14 – 19.

[47] Song J M, Lu C C, Chew W C. MLFMA for electromagnetic scattering from large complex objects[J]. IEEE Transaction on Antennas Propagation,1997,45: 1488 – 1493.

[48] Sullivan. Introduction to the top 10 algorithms[J]. IEEE Computing in Science & Engineering,2000,2: 22 – 23.

[49] Song J M, Lu C C, Chew W C. et al. Introduction to Fast Illinois Solver Code(FISC)[R]. IEEE Antennas Propagation Symposium,1997,48 – 51.

[50] 张麟兮,李南京,胡楚峰,等. 雷达目标散射特性测试与成像诊断[M]. 北京:中国宇航出版社,2009.

[51] 庄钊文,袁乃昌,莫锦军,等. 军用目标雷达散射截面预估与测量[M]. 北京:科学出版社,2007.

[52] 史仁杰. 雷达反导与林肯实验室[J]. 系统工程与电子技术,2007,29,1781 – 1799.

[53] David Lynch. Introduction to RF stealth[M]. New York: SciTech,2004.

[54] 桑建华. 飞行器隐身技术[M]. 北京:航空工业出版社,2013.

第4章 特征提取技术

识别是指对表征事物的各种信息进行处理和分析，以对事物进行描述、辨认、分类或解释的过程。特征提取就是获取表征事物的信息的过程，它是目标识别的基础。描述目标属性的信息主要包括如下几方面：

1）物理特征

目标的材料、尺寸、形状、结构等属性信息均属于物理特征范畴。以舰船目标为例，物理特征包括长、宽、高、上层建筑分布、船头船尾的对称性等，雷达通过高分辨距离像、二维成像可以提取和估计这些特征，从而实现海面舰船目标识别。

2）运动特征

目标运动过程中所处的位置、区域、移动能力等都属于运动特征范畴。雷达通过距离、方位、俯仰等测量参数，可以获取目标的当前位置，结合时间信息还可以提取目标运动变化特征。

3）微动特征

目标在平动之外自身或部分结构还存在振动、旋转、翻滚等特性，这些统称为微动特性。雷达通过目标回波的微多普勒效应及微动参数的估计，可以对目标的微动形式和微动状态进行判别。

4）辐射特征

辐射特征是指目标的本体辐射以及自身携带的电子设备的电磁辐射。目标的本体辐射主要包括材料的自发辐射、红外辐射特性等，这部分辐射能量的频段非常宽，覆盖微波、毫米波和红外等，主要通过红外传感器接收；电磁辐射主要指飞机或舰船携带的雷达对外辐射的电磁波。电子支援措施（ESM）能够被动探测作用范围内电磁辐射信号，通过信号脉内分析技术提取载频、脉宽、带宽、重频等特征参数，并根据辐射源数据库识别目标上的辐射源，进而识别目标。由于ESM缺乏距离信息，一般与雷达等传感器进行融合识别。

上述特征是从目标自身属性角度进行描述的，雷达不能直接获取上述信息，而是通过电磁波与目标相互作用，利用回波反演上述特征。雷达回波信息包括信号的幅度、相位、多普勒频移、频率及极化等。幅度起伏可以描述目标的结构、形状及微动,相位变化的积累可用于二维成像、多普勒特征估计,多普勒频移可以描述目标运动、微动特征,极化信息包含目标的形状、结构、材料及旋转等属性特征。本章主要介绍基于雷达回波信息提取目标属性特征的原理及方法,内容结构见图4.1。

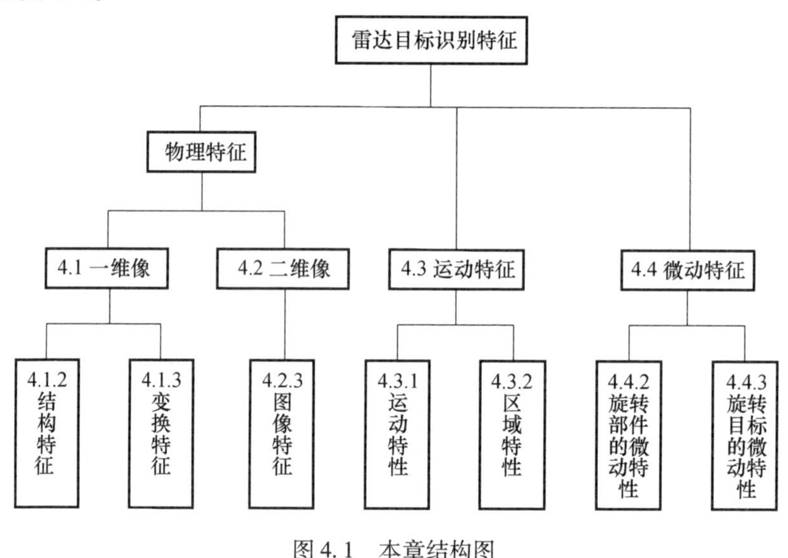

图4.1　本章结构图

4.1　一维像

4.1.1　高分辨距离像的获取

雷达的距离分辨力受限于信号带宽。高分辨雷达通过发射宽带信号(如线性调频信号、频率步进信号等)获得距离分辨力的提高。距离分辨单元 ρ_r 与雷达带宽 B 之间的关系为

$$\rho_r = \frac{c}{2B} \tag{4.1}$$

式中:c 为光速。当距离分辨单元远小于目标尺寸时,目标将占据多个分辨单元,每个分辨单元内的回波信号是该单元内所有散射点反射回波的矢量和。这时可以得到目标在雷达视线上散射强度的投影,也就是一维高分辨距离像,它反映了目标的结构特征,可以用来进行分类判决[1-5]。

脉冲压缩的概念始于第二次世界大战初期,由于技术实现上的困难,直到20世纪60年代初,脉冲压缩信号才开始用于超远程警戒和远程跟踪雷达。70

年代以来,由于理论上的成熟和技术实现手段日趋完善,使得脉冲压缩技术能广泛运用于三坐标、相控阵、侦察、火控等雷达,从而明显地改进了这些雷达的性能。为了强调这种技术的重要性,往往把采用这种技术的雷达称为脉冲压缩雷达。为获得高的距离分辨力,必须采用脉冲压缩信号。此外,大时宽带宽信号由于其发射功率的峰值较低,还具有低截获概率的优点。

线性调频和步进频是两种典型的宽带信号。下面分别介绍这两种信号的一维像处理流程。

4.1.1.1　线性调频信号与解线频调处理[6]

线性调频信号是通过非线性相位调制或线性频率调制(LFM)来获得大时宽带宽积的。国外又将这种信号称为 chirp 信号。这是研究得最早而又应用最广泛的一种脉冲压缩信号。采用这种信号的雷达可以同时获得远的作用距离和高的距离分辨力。这类信号的产生和处理均较容易,且技术上比较成熟,这也是它获得广泛应用的原因。

由于线性调频信号的特殊性质,对它的处理不仅可用一般的匹配滤波方式,还可用特殊的解线频调(dechirping)方式来处理。解线频调脉压方式是针对线性调频信号提出的,对不同延迟时间信号进行脉冲压缩,在一些特殊场合,它不仅运算简单,而且可以简化设备,已广泛应用于合成孔径雷达(SAR)和逆合成孔径雷达(ISAR)中作脉冲压缩。应当指出,解线频调处理和匹配滤波虽然基本原理相同,但两者还是有些差别的。下面对解线频调脉冲压缩方法作详细说明。由于单个脉冲脉压后通常还要对脉冲序列作相干处理,这里讨论相干信号。

为使信号具有好的相干性,发射信号的载频必须十分稳定。设载频信号为 $e^{j2\pi f_c t}$,脉冲信号以重复周期 T 依次发射,即发射时刻 $t_m = mT(m=0,1,2,\cdots)$,称为慢时间。以发射时刻为起点的时间用 $\hat{t}$ 表示,称为快时间。快时间用来计量电波传播的时间,而慢时间是计量发射脉冲的时刻,这两个时间与全时间的关系为 $\hat{t} = t - mT$。因而,发射的 LFM 信号可写成

$$s(\hat{t}, t_m) = \mathrm{rect}\left(\frac{\hat{t}}{T_p}\right) e^{j2\pi\left(f_c t + \frac{1}{2}\gamma \hat{t}^2\right)} \tag{4.2}$$

式中:$\mathrm{rect}(u) = \begin{cases} 1 & |u| \leqslant \frac{1}{2} \\ 0 & |u| > \frac{1}{2} \end{cases}$;$f_c$ 为中心频率;T_p 为脉宽;γ 为调频率。雷达带宽 $B = \gamma T_p$。

解线频调是用一时间固定,而频率、调频率相同的 LFM 信号作为参考信号,用它和回波作差频处理。设参考距离为 R_{ref},则参考信号为

$$s_{\mathrm{ref}}(\hat{t},t_m)=\mathrm{rect}\left(\frac{\hat{t}-2R_{\mathrm{ref}}/c}{T_{\mathrm{ref}}}\right)\mathrm{e}^{\mathrm{j}2\pi\left(f_{\mathrm{c}}\left(\hat{t}-\frac{2R_{\mathrm{ref}}}{c}\right)+\frac{1}{2}\gamma\left(\hat{t}-\frac{2R_{\mathrm{ref}}}{c}\right)^2\right)} \tag{4.3}$$

式中：T_{ref}为参考信号的脉宽，参见图 4.2。参考信号中的载频信号 $\mathrm{e}^{\mathrm{j}2\pi f_{\mathrm{c}}t}$ 应与发射信号中的载频信号相同，以得到良好的相干性。

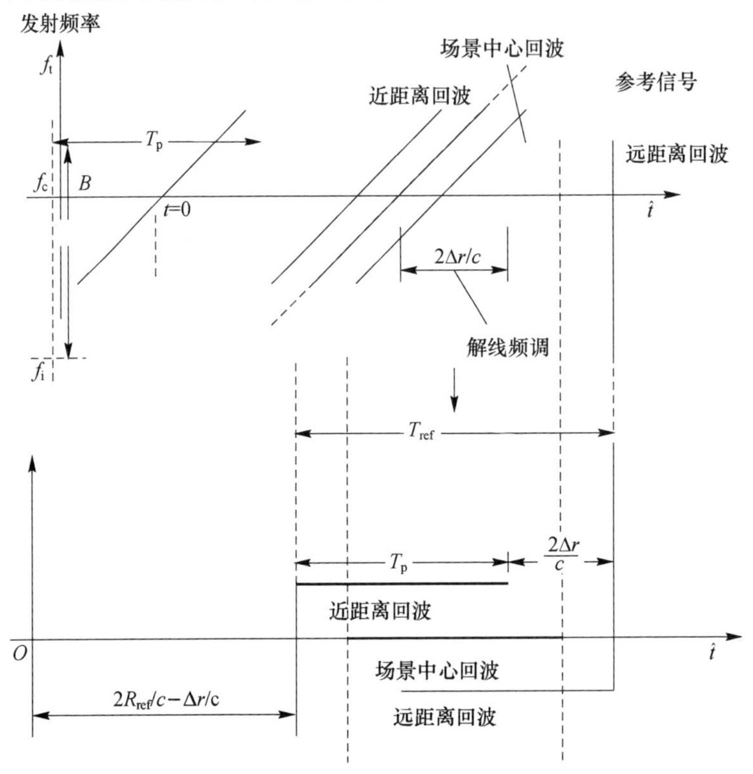

图 4.2　解线频调脉压示意图

某点目标到雷达的距离为 R_{i}，雷达接收到的该目标信号 $s_{\mathrm{r}}(\hat{t},t_m)$ 为

$$s_{\mathrm{r}}(\hat{t},t_m)=A\mathrm{rect}\left(\frac{\hat{t}-2R_{\mathrm{i}}/c}{T_{\mathrm{p}}}\right)\mathrm{e}^{\mathrm{j}2\pi\left(f_{\mathrm{c}}\left(\hat{t}-\frac{2R_{\mathrm{i}}}{c}\right)+\frac{1}{2}\gamma\left(\hat{t}-\frac{2R_{\mathrm{i}}}{c}\right)^2\right)} \tag{4.4}$$

解线频调脉压示意图如图 4.3 所示，若距离差 $R_{\Delta}=R_{\mathrm{i}}-R_{\mathrm{ref}}$，则其差频输出为

$$s_{\mathrm{if}}(\hat{t},t_m)=s_{\mathrm{r}}(\hat{t},t_m)\cdot s_{\mathrm{ref}}^{*}(\hat{t},t_m) \tag{4.5}$$

即

$$s_{\mathrm{if}}(\hat{t},t_m)=A\mathrm{rect}\left(\frac{\hat{t}-2R_{\mathrm{i}}/c}{T_{\mathrm{p}}}\right)\mathrm{e}^{-\mathrm{j}\frac{4\pi}{c}\gamma\left(\hat{t}-\frac{2R_{\mathrm{ref}}}{c}\right)R_{\Delta}}\mathrm{e}^{-\mathrm{j}\frac{4\pi}{c}f_{\mathrm{c}}R_{\Delta}}\mathrm{e}^{\mathrm{j}\frac{4\pi\gamma}{c^2}R_{\Delta}^2} \tag{4.6}$$

在一个脉冲周期内通常可将 R_{Δ} 看作常数，则由式(4.6)看出，在快时间域

里点目标回波变成单频信号，且其频率与回波和参考信号的距离差成正比。对式(4.6)所示的差频信号在快时间（以参考点的时间为基准）域作傅里叶变换，得到差频域的表示式

$$S_{\text{if}}(f_{\text{i}},t_{\text{m}})=AT_{\text{p}}\operatorname{sinc}\left[T_{\text{p}}\left(f_{\text{i}}+2\frac{\gamma}{c}R_{\Delta}\right)\right]\mathrm{e}^{-\mathrm{j}\left(\frac{4\pi f_c}{c}R_{\Delta}+\frac{4\pi\gamma}{c^2}R_{\Delta}^2+\frac{4\pi f_{\text{i}}}{c}R_{\Delta}\right)} \tag{4.7}$$

式中：$\operatorname{sinc}(a)=\frac{\sin\pi a}{\pi a}$。在频域得到对应各点目标的 sinc 状的窄脉冲，脉冲宽度为 $1/T_{\text{p}}$，而脉冲在频率轴上的位置 f_{i} 与 R_{Δ} 成正比$\left(-\gamma\frac{2R_{\Delta}}{c}\right)$。变换到频域窄脉冲信号的分辨力为 $1/T_{\text{p}}$，利用 $f_{\text{i}}=-\gamma\frac{2R_{\Delta}}{c}$，可得相应的距离分辨力为 $\rho_{\text{r}}=\frac{c}{2\gamma}\times\frac{1}{T_{\text{p}}}=\frac{c}{2}\times\frac{1}{B}$。解线频调处理可简化为图 4.3 所示形式。

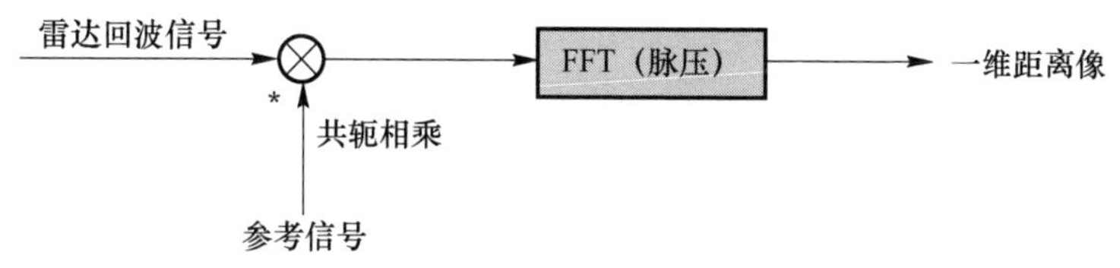

图 4.3　线性调频雷达信号处理流程

4.1.1.2　步进频信号

步进频率信号由一串载频线性跳变的相参窄带脉冲组成，通过脉冲间的 IFFT处理实现目标的距离高分辨。步进频率信号的每个脉冲是窄带的，因此降低了接收机的瞬时带宽和 A/D 采样率要求。但是这种信号对目标的多普勒效应非常敏感，存在距离-速度耦合问题。对于这种宽带信号，有时还要考虑阵列孔径渡越时间问题。

近年来，学者们对这种信号开展了广泛的研究，涉及窄带脉冲形式、速度估计、距离像抽取等方面。相干窄带脉冲可以采用简单的谐波信号，也可以采用 Chirp 信号，分别如图 4.4 和图 4.5 所示。下面仅介绍这两种脉冲构成的步进频率信号及相关处理。

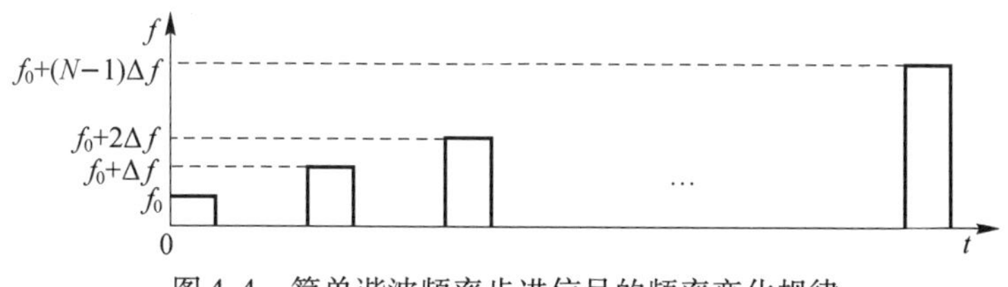

图 4.4　简单谐波频率步进信号的频率变化规律

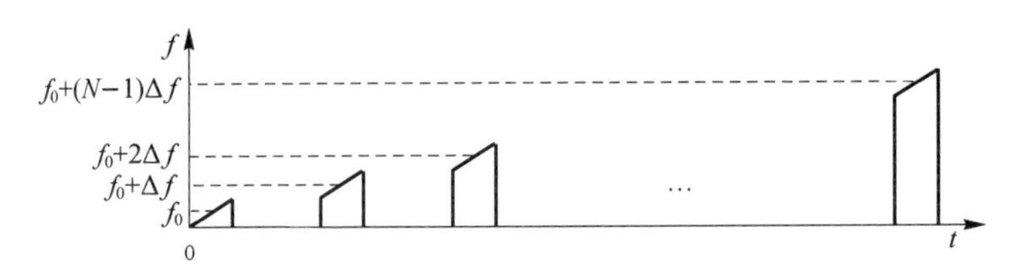

图 4.5 Chirp 频率步进信号的频率变化规律

步进频率信号的数学表达式为

$$s(t) = \sum_{n=0}^{N-1} u(t - nT_r)\exp[\mathrm{j}2\pi(f_0 + n\Delta f)t] \tag{4.8}$$

式中：N 为脉冲序列中的步进脉冲数；T_r 为脉冲重复周期；f_0 为载频起始频率；Δf 为频率步进阶梯；$u(t)$ 为脉冲信号；脉宽为 T_0。为简单起见，第 1 个脉冲的起始时间为 $-T_0/2$，不影响后面的讨论。

$u(t)$ 为简单谐波信号或者 Chirp 信号：

$$u(t) = \mathrm{rect}\left(\frac{t}{T_0}\right), u(t) = \mathrm{rect}\left(\frac{t}{T_0}\right)\exp(\mathrm{j}\pi\mu t^2) \tag{4.9}$$

式(4.9)的频谱为

$$\begin{aligned} S(f) &= \int_{-\infty}^{+\infty} s(t)\exp(-\mathrm{j}2\pi ft)\mathrm{d}t \\ &= \int_{-\infty}^{+\infty} \sum_{n=0}^{N-1} u(t - nT_r)\exp[\mathrm{j}2\pi(f_0 + n\Delta f)t]\exp(-\mathrm{j}2\pi ft)\mathrm{d}t \\ &= \sum_{n=0}^{N-1} U[f - (f_0 + n\Delta f)]\exp\{-\mathrm{j}2\pi[f - (f_0 + n\Delta f)]nT_r\} \end{aligned} \tag{4.10}$$

式中：$U(f) = \int_{-\infty}^{+\infty} u(t)\exp(-\mathrm{j}2\pi ft)\mathrm{d}t$。

步进频率雷达每发射和接收一个脉冲，同步检波器和 A/D 变换器就输出一个数字化的 I/Q 正交双通道信号。这样按感兴趣的全部距离门，并且每个距离门($cT_0/2$)中接收 N 个步进频率脉冲的采样，可将全部数据组成如图 4.5 所示的距离 - 脉冲矩阵。对于简单谐波脉冲而言，T_0 为脉宽；对于 Chirp 脉冲而言，T_0 为带宽的倒数。

图 4.6 中每一列数据对应一特定距离门($cT_0/2$)中由 N 个步进频率脉冲组成的复采样数据，将一列数据进行 IFFT 就可将该特定距离门(图中为距离门 2)分解成 $NT_0\Delta f$ 个相等的子距离门。图 4.6 中下半部分画出分解的结果。这种由 $NT_0\Delta f$ 个相等子距离门(精细分辨门)组成的宽度为 $cT_0/2$ 的图为高分辨距离剖面图，或称高分辨一维距离像，它表示一个距离门 $cT_0/2$ 内目标不同部分的反射

率分布。这种宽带合成处理可以等效为压缩比为 $NT_0\Delta f$ 的常规脉冲压缩处理。注意,图 4.6 中下半部分 ΔR 和 R_u 的相对大小关系根据 $T_0\Delta f$ 确定。

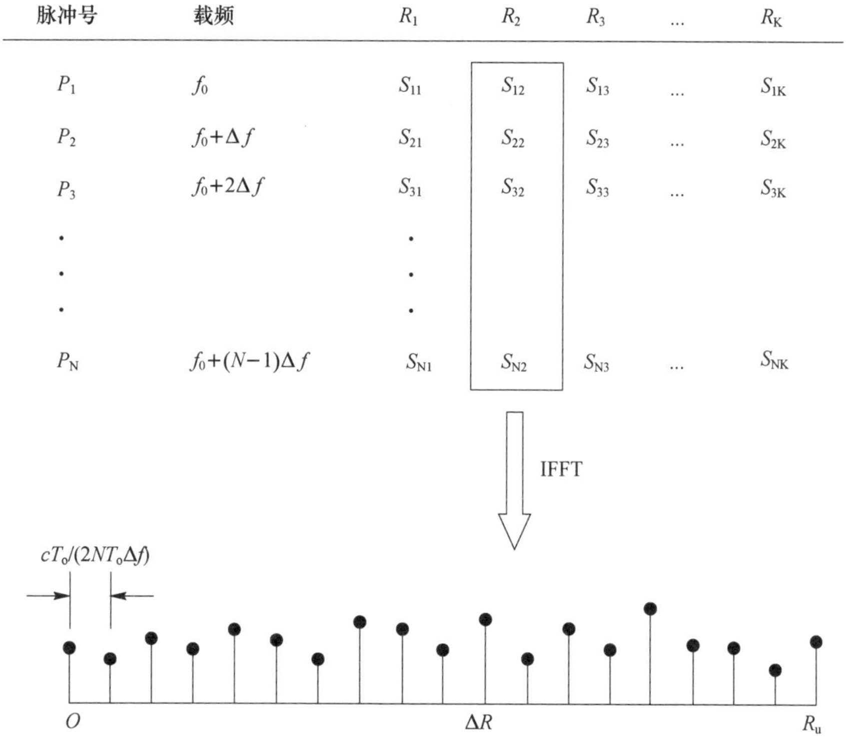

脉冲号	载频	R_1	R_2	R_3	…	R_K
P_1	f_0	S_{11}	S_{12}	S_{13}	…	S_{1K}
P_2	$f_0+\Delta f$	S_{21}	S_{22}	S_{23}	…	S_{2K}
P_3	$f_0+2\Delta f$	S_{31}	S_{32}	S_{33}	…	S_{3K}
⋮		⋮				
P_N	$f_0+(N-1)\Delta f$	S_{N1}	S_{N2}	S_{N3}	…	S_{NK}

IFFT

$cT_0/(2NT_0\Delta f)$

O　ΔR　R_u

图 4.6　距离 - 脉冲矩阵和一个距离门的高分辨

常规雷达中距离采样由脉冲宽度给出的距离分辨力确定,即 $\Delta R = cT_0/2$。在步进频率雷达 IFFT 处理中,由处理过程本身决定的不模糊距离单元和高分辨距离单元分别为

$$R_u = \frac{c}{2\Delta f}, \Delta r = \frac{c}{2N\Delta f} \tag{4.11}$$

不难得到下式:

$$\Delta r = \frac{R_u}{N} = \frac{\Delta R}{NT_0\Delta f} \tag{4.12}$$

式(4.12)表明:经 IFFT 处理,不模糊距离单元 R_u 分成 N 个相等的子单元,而原距离单元 ΔR 分成 $NT_0\Delta f$ 个同样的子单元,如图 4.6 所示。通常要求上面各个参数满足如下两个条件:①为避免距离单元混叠,要求 $\Delta R \leqslant R_u$,即 $T_0 \cdot \Delta f \leqslant 1$;②目标尺寸小于 ΔR。条件①源自步进频信号的频带离散化特点(可以与时间离散化的 FFT 处理相类比),②为了更好地检测目标。

1）简单谐波单脉冲步进频信号处理

步进频率信号的数学表达式为

$$s(t) = \sum_{n=0}^{N-1} \mathrm{rect}\left(\frac{t - nT_{\mathrm{r}}}{T_0}\right) \exp[\mathrm{j}2\pi(f_0 + n\Delta f)t] \tag{4.13}$$

雷达本振信号为

$$z(t) = \sum_{n=0}^{N-1} \mathrm{rect}\left(\frac{t - nT_{\mathrm{r}}}{T_{\mathrm{r}}}\right) \exp[\mathrm{j}2\pi(f_0 + n\Delta f)t] \tag{4.14}$$

距离为 R 的目标回波信号为

$$s_{\mathrm{r}}(t) = \sum_{n=0}^{N-1} \mathrm{rect}\left(\frac{t - nT_{\mathrm{r}} - 2R/c}{T_0}\right) \exp[\mathrm{j}2\pi(f_0 + n\Delta f)(t - 2R/c)] \tag{4.15}$$

回波信号与本振信号混频后得到

$$x(t) = \sum_{n=0}^{N-1} \mathrm{rect}\left(\frac{t - nT_{\mathrm{r}} - 2R/c}{T_0}\right) \exp\left[-\mathrm{j}2\pi f_0 \frac{2R}{c}\right] \exp\left[-\mathrm{j}2\pi n\Delta f \frac{2R}{c}\right] \tag{4.16}$$

对于静止目标，式(4.16)的第1个指数项是常数，第2个指数项是时间点为 $2R/c$、频率线性变化的频域信号。显然，这个信号的 IFFT 处理呈 sinc 函数形式，具有宽度为 $1/N\Delta f$ 的窄主瓣，从而实现了距离高分辨。对于运动目标，需要进行速度补偿方能达到这样的效果。雷达目标通常都是运动目标，因此，精确的速度补偿对这种信号实现距离高分辨至关重要。

2）Chirp 单脉冲步进频信号处理

在精细距离分辨力保持不变的条件下，为提高雷达数据率，应减少频率步进阶数 N，增加阶梯频率 Δf。根据前述要求 $T_0 \cdot \Delta f \leqslant 1$，意味着应减小子脉冲时宽 T_0，因此发射信号能量将减少，限制了雷达作用距离。这是简单谐波步进频率信号的一个缺点。

为解决这一矛盾，采用 Chirp 信号作为频率步进的子脉冲，文献中称为调频步进信号。这种信号的优点是在保持发射能量和总带宽不变的同时减少步进阶数，提高了系统数据率。

调频步进信号的数学表达式为

$$s(t) = \sum_{n=0}^{N-1} \mathrm{rect}\left(\frac{t - nT_{\mathrm{r}}}{T_0}\right) \exp[\mathrm{j}\pi\mu(t - nT_{\mathrm{r}})^2] \exp[\mathrm{j}2\pi(f_0 + n\Delta f)t] \tag{4.17}$$

回波信号为

$$s_r(t) = \sum_{n=0}^{N-1} \mathrm{rect}\left(\frac{t - nT_r - \tau(t)}{T_0}\right)\exp\{\mathrm{j}\pi\mu[t - nT_r - \tau(t)]^2\}\exp\{\mathrm{j}2\pi(f_0 + n\Delta f)[t - \tau(t)]\} \tag{4.18}$$

式中:$\tau(t) = 2(R - v_t t)/c$ 为回波的时间延迟,R 为目标距离,v_t 为目标速度。

采用式(4.13)的相参本振信号进行混频,得到视频输出

$$x(t) = \sum_{n=0}^{N-1} A_n \mathrm{rect}\left(\frac{t - nT_r - \tau(t)}{T_0}\right)\exp\{\mathrm{j}\pi\mu[t - nT_r - \tau(t)]^2\}\exp[-\mathrm{j}2\pi f_0\tau(t)]\exp[-\mathrm{j}2\pi n\Delta f\tau(t)] \tag{4.19}$$

式(4.19)表明,调频步进信号的视频回波可以分解为两个部分:一是因子 $\mathrm{rect}\left(\frac{t-nT_r-\tau(t)}{T_0}\right)\cdot\exp[\mathrm{j}\pi K(t-nT_r-\tau(t))^2]$,这是在子脉冲时宽$[nT_r+\tau(t)-T_0/2, nT_r+\tau(t)+T_0/2]$之内的 Chirp 信号;二是因子 $\exp[-\mathrm{j}2\pi f_0\tau(t)]\exp[-\mathrm{j}2\pi n\Delta f\tau(t)]$,这是由于信号载频的跳变而形成的相位变化。因此,可以将信号处理分解成两个步骤:首先在各个 PRT 内进行 Chirp 脉冲压缩,其次在脉冲压缩后进行 PRT 之间的 IFFT 处理,如图 4.7 所示。

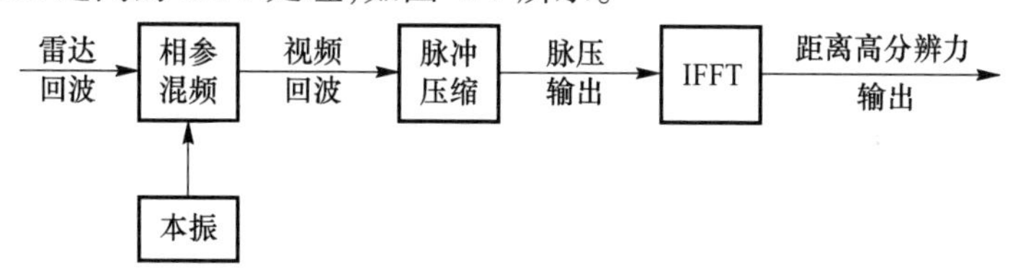

图 4.7 调频步进雷达信号处理流程图

分析目标速度 $v_t = 0$ 的处理结果。这时 Chirp 脉冲压缩的输出结果为

$$\mathrm{sinc}(\pi KT_0 t)\cdot\exp(-\mathrm{j}\pi Kt^2)\cdot\exp(\mathrm{j}\pi/4) \tag{4.20}$$

得到式(4.19)的脉压输出为

$$y(t) = \sum_{n=0}^{N-1} \mathrm{rect}\left(\frac{t - nT_r2 - 2R/c}{T_0}\right)\cdot\mathrm{sinc}[\pi KT_0(t - nT_r - 2R/c)]\cdot\exp[-\mathrm{j}\pi K(t - nT_r - 2R/c)^2]\cdot\exp(\mathrm{j}\pi/4)\cdot\exp(-\mathrm{j}2\pi f_0 2R/c)\cdot\exp(-\mathrm{j}2\pi n\Delta f 2R/c) \tag{4.21}$$

取采样时刻为 $t = nT_r + 2R/c$,得数字信号

$$y(n) = \exp(\mathrm{j}\pi/4)\cdot\exp(-\mathrm{j}2\pi f_0 2R/c)\cdot\exp(-\mathrm{j}2\pi n\Delta f 2R/c) \tag{4.22}$$

式中:$n = 0,1,\cdots,N-1$。

对式(4.22)进行 IFFT,得

$$x(l) = \left| \frac{\sin(l - N\Delta f \cdot 2R/c)}{N\sin(l/N - \Delta f \cdot 2R/c)} \right| \tag{4.23}$$

式(4.23)表明,IFFT 处理的输出是一个离散 sinc 函数,其时间分辨力为 $1/N\Delta f$。

当 $v_t \neq 0$ 时,对式(4.21)分析如下:

(1) sinc 函数的波瓣在不同脉冲之间移动,要求相干处理时间内不超过半个距离单元,即

$$\frac{2v_t N T_r}{c} < \frac{1}{2\Delta f} \tag{4.24}$$

(2)若式(4.24)满足,则二次相位的最大变化量为 $\pi K t^2 = \frac{\pi K}{4\Delta f^2} = \frac{\pi}{4\Delta f T_0}$,因为通常情况下 $\Delta f T_0 \gg 1$,因此该二次相位的变化可以忽略不计。

(3) 速度引起的距离像偏移量为 $f_0 v_t T_r/\Delta f$,若要求其小于半个高分辨距离单元 $c/4N\Delta f$,则

$$v_t < \frac{c}{4N f_0 T_r} \tag{4.25}$$

速度引起的距离像扩展量为 $v_t N T_r$,若要求其小于半个高分辨距离单元 $c/4N\Delta f$,得到

$$v_t < \frac{c}{4N^2 \Delta f T_r} \tag{4.26}$$

式(4.25)和式(4.26)即频率步进信号对目标速度的最大容限,否则要对目标速度进行补偿以达到该精度。观察发现,由于 $N\Delta f < f_0$,因此对式(4.25)要求更严格。

总之,多普勒效应对调频步进雷达信号的影响可分解为对子脉冲压缩的影响和对频率步进的影响。子脉冲压缩的主要影响是脉压输出的“距离走动”,如果目标速度满足式(4.24),则可以进行后续的 IFFT 处理,但这时的处理结果包含多普勒耦合时移造成的距离误差。频率步进的影响包括耦合时移和波形发散。信号处理首先要补偿波形发散,而耦合时移的补偿对测速精度要求极高,可达 1m/s 量级,因此这一误差补偿有一定困难。

4.1.2 结构特征

高分辨距离像是目标沿雷达视线方向散射中心的分布,能够反映目标精细的结构特征。图 4.8 给出了某型飞机的光学图像及一维距离像。目标外形、结构的差异,使得相同姿态角下不同目标的距离像有所差别,如图 4.9 所示,对比姿态角为 20°的两类飞机一维距离像,在散射中心数据目、强度及分布均存在差

异。而同一目标相邻姿态的距离像有一定的稳定性,如图 4.10 所示,主散射中心的位置及强度基本一致。因此,从距离像出发开展目标识别研究是可行的。

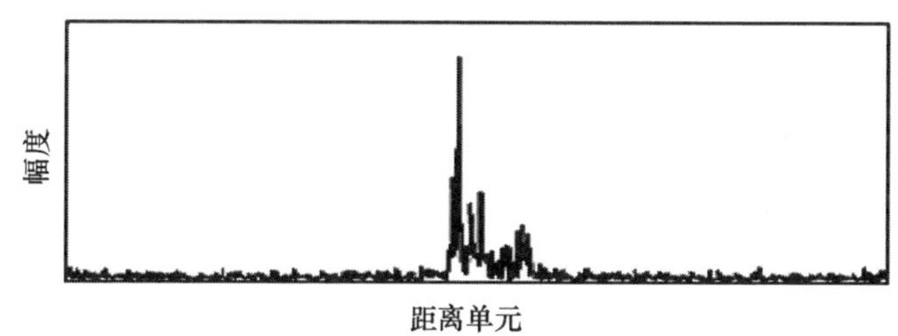

图 4.8　飞机光学图像与一维距离像

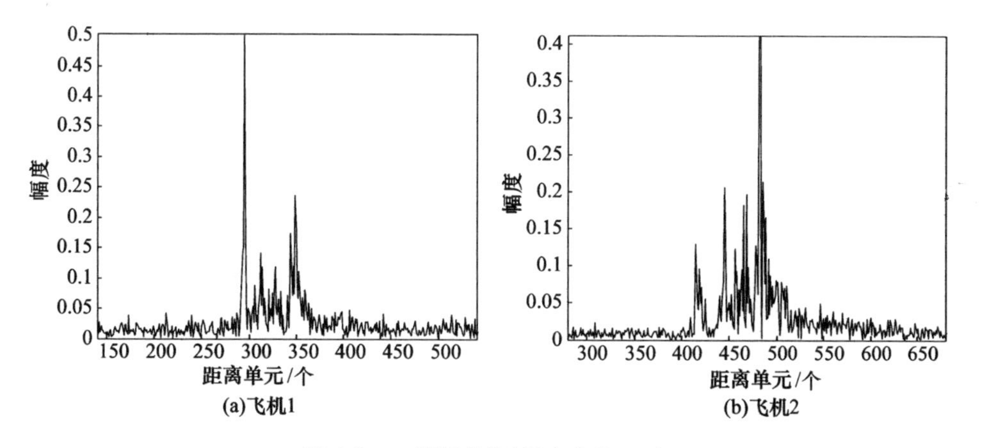

图 4.9　一维距离像(姿态角为 20°)

由于一维距离像的散射中心分布描述了目标的外形、结构等信息,Li 和 Yang 于 1993 年提出将一维距离像直接作为识别特征[1],通过把待识别的目标一维距离像与库中目标的一维距离像进行匹配,从而判断待识别目标的种类属性。除了直接利用距离像波形特征,还可以从宽带回波提取散射中心,获得目标散射中心数目、强度、位置等目标特征。一维散射中心比一维距离像的维数大大降低,可加快识别运算过程,因而一维散射中心的提取方法及目标识别研究得到了发展[7-14]。此外,还能够利用一维像提取目标径向长度特征。从宽带回波中提取的这些特征能够有效地刻画目标的特性,是目标识别的重要依据。基于一

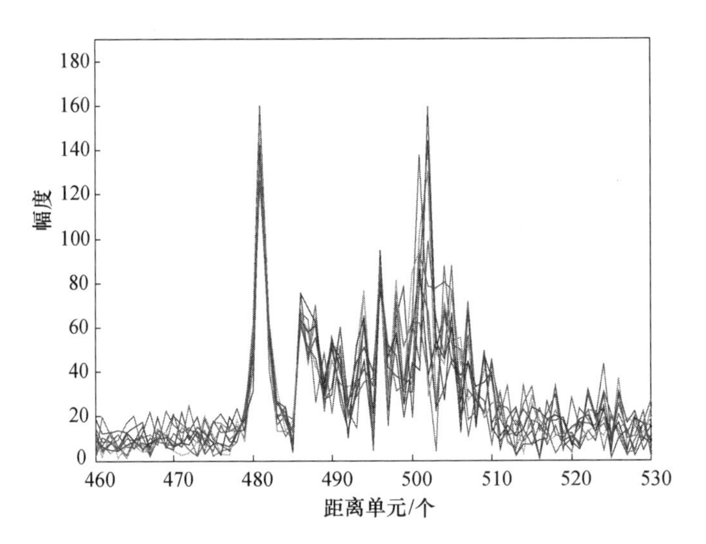

图 4.10　飞机 3 连续 100 幅距离像（见彩图）

维距离像的模板匹配方法在型号识别方面具有良好的应用基础，本书第 6 章和第 8 章将结合雷达数据对此进行详细介绍。本节主要对一维散射中心等结构特征提取方法进行介绍。

1）一维散射中心提取与识别

在光学区，雷达目标的频率响应特性可以表示为各个散射中心的频率响应之和。每个散射中心的频率响应可表示为距离相位因子与频率指数 $(\mathrm{j}2\pi f)^{t_i}$ 的乘积，不同类型的散射中心，对应有不同的 t_i 值。从目标频域响应回波中提取散射中心信息，不仅获得了比一维距离像（用 IFFT 方法得到）更高的分辨力，方位敏感性有所减弱，且以其作为识别特征时，比用一维距离像作特征时的维数大大降低。

假设雷达发射阶梯变频信号，起始频率为 f_0，频率跳变步长为 δf，频域测量的数据点数为 N。若一个目标由 M 个散射中心构成，其后向散射场经由线极化天线接收后可表示为[15]

$$y(k) = \sum_{i=1}^{M} k_i \mathrm{e}^{-\mathrm{j}\frac{2\pi f_k \cdot 2r_i}{c}} \cdot (\mathrm{j}2\pi f_k)^{t_i} \tag{4.27}$$

式中：k_i 是幅度系数；r_i 是第 i 个散射中心对参考点的相对距离；$f_k = f_0 + k\delta f, k = 0,1,\cdots,N-1$；$t_i$ 是散射中心的类型。$t_i \in \{-1, -0.5, 0, 0.5, 1\}$，对于理想的点散射体，$t_i = 0$。考虑式（4.27）的近似模型：以 ρ_i^k 代替 $(\mathrm{j}2\pi f_k)^{t_i}$，可用下面的模型来逼近式（4.27）

$$y(k) \approx \sum_{i=1}^{M} k_i \mathrm{e}^{-\mathrm{j}\frac{2\pi f_k \cdot 2r_i}{c}} \cdot \rho_i^k$$

$$= \sum_{i=1}^{M} k_i \mathrm{e}^{-\mathrm{j}\frac{2\pi f_0 \cdot 2r_i}{c}} \cdot \rho_i^k \mathrm{e}^{-\mathrm{j}\frac{2\pi k\delta f \cdot 2r_i}{c}} \tag{4.28}$$

令 $R_u = \dfrac{c}{2\delta f}$ 为雷达最大不模糊距离，$z_i = \rho_i \mathrm{e}^{-\mathrm{j}\frac{2\pi r_i}{R_u}}$ 为模型极点，$b_i = k_i \mathrm{e}^{-\mathrm{j}\frac{2\pi f_0 \cdot 2r_i}{c}}$ 为幅度系数，则式(4.28)可简化为

$$y(k) = \sum_{i=1}^{M} b_i z_i^k \qquad k = 0,1,\cdots,N-1 \tag{4.29}$$

式(4.29)称为一维散射中心估计的指数和信号模型，其参数估计的矩阵束方法[16]充分利用信号模型的特性，并把它转换为矩阵间的特定关系，把难处理的非线性求解问题转化为矩阵分解和变换，使得问题相对容易求解。该方法的基本思想是：构造两个特殊的矩阵（Hankel 矩阵），利用矩阵间的特定关系，通过求解广义特征值一次性地估计出一维指数和信号模型的极点 $\hat{z}_i, i=1,2,\cdots,M$，从而得到散射中心相对参考点的位置信息：

$$\hat{r}_i = -\frac{\angle \hat{z}_i}{2\pi} R_u \qquad i=1,2,\cdots,M \tag{4.30}$$

将 $\hat{z}_i, i=1,2,\cdots,M$ 代入式(4.30)，利用最小二乘或总体最小二乘估计可得到散射中心的散射强度估计 $|\hat{b}_i|, i=1,2,\cdots,M$。

利用矩阵束等超分辨方法提取散射中心，需要首先确定信号模型的阶数即散射中心的个数。不同目标的散射中心数目不同，同种目标在不同姿态角下的散射中心数目也会发生变化。式(4.30)所示信号的阶数估计方法有很多种，其中，常用的有基于信息论准则的 AIC 和 MDL 法[17]以及矩阵奇异值分解法(SVD)[18]。

由于散射中心提取难以避免虚假散射中心和微弱散射中心闪烁现象，采用固定阶数时，目标散射中心矢量各元素之间没有完全的一一对应关系，因此，以其作为识别特征时，传统的分类器设计将难以进行正确识别。而当每个目标的各次回波采用阶数判定选择不同散射中心数目时，特征矢量维数也将不同，传统分类器如最近邻分类器等，因要求特征矢量具有相同维数而无法完成对目标的分类。因此，如何利用散射中心矢量进行识别是需要研究的问题。文献[11]从一维散射中心提取中心矩特征，采用贝叶斯分类器进行识别。文献[15]研究了基于模糊极小－极大网络的一维散射中心目标识别。文献[19]研究了直接以散射中心的位置和幅度为特征的模糊分类器。

2）其他结构特征

(1) 径向长度特征提取。目标在一维距离像中所占据的长度可反映目标的尺寸信息，据此可以提取目标的尺寸特征。径向长度即为目标在雷达视线方向所占分辨单元的总长，是识别目标时最直观的几何形状特征。

Hussian 提出的目标观测长度 L_s 的计算公式为

$$L_s=(\max\{n|Y(n)>q\}-\min\{n|Y(n)>q\})\rho_r \qquad n=1,2,\cdots,N \tag{4.31}$$

式中:$Y(n)$为距离像幅度函数;q 为门限值,它与噪声电平有关;ρ_r 为距离分辨单元大小。目标实际长度特征 T_1 应当是

$$T_1=\frac{L_s}{\cos(A_s)\cos(E_1)} \tag{4.32}$$

式中:A_s 和 E_1 分别是目标相对雷达观测姿态方位角和俯仰角。

长度特征是鉴别目标尺寸大小最有效的特征。将其用于实际的目标识别,仍有许多问题需要解决。例如:如何确定目标和雷达的相对姿态;是否可利用其他手段(如小波分析)确定目标和噪声在距离像中的临界点等。

(2) 目标距离域结构特性。目标距离域结构特性主要指目标强散射中心位置之间的相对关系,在距离域 e_i 的 E_i 个谱峰中,如果 $E_i>4$,则寻找除最左峰和最右峰以外的最高峰与此高峰的位置,并计算最左峰到最高峰和次高峰(看谁最近)的距离 R_{L1} 及最左峰到最高峰或次高峰(看谁最远)的距离 R_{L2},则有

$$\begin{cases}T_2=R_{L1}/\Delta d\\ T_3=R_{L2}/\Delta d\end{cases} \tag{4.33}$$

显然,T_2,T_3 反映了目标层次化的结构特征,即目标主要散射部位之间相对距离比例关系。

①目标散射的对称性。设距离域 e_i 的起始点为 k_L,终止点为 k_R,$k_C=(k_L+k_R)/2$,则有

$$T_4=\left(\sum_{K_L<k<k_C}|\bar{Y}(k)|^2\right)\Big/\left(\sum_{k_C<k<k_R}|\bar{Y}(k)|^2)\right) \tag{4.34}$$

式中:T$_4$ 反映了目标散射截面分布的对称程度;$|\bar{Y}(k)|$为目标一维距离像。

②目标散射的分散程度。

$$T_5=\left(\sum_{k\in e_i}(k-k_C)^2\cdot|\bar{Y}(k)|^2\right)\Big/\left[(\Delta d)^2\cdot\sum_{k\in e_i}|\bar{Y}(k)|^2\right] \tag{4.35}$$

式中:T_5 反映了目标散射截面分布的分散性程度。

T_4、T_5 反映了目标的强散射部位在目标物体表面的分布关系,按 T_4、T_5 可将目标距离像描述成阶梯形(T_4 接近零或远大于 1)、凹形(T_4 接近于 1,T_5 较大)和尖形(T_4 接近于 1,T_5 较小)。

③目标强散射中心数目。在距离领域处理中获得目标的谱峰点位置及峰值,设峰值最大的值为 A_{max},谱峰点的位置为 k_{mi},则有

$$\begin{cases} T_6 = |\{k_{mi} \mid |\bar{Y}(k_{mi})| > A_{\max} \cdot 25\%\}| \\ T_7 = |\{k_{mi} \mid |\bar{Y}(k_{mi})| > A_{\max} \cdot 50\%\}| \end{cases} \tag{4.36}$$

式中：$|\{\cdot\}|$表示集合$\{\cdot\}$中元素数目。

④ 幅度波形的“去尺度”结构特性。

$$T_8 = \left[\sum_{k=k_L}^{k_R} |\bar{Y}(k)| / (k - k_L + 1)\right] / A_{\max} \tag{4.37}$$

特性 T_8 只与幅度谱$|\bar{Y}(k)|$有关，而跟$|\bar{Y}(k)|$的尺度变化（波形伸展或压缩）无关。

4.1.3　变换特征

直接采用距离像识别所需建立的模板库数量较大，因此人们开始对距离像进行特征压缩、特征变换后再进行识别。特征提取和变换是目标识别中的重要环节，其目的是提取反映目标本质特征的信息，改善特征空间中原始特征的分布结构，压缩特征维数，去除冗余特征，提高同类目标特征之间的聚合性和异类目标特征之间的可分离性，提高分类的正确率。HRRP 主要特征提取与变换方法有傅里叶变换、高阶谱变换、梅林（Mellin）变换、小波变换、卡南 – 洛伊夫（Kauhumen – Loeve，K – L）变换、沃尔什（Walsh）变换、基于离散度（Fisher）准则的维数压缩方法。

傅里叶变换以丢失频谱的相位信息为代价，可以使距离像获得平移不变的特征[20]。傅里叶变换幅度虽然计算简单且具有平移不变性，但是它丢掉了信号的相位信息，而目标的形状特征一般更多地反映在信号的相位里[21]。因此，若仅用距离像的傅里叶变换幅度作分类特征，将削弱距离像赖以分类的形状特征，影响识别结果。

高阶谱变换不仅使距离像具有平移不变性，还保留有相位信息。双谱变换可保留原信号除线性相位以外的全部信息[22]，可将其用于提取距离像的平移不变特征。但是双谱是一个二维变换，对运算量和存储量的要求较高，因而限制了直接以其为特征在目标识别中的应用。于是，轴向积分双谱[23]、径向积分双谱[24]、圆周积分双谱[25]和局部双谱[6]等对双谱进行降维的方法得以发展。此外，对数平均双谱也在飞机目标识别问题中得到应用[27]。

梅林变换是为解决距离像的姿态敏感性而进行的一种变换，这种变换具有尺度不变性，在一定范围内可获得较好的目标准方位不变特征。文献[28]利用傅里叶幅度的平移不变性和梅林变换的尺度不变性，对距离像进行 FFT 加 MDMT 处理以提取识别特征。

目标的散射中心一般位于目标的边缘、拐点和连接处。目标 HRRP 的起伏、尖峰等精细结构信息反映了目标的本质特征。然而,单一的时域或频域方法难以全面刻画目标的这些结构特性。与传统的时域分析和频域分析不同,小波变换同时具有可变的时域和频域窗口,在分析和提取信号的局部化特征时具有独特优势。信号的小波变换描述了信号能量在时间－频率坐标系中的分配,它同时在时域和频域上表征信号,从而能提取更多的反映目标物理结构特征的信息。小波变换在数据压缩方面具有独特的优势,特别是多分辨理论的提出为信号分析提供了一种分层理论框架。在不同的分辨力下,距离像呈现不同的物理结构特性,就其本质而言,多分辨分解下的粗分辨逼近信号,实际上就是原信号在低维空间上的唯一具有最小误差的正交分解,这种正交分解使得多分辨分解具有良好的去相关作用,因而十分适用于距离像的特征压缩。

K－L 变换或称主成分分析(PCA)是一种常用的正交变换。K－L 变换是一种基于均方误差准则的最佳正交变换,它是统计主分量分析中的一种重要的数学方法。K－L 变换是压缩特征空间维数的最优规范正交变换,它在消除相关性与突出不平均性方面,也是所有规范正交变换中最好的。PCA 反映了目标类别主要特征的信息,在最小均方根意义下是一种最佳变换,但它没有利用类别属性信息和类别差异信息,还丢失了原距离像的物理意义,各个主成分的含义和主成分数量的取舍都难以确定,从分类识别的角度来看并非最优变换。K－L 变换在实际运用时,往往需要通过观测样本来估计随机矢量的协方差矩阵,这就使得理论上的最优性并不能充分发挥。因此,需要考虑其他有限变换,有限沃尔什变换就是一种。

沃尔什变换比 K－L 变换简单得多,而且在某些具体情况下,有限沃尔什变换在特征变换压缩方面所起的作用并不比 K－L 变换差。研究表明,沃尔什变换在运算上的方便足以弥补它在近似精度上的欠缺。

Fisher 可分性分析是模式识别领域广为应用的特征选择方法,主要有独立特征假设下的一维特征选择方法和相关特征假设下的子空间方法两大类。Fisher 等人用属性关系树模型表征距离像的特征,然后利用树匹配算法得到识别结果[29]。文献[6]根据 Fisher 准则选取双谱中携带有用信息多的双谱值作为特征进行分类。

鉴于篇幅,下面仅对小波变换进行介绍。

高分辨雷达对目标进行一维成像,将目标上各散射点的距离信息转换为时间信息。将目标 HRRP 看作是随时间变化的非平稳信号,采用小波分析的方法,可以有效估计和检测目标回波的突变点和奇异点,从而得到目标的重要结构特征,这为进一步的目标识别创造了有利条件。通过利用噪声和目标结构信息在不同尺度上的变化规律,可以将目标结构信息有效地检测出来,并进行特征构造达到识别不同目标的目的。

设目标高分辨回波 $x(n)$,$n=0,1,\cdots,N-1$(其中 n 为距离单元采样)受到噪声 $e(n)$污染,其数学模型为

$$y(n)=x(n)+e(n) \tag{4.38}$$

式中:$y(n)$为接收机的接收信号;$e(n)\sim N(0,\sigma^2)$,σ 为噪声强度。

原始获得的 HRRP 包含了过多的噪声成分和目标局部细节,这样对识别效果并不利。若能获得目标 HRRP 的轮廓形状,而又不损失过多的目标特征信息,这样将会有利于目标识别性能的改善。

事实上,从目标信息层次对雷达目标信号特征分类,可将其分为局部特征和全局特征。利用小波分析可将雷动目标信号的局部特征和全局特征有机融合在一起:大尺度上的分析反映雷达目标的全局特征,小尺度上的分析体现雷达目标精细的局部特征,即利用小波变换可以提取目标回波中的多尺度特征。

首先给定一幅 HRRP,见图 4.11。

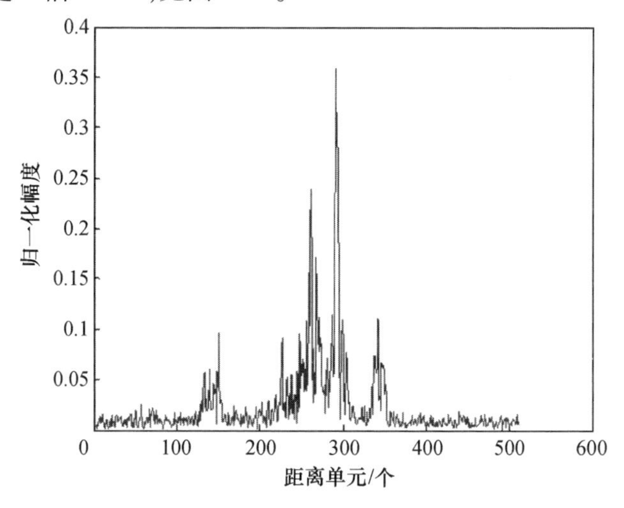

图 4.11　原始 HRRP

对其进行小波变换后,得到 3 个尺度上的尺度系数和小波系数,如图 4.12(a)和图 4.12(b)所示。

由图 4.12(a)和图 4.12(b)可以看出,尺度系数描述目标的形状轮廓,小波系数则主要包含噪声信息和目标在不同尺度上的高频细节结构信息,即目标的精细结构特征。在此基础上,将目标的轮廓系数作为目标特征,可获得目标距离像的大致形状,不损失过多的细节信息。相对原始距离像维数而言,该特征矢量的维数得到降低。

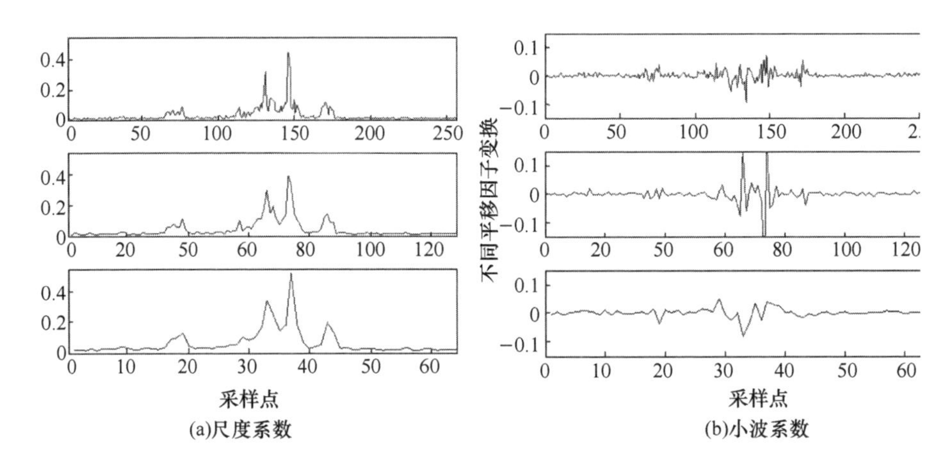

图 4.12　小波变换结果

4.2　二维像

4.2.1　SAR 成像原理

合成孔径雷达(SAR)是一种高分辨力成像雷达,其距离分辨力是通过增大发射信号的带宽实现的;方位分辨力通过雷达与目标散射点间的相对运动形成横向长阵列进行相干积累实现方位向高分辨力。

如图 4.13 所示,设载机沿 x 正方向以速度 v_a 直线前进,点目标 P 至雷达的距离 r 也将随之改变,r 是时间 t 的函数,X 为点目标沿 x 轴位置,有

$$r(t) = [R^2 + (v_a t - X)^2]^{1/2} \tag{4.39}$$

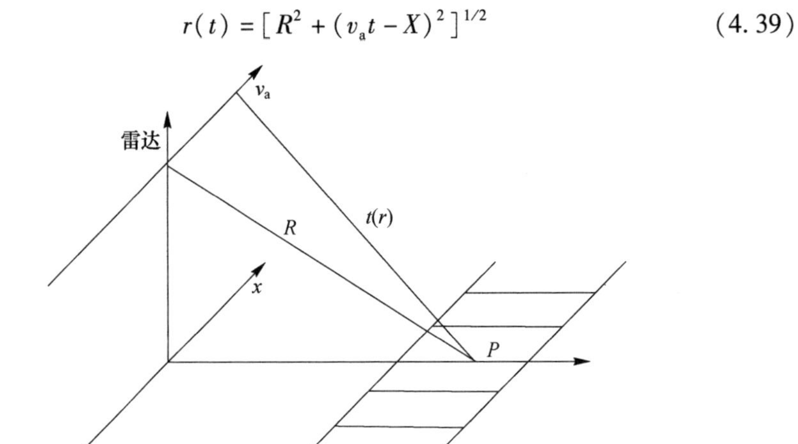

图 4.13　侧视 SAR 几何原理示意图

一般合成孔径侧视雷达的斜距 R 总要比 $(x-X)$ 大很多,在此条件下有

$$r(t)=[R^2+(v_a t-X)^2]^{1/2}\approx R\left[1+\frac{(x-X)^2}{2R^2}\right]$$
$$=R\left[1+\frac{(v_a t-X)^2}{2R^2}\right] \tag{4.40}$$

设雷达发射的正弦波信号为

$$s_r(t)=\mathrm{Re}[Ae^{j\omega_c t}] \tag{4.41}$$

式中:A 为发射正弦波信号的振幅;ω_c 为发射信号的载频。

点目标回波信号为

$$s_r(t)=\mathrm{Re}[KAe^j\omega_c(t-\alpha)] \tag{4.42}$$

式中:K 为一常数,其值和点目标到雷达距离 R 及点目标散射系数有关;α 为回波时延,$\alpha=\frac{2r}{c}$,c 为光速。

载机相对于点目标的运动将造成回波信号的相位随时间不断变化,从而引起回波瞬时频率的变化,即多普勒频移。多普勒频移为

$$f_d(t)=-\frac{1}{2\pi}\frac{d}{dt}\left(\frac{2\omega_c r}{c}\right)=-\frac{1}{2\pi}\frac{d}{dt}\left\{\frac{2\omega_c R}{c}\left[1+\frac{(v_a t-X)^2}{2R^2}\right]\right\}$$
$$=-\frac{2v_a^2}{\lambda R}(t-t_0) \tag{4.43}$$

式中:λ 为雷达波长,且 $\lambda=2\pi c/\omega_c$;t_0 为雷达通过 $x=X$ 位置的时间,$t_0=X/v_a$。

在正侧视情况下,处于扫描中心轴上的静止目标,其方位位置 $X=0$,因此其中心频率和调频率为

$$f_{DC}=0,f_R=\frac{2v_a^2}{\lambda R} \tag{4.44}$$

由于存在多普勒频移,回波信号的瞬时频率将在载波频率附近作线性变化,也就是说,由于载机匀速直线前进,回波信号将为线性调频信号。

点目标 P 横过天线波束最大距离由斜距和波束水平张角 β 决定,因此合成孔径长度计算公式为

$$L_s=\beta R \tag{4.45}$$

又因为合成孔径时间和波束水平张角计算公式为

$$T_s=\frac{L_s}{v_a}=\frac{\beta R}{v_a},\beta=\frac{\lambda}{D} \tag{4.46}$$

所以可得多普勒带宽为

$$\Delta f_{\mathrm{d}} = |f_{\mathrm{R}}| T_{\mathrm{s}} = \frac{2v_{\mathrm{a}}^2}{\lambda R} T_{\mathrm{s}} = \frac{2\beta v_{\mathrm{a}}}{\lambda} = \frac{2v_{\mathrm{a}}}{D} \tag{4.47}$$

方位向线性调频信号的处理是合成孔径成像的中心问题。通过对方位向多普勒信号进行压缩处理,可以精确地确定点目标的位置。匹配滤波处理是效果较好而简单的压缩处理方法,这类方法称为聚焦型合成孔径处理方法。

根据回波调频率多普勒的谱宽,可得脉压后时宽为

$$\Delta T_{\mathrm{dm}} = \frac{1}{\Delta f_{\mathrm{d}}} = \frac{D}{2v_{\mathrm{a}}} \tag{4.48}$$

则点目标的横向分辨长度是时宽与载机速度 v_{a} 的乘积,计算公式为

$$\rho_{\mathrm{a}} = v_{\mathrm{a}} \Delta T_{\mathrm{dm}} = \frac{D}{2} \tag{4.49}$$

由式(4.49)可知,合成孔径雷达的方位向分辨力与距离无关,只与天线的尺寸有关。

4.2.2 ISAR 成像原理

逆合成孔径雷达(ISAR)也是依靠雷达与目标之间的相对运动,形成合成阵列来提高目标横向分辨力的。ISAR 成像采用距离-多普勒成像原理,距离高分辨的实现基于发射宽带信号和脉冲压缩技术,而方位多普勒成像是通过目标旋转所引起的目标上各散射点不同的多普勒特性来实现的。

设雷达与目标旋转中心之间的距离为 r_0,根据 ISAR 的基本定义,在成像过程中雷达是不动的,目标是运动的。目标绕 O 点旋转的角速率为 ω(图 4.14)。那么,在起始时刻($t=0$)目标上某一点 $P(r_{\mathrm{a}},\theta)$ 到雷达的距离就为

$$r = \left[r_0^2 + r_{\mathrm{a}}^2 + 2r_0 r_{\mathrm{a}} \sin(\theta + \omega t) \right]^{\frac{1}{2}} \tag{4.50}$$

如果雷达与目标之间的距离远大于目标的几何尺寸($r_0 \gg r_{\mathrm{a}}, z_{\mathrm{a}}$),那么,可得到近似表达式为

$$r \approx r_0 + x_{\mathrm{a}} \sin(\omega t) + y_{\mathrm{a}} \cos(\omega t) \tag{4.51}$$

式中:$x_{\mathrm{a}} = r_{\mathrm{a}} \cos\theta$;$y_{\mathrm{a}} = r_{\mathrm{a}} \sin\theta$。

回波信号的多普勒频率由目标上散射点相对于雷达的径向运动速度决定,所以回波信号的频率可以写成

$$f_{\mathrm{d}} = \frac{2v_{\mathrm{r}}}{\lambda} = \frac{2\mathrm{d}r}{\lambda \mathrm{d}t} = \frac{2x_{\mathrm{a}}\omega}{\lambda} \cos(\omega t) - \frac{2y_{\mathrm{a}}\omega}{\lambda} \sin(\omega t) \tag{4.52}$$

式中:λ 为雷达信号波长。假设在 $t=0$ 附近一个较小时间内(即 $\Delta\theta$ 很小)对接

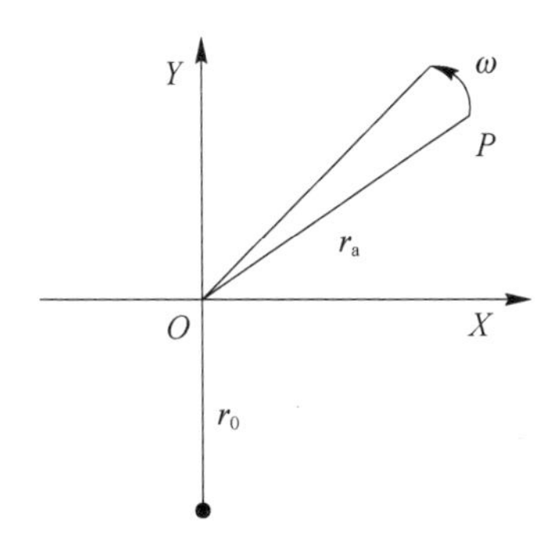

图 4.14　转台目标成像原理示意图

收信号进行处理,则以上两式可近似写成

$$r \approx r_0 + y_a \tag{4.53}$$

$$f_d = \frac{2y_a\omega}{\lambda} \tag{4.54}$$

可见,利用分析回波信号的距离延时和多普勒频率,即可确定散射点的位置(x_a,y_a)。

下面分析 ISAR 成像在距离向和方位向的分辨力。距离向的分辨力由雷达信号的带宽决定,计算公式为

$$\delta_r = \frac{C}{2B} \tag{4.55}$$

方位向的多普勒频率分辨力是由相干积累时间 T 决定的,即

$$\Delta f_d = \frac{1}{T} \tag{4.56}$$

又方位向分辨力 δ_a 和多普勒分辨力 Δf_d 的关系可表示为式(4.54),则将式(4.56)代入式(4.54),即得到方位向分辨力表达式为

$$\delta_a = \frac{\lambda}{2\omega T} = \frac{\lambda}{2\Delta\theta} \tag{4.57}$$

式中:$\Delta\theta$ 为目标在相干积累时间内旋转的角度。可见,目标横向分辨力与雷达波长及转角有关:雷达载频越高,分辨力越高;目标转角越大,横向方位向分辨力越高。

4.2.3　图像特征

与一维距离像相比,雷达二维成像是以散射中心模型重建目标散射特性空

间分布[30]，是目标在某一成像平面的投影，能够同时在距离向和方位向观测目标的精细结构。因此，雷达二维图像体现的外形、结构等目标信息与光学图像相似，更符合人类视觉信息，对于识别而言，这类特征的物理含义更加明确。如图4.15所示，光学图片中舰船的外形、结构、上层建筑分布等特征信息在ISAR图像中均有所体现。通过二维图像中目标的整体分布，可以获取目标的几何信息，如尺寸、面积和轮廓；通过二维图像中目标的局部细节，可以提取目标的结构信息，如舰船的桅杆、卫星的太阳能帆板等。

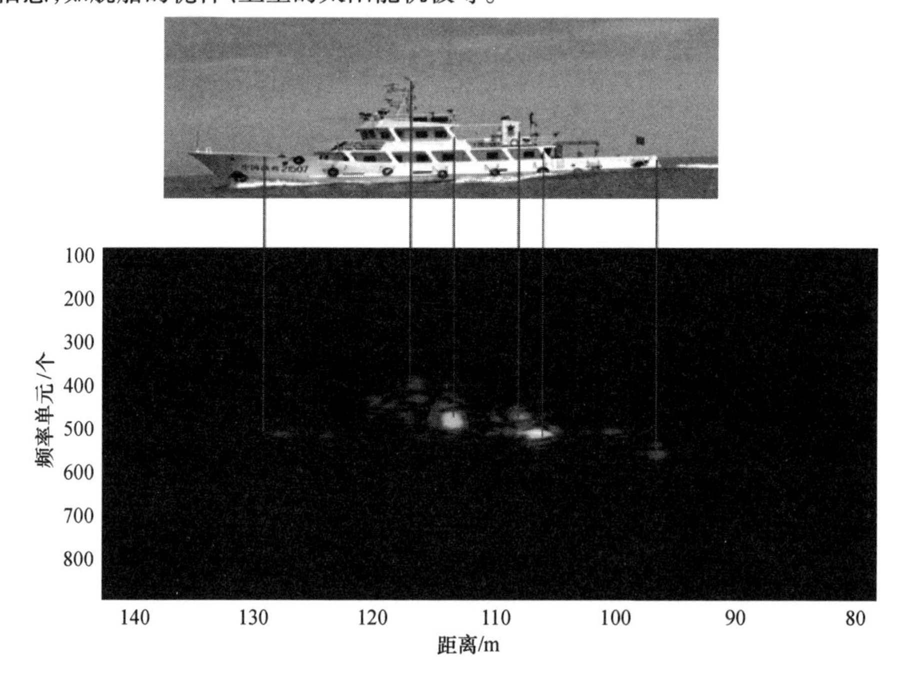

图4.15　舰船光学图片与ISAR像(见彩图)

1）尺寸特征

长、宽、高是目标最基本的物理特征，二维成像通过距离向、方位向高分辨可以获取目标不同维度的尺寸信息。以舰船ISAR侧视成像为例，雷达通过宽带回波在距离向获取舰船长度，通过舰船纵摇在方位向获取多普勒信息，然后基于方位向定标技术来估计目标高度。对于舰船俯视像而言，雷达通过在距离向获取舰船长度，通过舰船横摇在方位向获取宽度信息，即图像表现出长、宽信息。虽然大多数舰船在俯视像中均呈现梭形形状，但不同类别船只的长宽比是不同的，例如驱逐舰、护卫舰等战斗舰长宽比大于货船、轮船等民用船只。图4.16是基于雷达实录舰船目标的ISAR俯视像，目标呈现明显的梭形，通过方位向定标技术可以获取目标多普勒尺寸分辨力，从而提取目标的长、宽特征。

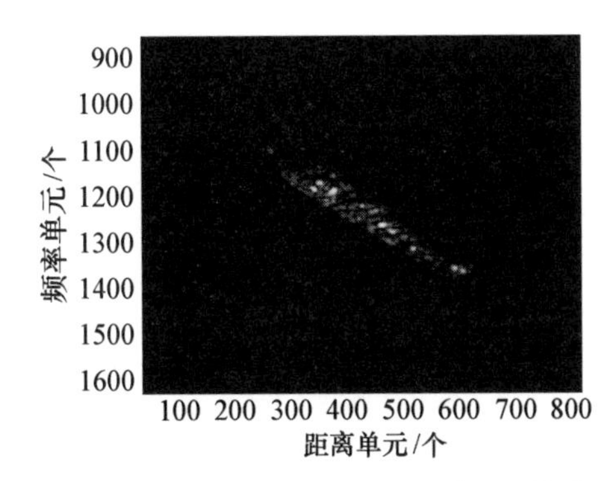

图 4.16　舰船目标的 ISAR 俯视像(见彩图)

2) 轮廓像特征

二维图像中目标占据区域的边缘信息即为轮廓特征,它反映了目标的整体外形。人造目标的形状一般是有规律可循的,如在高分辨的 SAR 图像可以清晰地显示飞机、舰船等目标的形状,如十字形状的飞机、梭状的舰船。对于 ISAR 舰船侧视像而言,舰船中心线将舰船分成上层结构部分和甲板两部分,可以通过比较两部分的多普勒扩展分区分出舰船上层结构部分,其中上层结构部分具有较大的多普勒扩展,舰船的轮廓像为从船头到船尾,舰船上层结构部分的多普勒与舰船中心线多普勒之差,如图 4.17 所示。其中,舰船 ISAR 图像中舰船中心线是连接船头与船尾中心的直线。可以通过霍夫(Hough)变换或者最小二乘拟合进行估计。

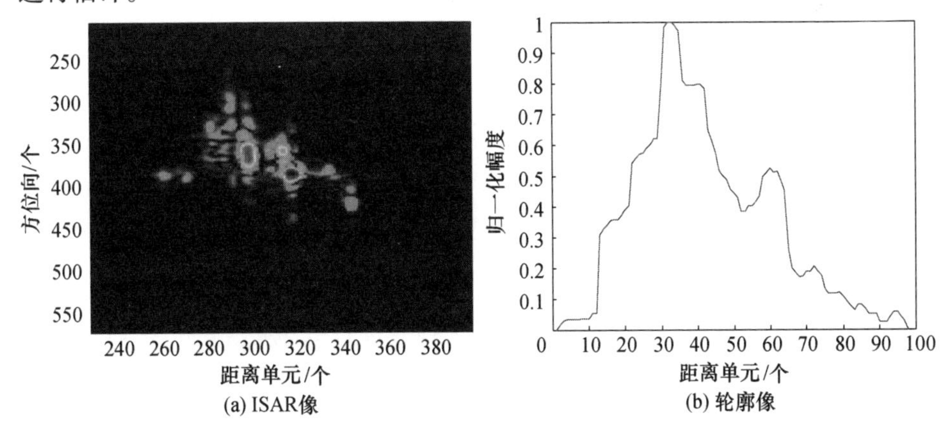

图 4.17　舰船轮廓特征(见彩图)

3) 面积等统计特征

由于高分辨雷达成像的机理决定了雷达对目标的分辨力不会随目标的远近而改变,因此面积具有平移不变性,是雷达二维图像的重要特征。图像处理中通常采用矩特征实现图像基本的统计特性描述。设图像二维函数 $f(x,y)$ 的 $(p+$

q)阶原点定义为

$$m_{pq} = \sum_{m=1}^{M}\sum_{n=1}^{N} x^p y^q f(x,y) \qquad p,q = 0,1,2,\cdots \tag{4.58}$$

中心矩可写成

$$\mu_{pq} = \sum_{m=1}^{M}\sum_{n=1}^{N} (x - x_0)^p (y - y_0)^q f(x,y) \qquad p,q = 0,1,2,\cdots \tag{4.59}$$

式中：(x_0, y_0)为图像的质心，$x_0 = \dfrac{m_{10}}{m_{00}}, y_0 = \dfrac{m_{01}}{m_{00}}$。

再将中心矩按如下公式进行大小归一化：

$$\eta_{pq} = \mu_{pq}/\mu_{00}, r = (p+q)/2+1, (p+q) = 2,3,4,\cdots \tag{4.60}$$

利用上面的定义，Hu 构造$(p+q) \leqslant 3$ 共 7 个不变矩，它们具有平移、旋转和尺度不变性。

$$\begin{cases}
\phi_1 = \eta_{20} + \eta_{02} \\
\phi_2 = (\eta_{20} - \eta_{02})^2 + 4\eta_{11}^2 \\
\phi_3 = (\eta_{30} - 3\eta_{12})^2 + (3\eta_{21} - \eta_{03})^2 \\
\phi_4 = (\eta_{30} + \eta_{12})^2 + (\eta_{21} + \eta_{03})^2 \\
\phi_5 = (\eta_{30} - 3\eta_{12})^2(\eta_{30} + \eta_{12})[(\eta_{30} + \eta_{12})^2 - 3(\eta_{21} + \eta_{03})^2] + \\
\qquad (3\eta_{21} - \eta_{03})^2(\eta_{21} + \eta_{03})[3(\eta_{30} + \eta_{12})^2 - (\eta_{21} + \eta_{03})^2] \\
\phi_6 = (\eta_{20} - \eta_{02})[\eta_{30} + \eta_{12})^2 - (\eta_{12} - \eta_{03})^2] + \\
\qquad 4\eta_{11}(\eta_{30} + \eta_{12})(\eta_{21} + \eta_{03}) \\
\phi_7 = (3\eta_{21} - \eta_{03})(\eta_{30} + \eta_{21})[(\eta_{30} + \eta_{12})^2 - 3(\eta_{21} + \eta_{03})^2] + \\
\qquad (3\eta_{21} - \eta_{03})(\eta_{21} + \eta_{03})[3(\eta_{30} + \eta_{12})^2 - (\eta_{21} + \eta_{03})^2]
\end{cases} \tag{4.61}$$

矩特征有着明显的物理意义，目标的零阶矩反映了目标的面积，一阶矩反映了目标的质心位置，利用这两个矩不变量就可以避免因物体大小和位移变化对图像特征的影响[31]。由于二维成像中包含背景及目标，因此在计算面积等统计特征前首先要进行图像中的目标区域检测。

4）结构特征

目标结构是目标细节信息的体现，也识别目标识别的重要依据。以海面舰船目标为例，从 ISAR 侧视像中提取上层建筑的位置、桅杆个数等结构特征可以直接对舰船目标进行分类。舰船主桅杆可以通过将轮廓像与门限比较，门限为轮廓像的最大值与平均值的中值,连续几个超过门限的距离单元可以认为是桅杆,桅杆位置取桅杆所在距离单元的中间位置,一般桅杆的位置通过桅杆距离船头的距离与整个船体长度之比表示。舰船上层结构可在轮廓像基础上进行提取,如图 4.18 所示,将舰船平均分成 3 部分,取整个轮廓像的均值为门限,如果每一部分轮廓像的均值大于门限,则编码为 1,否则编码为 0,这样可以获得舰船上层结构的 3 位 2 值编码,共 8 种不同类型。

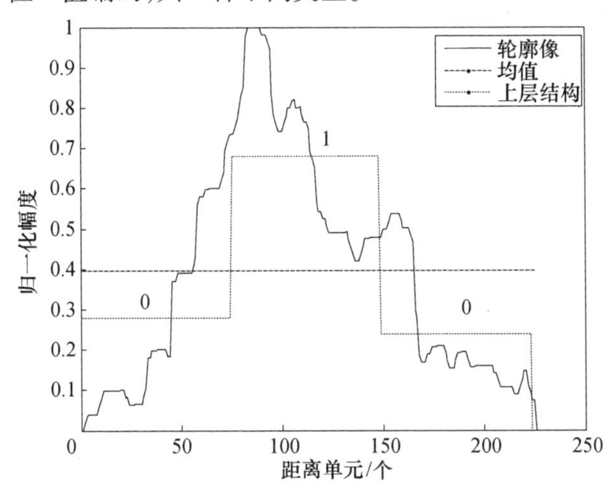

图 4.18　舰船轮廓像编码特征

研究雷达二维图像特征提取,需要对雷达图像进行预处理。例如,舰船目标 ISAR 成像中通常由于杂波和噪声的影响使得 ISAR 像存在斑点噪声,强散射点副瓣以及旋转部件引起的调制会在多普勒方向产生条纹干扰,目标 RCS 的起伏使得 ISAR 像通常表现为稀疏、孤立的散射中心分布,这些固有特点都对图像特征的稳定性和识别性能造成了严重影响。在 ISAR 图像的特征提取时首先需要对 ISAR 图像进行预处理,从而能较好地从 ISAR 图像中提取相关特征。ISAR 图像的预处理可分为去除斑点噪声和条纹干扰、图像的区域连接和填充、几何聚类等。

4.3　运动特征

4.3.1　运动和轨道特性

人造目标的运动特性与其设计初衷密切相关。运动特性的差异不仅表现在卫星、飞机、舰船等不同类别的目标中,即使在同类目标中也由于所执行任务的差异存在区别。因此,运动特性可以作为目标分类的依据。表 4.1 给出了飞机、舰船中几类典型目标的运行参数,其中高度以海平面为基准高度。运动特性一般包含两个方面:一方面是指高度、速度、加速度等基本运动特征,雷达通过航迹信息可以对这些特征值进行解算;另一方面是指卫星、导弹的轨道特性,雷达需要根据特定的运动规律估计轨道参数。

表 4.1 典型目标的运行参数

目 标	最大运行高度/m	最大运行速度/(m/s)
F15 战斗机	18200	735
AH-64 直升机	6400	101
“小鹰”级航空母舰	0(海平面)	18
“马兹”级军辅船	0(海平面)	10.8
注:表中参数来自互联网		

1)海面目标

为保持战斗能力,具备战斗属性的舰船的最大航行速度相对其他海面目标偏大。图 4.19 为典型驱逐舰与军辅船的最大速度分布情况,驱逐舰主要用于战斗,而军辅船类似于民用轮/货船,主要用于军用物资的运输,二者在速度的极限特性上有所差别。但当目标处于巡航状态时,二者的速度相似。因此,在海面目标分类中,速度一般作为极限特征,用于区分快艇等具备快速航行能力的目标。

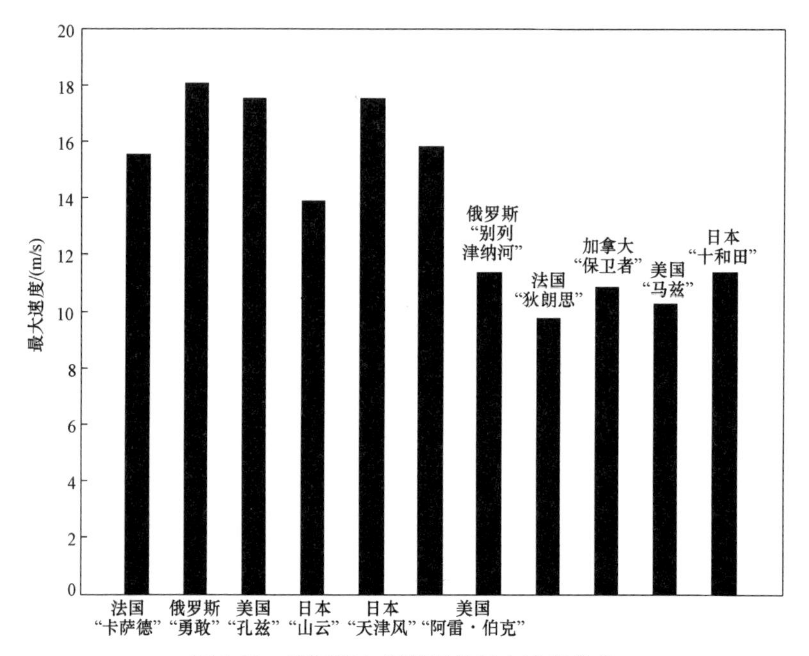

图 4.19 驱逐舰与军辅船的最大速度分布

2)空中目标

空中目标的性能取决于发动机的空气动力特性及执行的任务,飞行中高度、速度及速度变化量都受到飞机气动性能的严格制约。

一般情况下，只有目标的极限运动特征才能达到目标分类的作用，因此运动特征的描述方式决定了该特征的应用范围。这里引入限度模型[32]对目标的运动特征进行描述，模型中的限度值可以利用训练数据与先验知识联合确定。下面分别以速度和加速度为例来说明。

速度的最大值与最小值对于不同目标是有明显差异的，假设当前目标的速度限度为$(v_{\max}, v_{\min})$，则其速度描述函数$D_v(v, P_i)$可表示为

$$D_v(v,P_i)=\begin{cases}\dfrac{1}{2}\left(e^{\frac{v-v_{\min}}{\alpha}}+1\right), v<v_{\min}\\ 1, v_{\min}\leqslant v\leqslant v_{\max}\\ \dfrac{1}{2}\left(e^{\frac{v_{\max}-v}{\alpha}}+1\right), v>v_{\max}\end{cases} \tag{4.62}$$

$D_v(v, P_i)$对于目标的可能速度区间进行无差异处理，超出限度区间的速度进行信度值的负指数衰减，由 1 下降到 0.5，下降速度由参数α控制，α可以由不同目标的速度分布的离散度确定。图 4.20 为速度描述函数曲线。

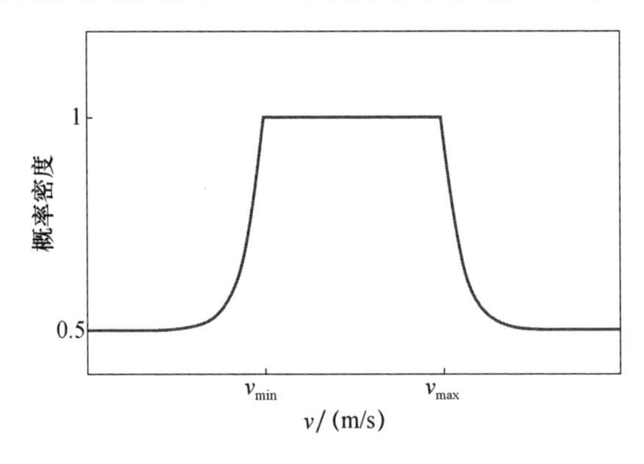

图 4.20　速度描述函数曲线

由于加速度分布情况与速度稍有差异，加速度的描述函数取为单侧衰减，加速度限度值a_{m}取值根据训练数据和先验知识综合考虑，则加速度的描述函数$D_a(a, P_i)$表示为如下公式，图 4.21 为加速度描述函数曲线。

$$D_a(a,P_i)=\begin{cases}1, a\leqslant a_{\mathrm{m}}\\ \dfrac{1}{2}\left(e^{\frac{a_{\mathrm{m}}-a}{\alpha}}+1\right), a>a_{\mathrm{m}}\end{cases} \tag{4.63}$$

目标高度的描述函数与加速度类似，可采用单侧衰减描述函数，但民航飞机在正常飞行状态下需要维持在某一高度层，因此民航可采用类似速度特征的两

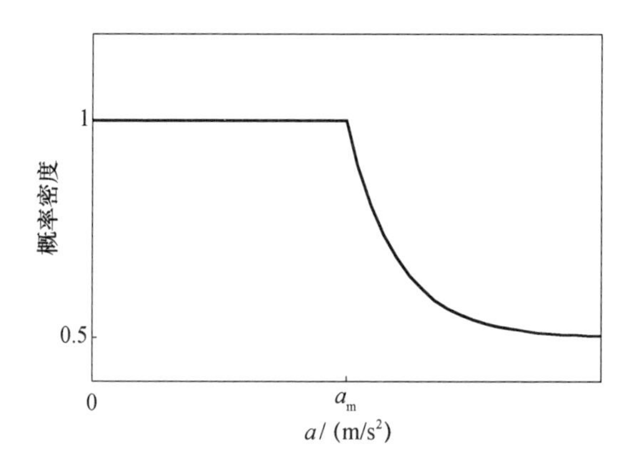

图 4.21　加速度描述函数曲线

侧衰减描述函数。

由限度模型可见,目标的速度、加速度、高度作为分类特征单独使用时,具有极大的局限性,但从飞行动力学角度来看,这些特征是耦合的,因此,实际使用中应考虑多个运动特征的联合识别。结合雷达实测数据的空中目标运动特征提取及分类的具体分析可参考本书第 6 章。

3）空间目标

空间目标在特定轨道上进行无动力惯性飞行,它的运动主要是受到地球引力的作用。假设空间目标只受到地球引力的作用,同时假设地球是一个质量均匀分布的球体,则空间目标与地球构成二体运动系统[33],地心是运行轨道的一个焦点。通过雷达跟踪、数据平滑处理,可以对空间目标定轨,根据其轨道特征大致推测其任务和类型。

描述空间目标运动情况的 6 个轨道参数分别为轨道倾角、升交点赤经、近地点幅角、真近点角、椭圆轨道的长半轴和椭圆轨道的偏心率。在这 6 个轨道参数中,只有真近点角是时间的函数,其他轨道参数均为常数。卫星正常工作时始终运行在大气层外,而弹道导弹的轨道则与地球相交。在以地心为极点、椭圆长轴为极轴的极坐标系下,地球和椭圆轨道分别描述为以下两个方程[34]:

$$\begin{cases}\rho = R \\ \rho = a \cdot (1-e^2)/(1+e\cdot\cos\theta)\end{cases} \tag{4.64}$$

式中:R 为地球半径;a 为椭圆长半轴;e 为偏心率。方程组有解表明椭圆轨道与地球有交点,则此椭圆为弹道导弹的轨道;若无交点,则此椭圆为卫星轨道。由于目标位于近地点时矢径最短,即 $\rho_{\min} = a\cdot(1-e)$,则最小矢径可以作为卫星和弹道导弹的分类特征:如果最小矢径大于地球半径,则可判断目标是卫星。在雷达数据处理实现过程中，需要将雷达测量数据在雷达测量坐标系、地心惯性坐标系等多个坐标系中进行转换，雷达测量精度、观测时间、采样间隔等因素都会对最小矢径估计产生影响。

不同任务、不同类型的卫星所选择的轨道参数是不同的。由轨道动力学知识可知，在外力矩作用下，失效卫星的轨道参数和星下点轨迹将发生显著变化，因此利用雷达跟踪测量的数据还可以判断卫星是否正常工作[35]。美国空军的空间探测和跟踪系统、国防部航天测控系统、民用科研机组成的美国空间目标监视网（SSN）[36]，能够实现目标搜索捕获、轨道确定、精密跟踪和目标识别，这些功能对空间目标监视、空间目标编目等方面提供了重要依据。

在弹道导弹的再入段，弹头、箔条干扰、充气假目标及末级弹体爆炸形成的碎片等目标，由于它们的外形和重量不同，穿过大气时则所承受的阻力会不同，再入轨迹就会有差别。在大气过滤效应中，弹道系数作为再入大气层目标质量与外形的综合表征参数，是再入目标飞行特性的体现。对于弹道目标，弹头质量较大且迎风截面积较小，而其他目标质量偏小而形状不规则，因此，弹道系数可以作为区分弹头和非弹头的特征。弹道系数估计方法包括公式法和滤波法，前者是通过解析表达式形式计算，后者是根据卡尔曼滤波方法获得，两种方法都是基于雷达测量目标运动参数的，具体方法可参考本书 9.2 节关于质阻比的详细描述。另外，战略弹道导弹的高速弹头与大气摩擦会产生等离子尾流，这有利于雷达的跟踪、识别[35]。

4.3.2 区域特性

人造目标的运动区域一般都受到严格限制，如空管局对民航飞机的航路管制、船舶的航路规划等，这些区域特性也可以作为目标识别的依据，如防空识别区可以用于辅助威胁目标的确认。

雷达在 SAR 模式下可以对波束照射地区大面积成像，其成像范围可达几十千米，而机场、铁路等具有较大的空间跨度的目标，其区域特性在 SAR 图像识别中尤为明显。根据 SAR 图像中不同区域的散射特点，可以实现机场跑道、市区、草场、农田的估计与区域划分。路边树木的阴影特性及道路的线性特点，可以综合利用来识别道路；桥梁结构特点及以河流为背景的散射强度对比，使其通常作为散射强目标显示在图像上；与雷达图像分辨单元相比，铁路宽度一般较窄，且临近地物不规则，但火车通常是强反射体，在图像上会以高亮度显示，这样就可以区分铁路及停车场；机场和停机坪这类目标具有明显的轮廓特性[37]。基于目标的区域特性，锁定具有军事意义的目标，对战场监测、目标打击等作战应用具有重要意义。

4.4 微动特征

4.4.1 微多普勒效应

微多普勒的物理实质是目标上的等效散射中心与雷达天线相位中心的相对距离随着微运动改变而引起的多普勒效应。这种目标相对雷达径向运动外的自身或部分结构的运动称为微动，由于目标部分结构相对目标体的振动或转动引起的额外的多普勒频率成分称为微多普勒频率，这种现象称为微多普勒效应[38]。“微”，代表除了目标平动以外的，目标或者目标任何部分的周期性微小运动，它表征目标运动状态的细节。微运动源可以是固定翼飞机的螺旋推进器、直升机的旋翼、旋转的天线、桥梁的震动、鸟周期性运动的翅膀、行人摆动的手和脚等。

常见的微动包括4种类型[39]：旋转、振动、翻滚和进动，其特点是在雷达视线方向的基本运动形式为简谐运动，微多普勒可表示为

$$f_{mD}(t)=\frac{2\omega_0 A_0}{\lambda}\cos(\omega_0 t+\phi_0) \tag{4.65}$$

式中：λ 为信号波长；ω_0 为微动频率；A_0 为径向微动幅度；φ_0 为初始相位。可以看出，微多普勒本质上是由目标微动在雷达视线上的速度分量引起，在单频或窄带测量条件下，典型微动引起的微多普勒表现为正弦调制的时变特性，且微多普勒幅度与微动幅度、微动频率、雷达视线角等因素有关，微多普勒调制描述了微动引起的瞬时多普勒变化特性，反映了目标的瞬时速度变化特性。

微多普勒效应对信号频段比较敏感。对一个工作在微波频段的雷达系统来说，只有当目标周期性运动频率和运动偏移的乘积足够大，微多普勒效应才是可以观察的。如果一个雷达工作在X波段，波长3cm，振动频率5Hz，振动幅度0.3cm，就可以产生一个6.26Hz的可检测的最大微多普勒频率偏移。如果雷达工作在L波段，波长10cm，在同样的振动参数下，最大微多普勒频率偏移不足2Hz，雷达检测到该目标振动状态的难度明显增大。

微多普勒效应与雷达脉冲重复频率有密切相关。雷达脉冲重复频率决定了雷达可观测的多普勒范围，如果目标的多普勒频率超过这个范围，则后出现频谱重叠的现象。同理，当目标微多普勒频率超过雷达可观测范围时，也会出现频谱折叠，此时，微动调制周期就会被破坏，不能够提取正确调制周期。如图4.22所示，目标的微多普勒频率范围在－1000～1000Hz，通过局部放大图可见，谱线间隔为16Hz。当雷达脉冲重复频率小于这个范围时，出现了频谱混叠如图4.22(c)所示，由图4.22(d)可见，边缘谱线间隔被折叠后的谱线打乱，没有折叠的

频谱区域谱线间隔仍保持16Hz。

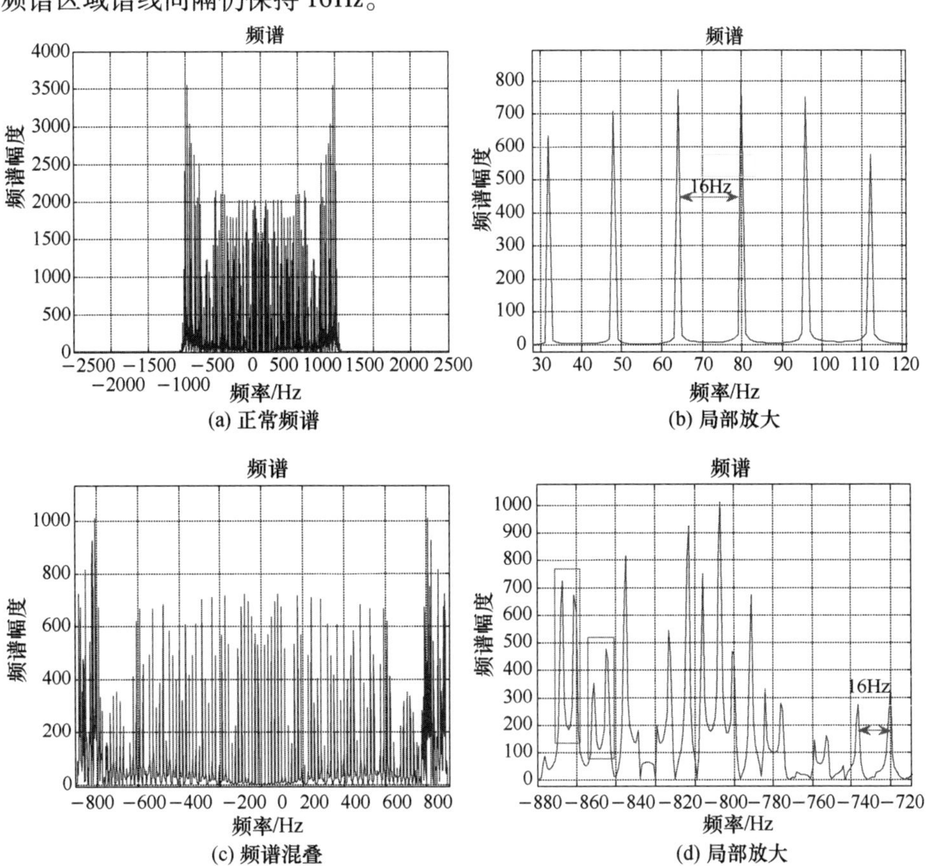

图4.22 混叠效应仿真(见彩图)

微多普勒效应反映了目标对电磁散射的综合调制特征及目标的几何结构与运动特征,通过分析微多普勒信息可以被雷达目标的特征提取、分类和识别提供新的途径。目前,基于微多普勒效应的雷达目标识别应用[40-48]主要在以下方面:

(1) 振动、转动和翻滚等微动特性及其激励的微多普勒特征为地面坦克、装甲车、移动导弹发射架、人员和动物的分类提供新途径,可应用于SAR图像中战场监测和地面援救、单兵便携式跟踪雷达对坦克车等机动车辆的识别等方面。

(2) 基于喷气引擎调制(JEM)现象,可以用于空中悬停直升机的检测,同时还可以作为空中旋翼、螺旋桨、喷气式飞机分类识别的有效特征。

(3) 通过对人呼吸、心脏跳动等微多普勒的检测,实现生命体定位及精确识别,还可以通过对人走路、奔跑等行为判断,实现人的行为意图分析,可应用于人员营救就反恐等项目等。

(4) 使用颠簸和摆动等微多普勒处理识别海面舰船目标,同时颠簸特性也是舰船颠簸成像的基础。

(5) 基于弹道目标进动、章动、翻滚等微动的判别,实现真假弹头的识别。

除此以外,微多普勒效应还被应用在 ISAR 的干扰等方面[49]。

4.4.2 旋转部件的微动特性

我们对雷达观测的大部分目标都可以近似成刚体模型,即目标的所有散射点相对雷达有相同的平动和转动,这种相对运动会引起多普勒变化。但有些目标是不能作为刚体近似的,如:直升机在飞行或悬停中,旋转的机翼和尾翼会对雷达回波产生额外的频率调制,使其常规多普勒频率附近出现占据一定频谱宽度的边带。旋转部件可以视作由众多小散射中心组成,相对于目标转动中心,这些小散射中心一直处于周期性运动状态,其散射电场的幅度和相位也将伴随散射中心的运动而周期性地变化,因此来自每一个散射中心散射的贡献而形成整个部件的散射电场幅度和相位也将呈现周期性变化,产生微多普勒现象[50]。相对于雷达载波,源自于旋转部件的周期调制是一种二次调制,可以作为一种有效的目标特征信号。

对于喷气式飞机、旋翼飞机或螺旋桨飞机等空中目标,直升机主旋翼和尾旋翼的旋转、螺旋桨飞机叶片的转动和喷气式飞机发动机压缩叶片的旋转都是微动源。下面以空中目标的旋转部件为例说明旋转部件的微动特性。

假设雷达发射窄带相参信号,不考虑螺旋桨飞机的机身分量,并假设每个桨叶对雷达来说都不存在遮挡现象,则远场的理想单发多叶螺旋桨雷达回波的复包络[51]为

$$S_{\mathrm{b}}(t) = \sum_{n=0}^{N-1} k_{\mathrm{b}} a_{\mathrm{b}}(t) \exp(\mathrm{j}\varphi_{\mathrm{b}}(t)) \exp(\mathrm{j}2\pi f_{\mathrm{d}} t) \tag{4.66}$$

式中:f_{d} 为平动引起的多普勒;k_{b} 为比例系数;N 为桨叶数目。幅度和相位表达式为

$$\begin{cases} a_{\mathrm{b}}(t) = \mathrm{sinc}(2\pi L\cos(\theta)\sin(2\pi f_{\mathrm{r}} t + 2\pi n/N + \phi_0)/\lambda) \\ \varphi_{\mathrm{b}}(t) = 2\pi L\cos(\theta)\sin(2\pi f_{\mathrm{r}} t + 2\pi n/N + \phi_0)/\lambda \end{cases} \tag{4.67}$$

式中:L 为有效桨长。由式(4.67)可见,$a_{\mathrm{b}}(t)$ 和 $\varphi_{\mathrm{b}}(t)$ 都受到旋转因子 f_{r} 的调制,表征了因螺旋桨旋转而引起回波调制的时域特征,其频域表达式为

$$S_{\mathrm{b}}(f) = \sum_{f=-N_{\mathrm{f}}}^{N_{\mathrm{f}}} C_l \delta(f - f_{\mathrm{d}} - l\Delta f) \tag{4.68}$$

式中：C_1 为系数。由式(4.68)可见，旋转部件的回波频谱是周期为 Δf 的线谱，表征了因螺旋桨旋转调制的频域特征。

根据典型目标参数，仿真喷气机、涡桨、直升机三类目标的旋转部件回波，回波频谱如图4.23所示。三类旋转部件均存在多根离散谱线，且离散谱线的频率间隔即为旋转部件的调制频率。在相同雷达参数条件下，三类目标的调制谱线间隔不同，微多普勒谱宽不同，这些频谱特征均表征了旋转部件的差异。

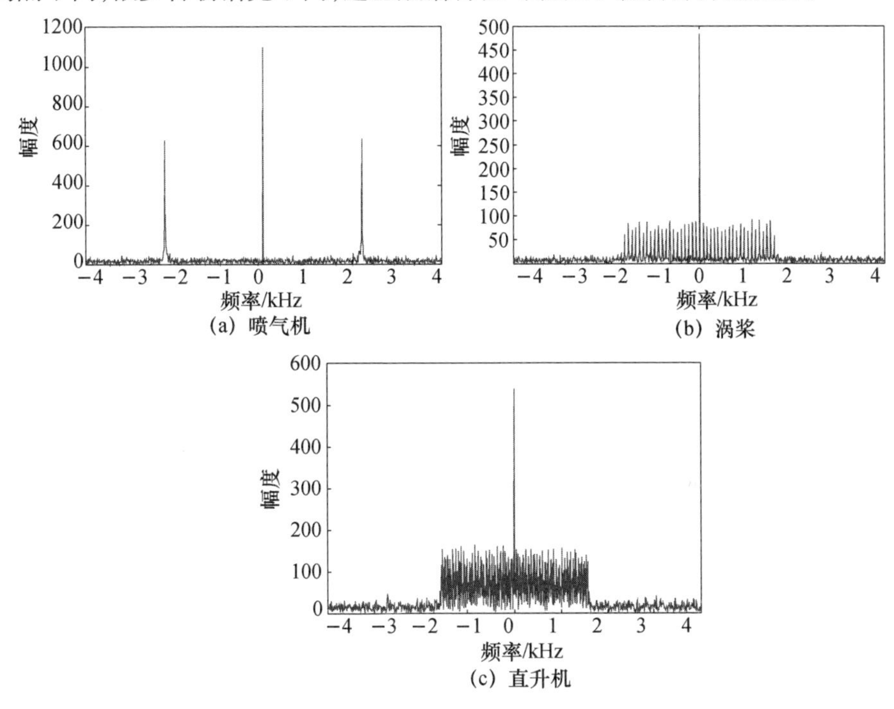

图4.23 旋转部件的频谱

由于旋转部件的结构差异，雷达回波表现出不同的微多普勒调制特性，根据调制特性的表现形式调制特征可以分为两类。

1）物理特征

目标物理特征是指与目标自身物理属性及旋转直接相关的特征，包括：

(1) 桨叶数目，即式(4.66)中的 N。

(2) 桨叶长度，是指桨叶根部和尖部离旋转中心的距离，即式(4.67)中的 L。

(3) 转速，是指桨叶的旋转速率，即 f_r/N。

在信号时域可采用自相关法或复倒谱法来分析和提取复包络序列中的周期特性。设 $s_0(n)$ 为回波信号，无偏自相关估计法表达式[51]为

$$R_z(m) = \frac{1}{N-|m|}\sum_{n=0}^{N-m-1} s_0(n)s_0^*(n+m)$$

式中:“ * ”表示复共轭。

复倒谱法的表达式[51]为

$$C_N(n)=F_N^{-1}\{\log[F_N(s_0(n))]\}$$

式中:F_N^{-1}、F_N 分别为傅里叶变换和逆傅里叶变换。

在频域通常采用周期图法、AR 功率谱法和 AR 双谱法等方法。其中,AR 双谱法可以揭示非高斯信号所含的高阶统计信息,特别是调制谱宽和调制频率的二次耦合关系,并能抑制高斯分布或对称分布的噪声[51]。

基于散射点模型仿真 5 个桨叶的旋转部件,模拟直升机旋翼运动,转速为 413r/min,桨叶长 5.34m,雷达入射频率 10GHz,脉冲重复频率 30kHz,观测时间 200ms。通过对旋转频率的估计,基于窄带相参回波进行旋转平面成像,结果如图 4.24(b)所示,图中 5 个强点代表 5 个桨叶,强散射点距成像平面中心的距离为桨叶长度,由此可以提取桨叶数、桨叶长,对于特定目标,还可以实现目标型号的识别。

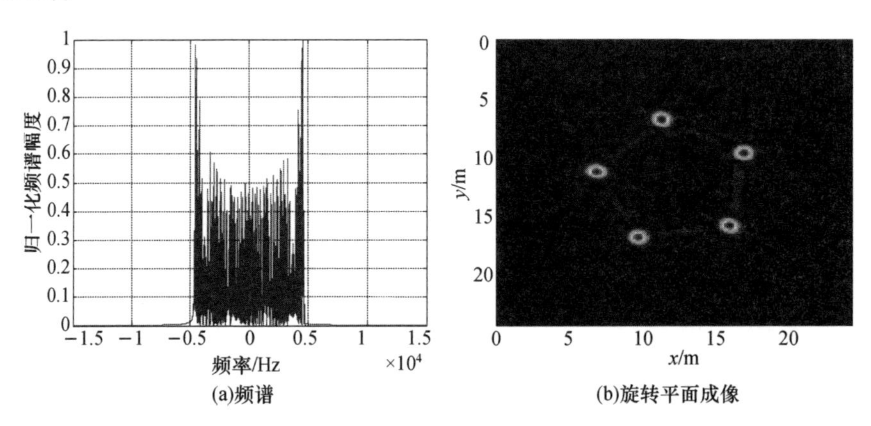

图 4.24 旋转平面成像仿真(见彩图)

这些特征源于目标自身的设计,物理含义明确,先验信息易于获取,识别决策过程也比较简单,不需要大量训练数据支撑,可直接利用旋转部件的属性差异进行目标类型判定。旋转目标的物理特征值不受观测姿态角的影响,但雷达回波表现的调制特性与目标本体遮挡、雷达重复频率、观测时间等因素相关,因此提取旋转部件物理特征要在满足这些条件的情况下才能实现。

2) 变换特征

依据旋转部件的回波特性及物理特征的相互关系可以得到如下特征。

(1) 调制频率。可以通过傅里叶变换等谱分析方法获取离散谱线的间隔,即 $f_r=f\cdot N$。该特征与转速与桨叶数目有关。

(2) 桨数桨长比。当桨叶数目、桨叶长度参数不能直接从雷达回波中提取

时,可以从回波频谱信息中推得两者的关系[52]为

$$N/L = 2\pi f_r / v_{max} \tag{4.69}$$

式中:v_{max}为频谱展宽引起的最大速度,可以通过雷达回波的频谱分析获得。该特征避免了桨叶数目、桨叶长度及旋转频率的解耦合问题,但需要频谱展宽引起的最大速度这一参数,因此对雷达的脉冲重复频率有一定要求。该特征在涡扇、旋翼、螺旋桨三类飞机之间的区分度可参考表 4.2。

(3) 矩特征。中心矩是一种简单的平移、旋转及尺度不变特征,反映了目标的形状信息。可以将二阶、三阶等高阶中心矩组合形成复合不变矩,提高特征的抗噪性能。

(4) 波形熵。从螺旋桨旋转的雷达时域和频域表达式可知,旋转部件的调制会引起时域幅度、频域谱线分布的变化,可以依据时域或频域波形熵来表征信号能量的分布特性。

变换特征是与物理特征没有直接关联的特征量,需要大量样本作训练获取目标的分类区间,同时可能受到回波信噪比、目标姿态等因素的影响。在实际中物理特征不易直接获取的情况下,变换特征仍是分类识别的主要依据。

表 4.2 给出了直升机、螺旋桨、涡扇三类目标旋转部件的典型参数及特征。三类目标在转速、桨数、桨长、调制频率、桨数/桨长都存在明显区别,可以将其作为目标分类特征。

表 4.2　飞机旋转部件的物理参数及识别特征

飞机类型	型号	转速/(r/min)	桨数	桨长(直径)/m	调制频率/Hz	桨数/桨长
直升机	1	192	5	10.645	31.3	0.23
	2	217	4	7.8	17.48	0.256
螺旋桨	3	1245	4	1.95 ~ 0.79	83	1.025 ~ 2.53
	4	1200	4	1.7 ~ 0.68	80	1.82 ~ 2.94
涡扇	5	3520	38	1.1 ~ 0.38	2229.33	17.27 ~ 50
	6	8615	27	0.51 ~ 0.18	3876.75	26.47 ~ 75

图 4.25 为某雷达实测数据获取飞机目标的微多普勒调制特征。图 4.25(a)为回波的频谱,目标在平动速度位置呈现幅度最大的谱线,在该谱线周围周期性分布低幅度谱线,这些谱线是涡扇旋转引起的调制谱线,谱线间隔即为调制频率;图 4.25(b)为回波的时频图,横轴为脉冲个数,纵轴为频率,图中亮度最大的部分为速度分量所在的谱线,在时间轴上等间隔分布的谱线为调制谱线,间隔为调制频率。

飞机目标的调制特征测量对雷达观测角度存在一定的要求,对于螺旋桨驱动飞机,大部分的方位角区段呈现这种雷达信号的附加调制,但在正鼻锥方向由

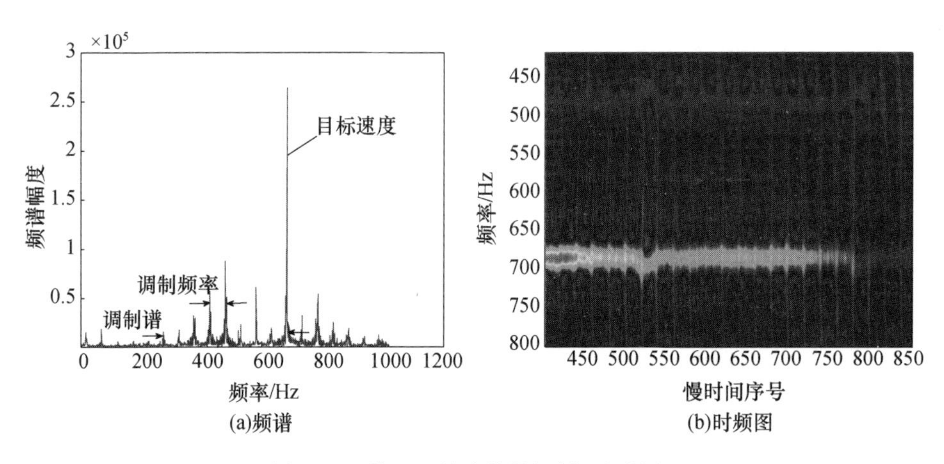

图 4.25 某飞机的多普勒调制(见彩图)

于雷达视线与旋转平面垂直,不能得到调制现象。对于喷气式飞机,由于涡扇一般被包裹在内侧,所以可以观察到调制现象的方位角区段更小。同时,调制特征测量对中心频率、脉冲重复频率等雷达参数也有一定要求,这在 6.3.1 节有详细描述。

4.4.3 旋转目标的微动特性

刚体目标的运动具有 6 个自由度:3 个平动自由度,3 个转动自由度。刚体的各种任意复杂运动都可以看成整个刚体随质心平动和绕质心或某个轴向转动的合成。舰船在航行过程中,还会随海面波动而颠簸,即相对雷达平移的同时目标自身还处于转动状态。由于人类多年的航天活动,通常留在低轨上的人造目标有人造地球卫星、运载火箭末级、空间碎片等,上述集中在低轨道上的目标,按调姿方式来分,可分为非自旋(如三轴稳定调姿系统)和自旋两大类空间目标。对自旋空间目标,一个特殊的旋转方式为"翻滚"运动,如果卫星没有调姿系统,则入轨后它在摄动力的作用下进行复杂的旋转运动。例如对于依靠分离前末级火箭的旋转实现稳定的柱状卫星,在与火箭分离时刻绕纵轴旋转,但随时间的推移,摄动力对旋转卫星的影响可导致它趋向于绕横轴转动,根据卫星的运动状态可以判定卫星是否处于正常工作[35]。这种目标自身转动的特性为目标状态判定及分类识别提供了依据。

下面以舰船和弹道导弹目标为例说明旋转目标的微动特性。

如图 4.26 所示,舰船航行中质心沿 3 个方向平移,其姿态变换同时存在横摇(roll)、纵摇(pitch)、偏航(yaw)的三维运动。船体在 3 个方向上摇摆的幅度($\theta_r,\theta_p,\theta_y$)是时间的函数,每一种运动可假设为简谐运动,用单一幅值和频率加以描述,如图 4.26 所示。其中,θ_r、θ_p、θ_y 为三个方向的摇幅,ω_r、ω_p、ω_y 分别为偏航、横摇和纵摇的频率，ϕ_r、ϕ_p、ϕ_y 为初始相位角。当舰船作平稳航行时，相对于雷达的转动主要是偏航，而当海情等级较高时，其转动分量还会伴有横摇和纵摇。其摇摆形式和幅度是由海情、舰型、舰船的航速和航向决定。在海况级别不是很高的情况下，舰船摇摆的幅值比较小，舰船的摇摆可近似为单自由度的 3 种运动的叠加，实际中，这些运动是相互耦合的，导致目标相对雷达有效转动矢量的大小和方向具有时变特性，为高质量的 ISAR 成像带来难度。

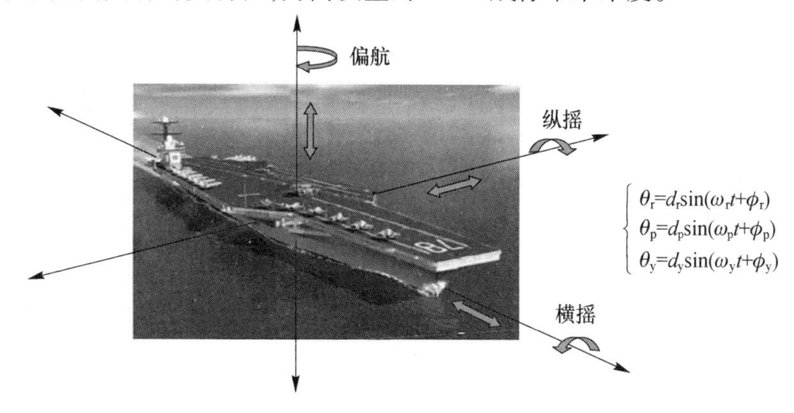

图 4.26　舰船运动示意图及摇摆幅度表达式(见彩图)

为了保持弹头在大气层外飞行的稳定性和提高命中精度，弹头在中段一般会进行姿态控制，自旋稳定是弹头在中段最常用的姿态控制方式。在弹头释放过程中，弹头会受到冲击力矩的作用，力矩消失后极轴在平衡位置做圆锥运动，即进动。对于轻诱饵和其他碎片，一般没有采取姿态控制，会呈现翻滚等随机的运动方式[50]。因此，微动方式不同是真假弹头识别的重要依据。图 4.27 为自旋、翻滚、摆动、章动的运动示意图。自旋是目标围绕自身对称轴进行旋转；翻滚是一种特殊的自旋，目标围绕体外某个固定轴旋转；摆动是目标围绕某个固定轴沿直线来回运动，摆动轴与自身对称轴的夹角为摆动角；章动是自旋、锥旋和摆动的复合运动，目标在围绕自身对称轴旋转的同时，围绕某一固定轴进行旋转，即锥旋，并且在锥旋过程中目标自身还存在摆动。

无论是舰船还是弹道导弹目标，目标的旋转运动对雷达回波的调制主要表现在以下三方面，这也是微动特征提取的主要途径。

1）幅度调制

由于目标自身处于转动状态，如果目标散射中心为各向异性[50]，则雷达观测时微动目标的散射强度变化将对回波产生幅度调制，因此散射幅度会呈现周期性变化，尤其对于观测目标有某个强散射点存在的情况下，这种周期特性更加明显。

根据暗室测量圆柱体数据，设置其微动方式为翻滚，翻滚周期为 2Hz。如图

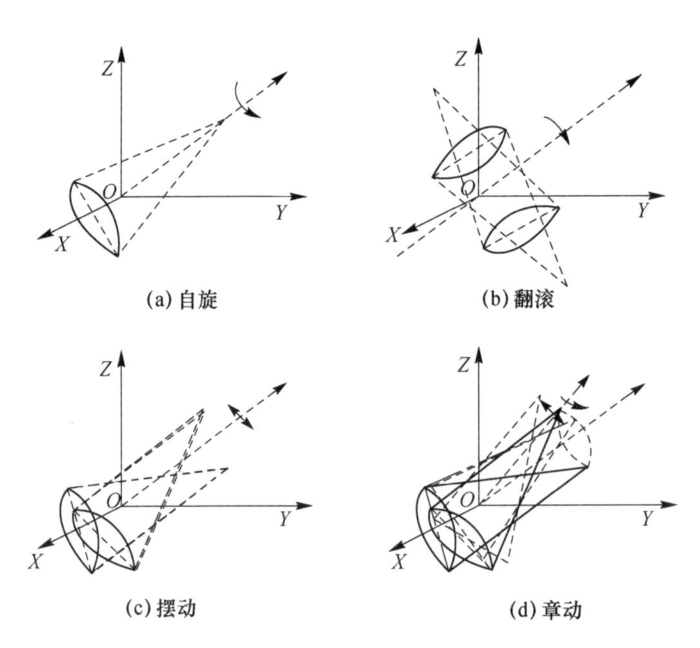

图 4.27　导弹目标的典型微动示意图

4.28 所示,由于目标在某个角度下存在强散射现象,因此翻滚引起的幅度调制周期非常明显。

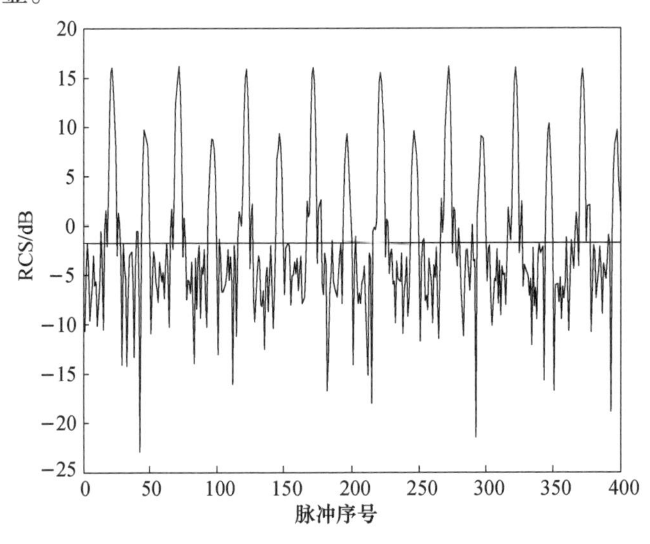

图 4.28　翻滚柱体的 RCS 序列(见彩图)

由于目标回波散射强度和电波入射角并不是一一对应的,因此,幅度的周期性在实际中并不是很规则,除了含有微动引起的周期分量外,还有很多寄生频率分量,直接利用功率谱提取进动周期估计的性能会受到影响。相关函数具有周期震荡行为，反映出幅度起伏的时间序列也具有周期性的特点，可以采用自相关函数等方法增强周期特性，然后再利用谱估计技术估计微动周期。具体方法及仿真可参考 9.2.3 节。

2）相位调制

微动对回波相位的调制特性表现在频谱（或能量谱）随时间变化上，传统的谱分析方法针对的是周期性平稳信号，它依赖于信号的全局信息，表现的是频率的全时特性，并不能反映信号的局部特征，而通过时间和频率的联合函数可以获得频率的瞬时变化。其中，短时傅里叶变换（STFT）是由 Gabor 提出的一种简单而又直观的时频分析技术，其基本思想是对沿信号时间轴移动的窗函数内的数据段进行傅里叶变换，将窗函数内的信号频率切片按照窗口滑动时间依次排列，得到关于信号时间－频率的二维时频函数，公式[53]表示如下：

$$\mathrm{STFT}(t,\omega) = \int_{-\infty}^{+\infty} s(t) w^*(\tau - t) \mathrm{e}^{-\mathrm{j}\omega t} \mathrm{d}\tau \tag{4.70}$$

式中：$s(t)$ 为时域复信号；$w(t)$ 为窗函数。

为了表明不同微动方式的差异，下面仿真 3 个散射点在自旋、翻滚、摆动、章动条件下的短时傅里叶变换，仿真入射频率为 10GHz，结果如图 4.29 所示，根据散射点的变化周期可以获得目标的微动周期，同时，时频图的频谱分布宽度、瞬时频谱历程等微多普勒特征反映了目标微动方式的不同，可以作为分类特征。常用的变换工具除时频变换外，还有 DCT 算法、小波变换等。

针对采用长时间的相参回波数据分析船只的颠簸特性，图 4.30 为某雷达录取的海面行驶船只回波的时频变换结果。瞬时频率沿时间轴存在一定的斜率，这说明目标平动中存在加速度，瞬时频率的起伏表明目标在平移同时存在颠簸，这种变化近似正弦信号，起伏周期约为 6s，起伏的波峰与波谷之间的距离与摇幅、雷达视线等因素有关。在舰船 ISAR 成像中，可以利用不同维度的颠簸特性获取舰船前视像、侧视像和俯视像。

由于时频分析结果为二维信息，很难直接利用，一般通过时频分析估计瞬时频率，然后根据瞬时频率估计其运动参数，进而获得微动周期。估计瞬时频率方法一般有峰值法、一阶矩方法、霍夫变换等[54]。单散射点的瞬时频率可以准确还原时频图像的频率变化，而且这种方法不受目标运动形式影响，即使非正弦曲线，仍可以正确提取。但当其中存在多个散射点时，目标频率强度变化对峰值法的影响较大；而霍夫变换方法对信噪比要求不高，但是要求已知信号的参数表达式，才能进行参数空间积累，否则估计方法失效，但实测数据中信号形式不一定是规则的正弦形式。

3）极化调制

目标的极化散射矩阵表征了目标在特定取向上的极化散射特性，但是它受

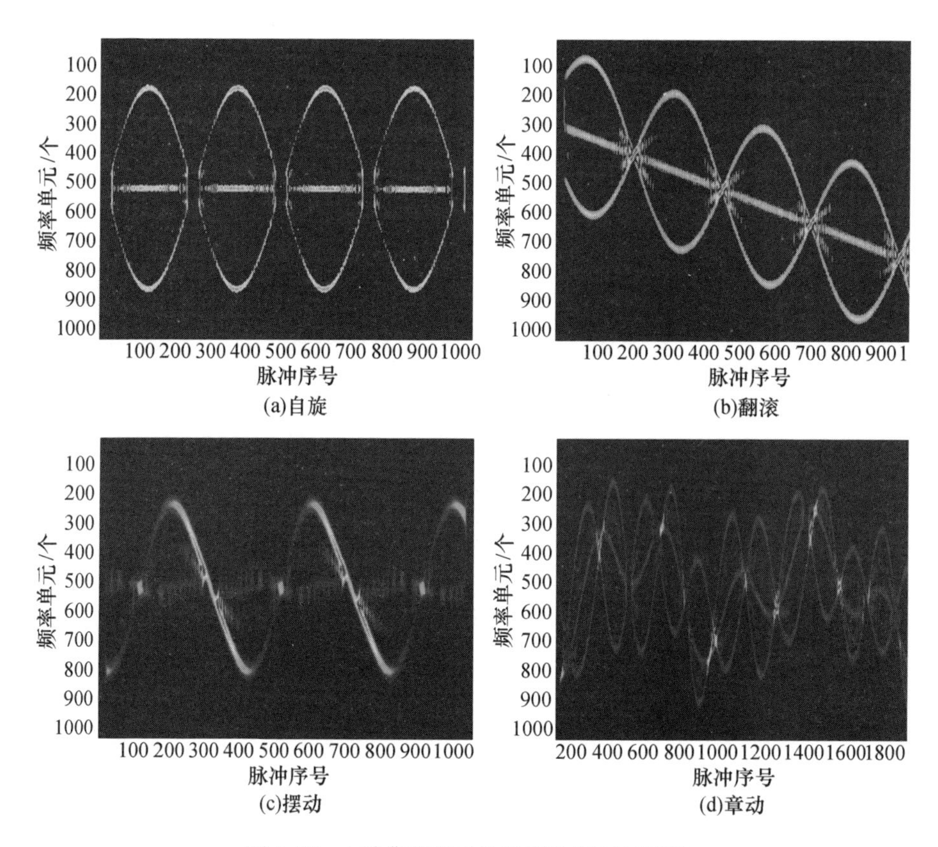

图 4.29　4 种典型微动的时频分析(见彩图)

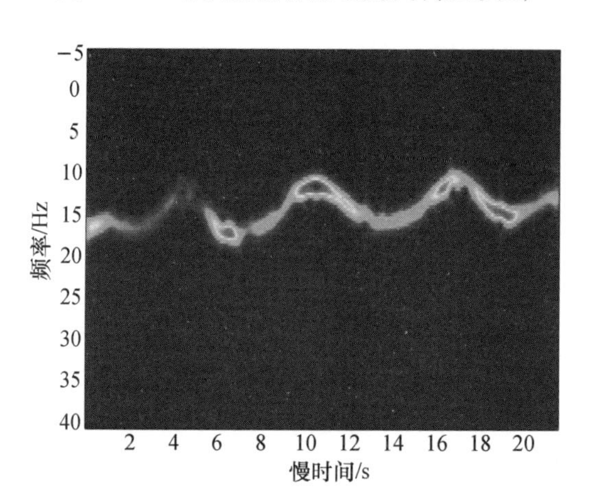

图 4.30　船只颠簸的时频图像(见彩图)

目标属性及观测因素的影响,很难直接利用散射矩阵进行目标分类识别。同时又考虑到,目标的法拉第旋转(即目标绕雷达视线的旋转)对于观测不会带来新的目标特性信息，通常选取目标的极化不变量特征[55-58]，如行列式值、功率散射矩阵的迹、去极化系数、本征方向角、最大极化方向角等。这些极化不变量对于特定极化平面内的极化基选取无关，具有较好的稳定性，可以作为目标的特征信号特征，进行目标的识别。

通常散射矩阵的行列式、功率散射矩阵的迹可以看作是目标的酉不变特征，设目标单基地雷达的极化散射矩阵为 $\boldsymbol{S}$，极化基旋转 φ 后的散射矩阵 $\boldsymbol{S}'$。

$$\boldsymbol{R}(\varphi)=\begin{bmatrix}\cos\varphi & -\sin\varphi \\ \sin\varphi & \cos\varphi\end{bmatrix} \tag{4.71}$$

$$\boldsymbol{S}'=\boldsymbol{R}^{\mathrm{T}}(\varphi)\boldsymbol{S}\boldsymbol{R}(\varphi) \tag{4.72}$$

$$\Delta=\det(\boldsymbol{S}')=\det(\boldsymbol{R}^{\mathrm{T}}(\varphi)\boldsymbol{S}\boldsymbol{R}(\varphi))=\det(\boldsymbol{S}) \tag{4.73}$$

显然，目标行列式的值与特定极化平面内的极化基选取无关。与极化散射矩阵对应的 Graves 功率矩阵及其迹可表示为

$$\boldsymbol{G}=\boldsymbol{S}^{H}\boldsymbol{S} \tag{4.74}$$

$$\mathrm{Tr}(\boldsymbol{G})=|\boldsymbol{S}_{11}|^2+|\boldsymbol{S}_{22}|^2+2|\boldsymbol{S}_{12}|^2 \tag{4.75}$$

功率散射矩阵的迹实质上表征了目标的全极化 RCS 值，可以大致反映目标的大小。

目标的去极化系数定义如下：

$$D=1-\frac{|\boldsymbol{S}_1|}{2\mathrm{Tr}(\boldsymbol{G})}=\frac{\frac{1}{2}|\boldsymbol{S}_{11}-\boldsymbol{S}_{22}|^2+2|\boldsymbol{S}_{12}|^2}{|\boldsymbol{S}_{11}|^2+|\boldsymbol{S}_{22}|^2+2|\boldsymbol{S}_{12}|^2} \tag{4.76}$$

D 一般可以反映目标散射中心的数量，对复杂目标和简单目标具有一定区分能力。除此之外，还有极化异性程度等特征，可以在一定程度上反映目标的形状。目标在探测频带 Ω 内的极化域色散程度或者色散能力可以通过目标散射波频域或者时域极化测度来衡量。

为了表明不同目标极化不变特征的差异，下面给出基于进动圆锥体与翻滚平板的仿真数据所提取的极化不变量特征，仿真的入射电磁波频率为 9GHz。两类目标在不同姿态角下的极化散射矩阵的行列式值的散布情况如图 4.31 所示。虽然利用极化散射矩阵是可以获得区分目标的特征信息，但是通过单一特征或单次观测的结果提取的分类特征通常具有较强的模糊性，因此在分类、识别研究中可以利用多特征组合或提取其统计量来进行改进，以获得更好的效果。

在弹道导弹目标识别中，极化为提取弹头微动频率提供了一种途径。交叉极化分量之和与共极化分量之差的比值，该特征量随弹头进动而周期变化。基于该特征量的时变特性可以实现弹头进动频率的估计[58]。

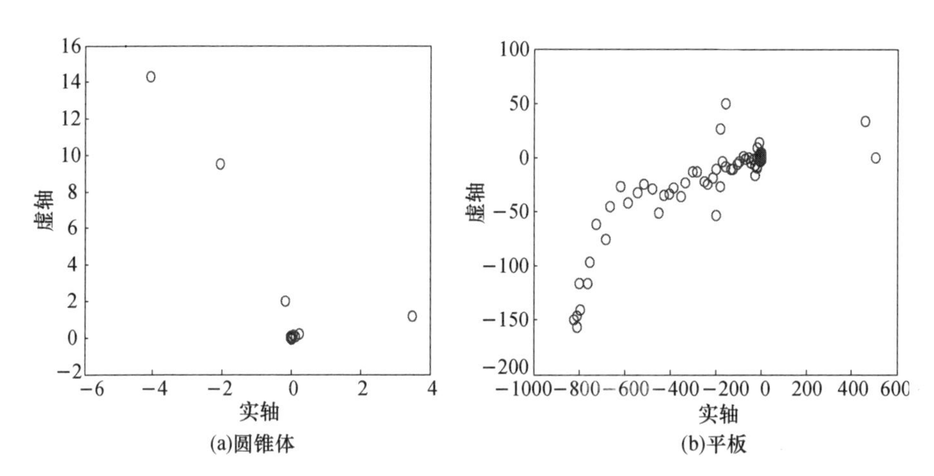

(a)圆锥体　　　　(b)平板

图4.31　不同目标极化散射矩阵的行列式值的分布

弹头对称轴姿态为(φ,θ)时的散射矩阵为

$$
\boldsymbol{S}(\varphi,\theta)=\begin{bmatrix} s_{HH}(\varphi,\theta) & s_{VH}(\varphi,\theta) \\ s_{HV}(\varphi,\theta) & s_{VV}(\varphi,\theta) \end{bmatrix}
$$

$$
=\begin{bmatrix} s_{//}(\theta)\cos^2\varphi+s_{\perp}(\theta)\sin^2\varphi & (s_{//}(\theta)-s_{\perp}(\theta))\sin\varphi\cos\varphi \\ (s_{//}(\theta)-s_{\perp}(\theta))\sin\varphi\cos\varphi & s_{\perp}(\theta)\cos^2\varphi+s_{//}(\theta)\sin^2\varphi \end{bmatrix}
$$

记$s_{\mathrm{x}}=s_{HV}(\varphi,\theta)+s_{VH}(\varphi,\theta)$，$s_{\mathrm{c}}=s_{HH}(\varphi,\theta)-s_{VV}(\varphi,\theta)$，则

$$
\frac{s_{\mathrm{x}}}{s_{\mathrm{c}}}=\frac{s_{HV}(\varphi,\theta)+s_{VH}(\varphi,\theta)}{s_{HH}(\varphi,\theta)-s_{VV}(\varphi,\theta)}=\tan2\varphi \tag{4.77}
$$

由式(4.77)可知，弹头的交叉极化分量之和与共极化分量之差的比值仅仅取决于弹头的微动状态，而与弹头的散射矩阵及RCS矩阵无关，该特征量随弹头进动而周期变化。利用该特征量的时变特性可以对弹头进动频率进行估计，有效克服基于RCS序列的进动频率估计方法引入的虚假频率，具有更好的稳健性。但运算过程中可能引入伪周期分量，进而使得基于全极化信息的进动频率估计方法无法准确地估计弹头的进动频率。

仿真进动锥球体的极化回波，设置进动频率为4Hz，结果如图4.32所示，该方法可以准确估计锥球体的进动频率，而且其谐波分量的幅度较低。

利用极化信息提取微动特征要求雷达具备同时多极化能力，目前的许多雷达不具备这种条件，而且极化对目标的形状、外表材料等因素敏感，极化与复杂结构目标的关系等问题还有待深入研究。

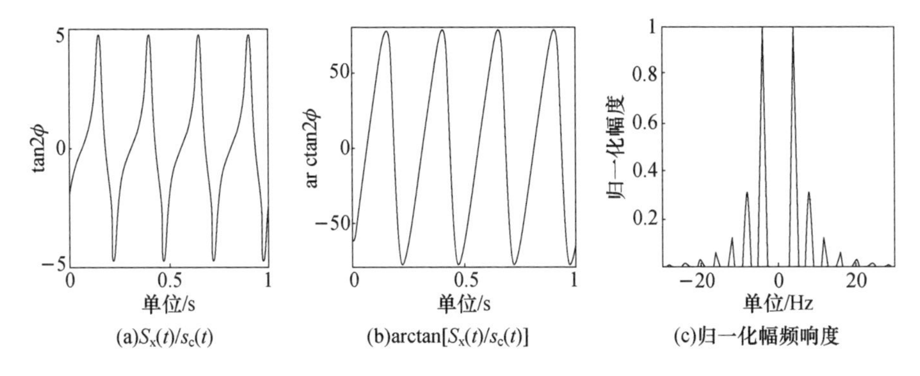

(a)$S_x(t)/s_c(t)$　(b)arctan$[S_x(t)/s_c(t)]$　(c)归一化幅频响度

图 4.32　锥球体全极化信息的进动频率估计

参考文献

[1] Hsueh – Jyh L, Sheng – Hui Y. Using range profiles as feature vectors to identify aerospace objects[J]. IEEE Trans. on Antennas and Propagation, 1993, 41(3):261 – 268.

[2] Li Hsueh – Jyh, Wang Yung – Deh, Wang Long – Huai. Matching score properties between range profiles of high – resolution radar targets[J]. IEEE Trans. on Antennas and Propagation, 1996, 44(4):444 – 452.

[3] Scott H, Demetri P. Correlation filters for aircraft identification from radar range profiles[J]. IEEE Trans. on Aerospace and Electronics System, 1993, 29(3):741 – 748.

[4] 赵群. 基于高分辨一维距离像的雷达目标识别与检测[D]. 西安：西安电子科技大学, 1995.

[5] Jacobs S P. Automatic target recognition using high resolution radar range – profiles [D]. Missouri: Washington University, 1997.

[6] 保铮, 邢孟道, 王彤, 等. 雷达成像技术[M]. 北京：电子工业出版社, 2005.

[7] Silverstien P B, Sands O S, Garber F D. Radar target classification and interpretation by means of structural descriptions of backscatter signals[J]. IEEE AES Systems Magazine, 1991, 6(5): 3 – 7.

[8] Hurst M P, Mittra R. Scattering center analysis via Prony's method[J]. IEEE Trans. on Antennas Propagat., 1987, 35:986 – 988.

[9] Carrière R, Moses R L. High resolution radar target modeling using a modified Prony estimator [J]. IEEE Trans. on Antennas Propagate, 1992, 40(1):13 – 18.

[10] Kim K T, Kim H T. One – dimensional scattering centre extraction for efficient radar target classification[J]. IEE Proc. – Radar. Sonar Navige. 1999, 146(3):147 – 158.

[11] Kim K T, Seo D K, Kim H T. Radar target identification using one – dimensional scattering centres[J]. IEE Proc. – Radar. Sonar Navig. 2001, 148(5):285 – 296.

[12] Li Jian, Stoica P. Efficient mixed – spectrum estimation with applications to target feature extraction[J]. IEEE Trans. on Signal Processin, 1996, 44(2):281 – 295.

[13] 姜卫东. 光学区雷达目标结构成像的理论及其在雷达目标识别中的应用[D]. 长沙:国防科学技术大学,2000.

[14] Fuller D F,Terzuoli A J,Collins P J,et al. 1 – D feature extraction using a dispersive scattering center parametric model[J]. IEEE 1998 Antennas and Propagation Society International Symposium,1998,2:1296 – 1299.

[15] 郭桂蓉,庄钊文,陈曾平. 电磁特征抽取与目标识别[M]. 长沙:国防科学技术大学出版社,1996.

[16] Hua Yingbo, Sarkar T K. Matrix pencil method for estimating parameters of exponentially damped/undamped sinusoids in noise[J]. IEEE Trans. on ASSP,38(5),1990:814 – 824.

[17] Wax M,Kailath T. Detection of signals by information theoretic criteria[J]. IEEE Trans. on ASSP. ,1985,33(2):387 – 392.

[18] 张贤达. 现代信号处理[M]. 2 版. 北京:清华大学出版社,2002.

[19] 王洋,陈建文,刘中. 适于一维散射中心识别的模糊分类器[J]. 电子与信息学报,2005,27(5):784 – 788.

[20] 杜兰,雷达高分辨距离像目标识别方法研究[D]. 西安:西安电子科技大学,2007.

[21] Oppenheim A V,Lim J S. The importance of phase in signals[J]. Proceedings of the IEEE,1981,69(5):529 – 541.

[22] 张贤达. 时间序列分析 – 高阶统计量方法[M]. 北京:清华大学出版社,1996.

[23] Tugnait J K. Detection of non – Gaussian signals using integrated polyspectrum[J]. IEEE Trans. on Signal Processing,1994,42(11):3137 – 3149.

[24] Chandran V, Elgar S L. Pattern recognition using invariants defined from higher order spectra – one – dimensional Inputs[J]. IEEE Trans. on Signal Processing, 1993, 41 (1): 205 – 212.

[25] Liao Xue jun ,Bao Zheng . Circularly integrated bispectra: novel shift invariant features for high – resolution radar target recognition[J]. Electronics Letters,1998,34(19):1879 – 1880.

[26] Zhang Xian – Da,Shi Yu,Bao Zheng. A new feature vector using selected bispectra for signal classification with application in radar target recognition[J]. IEEE Trans. on Signal Processing,2001,49(9):1875 – 1885.

[27] 裴炳南,保铮. 用对数平均双谱识别飞机的原理和方法[J]. 电子学报,2002,30(3):354 – 358.

[28] Zwicke P E,Kiss I. A New implementation of the Mellin transform and its application to radar classification of ships [J]. IEEE Trans. on Pat. Anal. and Mach. Intel. , 1983, 5 (2): 191 – 199.

[29] Fisher M H,Ritchings R T. Attributed relational tree approach to signal classification[J]. IEE Proceedings – Radar,Sonar and Navigation,1994,141(6):319 – 324.

[30] 郭飚,潘建,陈增平. 高分辨雷达二维图像的图像处理与特征提取[J]. 系统工程与电子技术,2000,22(4):55 – 58.

[31] 张兴敢,逆合成孔径雷达成像及目标识别[D]. 南京:南京航空航天大学,2001.

[32] 陈亚伟. 基于多特征融合的雷达对空目标识别研究[D]. 南京:南京电子技术研究所,2007.

[33] 马君国,付强,等. 雷达空间目标识别技术综述[J]. 现代防御技术,2006,34(5):90-94.

[34] 董洪乐,曹敏,黎湘,等. 基于轨迹特征的预警系统目标识别[J]. 空间电子技术,2008(3):11-15.

[35] 戴征坚,郁文贤,胡卫东,等. 空间目标的雷达识别技术[J]. 系统工程与电子技术,2000,22(3):19-22.

[36] 张海成,杨江平,等. 空间目标监视装备技术的发展现状及其启示[J]. 现代雷达,2011,33(12):11-14.

[37] 刘拥军. 合成孔径雷达目标识别与仿真研究[D]. 西安:西安电子科技大学,2010.

[38] Chen V C, Li Fayin, Ho Shen-Shyang. Micro-Doppler Effect in Radar: Phenomenon, Model, and Simulation Study[J]. IEEE Transaction on Aerospace and Electronic Systems, 2006, 42(1):2-20.

[39] Chen V C. The Micro-Doppler Effect in Radar[M]. Boston: Artech House, 2011.

[40] 庄钊文,刘永祥,黎湘. 目标微动特性研究进展[J]. 电子学报,2007,35(3):520-527.

[41] Stove A G, Sykes S R. A Doppler-based automatic target classifier for a battlefield surveillance radar[C]. Proceedings of IEEE International Conference on Radar, 2002:419-423.

[42] Thayaparan T, Abrol S, Riseborough E. Micro-Doppler feature extraction of experimental helicopter data using wavelet and time-frequency analysis[C]. Brest, France: Proceedings of International Conference on Radar Systems, 2004.

[43] Jaenisch H. Discrimination via Phased Derived Range[R]. MDA-02-003, Missile Defense Agency Small Business Innovation Research Program, 2002.

[44] http://www.dodsbir.net/selections/abs021/mdaabs021.htm.

[45] Youngwook Kim, Sungjae Ha, Jihoon Kwon. Human Detection Using Doppler Radar Based on Physical Characteristics of Targets[J]. IEEE Geoscience and Remote Sensing, 2015, 12(2).

[46] Fioranelli Francesco, Ritchie Matthew, Griffiths Hugh, Analysis of polarimetric multistatic human micro-Doppler classification of armed/unarmed personnel[C]. IEEE Radar Conference, 2015:432-437.

[47] R. Rytel-Andrianik, P. Samczynski, M. Malanowski, M. Gromek, et al. Simple X-band polarimetric micro-Doppler analyses of ground moving targets[C]. Signal Processing Symposium, 2015:1-4.

[48] Kellner Dominik, Barjenbruch Michael, Klappstein, et al. Wheel extraction based on micro doppler distribution using high-resolution radar[J]. Microwaves for Intelligent Mobility (ICMIM), 2015:1-4.

[49] 白雪茹,孙光才,周峰,等. 基于旋转角反射器的 ISAR 干扰新方法[J]. 电波科学学报,2008,23(5):867-872.

[50] 刘进. 微动目标雷达信号参数估计与物理特征提取[D]. 长沙:国防科技大学,2010.

[51] 丁建江．防空雷达目标识别技术[M]．北京:国防工业出版社,2008.
[52] Rotander C E,Von Sydow H. Classification of Helicopters by the L/N – quotient[J]. Radar 97 Conference Publication,1997 : 629 – 633.
[53] Chen V C,Ling H. Time – Frequency transforms for radar imaging and signal analysis [M]. Boston: Artech House,2002.
[54] Carmona R A. Multiridge detection and time – frequency reconstruction[J]. IEEE Transactions on Signal Processing. 1999,47(2):480 – 492.
[55] 王被德．雷达极化理论和应用[D]．南京:南京电子技术研究所,1994.
[56] 庄钊文,肖顺平,王雪松,等．雷达极化信息处理及其应用[M]．北京:国防工业出版社,1999.
[57] 李永帧,肖顺平,王雪松,等．雷达极化抗干扰技术[M]．北京:国防工业出版社,2010.
[58] 王涛,周颖,王雪松,等．雷达目标的章动特性与章动频率估计[J]．自然科学进展,2003,16(3):344 – 350.

第5章 分类器技术

在获得雷达目标的特征之后,利用分类器技术可对目标进行分类或者识别。分类器是一种函数或者映射,它的输入是雷达目标的特征,输出是特征对应的类别。分类器的设计和使用在雷达目标识别过程中具有举足轻重的地位,合理的分类器不仅可以提高雷达目标识别的正确率,而且可以提高雷达目标识别的效率和稳定性。本章主要从分类器的基本原理、分类器的类型、分类器的选择和训练等方面介绍雷达目标识别领域常用的分类器。

5.1 分类器的基本概念及原理

本节介绍分类器的基本概念,以及分类器实现识别功能的基本原理。

5.1.1 分类器的基本概念

分类问题是根据数据集的特点构造一个分类函数或分类模型(也即分类器),该模型能把未知类别的样本映射到给定类别中的某一个。分类问题是日常生活中最常见的一类问题,眼睛看到事物、耳朵听到声音之后,大脑首先执行的操作就是分类操作:"这是什么?"利用数学语言,分类问题可如下定义:已知两个集合 $I=\{\boldsymbol{x}_1,\boldsymbol{x}_2,\cdots,\boldsymbol{x}_n\}$ 和 $C=\{y_1,y_2,\cdots,y_m\}$,存在一个映射规则 $y=f(\boldsymbol{x})$,对于任意 $\boldsymbol{x}_i\in I$,有且仅有一个 $y_j\in C$,使得 $y_j=f(\boldsymbol{x}_i)$ 成立[1]。其中

(1) 集合 C 称为类别集合,其中的每个元素是一个类别,例如雷达目标识别中的舰船类型、飞机类型、导弹类型等;

(2) 集合 I 是特征集合,其中每一个元素是一个待分类样本的特征,例如雷达目标识别中的一维像特征、二维像特征、运动特征、微动特征、辐射特征等;

(3) 映射 $f(\cdot)$ 称为分类器。

分类问题的基本框架如图 5.1 所示,该框架中,分类器可以看作一个黑匣子。

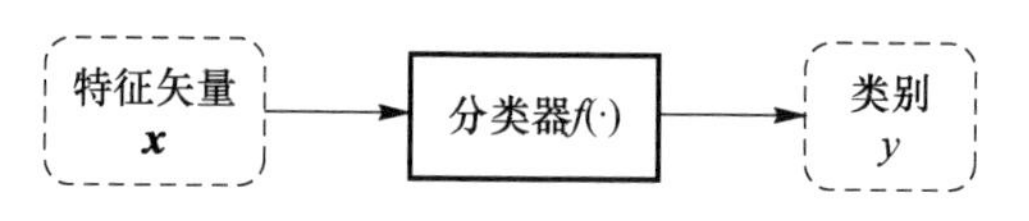

图 5.1 分类问题的基本框架

图 5.2 给出了一个简单分类问题示例,设有两种模式 C_1 和 C_2(分别表示图中三角和方框两种模式),$I=\{\boldsymbol{x}_1,\boldsymbol{x}_2,\cdots,\boldsymbol{x}_n\}$,其中 $\boldsymbol{x}_n\in\mathbf{R}^M$(在图 5.2 中,$M=2$,$\boldsymbol{x}_i$ 即二维平面上的点),$C=\{y_1,y_2\}$。若 $\boldsymbol{x}_n$ 属于 C_1 类,则对应有 $y_1=1$(三角);若 $\boldsymbol{x}_n$ 属于 C_2 类,则对应有 $y_2=-1$(方框)。寻求 $\mathbf{R}^M$ 上的一个实函数 $g(\boldsymbol{x})$,对于任给的未知模式,有

$$\begin{cases}g(\boldsymbol{x})>0 & \boldsymbol{x}\in C_1\\ g(\boldsymbol{x})<0 & \boldsymbol{x}\in C_2\end{cases}$$

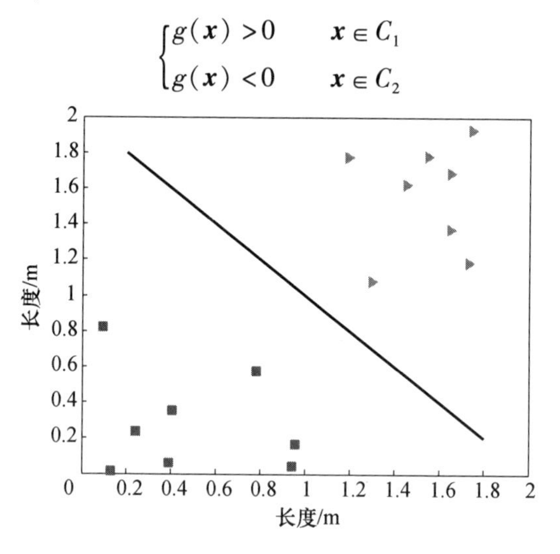

图 5.2 线性分类问题示例(见彩图)

式中:$g(\boldsymbol{x})$ 为分类函数,即分类器。在上例中,令 $g(\boldsymbol{x})=x_1+x_2-10$,其中,$x_1$ 和 x_2 分别表示横坐标和纵坐标,那么,分类平面对应图中的直线,直线上方的点属于 C_1 类,下方的点属于 C_2 类。当 $g(\boldsymbol{x})$ 为线性函数时,称为线性分类器;当 $g(\boldsymbol{x})$ 为非线性函数时,称为非线性分类器。线性分类器是最简单的分类情况,而非线性分类器是最常遇到的分类情况。图 5.3 给出了一个非线性分类器的例子。

5.1.2 分类的基本流程

分类器的分类过程可分为分类器的设计、训练和测试三个阶段。在给定数据集的情况下,首先是分类器的设计过程,根据数据和问题的具体情况,选择合适的分类器,雷达目标识别常用的分类器有线性判别分类器、SVM 分类器、神经网络分类器、模糊判别分类器、决策树分类器等[1,2]。第二阶段是分类器的训练

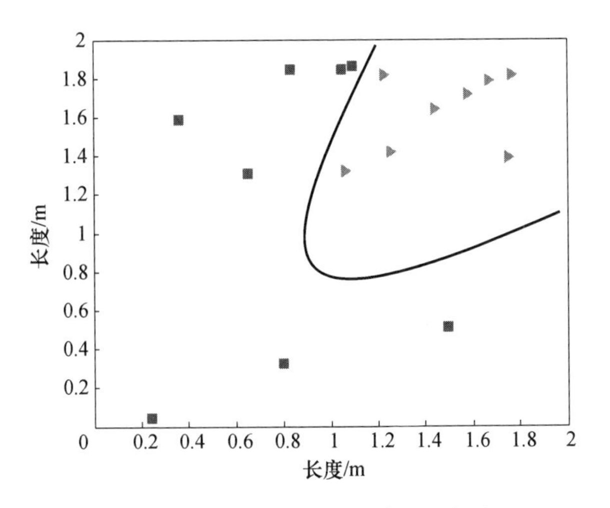

图 5.3　非线性分类问题示例(见彩图)

(或称学习)阶段,将数据集随机地分为训练数据集和测试数据集,训练数据集中的样本形式可表示为($\boldsymbol{x}_{\mathrm{i}}$,$\mathrm{y}_{\mathrm{i}}$),其中 $\boldsymbol{x}_i$ 表示样本特征,y_i 表示类别,利用训练数据集可确定分类器的具体参数。第三阶段是分类器的测试阶段,使用测试数据集来评估分类器的分类准确率,如果认为准确率可以接受,就可以用该分类器对其他数据进行分类。

分类器实现分类功能的基本原理是样本特征本身的可区分性和训练测试样本特征的一致性。样本特征的可区分性是指不同类别的样本在其特征空间上存在一定距离,如果两个不同类别的样本在特征空间上完全重合,那么任何分类器都无法将它们分开。训练测试样本特征的一致性是指相同类别的训练样本和测试样本,它们在特征空间上的位置大致相近。

分类器一般是通过经验性方法构造的映射规则,并且仅用有限的训练样本确定模型参数,因此所训练出的分类器并不是一定能将每个待分类样本准确映射到其分类,即通常情况下的分类问题只能实现一定概率意义上正确的分类,缺少足够多的信息来构造 100% 正确率的映射规则。分类器的效果与分类器构造方法、待分类数据的特征以及训练样本数量等诸多因素有关。

5.2　雷达目标识别常用分类器及其基本原理

本节介绍雷达目标识别问题中常用的分类器及其基本原理。雷达目标识别中常用的分类器有模板匹配分类器、决策树分类器、线性判别分类器、支持向量机分类器和神经网络分类器等,下面逐一介绍。

5.2.1 模板匹配分类器

模板匹配分类器是在一维像判别、RCS 序列判别等雷达目标识别问题上应用较多的一类分类器。它利用未知类别的样本和已知类别的样本之间的相似性，通过计算未知类别样本和不同已知类别样本的距离来确定未知类别样本的类别。如何计算距离和在已知不同距离的情况下如何确定样本类别是模板匹配分类器的两项关键技术。

5.2.1.1 距离度量方法

特征空间中两个样本点的距离可以反映出两个样本点之间的相似性程度，因此，模板匹配分类器一般使用两个样本点的距离来反映样本之间的相似性，样本的特征空间一般是 n 维实数矢量空间，距离度量方法有欧氏距离、曼哈顿距离、切比雪夫距离、马氏距离等，下面给出这几类距离度量方法的定义[1]。

1）欧氏距离

欧氏距离是最常见的两点之间或多点之间的距离表示法，它定义于欧几里得空间中，点 $\boldsymbol{x}=(x_1,x_2,\cdots,x_k)$ 和 $\boldsymbol{y}=(y_1,y_2,\cdots,y_k)$ 之间的欧氏距离为

$$d(\boldsymbol{x},\boldsymbol{y}) = \sqrt{\sum_{i=1}^{k}(x_i - y_i)^2}$$

2）曼哈顿距离

曼哈顿距离又称 L1 距离或城市区块距离，也就是在欧几里得空间的固定直角坐标系上两点所形成的线段对坐标轴产生的投影的距离总和。如点 $\boldsymbol{x}=(x_1,x_2,\cdots,x_k)$ 和 $\boldsymbol{y}=(y_1,y_2,\cdots,y_k)$ 之间的曼哈顿距离为

$$d(\boldsymbol{x},\boldsymbol{y}) = \sum_{i=1}^{k}|x_i - y_i|$$

3）切比雪夫距离

两个点 $\boldsymbol{x}=(x_1,x_2,\cdots,x_k)$ 和 $\boldsymbol{y}=(y_1,y_2,\cdots,y_k)$ 之间的切比雪夫距离定义为

$$d(\boldsymbol{x},\boldsymbol{y}) = \max_i(|x_i - y_i|)$$

4）马氏距离

两个点 $\boldsymbol{x}=(x_1,x_2,\cdots,x_k)$ 和 $\boldsymbol{y}=(y_1,y_2,\cdots,y_k)$ 之间的马氏距离定义为

$$d(\boldsymbol{x},\boldsymbol{y}) = \sqrt{(x-y)^{\mathrm{T}}\boldsymbol{S}^{-1}(\boldsymbol{x}-\boldsymbol{y})}$$

式中：$\boldsymbol{S}$ 是协方差矩阵，当协方差矩阵是单位矩阵时，马氏距离等价于欧氏距离。马氏距离与变量的量纲无关，能够排除变量之间的相关性干扰。

5）夹角余弦

几何中夹角余弦可用来衡量两个矢量方向的差异，模板匹配分类器中借用

这一概念来衡量样本矢量之间的差异。两个点 $\boldsymbol{x}=(x_1,x_2,\cdots,x_k)$ 和 $\boldsymbol{y}=(y_1,y_2,\cdots,y_k)$ 之间的夹角余弦定义为

$$\cos(\theta)=\frac{\boldsymbol{x}\cdot\boldsymbol{y}}{|\boldsymbol{x}||\boldsymbol{y}|}$$

夹角余弦取值范围为[-1,1]。夹角余弦越大表示两个矢量的夹角越小，而夹角余弦越小表示两矢量的夹角越大。

除上述距离之外，还有巴氏距离、汉明距离、杰卡德相似系数、皮尔逊系数等距离。

在雷达目标识别中，不同样本的一维像、RCS 序列等特征矢量经常会出现各维不严格对应的情况，例如两个一维像样本 $\boldsymbol{x}=(x_1,x_2,\cdots,x_k)$ 和 $\boldsymbol{y}=(y_1,y_2,\cdots,y_k)$ 中的 x_i 和 y_i 可能对应不同的散射点。因此在雷达目标识别中计算样本之间的距离时可以采用循环滑窗的方法。以欧氏距离为例，循环滑窗方法得到的距离为

$$d(\boldsymbol{x},\boldsymbol{y})=\min_j\sqrt{\sum_{i=1}^{k}(x_i-y_{\mathrm{mod}(i+j,k)})^2}$$

5.2.1.2　分类判别方法

模板匹配分类器在已知不同距离的情况下确定样本类别通常采用 K 近邻(KNN)方法。该算法是通过从已知类别的样本中选择距离未知类别样本最近的 K 个样本，如果这 K 个样本中的大多数属于某一个类别，那么该未知类别的样本属于这个类别。当 $K=1$ 时，K 近邻方法便成了最近邻分类器，即寻找最近的那个样本所对应的类别。K 近邻算法的基本原理是“物以类聚”，即距离相近的样本通常类别也是一样的。

具体而言，给定一个训练数据集，对新的输入样本，在训练数据集中找到与该样本最邻近的 K 个样本(两类分类问题中 K 一般是奇数)，这 K 个训练样本的多数属于某个类，就把该输入样本分到这个类中。

如图 5.4 所示，有两类不同的样本数据，分别用方形和三角表示，而图中五角星所标示的数据是待分类的数据。也就是说，我们不知道图中那个五角星属于哪一类(方形还是三角)，我们要解决给五角星分类的问题，主要思路是从它的邻居入手，看看其邻居属于哪一类。

如果看其最近的那个邻居，即 $K=1$，方形距离五角星最近，因此判定五角星属于方形一类；如果看其最近的 3 个邻居，即 $K=3$，五角星最近的 3 个邻居是 1 个方形和 2 个三角，基于少数服从多数的原则，判定五角星属于三角一类。

上述例子反映了 K 近邻算法“物以类聚”的基本原理。当然，K 近邻算法也有它的不足之处。当训练样本不平衡时，如一个类的样本容量很大，而其他类样

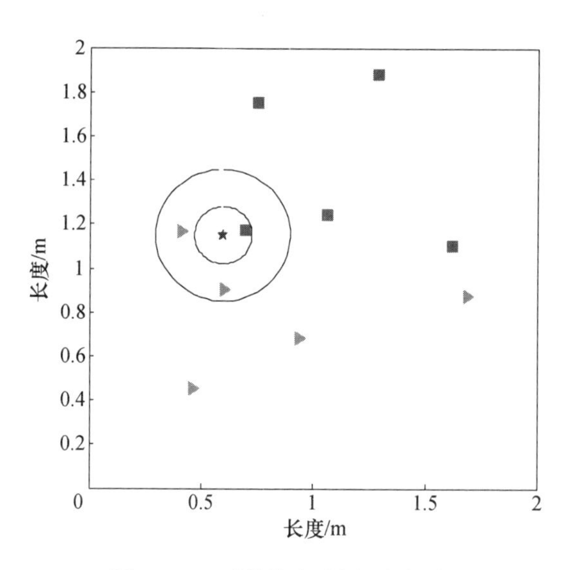

图 5.4 K 近邻算法示例(见彩图)

本容量很小时,有可能导致当输入一个新样本时,该样本的 K 个邻居中大容量类的样本占多数,该问题可以通过加权的策略来改进。此外,K 近邻算法中 K 值的选择对判别结果的影响很大,从图 5.4 的例子中也可以看出,$K=1$ 和 $K=3$ 时会得到不同的判别结果。一般情况下,小的 K 值使得整体模型变得复杂,容易发生过拟合,大的 K 值使得整体模型变得简单,但分类结果容易受到不相关样本的影响。总之,选择最优的 K 值并不容易,在实际应用中,K 值一般取一个比较小的数值,然后采用交叉验证法来选择较优的 K 值。K 值确定之后,在判别过程中除了采用“少数服从多数”原则之外,还可以采用加权判别的原则,例如根据每个已知类别样本距离未知类别样本的远近确定加权系数。在图 5.4 的例子中,当 $K=3$ 时,通过选择合适的权重,也可以将五角星判定为方形一类。

K 近邻算法不需要使用训练集进行训练,训练时间复杂度为 0。但是其分类复杂度和训练集中的样本数目成正比,因为对每一个待分类的样本都要计算它到全体已知样本的距离,才能求得它的 K 个最近邻点。因此,该算法实现的关键步骤是如何快速而准确地找到查询点的 K 个最近邻。目前常用的解决方法是样本剪辑和构建索引。样本剪辑事先对已知样本点进行剪辑,去除对分类作用不大的样本,减少待计算的距离数量。构建索引是首先把整个空间划分为特定的几个部分,然后在特定空间的部分内进行相关搜索操作,索引树是一种最常用的数据索引方法。

5.2.2 决策树分类器

决策树分类器是弹道导弹目标识别、空间目标识别等训练样本较少的雷达目标识别问题常用的分类器。

5.2.2.1　决策树分类器原理简介

决策树分类器[3]把一个复杂的分类问题分为若干个简单的分类问题来解决,体现了“分而治之”的思路,它不是用一种算法或一个决策规则去把多个类别一次分开,而是采用分级的形式,使分类问题逐步得到解决。目前决策树已经成功运用于医学、制造业以及商业等诸多领域。

决策树的决策过程非常直观且容易理解。图 5.5 显示了一个二维平面上点分类的例子,该例子中,需要把二维平面上的点(点的横纵坐标约束在[0,10]范围内)分为 A 和 B 两类,那么利用图 5.5 中的决策树可以把平面上所有的点分为 A 类或 B 类,该决策树对应的分类平面显示在图 5.6 中。假设一个待分类点为(8,6),那么利用该决策树,该点被分为 A 类。

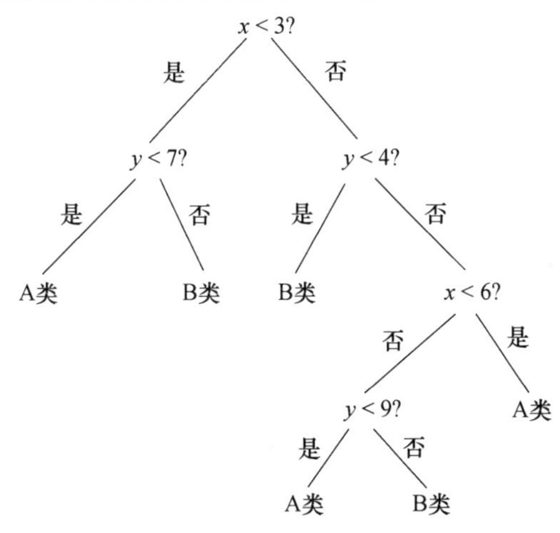

图 5.5　决策树示意图

具体而言,决策树是一个树结构(可以是二叉树或非二叉树),包括一个根节点 r、一组中间节点 n_i 和一些终止节点 t_j,此外,还包括分支、分裂属性和类别等,每个终止节点表示一个类别。节点是一棵决策树的主体,其中,没有父亲节点的节点称为根节点,如图 5.5 中的节点 $x<3$;没有子节点的节点称为叶子节点,它存放的是样本类别,如图 5.5 中的节点 A 类和 B 类。其每个非叶节点表示一个特征属性(分裂属性)上的测试,每个分支代表这个特征属性在某个值域上的输出,如节点 $x<3$ 表示按照横坐标 x 的值进行特征属性测试。每一个分支都会被标记一个分裂谓词,这个分裂谓词就是分裂父节点的具体依据,例如图 5.5 中的分裂谓词分别是“是”和“否”。使用决策树进行决策的过程就是从根节点开始,测试待分类项中相应的特征属性,并按照其值选择输出分支,直到到

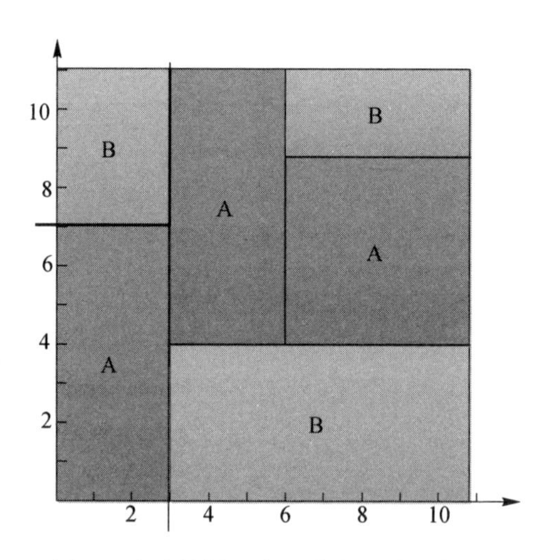

图 5.6　图 5.5 中决策树对应的分类区域示意图(见彩图)

达叶子节点,将叶子节点存放的类别作为决策结果。如果用 T 表示决策树,那么,一个决策树 T 对应于特征空间的一种划分,它把特征空间分成若干个区域,在每个区域中,某个类别的样本占优势,因此可标以该类样本的类别标签。

基于以上描述,决策树具有下面 3 个性质:

(1) 每个非叶子节点表示一个分裂属性;

(2) 每个分枝表示一个分裂谓词,是分裂父节点的具体依据;

(3) 每个叶子节点表示一个类别标号。

5.2.2.2　决策树构造方法

决策树分类器的原理和构造方法相对比较简单,其应用中需要解决的关键问题是如何构造简单高效的决策树,以降低模型复杂度,提高算法效率。决策树构造的关键在于如何选择一个合适的分裂属性来进行一次分裂,以及如何制定合适的分裂谓词来产生相应的分支,这也是各种决策树算法的主要区别。简而言之,就是如何分裂。

ID3 算法是 Quinlan 于 1986 年提出的著名决策树学习算法,ID3 算法利用了奥卡姆剃刀基本原则:越是小型的决策树越优于大的决策树(越简单越好的理论)。该原则以信息增益度量属性选择,选择分裂后信息增益最大的属性进行分裂。熵是描述信息增益的重要概念,它是数据集中的不确定性或随机性程度的度量。设 D 为用类别对训练样本进行的划分,那么 D 的熵可表示为

$$\mathrm{Ent}(D) = -\sum_{i=1}^{m} p_i \log(p_i)$$

式中：p_i 表示第 i 个类别在整个训练样本中出现的概率，可以用属于此类别样本的数量除以训练样本总数量作为估计。熵的实际意义表示 D 中样本的类标号所需要的平均信息量，熵值越小，子集划分的纯度越高。

ID3 算法在决策树各级节点上选择分裂属性时，通过计算信息增益来选择属性，以使得在每一个非叶节点进行测试时，能获得关于被测试样本最大的类别信息。其具体方法是：检测所有的属性，选择信息增益最大的属性产生决策树节点，由该属性的不同取值建立分支，再对各分支的子集递归调用该方法建立决策树节点的分支，直到所有子集仅包括同一类别的数据为止[1]。最后得到一棵决策树，它可以用来对新的样本进行分类。

ID3 算法的优点是算法的理论清晰、方法简单、学习能力较强；其缺点是只对比较小的数据集有效且对噪声比较敏感，当训练数据集加大时，决策树可能会随之改变。C4.5 算法是 Quinlan 于 1993 年提出的针对 ID3 的改进算法，它与 ID3 算法的主要不同在于，ID3 算法采用信息增益来选择根节点的属性，而 C4.5 算法采用信息增益率来选择根节点属性，这可以克服 ID3 构造决策树时的缺陷。此外，C4.5 算法在构造决策树的过程中还允许剪枝操作，以避免决策树过于复杂。除 ID3 算法和 C4.5 算法之外，还有 C5.0、CART、CHAID 等决策树构造算法，其中 C5.0 进一步改进了 C4.5 算法，使其综合性能得到提高。

在生成一棵最优的决策树之后，就可以根据这棵决策树来生成一系列规则。这些规则采用“If...，Then...”的形式。从根节点到叶子节点的每一条路径，都可以生成一条规则。例如，图 5.5 的决策树可以形成以下几条规则：

If($x<3$)and($y<7$)Then 类别 =“A 类”

If($x>=3$)and($x<6$)and($y>=4$)Then 类别 =“A 类”

If($x>=3$)and($y<4$)Then 类别 =“B 类”

⋮

这些规则可用于对未知类别样本进行分类。

5.2.3　线性判别方法

一般而言，样本的可区分性特征越多，样本的分类越容易。然而，高维特征空间会增加分类的难度，而低维空间上的分类问题比高维空间上的分类问题相对简单。把高维空间上的特征矢量转化到低维空间上的过程称为降维，当低维空间是一维空间时，相当于把高维空间投影到一条直线上。线性判别方法是一种把高维空间上的分类问题投影到一维空间上进行分类的方法，其关键问题是如何使得不同类别的样本在投影之后依然保持可分性。

线性判别函数是线性判别方法的根本，它是特征矢量所有维数的线性组

合，即

$$g_i(\boldsymbol{x}) = \sum_{k=1}^{d} \omega_{ik} x_k + \omega_{i0}$$

式中：$g_i(\boldsymbol{x})$为第 i 个判别函数；ω_{ik}为系数或权重；ω_{i0}为常数项。该方程在二维空间上是直线，在三维空间上是平面，在 d 维空间上是超平面。

若对第 i 类模式定义 d 维系数向量为 $\boldsymbol{\omega}_i = (\omega_{i1}, \omega_{i2}, \cdots, \omega_{id})^{\mathrm{T}}$，则判别函数可写成如下简洁的形式：

$$g_i(\boldsymbol{x}) = \boldsymbol{\omega}_i^{\mathrm{T}} \boldsymbol{x} + \omega_{i0}$$

Fisher 线性判别算法是一种应用极为广泛的线性判别方法，是 R. A. Fisher 于 1936 年提出的一种旨在降低特征维数的方法。Fisher 线性判别算法的目标是找到线性投影方向（投影轴），使得训练样本在这些轴上的投影结果为类内散度最小并且类间散度最大。换句话说，Fisher 线性判别算法把 d 维空间的所有特征投影到一条直线上，即将样本特征的维数压缩到一维，并要求同一类型的样本尽可能聚在一起，不同类型样本尽可能地分开[1]。

假设有一组 N 个 d 维样本 $\boldsymbol{x}_1, \boldsymbol{x}_2, \cdots, \boldsymbol{x}_N$，它们分属于两个不同类别，其中大小为 N_1 的样本子集 D_1 属于类别 c_1，大小为 N_2 的样本子集 D_2 属于类别 c_2。如果对 $\boldsymbol{x}$ 中的各个成分作线性组合，就得到点积，结果是一个标量：

$$y = \boldsymbol{\omega}^{\mathrm{T}} \boldsymbol{x}$$

式中：$\boldsymbol{\omega} = (\omega_1, \omega_2, \cdots, \omega_d)^{\mathrm{T}}$ 是线性组合的权重。

这样，全部的 N 个样本 $\boldsymbol{x}_1, \boldsymbol{x}_2, \cdots, \boldsymbol{x}_N$ 就产生了 N 个结果 $y_1, y_2, \cdots, y_N$，相应地属于类别 Y_1 和 Y_2。从几何上说，如果 $\|\boldsymbol{\omega}\| = 1$，那么每个 y_i 就是把 $\boldsymbol{x}_i$ 向方向为 $\boldsymbol{\omega}$ 的直线进行投影的结果。因此，向不同方向的直线作投影，其产生的结果在可分程度上是不同的。如果属于类别 c_1 的样本和属于类别 c_2 的样本在 d 维空间中分别形成两个显著分开的聚类，那么希望投影后也尽量地分开。反之，如果各个类别的样本在原始的 d 维空间是不可分的，那么无论向什么方向投影，都无法产生可分的结果，因此也就不适合用线性判别分析。

下面给出确定最佳直线方向 $\boldsymbol{\omega}$ 的公式[3,4]。

$$\boldsymbol{\omega} = \boldsymbol{S}_{\boldsymbol{\omega}}^{-1}(u_1 - u_2)$$

式中：u_i 为第 i 类的 d 维样本均值，有

$$u_i = \frac{1}{n_i} \sum_{\boldsymbol{x}_k \in D_i} \boldsymbol{x}_k$$

$\boldsymbol{S}_{\boldsymbol{\omega}}$ 为总类内散布矩阵：

$$\boldsymbol{S}_{\boldsymbol{\omega}} = \boldsymbol{S}_1 + \boldsymbol{S}_2$$

S_i 为类内散布矩阵：

$$S_i = \sum_{x_k \in D_i} (\boldsymbol{x}_k - u_i)(\boldsymbol{x}_k - u_i)^{\mathrm{T}}$$

注意,在线性判别分析中,两类数据的投影样本均值差的大小并不能完全体现两类数据的可分性,如图 5.7 所示。当投影到 x 轴时,投影样本均值差要大于投影到 y 轴的投影样本均值差,但是投影到 x 轴的数据可分性却明显次于投影到 y 轴的可分性。线性判别分析综合考虑了投影后样本均值差的大小和投影后同一类型样本的聚集程度。当 $N > d$ 时,总类内散布矩阵 S_{ω} 通常非奇异,所以 S_{ω}^{-1} 存在。

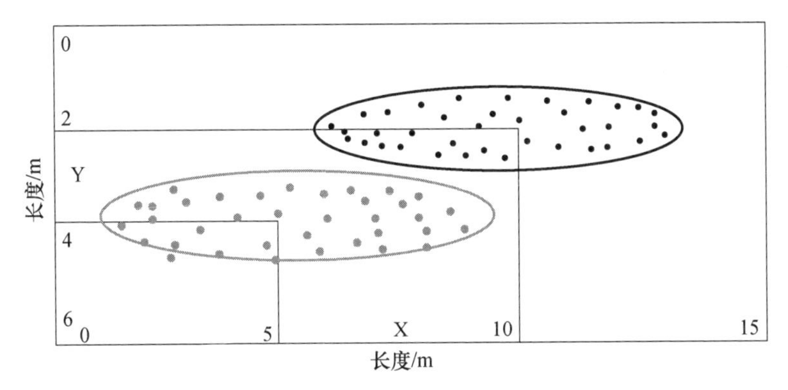

图 5.7　投影样本均值差的大小并不能完全体现两类数据的可分性(见彩图)

经过投影降维,问题由一个 d 维问题转化为一维问题。此外,真正实现分类还需要一个阈值准则来获得最终的分类器,阈值是在一维空间中把两类分开的那个点。阈值 y_0 的选取一般综合考虑投影后样本均值差的大小、投影后同一类型样本的聚集程度、不同类型的样本数量、每种类型的先验概率等因素,较常用的一种阈值选取方案是

$$y_0 = \frac{N_1 \tilde{u}_1 + N_2 \tilde{u}_2}{N_1 + N_2}$$

式中:$\tilde{u}_i$ 是投影后点的样本均值,有

$$\tilde{u}_i = \boldsymbol{\omega}^{\mathrm{T}} u_i$$

另一种阈值选取方案是

$$y_0 = \frac{\tilde{u}_1 + \tilde{u}_2}{2} + \frac{\ln(P(c_1)/P(c_2))}{N_1 + N_2 - 2}$$

最后,线性判别的分类规则如下:

$$\begin{cases} y > y_0 \Rightarrow \boldsymbol{x} \in c_1 \\ y < y_0 \Rightarrow \boldsymbol{x} \in c_2 \end{cases}$$

5.2.4 支持向量机分类器

支持向量机(SVM)分类器是 Vapnik 等人于 1995 年提出的一类建立在统计学习理论基础上的机器学习方法,是一种基于结构风险最小化原则的通用学习算法[5],它的基本思想是在样本输入空间或特征空间构造出一个最优超平面,使得超平面到两类样本集之间的距离达到最大,从而取得最好的泛化能力。以二维数据为例,如果训练数据是分布在二维平面上的点,它们按照其分类聚集在不同的区域。基于分类边界的分类算法的目标是,通过训练,找到这些类别之间的边界(直线边界或曲线边界),分类边界上的点称为支持向量(Support Vector)。SVM 学习算法可以自动寻找出那些对分类有较好区分能力的支持向量,从而最大化类与类的间隔。

5.2.4.1 最优超平面

给定问题的训练样本集为$\{(\boldsymbol{x}_1,y_1),(\boldsymbol{x}_2,y_2),\cdots,(\boldsymbol{x}_N,y_N)\}$,其中$\boldsymbol{x}_i\in R^d$,$y_i\in\{-1,1\}$,$i=1,2,\cdots,N$。假设该训练集的正反两类样本可以被一个超平面划分,即存在一个超平面:

$$\begin{cases}\boldsymbol{\omega x}+b=0\\ \boldsymbol{\omega x}_i+b>0,y_i=+1\\ \boldsymbol{\omega x}_i+b<0,y_i=-1\end{cases}\tag{5.1}$$

对于线性可分的两类模式 C_1 和 C_2 而言,能够准确将其分开的直线不是唯一的。假设有直线 l 可以无误地将 C_1 和 C_2 两类模式分开,另有直线 l_1 和直线 l_2 与 l 之间的间距为 k,l_1 与 l_2 之间形成一个没有学习样本的带状区域(称为“边带”(Margin)),而 l 是边带的中分线。显然,最合理的分类线应该具有最宽的边带。最宽边带对应的分类平面称为最优超平面。图 5.8 所示的二类分类问题,能把图中两类样本分类的直线不止一条,然而,最优直线只有一条,如图所示,支持向量机就是要寻找这个最优超平面,而那些跟最优超平面距离最近的点就是支持向量。

5.2.4.2 线性支持向量机

下面介绍对于线性可分问题,如何求取其最优超平面。由式(5.1)可知,存在(ω,b)使得训练集中的样本$(\boldsymbol{x}_i,y_i)$满足:

$$\boldsymbol{\omega x}_i+b>+1,y_i=+1$$

$$\boldsymbol{\omega x}_i+b<-1,y_i=-1$$

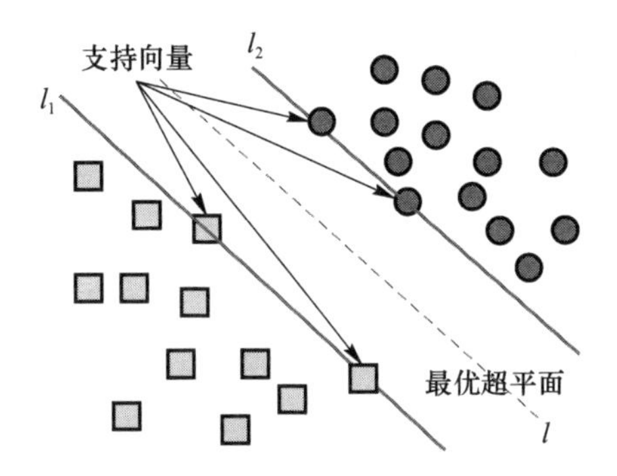

图 5.8　最优超平面与支持向量(见彩图)

则支持向量与最优超平面的距离为 $\frac{1}{\|\omega\|}$,而训练集两类样本的间隔距离为$\frac{2}{\|\omega\|}$。

因此,构造最优超平面的问题等价于如下最小化问题:

$$\min\phi(\omega)=\frac{1}{2}\omega^{\mathrm{T}}\omega$$

$$\text{s. t. } y_i(\boldsymbol{\omega x}_i+b)\geqslant 1, i=1,2,\cdots,N$$

该问题是一个二次规划问题,使用拉格朗日函数合并优化问题和约束,再使用对偶理论,可求解上述的分类优化问题。

上述问题经过转化之后,得到如下的二次规划问题:

$$\begin{aligned}\min \quad & Q(\alpha)=\frac{1}{2}\sum_{i=1}^{l}\sum_{j=1}^{l}\alpha_i\alpha_j y_i y_j \boldsymbol{x}_i^{\mathrm{T}}\boldsymbol{x}_j-\sum_{i=1}^{l}\alpha_i \\ \text{s. t.} \quad & \sum_{i=1}^{l}\alpha_i y_i=0 \\ & \alpha_i\geqslant 0 \qquad i=1,2,\cdots,l\end{aligned} \tag{5.2}$$

若求得该问题的解,即拉格朗日乘数 α_i,则可以得到如下的最优超平面的 ω:

$$\omega=\sum_{i=1}^{l}\alpha_i y_i \boldsymbol{x}_i$$

从图 5.8 可以看出,最宽边界只取决于个别样本,大量位于直线 l_1 和直线 l_2 外边的样本对最宽边界并没有影响。称恰好位于直线 l_1 和直线 l_2 上的样本为“支持向量”,这正是这种算法称为“支持向量机”的原因。

利用最优解 ω^* 和 b^* 构造分类函数 $g(\boldsymbol{x})$:

$$g(\boldsymbol{x}) = \langle \boldsymbol{\omega}^* \cdot \boldsymbol{x} \rangle + b^*$$

对于任意的未知模式 $\boldsymbol{x}_n$,可以由上式判断其所属类别:

$$g(\boldsymbol{x}_n) \geqslant 1 \quad 则\ \boldsymbol{x}_n \in C_1$$

$$g(\boldsymbol{x}_n) \leqslant -1 \quad 则\ \boldsymbol{x}_n \in C_2$$

5.2.4.3 非线性支持向量机

支持向量机是基于线性划分的,然而并非所有数据都可以线性划分,如二维空间中的两个类别的点可能需要一条曲线来划分它们的边界(图 5.3)。在这种情况下,支持向量机的原理是将低维空间中的点映射到高维空间中,使它们在高维空间中是线性可分的,再使用线性划分的原理来判断分类边界。在高维空间中,样本是一种线性划分;而在原有的数据空间中,样本是一种非线性划分。

从低维到高维空间的映射由"核函数"来实现,其基本思路是将低维空间中的曲线(曲面)映射为高维空间中的直线或平面。数据经这种映射后,在高维空间中是线性可分的。设映射为 $\boldsymbol{x}' = \phi(\boldsymbol{x})$,则高维空间中的线性支持向量机模型为

$$\begin{aligned} &\min_{\alpha} \quad \frac{1}{2}\sum_{i=1}^{N}\sum_{j=1}^{N} y_i y_j \alpha_i \alpha_j (\phi(\boldsymbol{x}_i) \cdot \phi(\boldsymbol{x}_j)) - \sum_{j=1}^{N} \alpha_j, \\ &\text{s. t.} \quad \sum_{i=1}^{N} y_i \alpha_i = 0 \\ &\qquad\quad 0 \leqslant \alpha_i \leqslant C \end{aligned} \tag{5.3}$$

式(5.3)与式(5.2)完全一致。数据被映射到高维空间后,$\phi(\boldsymbol{x}_i) \cdot \phi(\boldsymbol{x}_j)$ 的计算量比 $\boldsymbol{x}_i \cdot \boldsymbol{x}_j$ 大得多,"核函数"的方法可以用来减少计算量:

$$K(\boldsymbol{x}_i, \boldsymbol{x}_j) = \phi(\boldsymbol{x}_i) \cdot \phi(\boldsymbol{x}_j)$$

核函数的作用是,在将 $\boldsymbol{x}$ 映射到高维空间的同时,也计算了两个数据在高维空间的内积,使计算量回归到 $\boldsymbol{x}_i \cdot \boldsymbol{x}_j$ 的量级。

5.2.5 神经网络方法

神经网络(Neural Network)方法是用数学和物理方法从信息处理的角度对人脑生物神经网络进行抽象,并建立某种简化模型。神经网络并不是人脑生物神经网络的真实写照,只是对它的简化、抽象与模拟,它借鉴人脑的结构和特点,通过大量简单处理单元(神经元或节点)互连组成大规模并行分布式信息处理系统。

神经网络具有信息的分布存储与并行计算、存储与处理一体化、较快的处理

速度和较强的容错能力等结构特征和自学习、自组织与自适应性等能力特征[6]。目前，神经网络在航空航天、国防工业、制造业、机器人技术、互联网领域具有重要应用。最近几年迅速发展的深度学习方法是由神经网络发展而来的一类机器学习方法，本节后面稍作介绍。神经网络包括神经元、网络拓扑结构、网络连接权系数三个要素，下面具体介绍。

5.2.5.1　神经元模型

神经元是神经网络的基本处理单元，它是一个多输入单输出的非线性器件，是对生物神经元的模拟与简化，图 5.9 显示了一种简化的神经元结构[7]。一个神经网络由大量简单神经元互连组成，各个神经元与其他神经元通过具有相应加权的有向连接线相连。

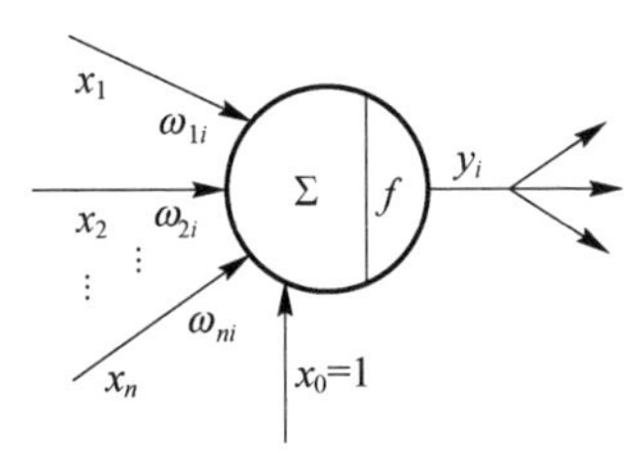

图 5.9　神经元结构模型

神经元输入输出关系可描述为

$$I_i = \sum_{j=1}^{n} \omega_{ji} x_j + \theta_i$$

$$y_i = f(I_i)$$

式中：$x_j(j=1,2,\cdots,n)$是从其他神经元传来的输入信号；θ_i 为神经元单元的偏置；ω_{ji}表示从细胞 i 到细胞 j 的连接权值；n 为输入信号数目；y_i 为神经元输出；$f(\cdot)$称为激励函数，也叫做传递函数。激励函数可为线性函数，但通常为类似阶跃函数或 S 形曲线的非线性函数。

从本质上讲，神经元是一种多输入单输出的非线性映射，神经元的结构直观显示了这种映射关系。当多个神经元连接构成网络结构时，神经网络可以表示复杂的非线性映射关系，并且网络结构能够直观反映这种映射关系的复杂程度。

5.2.5.2　神经网络的结构

网络的拓扑结构是神经网络的重要特性。按网络的拓扑结构，神经网络可分成 3 类[8]。

1）相互连接的网络

相互连接的网络中任意神经元之间都可能有连接，信息在神经元之间可以反复传递,造成网络状态的不断变化。系统整体从某一初始状态开始,经过不断的变化过程,最后进入某一平衡状态、周期振荡状态或其他状态。

2）分层前馈型网络

分层前馈网络的神经元分层排列,并将其分为输入层、隐含层和输出层。各神经元接受前一层的输入,并输出给下一层,没有反馈(图 5.10)。最常用的前馈神经网络有 BP 神经网络和径向基函数(RBF)神经网络。

径向基函数神经网络由三层组成,其结构如图 5.10 所示,输入层节点只传递输入信号到隐层,隐层节点由像高斯函数那样的辐射状基函数构成,而输出层节点通常是简单的线性函数[8]。

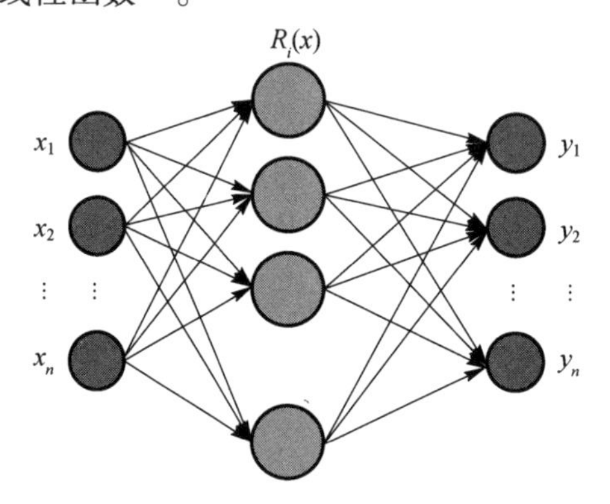

图 5.10 径向基函数神经网络(见彩图)

高斯函数是最常用的基函数形式:

$$R_i(\boldsymbol{x}) = \exp\left[-\frac{\|\boldsymbol{x}-\boldsymbol{c}_i\|^2}{2\sigma_i^2}\right] \qquad i=1,2,\cdots,m$$

式中:$\boldsymbol{x}$ 是 n 维输入矢量;$\boldsymbol{c}_i$ 是第 i 个基函数的中心,与 $\boldsymbol{x}$ 具有相同维数的矢量;σ_i 是第 i 个感知的变量(可以自由选择的参数),它决定该基函数围绕中心点的宽度;m 是感知单元的个数;$\|\boldsymbol{x}-\boldsymbol{c}_i\|$ 是矢量 $\boldsymbol{x}-\boldsymbol{c}_i$ 的范数,它通常表示 $\boldsymbol{x}$ 和 $\boldsymbol{c}_i$ 之间的距离。$R_i(\boldsymbol{x})$在 $\boldsymbol{c}_i$ 处取得唯一的最大值,随着 $\|\boldsymbol{x}-\boldsymbol{c}_i\|$ 的增大,$R_i(\boldsymbol{x})$迅速衰减趋于零,对于给定的 $\boldsymbol{x}\in R^n$,只有一小部分靠近 $\boldsymbol{c}_i$ 中心的被激活。

此外,还有下列几种基函数:

$$f(x) = \mathrm{e}^{\left(\frac{x}{\sigma}\right)^2}$$

$$f(x) = \frac{1}{(\sigma^2+x^2)^{\alpha}} \qquad \alpha>0$$

$$f(x) = (\sigma^2+x^2)^{\beta} \qquad \alpha<\beta<1$$

通常情况下,输入层实现从 $\boldsymbol{x}$ 到 $R_i(\boldsymbol{x})$的非线性映射,输出层实现从 $R_i(\boldsymbol{x})$

到 y_k 的线性映射，即

$$y_k = \sum_{i=1}^{m} \omega_{ik} R_i(\boldsymbol{x}) \qquad k = 1,2,\cdots,p$$

式中：p 是输出节点数。

3）反馈分层网络

反馈分层网络是在分层前馈网络基础上，将网络的输出反馈到网络的输入，反馈可以将全部输出反馈，也可以将部分输出反馈。所有节点都是计算单元，同时也可接受输入，并向外界输出。图5.11示出一个单层全连接反馈型网络。

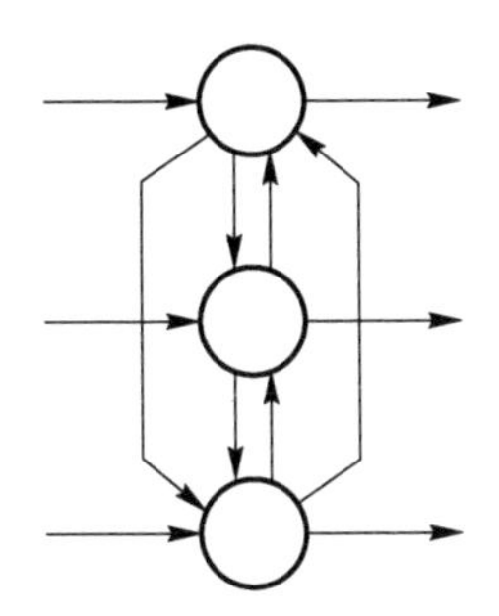

图5.11　单层全连接反馈型网络

从作用效果来看，前馈型网络主要是函数映射，可用于模式识别和函数逼近，而反馈型网络主要用做各种联想存储器或用于求解优化问题。

5.2.5.3　神经网络的学习过程

神经网络的工作过程主要分为两个阶段：第一阶段是学习阶段，此时各计算单元状态不变，各连线上的权值通过学习来修改；第二阶段是工作阶段，此时连接权值固定，计算单元状态变化，以达到某种稳定状态。神经网络的三个组成元素中，起到主要作用的是连接权系数，也就是神经网络中的连接矩阵。神经网络学习过程就是选择较好的网络权系数矩阵的过程。

神经网络的学习可分为有监督学习、无监督学习和死记忆学习三种[9,10]。有监督学习采用纠错规则，学习训练过程中需要不断给网络提供一个输入模式和一个期望输出，将网络的实际输出与给定的期望输出相比较，如果发现有误差，则根据误差的大小和方向按照一定的规则对网络中的系数进行修改，使得网络的输出与期望输出之间的误差减小。无监督学习在学习过程中不需要给网络提供期望输出。网络能够管理内部的结构和学习规则，在输入信息流中发现任何可能存在的模式和规律，同时根据网络的功能和输入信息调整权值，这个过程称为自组织过程。死记忆学习是指网络事先设计成能记忆特定的例子，以后当有关的例子输入的时候,该例子就会被回忆起来,该学习过程与该网络的实际输出无关,主要应用方面是联想存储器。针对雷达目标识别任务的特殊性,本书主要讨论神经网络的有监督学习方式。

神经网络学习算法中最著名的是针对 BP 网络的误差反向传播学习算法,其本质是梯度下降算法。BP 网络是前向反馈网络的一种,也是当前应用较为广泛的一种网络。误差反向传播学习算法的原理是利用误差大小及其梯度方向来修改网络的权值,从而使 BP 网络较快达到所希望的学习效果。

BP 网络的学习过程由正向和反向传播两部分组成。第一阶段是工作信号正向传播,输入信号从输入层经过隐单元,传向输出层。在输出端产生输出信号,这是工作信号的正向传播。在这个阶段,网络的权值是固定不变的。如果输出层不能得到期望的输出,则转入误差信号反向传播。第二阶段是误差信号反向传播,网络的实际输出与期望输出之间的差值即误差信号,误差信号由输出端开始逐层向前传播,这是误差信号的反向传播。在误差信号反向传播的过程中,网络的权值由误差反馈进行调节。通过权值的不断修正,使得网络的实际输出更接近期望输出。周而复始的信息正向传播和误差反向传播过程,是各层权值不断调整的过程,也是神经网络的学习过程,此过程一直进行到网络输出的误差减少到可以接受的程度,或者预先设定的学习次数为止。总而言之,BP 算法的学习过程由信号的正向传播与误差的反向传播两个过程组成。图 5.12 示出 BP 算法的主要过程。

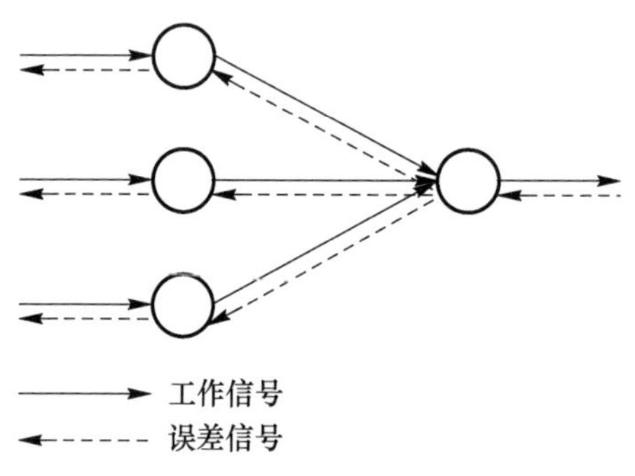

图 5.12　BP 算法的主要过程

在标准 BP 算法中,设 k 为迭代次数,则每一层权值和阈值的修正按下式进行:

$$\boldsymbol{x}_{k+1}=\boldsymbol{x}_k-\alpha\boldsymbol{g}_k$$

式中:$\boldsymbol{x}_k$ 为第 k 次迭代各层次之间的连接权矢量或阈值矢量;$\boldsymbol{g}_k=\dfrac{\partial E_k}{\partial \boldsymbol{x}_k}$ 为第 k 次迭代的神经网络输出误差对各权值或阈值的梯度矢量;负号表示梯度的反方向;

α 为学习速率;E_k 为第 k 次迭代的网络输出的总误差性能函数。

BP 神经网络具有如下特点:

(1) 非线性映射能力:BP 神经网络实质上实现了一个从输入到输出的映射功能,数学理论证明三层的神经网络就能够以任意精度逼近任何非线性连续函数。这使得其特别适合于求解内部机制复杂的问题,即 BP 神经网络具有较强的非线性映射能力。

(2) 自学习和自适应能力:BP 神经网络在训练时,能够通过学习自动提取输入、输出数据间的“合理规则”,并自适应地将学习内容记忆于网络的权值中,即 BP 神经网络具有高度自学习和自适应的能力。

(3) 容错能力:BP 神经网络在其局部的或者部分的神经元受到破坏后对全局的训练结果不会造成很大的影响,也就是说系统即使在受到局部损伤时还可以正常工作,即 BP 神经网络具有一定的容错能力。

此外,BP 网络也存在一些缺陷和不足:①BP 算法不适合有很多隐含层的学习结构,一是由于计算偏导数困难,二是由于误差需要层层逆传,收敛速度慢;②BP算法经常会陷入到局部最优解,不能到达全局最优解。

5.2.5.4 深度神经网络

最近几年,深度神经网络在图像识别、语音识别等领域的分类问题上取得了突破性进展,几乎所向披靡。2017 年初,基于深度神经网络模型的围棋程序,连续 50 次击败国际顶尖围棋选手,引起了围棋界的革命。深度神经网络与传统神经网络的联系和区别如下:①深度神经网络的层数一般比较多,而传统神经网络的层数一般比较少(可以简单地把深度神经网络理解为多层神经网络,当然这是不严谨的);②传统神经网络输入的是经过提取或者人工选择的特征数据,是特征到值的映射,不具备特征学习能力,而深度神经网络具备特征学习能力,它是从原始数据到值的映射;③在训练阶段,传统神经网络采用整体梯度下降的方法,根据当前网络输出结果与样本标签之间的差值改变前面各层的参数,不断迭代直到收敛,而深度神经网络采用逐层训练的机制,能够较好地解决传统神经网络在层数较多时收敛较慢以及局部收敛的问题。

深度神经网络一般分为三种结构:深度置信网络(DBN)、卷积神经网络(CNN)、递归神经网络(RNN)。

(1) 深度置信网络:深度置信网络是基于限制玻耳兹曼机(RBM)而建立起来的深度神经网络,是一个概率生成模型。经典的 DBN 网络结构是由若干层 RBM 和一层 BP 组成的一种深层神经网络,结构如图 5.13 所示。

深度置信网络采用分层学习的训练机制。第 1 步:分别单独无监督地训练每一层 RBM 网络,确保特征矢量映射到不同特征空间时,都尽可能多地保留特

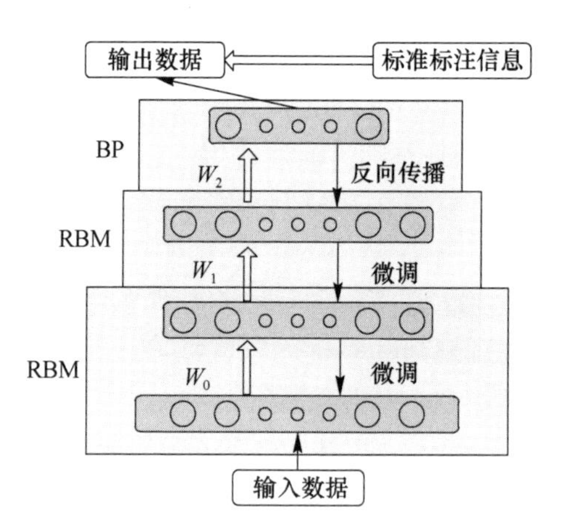

图 5.13　经典深度置信网络结构图

征信息;第 2 步:在 DBN 的最后一层设置 BP 网络,接收 RBM 的输出特征矢量作为它的输入特征矢量,有监督地训练实体关系分类器。

分层学习的优势是能够克服传统 BP 算法收敛速度慢、局部收敛的缺陷。目前深度置信网络在语音、图像、视频、文本等信息处理方面效果显著。

(2) 卷积神经网络:卷积神经网络是一种受生物自然视觉认知机制启发而来的深度学习架构。20 世纪 90 年代,LeCun 等人发表论文,确立了卷积神经网络的现代结构,后来又对其进行完善。

卷积神经网络可以理解为二维离散卷积运算和深度神经网络的结合,与深度神经网络相比,卷积神经网络多了卷积层、池化层、多个卷积 - 池化单元构成的特征图等结构。目前卷积神经网络最主要的应用是二维图像识别,它能够自动提取特征,并且网络层次越深,最终所获得的特征表示的抽象程度就会越高,也更利于后续的一些高层次的识别任务如目标识别等。

(3) 递归神经网络:一般的神经网络因为不含有记忆机制,无法处理序列相关性问题,不能适用于语音和自然语言处理领域,以及样本间具有较强时间相关性的领域。递归神经网络是一种时序的神经网络,是对普通神经网络在时间维度上的推广。

递归神经网络和前向神经网络相比,其中间层多了一个循环的圈,这个圈表示上一次隐含层的输出作为这一次隐含层的输入,此时的输入需要乘以一个权值矩阵,如图 5.14 所示。

递归神经网络在语言模型与文本生成、机器翻译、语音识别等时序识别问题上具有重要的应用。

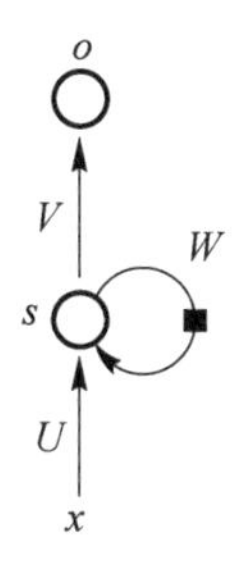

图 5.14 递归神经网络结构图

5.3 分类器的选择和学习

本节主要介绍针对雷达目标识别任务中分类器的选择和学习策略。分类器的选择是指针对具体的雷达目标识别问题,选择最合适的分类器;分类器的学习是指利用给定的样本建立完整的分类器模型。

雷达自动目标识别在分类器选择时要考虑以下四个因素:

(1) 识别性能。识别性能是目标识别中最重要的一个指标,也是评价一个识别算法优劣的主要因素。

(2) 推广能力,也称稳健性或泛化能力,即对没有参加训练的样本同样具有较好的识别性能。相对于其他应用,雷达自动目标识别对分类器的推广能力要求更加严格,分类器的训练阶段要综合考虑各种场景和各类样本,在应用阶段才能给出稳定的判别结果。

(3) 识别运算复杂度。雷达目标识别任务的时间资源特别紧缺,因此,需要分类器能够在最短的时间内给出识别结果,这就要求分类器的时间复杂度比较低(主要指测试阶段)。因此,在保证识别性能和推广能力的前提下,分类器的运算复杂度也是在设计分类器时要考虑的一个主要因素。在前面介绍的五种分类器中,除 K 近邻分类器的识别复杂度较高外,决策树、线性判别、支持向量机、神经网络分类器的识别复杂度都比较低,可以较快给出判别结果。

(4) 拒判能力。通常需要识别的目标类别数是有限的,它们构成识别系统的目标集,而在实际应用中,会出现待识别对象不属于系统目标集的情况,对此类目标的拒判能力也是评估识别系统性能的一个重要指标。

下面对几种分类器的优缺点进行分析。

(1) 模板匹配分类器。模板匹配分类器直接、简单,具有较好的识别性能,但是随着模板数及类别数的增多,运算量会增大,比较适合对实时性要求不高的雷达目标识别问题。飞机目标识别问题可以采用模板匹配分类器,由于目标的姿态变化范围很大,需要足够多的模板来表示不同姿态下的高分辨距离像,并且模板数随目标类别数的增加而增加。

(2) 决策树分类器。决策树分类器简单明了,对于线性不可分的问题、特征向量包含多种类型(如连续、离散)的数据具有独特优势。决策树的缺点是比较容易过拟合,并且无法在线学习。弹道导弹目标识别问题比较适合采用决策数分类器,可以充分利用 RCS、射程、高度、运动参数等各种异构特征,分阶段分弹型进行识别。

(3) 线性判别分类器。线性判别分类器一般只适用于线性可分的问题,运算复杂度低,支持在线更新。

(4) 支持向量机分类器。从最近几年模式识别的发展来看,支持向量机对于一般规模的识别问题能够给出较好的判别结果,该方法为避免过拟合提供了很好的理论保证,而且能够很好地处理原特征空间线性不可分的问题。

(5) 神经网络分类器。随着深度学习的发展,神经网络对于大规模和超大规模的识别问题能够给出很好的判别结果,但是该方法需要大量的训练数据,并且对计算设备硬件要求很高。

根据各种分类器的优缺点以及分类问题的特点,可以选择合适的分类器进行分类。此外,也可以通过交叉验证的方法测试多种分类器的识别性能,择优选用。

面向雷达目标识别应用的分类器的训练和测试阶段与一般分类器的训练和测试过程相似。然而,雷达目标识别中的样本比较珍贵,因此,最好能够设计一套在线学习的方案,充分利用已经获取的样本,提高识别性能。分类器的训练可分为两个阶段:第一个阶段是分类器的交叉训练和测试阶段,用现有的样本来评估分类器的分类性能;第二个阶段是利用在线获得的样本以及标签,不断更新分类器参数,优化分类性能。图 5.15 给出了面向雷达目标识别任务的分类器选择和学习流程。

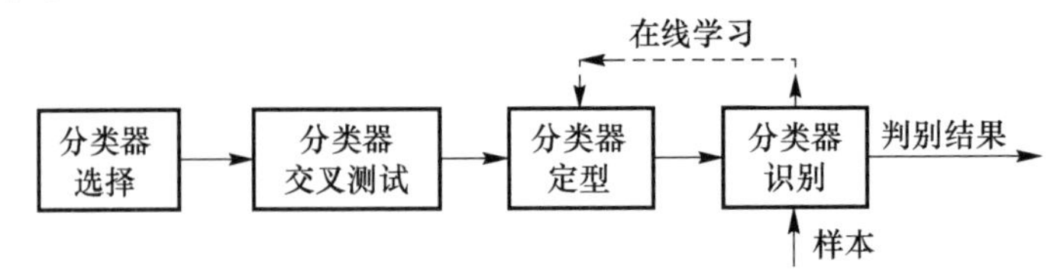

图 5.15　面向雷达目标识别任务的分类器选择和学习流程

本章介绍了雷达目标识别领域常用的分类器及其基本概念,不同的分类器之间本身并无绝对的优劣,在应用过程中,需要根据具有问题的特点以及特征形式,结合分类器的特点,择优而用。

参考文献

[1] 边肇祺,张学工,等. 模式识别[M].2 版. 北京:清华大学出版社,2007.
[2] 周志华. 机器学习[M]. 北京:清华大学出版社,2016.
[3] Mitchhell T M. 机器学习[M]. 北京:机械工业出版社,2008.
[4] Murphy K P. Machine Learning: A Probabilistic Perspective[M]. MIT Press,2012.
[5] Nello C,John S – Taylor. 支持向量机导论[M]. 北京:电子工业出版社,2004.
[6] 韩立群. 神经网络理论、设计及应用[M]. 北京:化学工业出版社,2007.
[7] 朱大齐,史慧. 神经网络原理及应用[M]. 北京:科学出版社,2006.
[8] 高隽. 神经网络原理及仿真实例[M]. 北京:机械工业出版社,2003.
[9] 阎平凡,张长水. 神经网络与模拟进化计算[M]. 北京:清华大学出版社,2005.
[10] 罗四维. 大规模神经网络理论基础[M]. 北京:清华大学出版社,2004.

第6章 飞机目标识别技术

飞机目标识别一直是国内外雷达自动目标识别(RATR)研究的热点,它主要利用雷达回波信号提取目标特征对目标属性进行识别。在防空警戒领域,对来袭飞机目标进行识别的需求日益紧迫,要求在最短的时间内判断来袭目标的编队架次、种类、型号等,以制定应对策略。按识别精细程度,可将飞机目标识别问题分为三个层次:第一层次是对飞机目标的编队情况(架次)做出判断;第二层次是对其类别属性(包括战斗机、运输机、轰炸机、民航机等;螺旋桨、喷气式、直升机等)、军民属性、敌我属性、尺寸大小等进行粗分类识别;第三层次是对目标具体型号、挂载情况等进行精细识别。

为了实现三个层次的飞机目标识别,仅仅依靠目前大量装备的低分辨力雷达很难圆满解决。现役低分辨警戒雷达和跟踪雷达主要用于空中目标的探测和测量,完成发现目标、测量目标参数(位置参数、运动参数等)的基本任务。随着科技的飞速发展与宽带高分辨力雷达技术的广泛应用,获取目标的精细结构信息成为可能,这为自动目标识别(ATR)技术的发展提供了强有力的技术支持,使这一领域逐渐成为近年来国际、国内的一个研究热点。由于目标的宽带和窄带信息有很强的互补性,因而同时利用雷达宽带和窄带的多特征信息对目标识别是大有好处的。

本章针对空中飞机目标,分析其目标特性,提供从架次识别、类型识别到型号识别所使用的不同特征和方法,以及综合利用多种特征进行飞机目标识别的方法和策略,并介绍依托宽带试验平台构建的实时目标识别系统。

6.1 飞机目标的特性分析

目标特性研究是目标识别的重要基础之一。目标识别的特征提取技术都是建立在对目标特性的深入了解之上。目标特性包含目标航迹测量信息与目标特征信息两部分[1]。目标航迹测量信息包括雷达测量的目标三维位置坐标、速度、加速度等参数。目标特征信息隐含在雷达回波之中,通过对宽窄带回波幅度和相位的处理,能够获得目标的雷达散射截面(RCS)及其统计特征参数、旋转部件调制、高分辨散射中心分布等特征。研究飞机目标特性的产生机理,并分析不同类型目标特性的差异,能够为目标分类识别提供理论依据。

6.1.1 飞机目标的运动特性

飞机的飞行参数和机动特性,都体现在其飞行过程中。雷达测量的速度、高度、加速度等参数能够较好地反映飞机目标的运动特性。

飞机目标的飞行性能与其发动机类型、设计用途密切相关。以前的低、亚声速飞机多采用活塞式和涡轮螺旋桨式发动机,现代超声速飞机主要采用涡轮喷气发动机和涡轮风扇发动机[2]。不同用途的飞机表现的运动特性有所差异,这种差异一般表现在两个方面。一方面是飞行高度和飞行速度,这是两个重要的飞行参数。表 6.1 给出了不同用途飞机的基本飞行参数,可以看出战斗机、运输机、直升机的最大巡航速度和实用升限存在明显差异。例如,米 8 直升机实用升限为 4500m,而 F－16 战斗机的实用升限达到 18000m。另一方面,机动飞行性能是飞机的重要技战术性能指标之一。飞机的机动性,是指飞机改变飞行速度、高度以及飞行方向的能力。飞行速度、高度和飞行方向改变越快,飞机的机动性就越好,在飞行中表现为加/减速、跃升、俯冲和盘旋等。战斗机在夺取空战优势时,机动特性表现明显,而民航机由于载客需求,在平飞中需要保持平稳飞行。

表 6.1 不同用途飞机的基本飞行参数

型号	类型	最大巡航速度/(m/s)	高度－实用升限/m
F－16	单发多用途战斗机	670	18000
F－35	战斗机	540	18288
苏－27	战斗机	700	18500
C－130	运输机	160	10060
安－26	运输机	120(经济巡航速度)	7500
UH20	“黑鹰”直升机	80	5790
米 8	中型双涡轮直升机	70	4500

雷达可以通过检测、跟踪等手段获取目标的航迹测量信息,从而估计飞机的飞行参数和机动特性。例如,根据雷达跟踪距离和俯仰角度可以估计飞机的飞行高度;根据雷达多普勒测速或距离变化率、俯仰变化率和方位变化率可以估计飞机径向飞行速度或绝对飞行速度;根据目标径向速度和绝对速度变化率可以估计目标加速度,评估其机动特性。

下面基于某雷达实测数据,给出三种军用飞机(飞机 1 ~ 飞机 3)和民航机的运动特征分析。

6.1.1.1 速度特征

速度分布是目标运动特性的一个重要反映,不同用途的目标,其速度分布会有较大的差异,这也就为基于速度的目标识别提供了条件。图 6.1 给出了四类目标的速度分布图[3],包括战斗机、螺旋桨飞机、直升机和民航机。由图 6.1 可以看出不同类别目标的速度分布具有明显差异。直升机速度最慢,螺旋桨飞机次之,民航机和战斗机速度较快;直升机、运输机、民航机的速度分布区域较窄,战斗机速度分布区域较宽。通过分析可知,利用速度可以进行飞机目标粗分类,有效避免速度分布区交叠较小的目标之间的混淆,降低型号识别的难度。

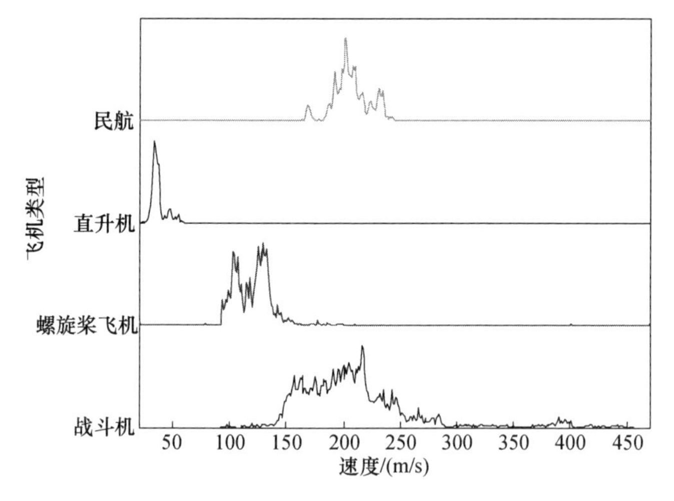

图 6.1　不同类型飞机的速度分布

图 6.2 给出了三种飞机飞行速度的概率分布。图中的直方图是飞行速度的统计结果,光滑曲线是对统计结果的拟合。飞机 1 的速度多分布在 100 ~ 250m/s 范围内,与飞机 2、飞机 3 相比存在较大差异;而飞机 2 和飞机 3 虽然速度分布均值基本一致,但其概率分布却有所不同。这种目标间的特征差异性是由目标的用途及动力特性决定的,也是实现目标分类的基础。

6.1.1.2 高度特征

图 6.3 给出了飞机 2、飞机 3 与民航机的飞行高度的概率分布。图中的直方图是概率分布的统计结果,光滑曲线是对统计结果的拟合。飞机 2、飞机 3 与民航机的高度分布均存在差异,其中民航机包含波音 737 等多种机型,属于多种民航机型的混合样本。高度特征着重于属性描述,型号间的细微差异不会给分析结果带来显著影响。

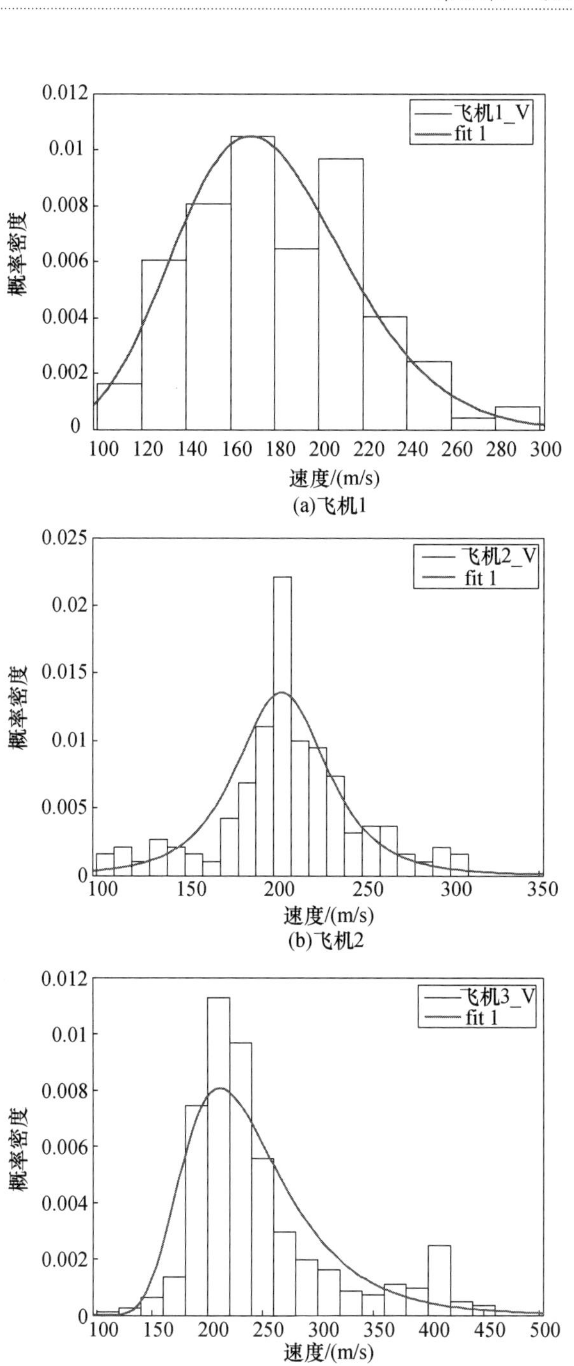

图 6.2　飞行速度的概率分布(见彩图)

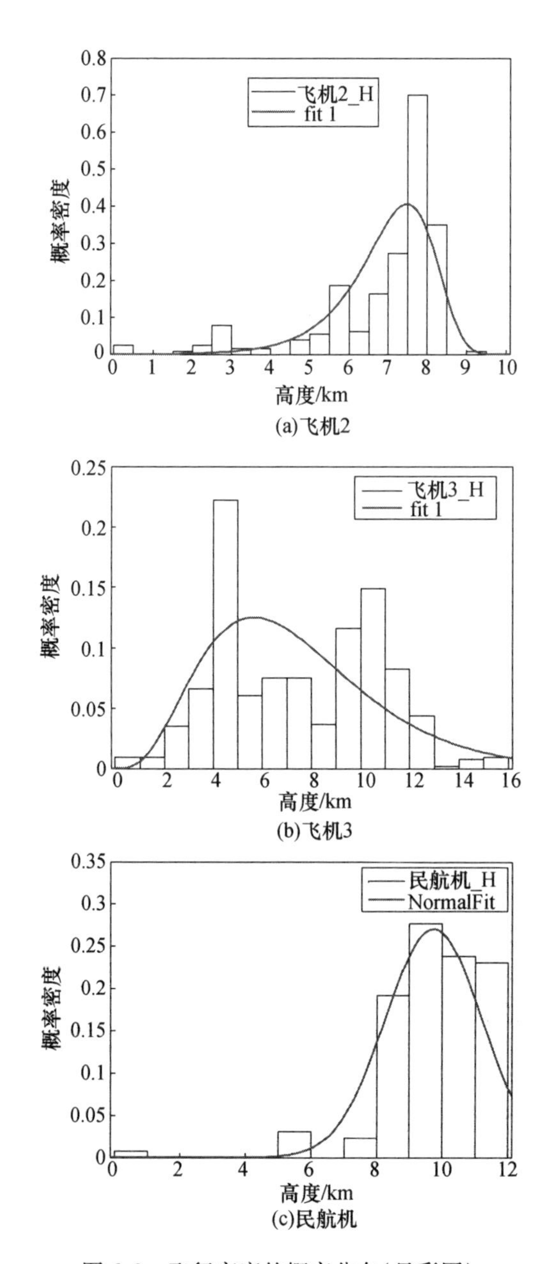

(a)飞机2

(b)飞机3

(c)民航机

图 6.3 飞行高度的概率分布(见彩图)

如表 6.1 所示,直升机目标在高度特征上与其他飞机目标差异明显。它的设计用途及特点决定其一般不会出现万米高空的飞行状态。因此,利用这种飞机的固有飞行特性能够实现特定目标的区分。

6.1.1.3　机动特性

飞机目标的加/减速特性与其发动机性能及设计用途密切相关,能在一定程度上表征目标的机动能力。加速度的绝对值越大,说明目标的运动状态改变越快。不同目标的机动性差异可以作为识别特征来提高目标识别性能。图 6.4 给出了某批次飞机目标的航迹及加速度估计结果。图 6.4(a)采用雷达笛卡儿(直角)坐标系画出了飞机飞行轨迹,可以看到飞机处于机动转弯状态。图 6.4(b)给出飞机的飞行加速度,可以看出从入弯至出弯的过程中,加速度维持在 $12m/s^2$;结束转弯状态后,加速度迅速下降到 $2m/s^2$。图 6.4(c)、(d)、(e)分别表示坐标系三个轴向的加速度变化。从直角坐标系三个方向的分解加速度来看,x、y 方向加速度在转弯中和转弯后的变化较大,而 z 方向加速度变化很小。可见目标的机动主要是在平面上的转弯,在高度维变化不大。

加速度特征具有一定的局限性,即使战斗机也不会总是处于机动状态。因此,这类特征只在特定情况下具备分类效果,一般需要与其他特征联合使用。

6.1.2　飞机目标的窄带回波特性

雷达发射的电磁波在目标表面的再辐射产生了散射电磁波。散射波的性质不同于入射波的性质,由目标对入射电磁波的调制效应所致,而这种调制效应是由目标本身的结构特性所决定的。换言之,散射波含有目标的结构信息,它是目标结构信息的载体。电磁波可以用幅度、相位、频率以及极化等参量完整表达,这些参数分别描述电磁波的能量特性、相位特性、振荡特性以及极化特性。常规窄带雷达回波携带的目标信息,通常可分为以下几类:

(1) 目标回波的幅度、起伏特征。对于常规低分辨雷达,由于其距离和方位向分辨力较低,一般均认为目标是点目标。可供利用的目标回波信息通常包括目标的雷达散射截面(RCS)、回波波形特征、相位的起伏和这些起伏的频谱特性,不同目标回波所反映的这些特性不同。

(2) 目标回波的调制特征。飞机的螺旋桨、喷气式发动机的旋转叶片、直升机的旋翼等动态目标结构的周期运动,产生对雷达回波的周期性调制,而不同目标的周期性调制谱差异很大,因而可用于目标识别。Bell 等详细分析了喷气发动机的调制(JEM)现象,并建立了相应的数学模型,为利用 JEM 效应进行目标识别奠定了理论基础。

(3) 目标的极化特征。极化是描述电磁波的重要参量之一,它描述了电磁波的矢量特征。极化特征是与目标形状有密切联系的特征。测量出不同目标对各种极化波的变极化响应,能够形成一个特征空间,可用于目标识别。

(4) 目标的极点或自然频率。目标的自然频率由目标的结构决定,不同目

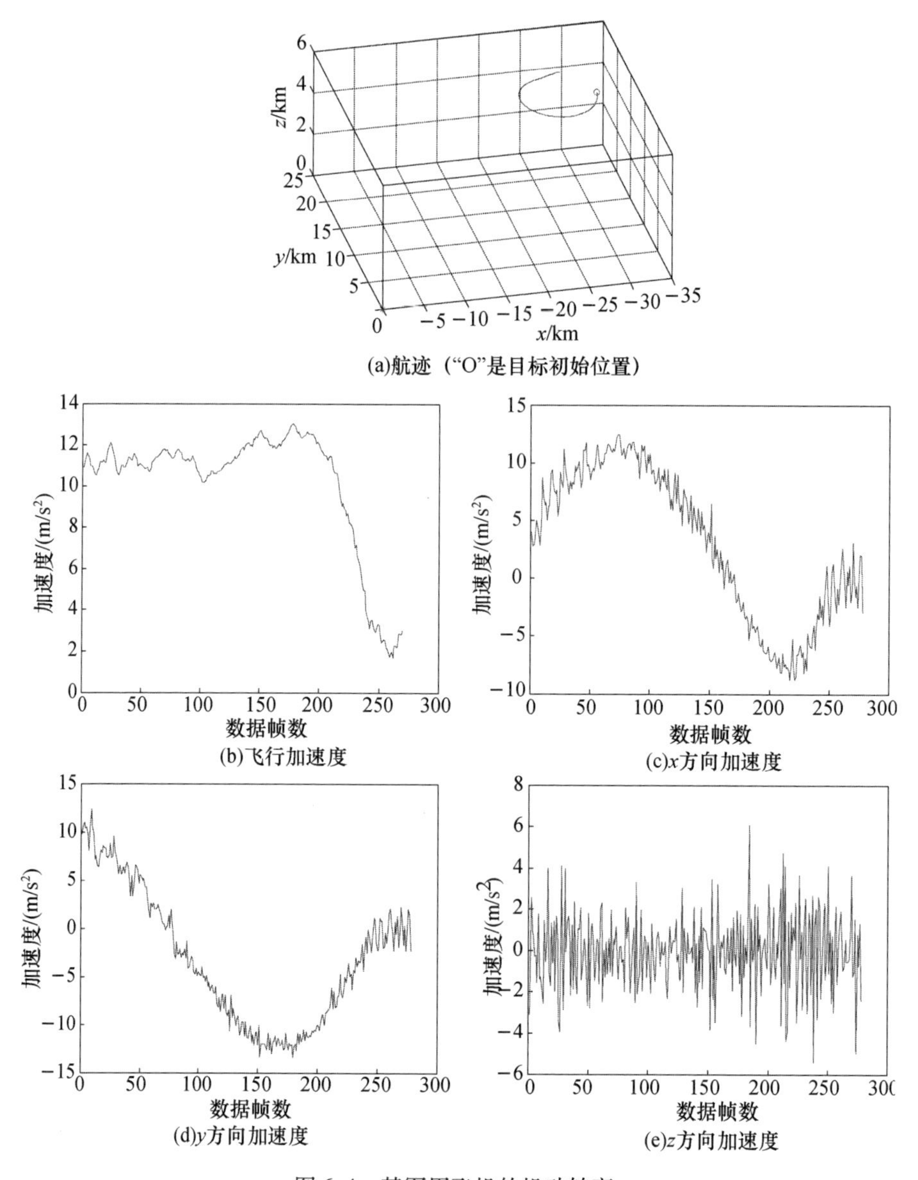

(a)航迹（"O"是目标初始位置）

(b)飞行加速度

(c)x方向加速度

(d)y方向加速度

(e)z方向加速度

图 6.4 某军用飞机的机动转弯

标其自然频率各不相同，且和目标的姿态无关，即从不同视角获取的同一目标回波中提取的自然频率都是相同的。目标极点分布只取决于目标形状和固有特性，与雷达的观测方向(目标姿态)及雷达极化方式无关，因而给雷达目标识别带来了很大方便。

由于极化等特征对雷达工作方式及目标运动稳定性有特殊要求，通常难以获得，因此选取目标的 RCS 特性、调制特性进行重点分析。

6.1.2.1 RCS 特性

飞机目标的雷达散射截面显著依赖于被观测飞机的类型、照射频率和姿态角,同时也与照射波极化方式有关[1]。

1) 飞机电磁散射机理

根据电磁理论,电磁散射机理主要包括腔体散射、镜面反射、棱边绕射、爬行波绕射、尖顶绕射等。常规飞机是一类外形复杂的电磁散射体,其主要散射源分布可参见 3.3.1 节。

隐身飞机为了突防通常采用外形设计、涂覆吸波材料、阻抗加载等隐身技术措施,以减少或降低飞机上散射源的数量与强度,从而减小飞机的 RCS,实现对雷达探测系统隐身的目的。与常规飞机相比,隐身飞机仅在切向、尾后等视角上存在较大散射峰值,而在其他大角度范围内 RCS 大幅降低。采用隐身技术后,隐身飞机的 RCS 将比常规飞机降低 2 ~4 个数量级。

2) 飞机电磁散射特性

(1) RCS 随方位角变化。图 6.5 给出了某型号飞机模型通过电磁计算得到的 RCS 随方位角变化曲线。由图可见,飞机在不同方位角具有不同的 RCS,RCS 随角度变化呈现剧烈起伏。这是飞机在不同方位角自身的散射中心相干叠加作用的结果。飞机在切向、尾后向等姿态呈现较大的 RCS,强散射主要来源于垂尾反射、发动机进气道腔体散射以及外挂等部件的散射。

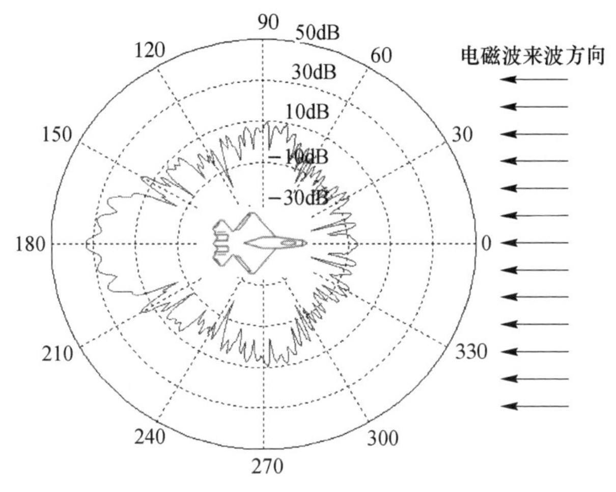

图 6.5 F22 飞机模型方位面 RCS 曲线

(2) RCS 随俯仰角变化。图 6.6 是资料中给出的某型号飞机不同俯仰角的 RCS 曲线[1]。横坐标是俯仰角,单位为度(°),纵坐标是 RCS,单位为 dBsm。从图可见,在迎头鼻锥方向 RCS 较低,但随着俯仰角增大,RCS 逐渐增大,这有利于自上而下进行探测。

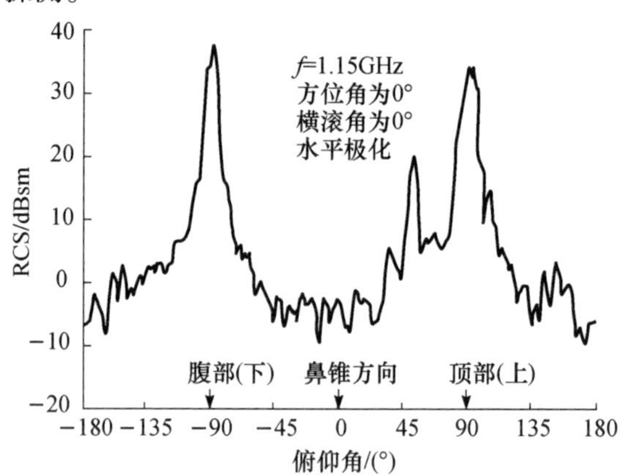

图 6.6 典型飞机不同俯仰角的 RCS 曲线

(3) RCS 随频率变化。图 6.7 是资料中给出的某型号飞机 RCS 随频率变化的曲线[1]。横坐标是频率,单位为 MHz,纵坐标是 RCS,单位为 m^2。从图可见,该飞机 RCS 的频率响应通常呈现两端高中间低的现象,这是由于该飞机通常主要针对微波频段的雷达,并且受吸波材料带宽限制,主要涂覆微波频段吸波材料;而在低频段,飞机自身结构部件处于散射的谐振区,将产生 RCS 谐振现象,并且微波频段吸波材料在低频段失效,因此飞机 RCS 逐渐增大;而在高频段,飞机表面吸波材料失效,且飞机表面不连续性更加明显,因此飞机 RCS 也逐渐增大。

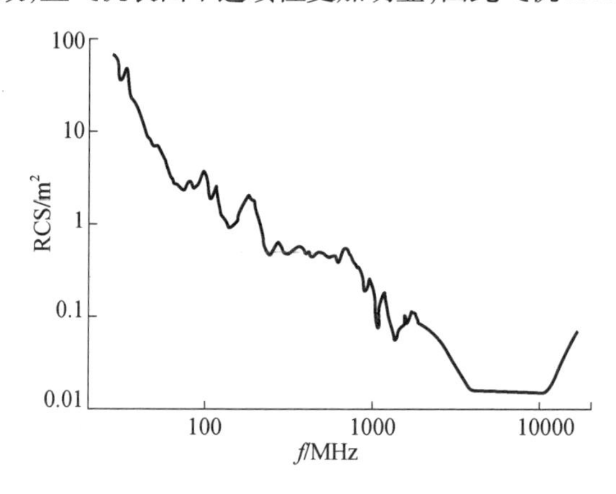

图 6.7 典型飞机 RCS 随频率变化曲线

(4) 双站 RCS。图 6.8 给出了某型号飞机模型双站 RCS 的仿真结果。所用仿真数据的入射波频率 5500MHz,入射方位角选取 20°和 30°,入射俯仰角 0°,双站角 0 ~ 360°(接收俯仰角 0°)。由图可见,在这种仿真条件下,随着接收方位角增大,双站 RCS 先增大后减小,双站角在 80° ~ 240°范围内的双站 RCS 显著增大,有利于探测。

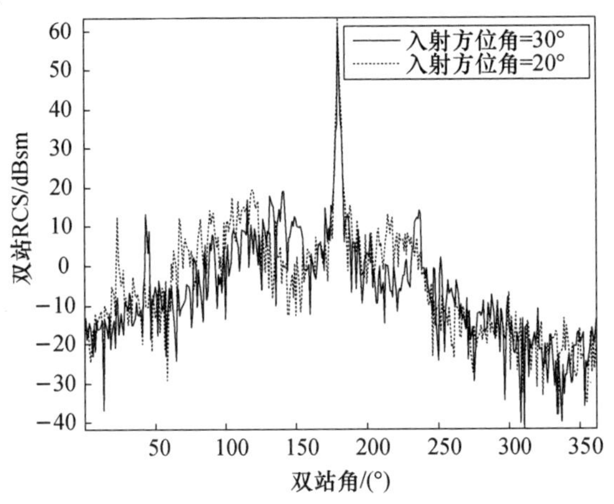

图6.8　某型号飞机的双站 RCS 曲线

6.1.2.2　调制特性

目标体上的运动部件会对其雷达回波产生多普勒调制,运动部件的运动特性不同,其回波的微多普勒特征也有所不同。理论分析表明,根据直升机、螺旋桨飞机和涡扇喷气式飞机三类目标的调制周期特征所存在的差别,可以实现飞机分类。

通常飞机的尺寸与雷达波长相比,飞机目标散射都在光学区。由于光学区各散射中心的相互作用较小,其散射可视为局部线性过程,即飞机总的散射回波是各个独立散射中心回波的线性叠加。飞机旋转部件的每个桨叶散射仍然在光学区,即每个桨叶可视为一个等效散射中心。旋转部件对其回波会产生一定的多普勒调制(称为微多普勒调制),其多普勒域表示即调制谱由一系列谱线组成。不同类型飞机的多普勒调制特性不同,提取这种调制特征可用于飞机类型识别。

调制回波的多普勒谱调制周期是区分不同类型飞机的一个有效特征。调制周期只与旋转部件的旋转速度和桨叶数有关,不受飞行姿态影响,在飞行过程中是不变的。一般来说,直升机的调制周期最小,即谱线间隔最小,螺旋桨飞机居中,喷气式飞机(小型喷气式如战斗机,大型喷气式如民航机)的调制周期较大。图6.9给出了四种飞机的仿真回波频谱。可见,不同目标的频谱差异显著,可以作为飞机目标的分类特征。

对于L波段以上的中高频段,发动机桨叶在光学区,其理论时域回波模型为

$$u(t) = \sum_{k=1}^{N} (l-r) A_k B_k$$

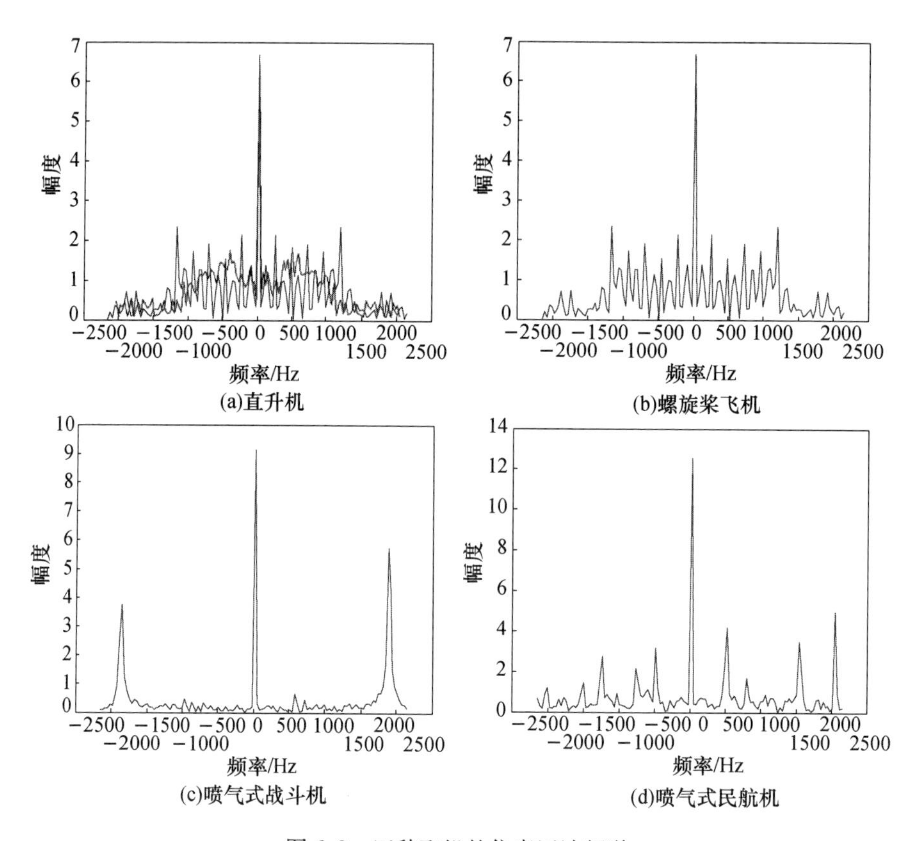

图 6.9　四种飞机的仿真回波频谱

$$\begin{cases} A_k = \exp\left\{ \mathrm{j}\left[\omega t - \dfrac{4\pi}{\lambda}(R - vt) + \dfrac{2\pi}{\lambda}(l + r)\sin(\theta_k + 2\pi f_{\mathrm{rot}} t)\cos\alpha \right] \right\} \\ B_k = \operatorname{sinc}\left[\dfrac{2\pi}{\lambda}(l - r)\sin(\theta_k + 2\pi f_{\mathrm{rot}} t)\cos\alpha \right] \\ \theta_k = \dfrac{2\pi k}{N} + \theta_0 \qquad k = 1, 2, \cdots, N \end{cases} \tag{6.1}$$

式中：l 为单叶片长度；r 为叶毂半径（一般可忽略）；R 为目标距离，v 为目标整体径向速度；f_{rot} 为桨叶旋转频率；θ_k 为每片桨叶的旋转初相角；N 为桨叶数；$\cos\alpha$ 为雷达视线与桨叶旋转平面的夹角余弦。

飞机目标的调制特征测量对雷达参数提出了一定的要求：

（1）波束驻留时间。为了能够提取出调制谱线，要求多普勒分辨力小于调制谱间隔 Δf，因此对雷达波束驻留时间的要求为

$$T > \frac{2}{\Delta f} = \frac{2}{N f_{\mathrm{rot}}} \tag{6.2}$$

（2）脉冲重复频率。为了保证在雷达旋翼回波闪烁的 3dB 时间宽度内至

少有一次采样,雷达的脉冲重复频率必须满足

$$\mathrm{PRF} > \frac{1}{\Delta T_{3\mathrm{dB}}} = \frac{2\pi N f_{\mathrm{rot}}(l-r)\cos\alpha}{0.443\lambda} \tag{6.3}$$

(3) 雷达工作频段。根据空气动力学,直升机和螺旋桨飞机桨叶边缘的最大线速度 $v_{\max}$ 一般为260m/s,因此回波的单边谱带宽为

$$B_{单} = \frac{2v_{\max}\cos\alpha}{\lambda} = \frac{4\pi(l-r)f_{\mathrm{rot}}\cos\alpha}{\lambda} \tag{6.4}$$

为了能够在单边谱带宽内产生谐波谱线,要求雷达载频(波长)满足如下约束条件:

$$B_{单} > \Delta f \tag{6.5}$$

即

$$f_0 > \frac{c\Delta f}{4\pi(1-r)f_{\mathrm{rot}}\cos\alpha} = \frac{cN}{4\pi(1-r)\cos\alpha}$$

$$\lambda < \frac{4\pi(l-r)\cos\alpha}{N} \tag{6.6}$$

从上述雷达参数约束条件中可以看出,飞机调制特征的提取对于雷达信号的频段、脉冲重复频率和驻留时间均有要求。综上所述,典型机型的调制特征获取对雷达参数的要求如表6.2所示。

表6.2　调制特征提取对雷达参数的要求

机型	X波段			L波段		
	调制谱间隔	驻留时间	PRF	调制谱间隔	驻留时间	PRF
喷气式飞机	1～2kHz	≥2ms	≥20kHz	无	—	—
螺旋桨飞机	80Hz左右	≥40ms	≥40kHz	80Hz左右	≥40ms	≥4kHz
直升机	20Hz左右	≥100ms	≥40kHz	20Hz左右	≥100ms	≥4kHz

由于频谱分辨力的限制,直接提取目标的调制周期比较困难。目标调制特性的存在会引起回波波形的变化,因此可以通过时频域的波形特征来进行分类。具体特征如下:

(1) 归一化方差。不同目标对于天线方向图的幅度调制是不一样的,这体现在时域波形上。从时域波形上看,幅度调制导致雷达回波的起伏特性较大,而方差可以很好地表征回波序列的起伏特性。设第 i 次回波目标所在距离单元的幅度为 x_i,则 N 次目标回波序列的时域方差为

$$\sigma = \frac{1}{N}\sum_{i=1}^{N}(x_i - m)^2 \qquad m = \frac{1}{N}\sum_{i=1}^{N}x_i \tag{6.7}$$

由于这样得到的方差存在幅度敏感性,通常对方差进行如式(6.8)所示的归一化处理后再作为识别特征之一。

$$\sigma' = \frac{\sigma}{m} = \frac{1}{Nm}\sum_{i=1}^{N}(x_i - m)^2 \tag{6.8}$$

(2) 频域波形熵。不同目标对于天线方向图的频率调制也是不一样的,这体现在频域波形上。从频域波形(即多普勒频谱)来看,频率调制使频谱展宽,且频域的能量更加分散。熵一般是用来描述信源的平均不确定性的,也可用来表征频域能量的散布程度,能量越集中,熵值越小,因此频域波形熵是一个很有效的特征。设变量 $X=(X_1,X_2,\cdots,X_N)$ 表示雷达波束照射目标时间内的回波序列的频域数据,X_i 出现的概率为 p_i,则频域波形熵定义为

$$E_X = -\sum_{i=1}^{N} p_i \ln p_i \tag{6.9}$$

式中:$p_i = X_i / \sum_{i=1}^{N} X_i$。

(3) 中心矩。中心矩是一种简单的平移、旋转及尺度不变特征,反映了目标回波的形状信息。假设 $x(n)(n=1,2,\cdots,N)$ 表示信号波形,对 $x(n)$ 进行归一化处理:

$$\bar{x}(n) = x(n) / \sum_{n=1}^{N} x(n) \tag{6.10}$$

p 阶中心矩定义为

$$\mu_p = \sum_{n=1}^{N} (n - M_1)^p \bar{x}(n) \tag{6.11}$$

式中:M_1 为一阶原点矩。

以上列举了部分识别特征,在实际识别应用时,需要根据雷达观测的条件和参数,选择合适的特征进行识别。

6.1.3 飞机目标的宽带回波特性

严格的宽带回波特性应根据目标的散射特性计算得到,这是比较复杂的,通常采用简化的散射点模型。理论计算和实验测量均表明,在高频区,目标总的电磁散射可以认为是由某些局部位置上的电磁散射所合成的。这些局部散射源通常称为等效多散射中心,或简称多散射中心[1]。目标散射中心是目标在高频区散射的基本特征之一。对于飞机这种三维目标,雷达"看到"的是面向雷达的曲面,散射点模型就是用一系列位于曲面上的散射点近似代替目标。实际上,合成孔径雷达(SAR)和逆合成孔径雷达(ISAR)成像都是基于散射点模型。实践表明,对于微波雷达,散射点模型适用于飞机这类目标[4]。

随着雷达技术的发展,人们能够利用宽带信号技术实现目标散射中心在径向距离上的高分辨力,得到一维高分辨距离像(HRRP);利用运动目标视角变化引起的多普勒差异,可以获得散射中心在横向距离上的高分辨力。采用距离-

多普勒成像原理,可以获得目标的二维或三维高分辨力,从而使目标散射中心的多维高分辨力成像得以实现。

6.1.3.1　一维距离像

一维高分辨距离像是目标散射强度在雷达视线方向上的投影,一般通过雷达发射大带宽信号得到。距离分辨力 ρ_r 与雷达带宽 B 的关系为 $\rho_r = \frac{c}{2B}$,其中 c 是光速。每个距离单元的回波是其中所有散射点子回波的矢量和。

设目标的第 n 个距离单元中有 L_n 个散射点,第 i 个散射点的散射强度记为 σ_{ni},该散射点在第 m 个方位角时与雷达的径向距离为 r_{mni},可得第 m 个方位角时该距离单元回波的复包络为[5]

$$
\begin{aligned}
y_m(n) &= \sum_{i=1}^{L_n} \sigma_{ni} \exp\left[-\mathrm{j}\frac{4\pi}{\lambda}(r_{mni} - \bar{r}_m) + \mathrm{j}\psi_{mni} \right] \\
&= \sum_{i=1}^{L_n} \sigma_{ni} \exp(\mathrm{j}\phi_{mni})
\end{aligned}
\tag{6.12}
$$

式中

$$
\phi_{mni} = \left[-\frac{4\pi}{\lambda}(r_{mni} - \bar{r}_m) + \psi_{mni} \right] \mathrm{mod} 2\pi \tag{6.13}
$$

ψ_{mni}为残留视频相位(RVP);$\bar{r}_m$ 为由窄带回波信号测得的目标距离。$y_m(n)$的功率为

$$
|y_m(n)|^2 = y_m(n) y_m^*(n) = \sum_{i=1}^{L_n} \sigma_{ni}^2 + 2 \sum_{i=2}^{L_n} \sum_{k=1}^{i-1} \sigma_{ni}\sigma_{nk}\xi_{mnik} \tag{6.14}
$$

式中:* 表示复共轭。

$$
\xi_{mnik} = \cos(\theta_{mnik}) \tag{6.15}
$$

$$
\begin{aligned}
\theta_{mnik} &= (\phi_{mni} - \phi_{mnk}) \mathrm{mod}\ 2\pi = -\frac{4\pi}{\lambda}(r_{mni} - r_{mnk}) + (\psi_{mni} - \psi_{mnk}) \mathrm{mod}\ 2\pi \\
&= \left(-\frac{4\pi}{\lambda}\Delta r_{mnik} + \Delta\psi_{mnik} \right) \mathrm{mod}\ 2\pi
\end{aligned}
\tag{6.16}
$$

表示第 i 个散射点和第 k 个散射点的相位差;Δr_{mnik}表示它们到雷达的路程差;$\Delta\psi_{mnik}$则表示它们的残留相位差。

显然,$|y_m(n)|(n=1,2,\cdots,N)$是第 m 个方位角时目标的幅度型距离像,$|y_m(n)|^2(n=1,2,\cdots,N)$则是第 m 个方位角时目标的功率型距离像,其中 N 为目标的距离单元数目。由于功率型距离像具有简单明确的物理意义,因此通常都是对功率型距离像进行研究[5,6]。

在高分辨雷达目标识别中,HRRP 是一种比较容易获得的目标特征,它能够

反映目标散射结构沿雷达视线的分布情况。不同目标的 HRRP 有差别(如图 6.10 所示,方位角以飞机鼻锥方向为 0°),同一目标的 HRRP 有一定的稳定性(图 6.11),而且利用单次一维距离像就可以进行识别。因此,利用 HRRP 开展目标识别研究是可行的。然而,HRRP 作为识别特征存在幅度敏感性、姿态敏感性和平移敏感性[7-9],这在识别过程中需要加以考虑。

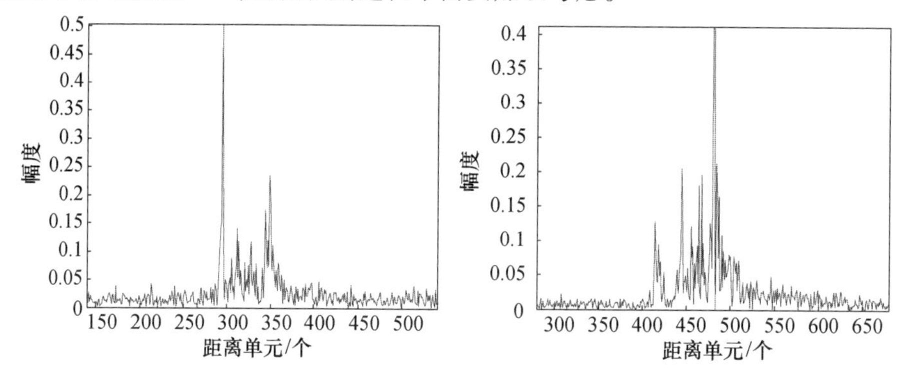

图 6.10　两种不同飞机的一维距离像(方位角均为 20°)

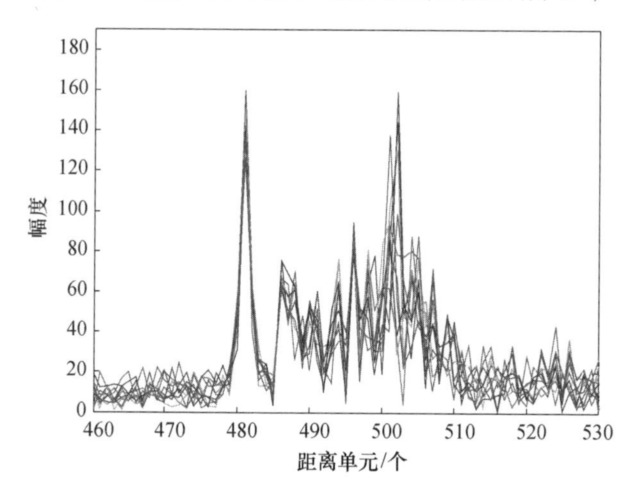

图 6.11　某飞机连续 100 幅一维距离像(见彩图)

1）幅度敏感性

幅度信息在一定程度上反映了目标的散射特性,是识别目标的有用信息。但由于 HRRP 的幅度是雷达发射功率、目标距离、目标处的雷达天线增益、电波传播、雷达高频系统损耗和雷达接收机增益等的函数,因此在不同的测量条件下得到的目标距离像幅度具有较大的差异,难以直接利用。图 6.12 给出了某目标在一段时间内 HRRP 最大值相对幅度的起伏情况。可以看到,即使是相邻回波,其幅度差异也十分明显。在此基础上提取的许多特征常相差一个常数倍,无法直接利用。

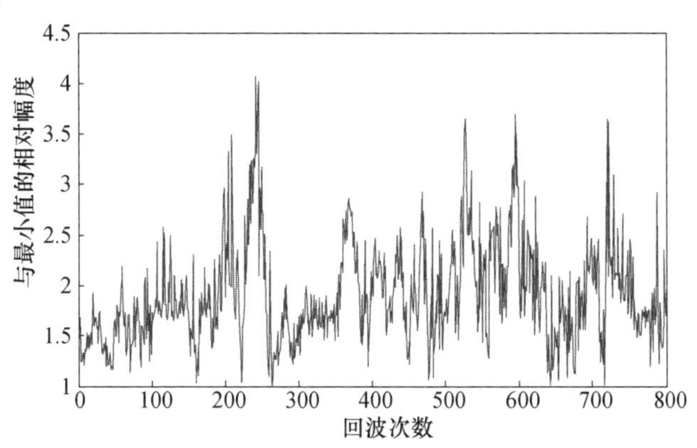

图6.12 同一目标一段时间内HRRP最大值的相对幅度起伏情况

在实际应用中,一般通过能量(或幅度)归一化方法来消除幅度变化的影响,克服幅度敏感性问题。

2）姿态敏感性

一般认为,若忽略遮蔽现象,当目标相对于雷达的姿态角变化在一定范围(如10°)内时,散射点在目标上的位置和散射强度基本不变[5]。但为了保证散射点不发生越距离单元走动(MTRC),姿态角变化 $\Delta\theta$ 应满足[10]

$$\Delta\theta < \frac{2\rho_r}{L_{\max}} \tag{6.17}$$

式中:$L_{\max}$为同一距离单元内两散射点的最大距离。若以400MHz带宽的雷达和最大尺寸约为36m的飞机为例,则满足式(6.17)的 $\Delta\theta$ 不能超过1.2°。

同时,由于单个距离单元的回波是其中所有散射点子回波的矢量和,因此,仅毫米级的散射点位移就会引起回波相位的明显变化,从而导致距离单元的回波复振幅随目标姿态角的微小变化起伏剧烈。式(6.14)的第一项是散射点自身项,表示第 n 个距离单元内散射点散射能量的总和,在散射点不发生越距离单元走动的条件下,它与目标的姿态角无关,是距离像的稳定项。第二项为散射点交叉项,是造成距离像姿态敏感性的根本原因。

由于交叉项的影响,距离像的姿态敏感性较强,相邻姿态角的距离像起伏现象明显。图6.13和图6.14分别给出了飞机模型微波暗室测量数据和实测飞机数据相近方位角条件下一维距离像的比较。图6.13是暗室测量飞机模型在0°和0.5°方位角时的一维距离像。图6.14是实际测量某种飞机在仰角13.34°、方位角192.25°和192.02°的一维距离像。由这两个图可以看出,虽然方位角分别只有约0.5°和0.23°的变化,但距离像的强度分布却发生了很大变化,表明一维距离像随姿态角变化起伏较大。

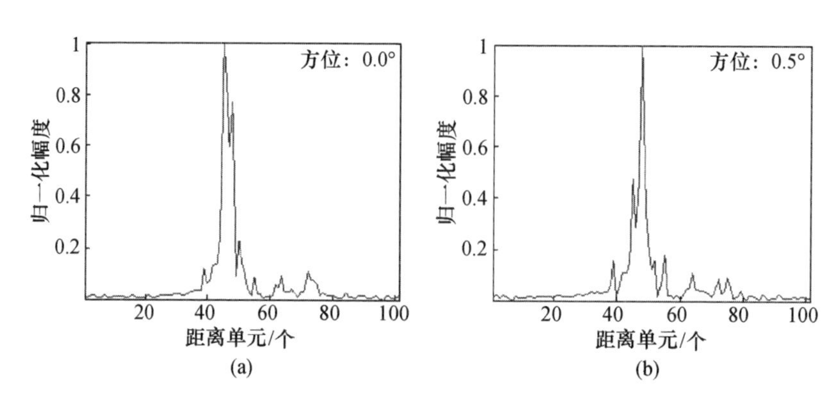

图 6.13　微波暗室测量飞机模型在相近方位角的一维距离像

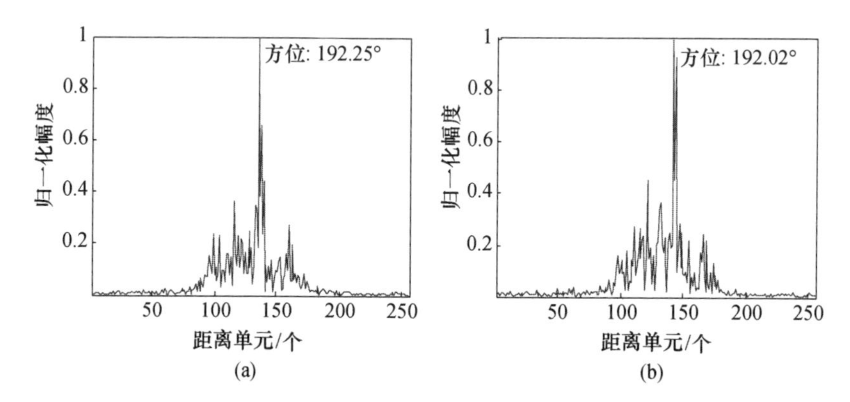

图 6.14　实测某种飞机在仰角为 13.34°时相近方位角的距离像

针对 HRRP 的方位敏感性，可以采用距离像平均、方位约束（分角域识别）以及对距离像进行幂变换预处理等方法改善其对识别结果的不利影响。

3）平移敏感性

雷达实际观测的一般都是非合作运动目标，窄带跟踪加距离开窗的雷达工作方式造成目标 HRRP 在距离窗内的位置不定，也就是所谓的平移敏感性。图 6.15给出了某种飞机在方位角 221.77°、俯仰角 22.03°先后获取的两幅距离像。由图可见，虽然两幅距离像反映的目标散射强度沿雷达视线的分布形状很相似，但两幅距离像在距离门上发生了平移。对于最近邻分类器等常规的模式识别方法来说，相当于所处理的两个样本各维特征之间不存在一一对应关系，若直接进行识别必然会得到错误结果。

主要有两类方法用于克服平移敏感性：一是提取距离像的频域或双谱域等平移不变特征进行识别；二是采用对特征平移不敏感的分类器（如滑动相关分类器）进行识别。提取平移不变特征后，可以用多种模式识别分类器进行分类判决。但这些平移不变特征，或者损失了反映目标形状信息的特征，或者维数过

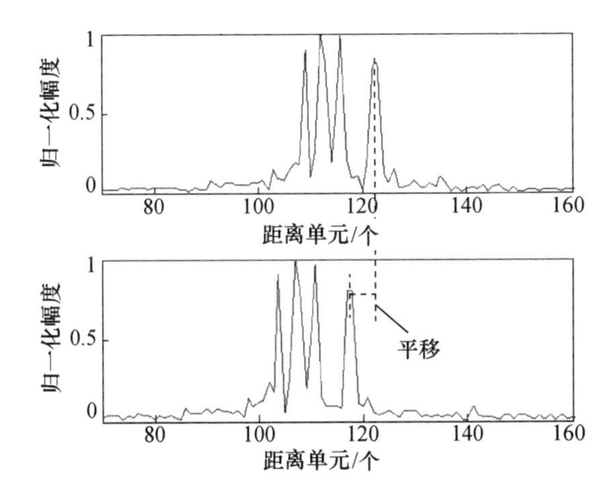

图 6.15　某种飞机在方位角 221.77°、俯仰角 22.03°的两幅距离像

大,需要进一步采用降维等特征处理方法。

高分辨距离像反映了在一定的雷达视角条件下,目标上散射体(如机头、机翼、机尾方向舵、进气道、发动机等)的散射强度沿雷达视线的分布情况。因此,高分辨距离像包含了重要的目标结构特征,是飞机目标型号识别的重要特征。提取一维距离像的尺寸、统计特征等还可以用于对飞机目标的大小、类型等作出判别。

(1) 尺寸信息。目标在一维距离像中所占据的距离单元数反映了目标的尺寸信息,据此可以提取目标的尺寸特征。

用式(6.18)表示第 k 次观测时目标的一维距离像幅度值大于噪声阈值 th_k 的位置序列:

$$L_k(i)=\{(k,i)\mid(P'(k,i)-th_k)>0,k=1,2,\cdots,M,i=1,2,\cdots,Z(k)\} \tag{6.18}$$

则目标尺寸特征定义如下:

$$C(k)=L_k(Z(k))-L_k(1) \tag{6.19}$$

$C(k)$实际上表示的是目标在一维距离像中所占据的距离单元数,反映了目标的径向尺寸大小。对于尺寸有明显差别的不同目标,$C(k)$具有较大差异,可选择$C(k)$作为目标识别的特征。

(2) 统计特征。不同目标不仅在尺寸上有差异,并且在外形结构上也各不相同,这种外形结构上的差异便形成了一维距离像的形状差异。通常可提取具有平移不变性的统计特征进行描述,如中心矩、方差、熵等。

6.1.3.2　二维 ISAR 像

ISAR 成像原理参见第 4 章。飞机目标在飞行过程中,只要不是沿径向方向飞行,则其相对于雷达视线的夹角会不断发生变化。利用飞行航迹与雷达视线变化形成的转角，可以进行方位向（横向）高分辨，得到目标散射中心沿横向方向的分布情况。对于民航机这类飞行平稳目标，采用传统距离－多普勒成像方法通常能得到比较清晰的成像结果，如图6.16所示。ISAR图像反映了目标散射中心的二维分布情况，从成像结果能够分辨飞机目标的机头、机翼、机身、发动机等重要结构特征，是目标识别的有效特征。

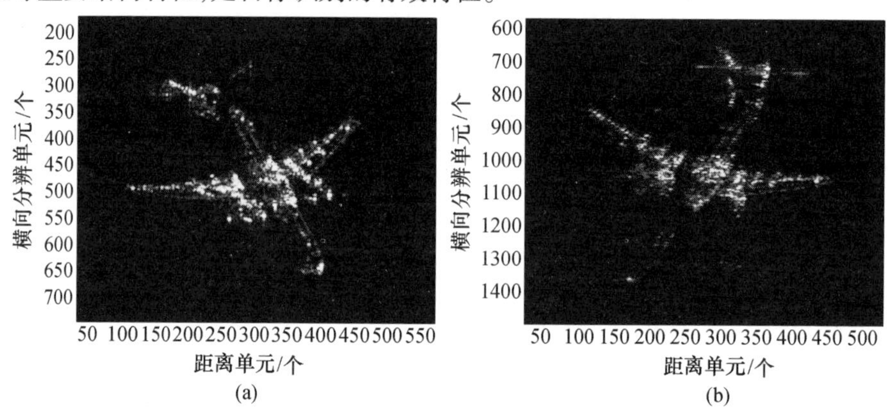

图6.16 民航机不同姿态的ISAR成像结果（见彩图）

对于军用飞机等机动性较强的目标，转角变化在成像积累时间内不均匀，造成各散射点的横向多普勒频率在成像积累时间内不再是常数，从而使散射点展宽、成像结果模糊不清。此时，可采用时频变换替代傅里叶变换，分析横向多普勒的时变特性，获得目标的距离－瞬时多普勒像。对于隐身飞机，在较远距离雷达难以获得信噪比满足二维ISAR成像需求的高分辨距离像，成像质量差或无法成像。

ISAR图像是目标散射结构在成像平面的二维投影，其纵向分辨力取决于雷达带宽，横向分辨力由转角和波长决定，需要估计转角进行横向定标，才能得到其横向投影尺寸。ISAR图像成像平面由雷达视线方向和转角方向决定，不同时刻的ISAR图像对应不同姿态的目标二维投影。因此，若利用ISAR图像进行目标识别，通常需要进一步提取平移、旋转和尺度不变特征作为识别特征。

采用双基线干涉三维成像或基于图像序列的目标三维重构技术，可以获得目标的三维散射强度分布情况。若该技术能够发展应用，将可以为目标识别提供更加丰富的特征信息。

6.2 飞机架次识别

随着现代战争战术的更新与航空飞行器技术的发展，空中战机一般采用密集编队方式飞行，以影响雷达对探测目标的特性判断。因此，在探测到目标的情况下，能够准确给出编队目标架次，也就成为现代雷达系统急需解决的问题之一。编队架次的准确判别对及时掌握敌情和提高系统的防御力都具有重要意义。目标探测一般主要由常规窄带雷达来实现，这类雷达方位和距离分辨力有限，对于密集编队的情况很难直接进行有效判别。目前，较为有效的方法是利用编队目标间多普勒频率的差异实现目标架次的分辨，但这种方法对雷达信号的相干性与相参积累时间有一定要求。随着宽带雷达的广泛应用，利用其高距离分辨力来实现架次判别也成为飞机目标架次识别的重要手段。这类处理方法一般选用分辨力与目标尺寸相当的带宽，更有利于架次分辨。下面主要从窄带多普勒与宽带高距离分辨两方面来介绍飞机架次识别方法。

6.2.1 基于窄带多普勒分析的飞机架次识别

根据多普勒原理知道，编队目标径向速度差异会引起多普勒不同。目标径向速度相对稳定时，可以直接利用常规傅里叶变换处理，进行飞机架次的识别。但对于同向、同速的飞机编队，目标多普勒差异主要是雷达视角的微小不同导致的，本身差别较小，为了提高多普勒频移分辨力，就必须有较长的相干处理时间。由于单个飞行目标的多普勒频率是随时间变化的，因此在较长的观察时间内雷达目标回波信号是非平稳的。这样，基于传统傅里叶变换的多普勒分析法将很难完成识别任务。时频分析是分析时变非平稳信号的有力工具，它不仅能反映信号的频率分量，而且还可以反映这些频率分量随时间演变的规律，已成为当前基于多普勒分析进行飞机架次识别的主流方法之一。

根据目标多普勒频率的相关理论可以知道，雷达目标回波的多普勒频率决定于雷达波长 λ、目标速度 v 以及目标飞行方向与雷达视线的夹角 φ，即

$$f_{\mathrm{d}} = -\frac{2v}{\lambda}\cos\varphi \tag{6.20}$$

多普勒频率在不同夹角下的变化率为

$$f_{\mathrm{d}}' = \frac{2v}{\lambda}\sin\varphi \tag{6.21}$$

当目标速度和信号波长恒定时，目标多普勒频率与其变化率随 φ 的变化如图6.17所示，可知多普勒频率在径向方向数值最大，在切向方向多普勒变化最快。

当两个空中目标采用尾随飞行、恒定间距的简单编队方式时，在某一时刻，设它们与雷达视线夹角的差异为 $\Delta\varphi$，两目标中点到雷达的距离为 R，两个目标之间的距离为 d。由图6.18可知，当 φ 为90°或270°时，$\Delta\varphi$ 数值最大。考虑到正负多普勒分析无差别，为简单起见，以下仅讨论0°~180°的情况。

一般地，对于上述情况中的编队目标所对应的多普勒频率差可以表示为

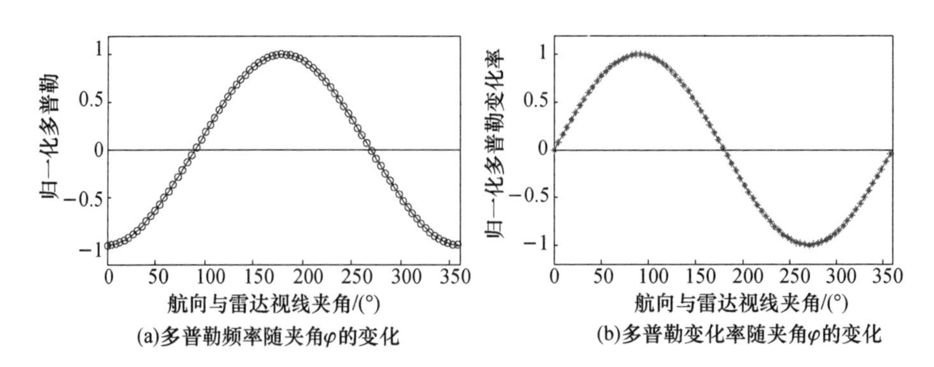

图6.17　多普勒频率及其变化率随航向与雷达视线夹角的变化关系

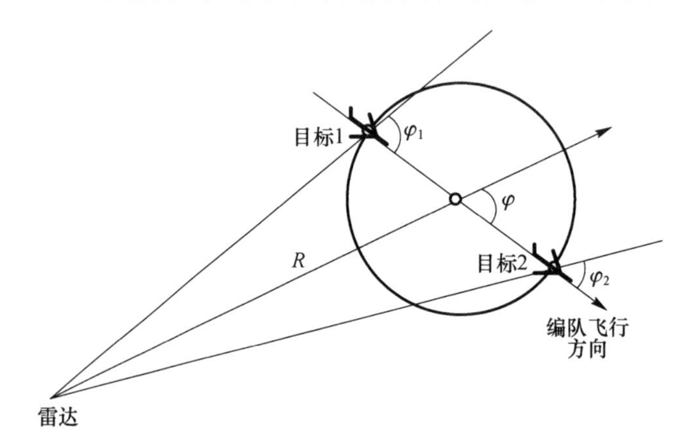

图6.18　雷达与编队目标的位置关系示意图

$$\Delta f_{\mathrm{d}}=f_{\mathrm{d1}}-f_{\mathrm{d2}}=-\frac{2v}{\lambda}(\cos\varphi_1-\cos\varphi_2) \tag{6.22}$$

根据三角变换及几何关系有

$$\cos\varphi_1-\cos\varphi_2=-2\sin\frac{\varphi_1+\varphi_2}{2}\sin\frac{\varphi_1+\varphi_2}{2}\approx-\frac{d}{R}\sin^2\varphi \tag{6.23}$$

进一步简化可得

$$\Delta f_{\mathrm{d}}\approx\frac{2v}{\lambda}\frac{d}{R}\sin^2\varphi \tag{6.24}$$

由此可见,编队目标的最大多普勒频率差出现在 φ 为90°时。对于速度为200m/s 的编队目标,若雷达载频为10GHz,$d=50\mathrm{m}$,$R=50\mathrm{km}$,$\varphi=90°$,则其多普勒频率差为

$$\Delta f_{\mathrm{d}}\approx\frac{2v}{\lambda}\frac{d}{R}\sin^2\varphi=\frac{400\times50}{0.03\times50000}=13.3\mathrm{Hz} \tag{6.25}$$

若多普勒频率差恒定,采用傅里叶变换来分辨多目标所需的最短观测时间为

$$T = 1/\Delta f_{\mathrm{dmax}} = 0.075\mathrm{s} \tag{6.26}$$

由多普勒频率差的计算公式可知,目标架次识别受多个因素的影响,主要因素包括雷达波长、观测时间、编队目标之间的距离、目标到雷达的距离、编队飞行方向等。

下面利用时频分析工具,对不同航向、不同间距、不同距离的编队目标架次识别情况进行考察。

1. 航向与雷达视线夹角对编队目标时频分布特性的影响

由于编队目标的多普勒频率差在不同航向时会有明显变化,为了明确航向与雷达视线夹角对编队目标时频分布特性的影响,这里针对不同夹角的情况进行仿真实验。编队目标与雷达的相对位置关系如图 6.19 所示。

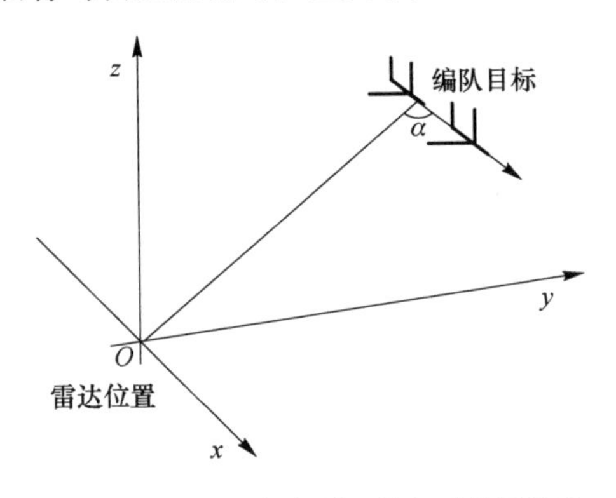

图 6.19　编队目标与雷达的相对位置关系

仿真条件:雷达站点设置在原点,目标初始三维坐标位置$[x\ y\ z]=[0\ 50\ 4]$km,目标做匀速直线运动,速度为 200m/s,雷达载频为 10GHz,带宽为 5MHz,脉冲重复频率为 256Hz,积累时间为 1s,编队目标沿同一条航线尾随飞行,两目标间距为 100m。图 6.20 给出了编队目标在航向与雷达视线夹角 φ 分别为 45°、60°、90°、120°、135°条件下的时频变换结果。

通过对比可以发现,在雷达视线切向方向的多普勒频率差最大,可以有效获取目标架次信息;当夹角大于或小于 90°时,多普勒频率差逐渐减小,目标分辨效果下降,这与理论分析结果一致。

2. 目标间距对编队目标时频分布特性的影响

编队目标之间的距离对架次判别也是一项重要的影响因素。图 6.21 给出了目标距离 50km,沿雷达视线切向方向编队飞行时,目标间距分别为 90m、60m、30m 情况下的时频分布图。比较图 6.21 中的三幅图可见,编队目标的多普勒频率差会随编队目标的间距变小而变小,因此在其他条件不变的前提下,目标间距越大,架次识别越准确。

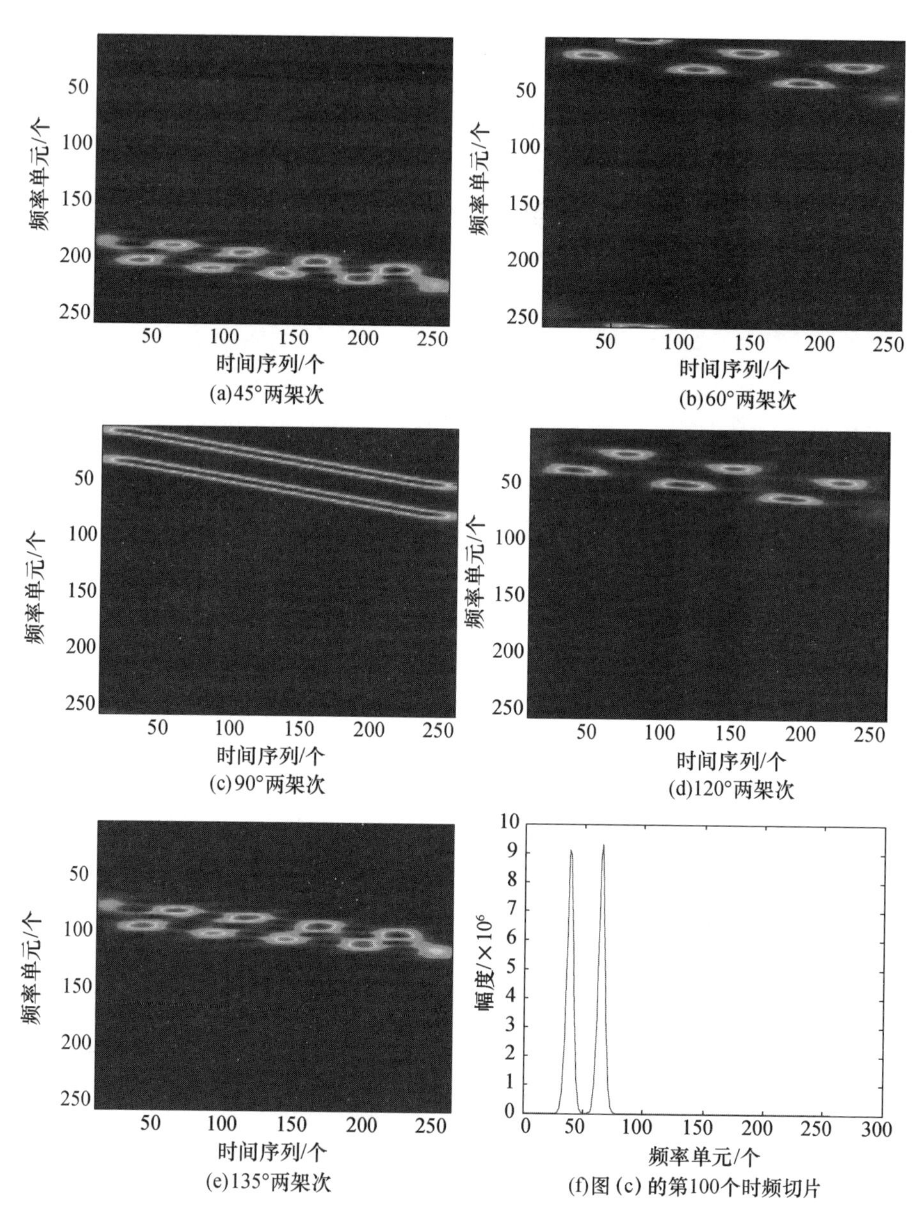

图 6.20　不同夹角情况下编队目标的时频分布(见彩图)
(图(a)~(e)为不同夹角下的时频变换结果,图(f)为 90°夹角
某时刻的一个时频切片)

3. 目标到雷达距离对编队目标时频分布特性的影响

由多普勒频率差的近似公式可知,目标到雷达的距离对编队目标的时频分布也是有影响的。图 6.22 给出了不同距离条件下沿雷达视线切向方向飞行的编队目标的时频变换结果,目标间距为 100m,目标航向与雷达视线夹角为 90°。

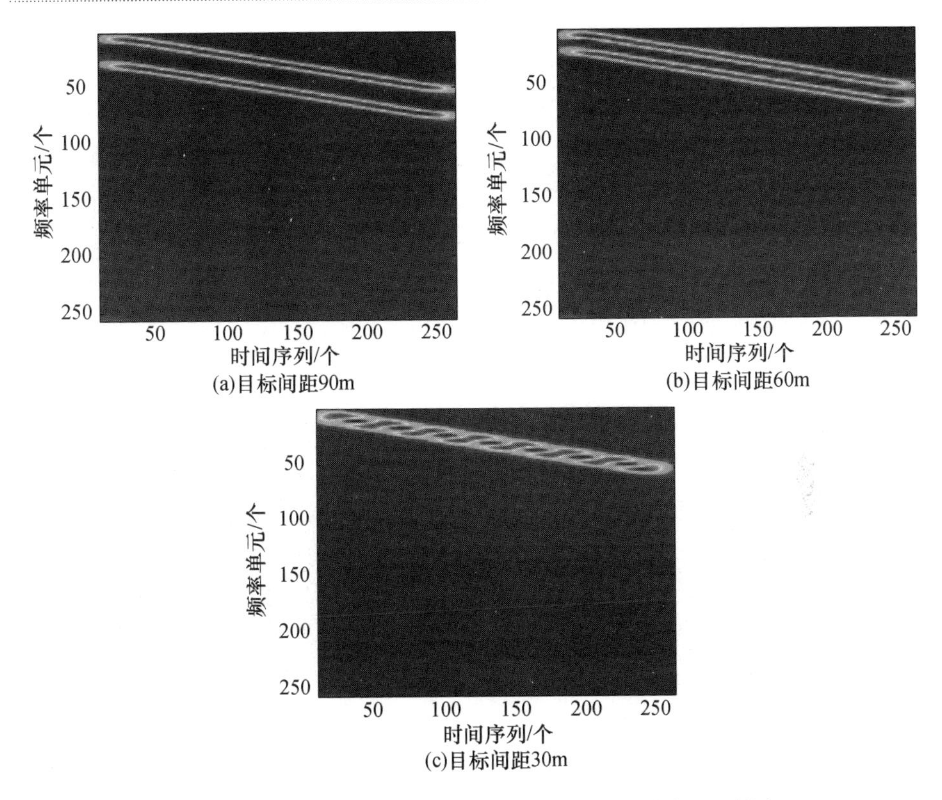

图6.21 不同目标间距情况下编队目标的时频分布(见彩图)

由图6.22可以明显看出,编队目标距离雷达越远,其多普勒频率差就越小,对目标架次分辨越不利。由此可以得出结论:在其他条件一致时,近距离的架次识别比远距离更准确。

综上所述,利用多普勒分析进行架次识别是一种有效的处理方法,特别是针对沿雷达视线切向方向飞行的编队目标,此时目标多普勒差异最大,所需观测时间最短。而对于一般的编队飞行情况,多普勒架次识别方法的性能会有所下降,特别是沿雷达视线方向飞行的编队目标,因为目标间多普勒差异小,使得多普勒架次识别难以得到准确结果,这时就需要利用距离维的高分辨来实现架次识别。

6.2.2 基于宽带回波的飞机架次识别

沿雷达视线方向飞行的空中目标是雷达的重点观测目标,对此类目标给出准确的架次识别结果,对于空情感知、战场态势分析都具有重要意义。当前利用时频分析进行目标架次识别的方法,对沿雷达视线切向方向飞行的情况效果很好,但无法用于径向飞行情况。这时可以通过提高带宽,改善雷达径向分辨力,来对编队目标进行有效的架次识别处理。

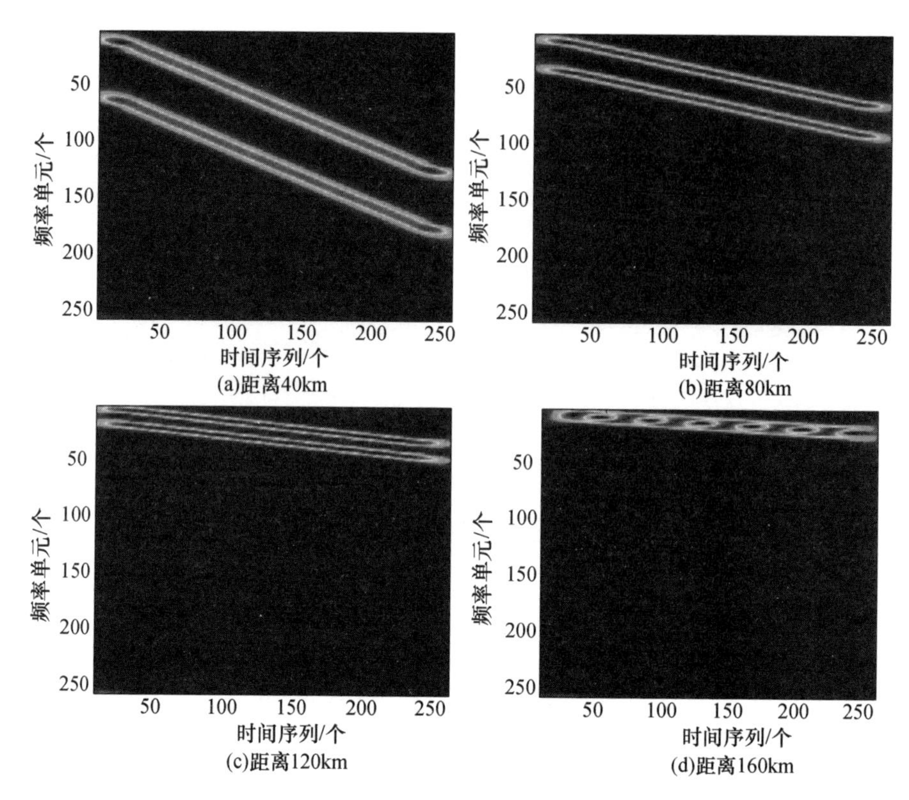

图 6.22　不同距离情况下编队目标的时频分布(见彩图)

一般地,利用窄带信号可以对雷达视线方向上间距较大的编队飞机进行粗略判别。以 5MHz 带宽的窄带雷达为例,理论距离分辨力为 30m,要实现目标架次识别,编队目标径向间距至少要跨两个距离单元,即间距大于 60m。对于相对密集的编队,则需要利用宽带雷达的高分辨力进行架次识别。当分辨力提高时,可以为架次识别带来以下几点优势:

(1) 编队目标间的边界会更清晰。窄带采样单元距离远,一般目标间距超过两个单元才可以初步判断。窄带分辨力一般都在几十米量级,而宽带信号的高分辨力可以有效压低目标间回波区,结合连通区域判断处理,便可以进行单个大目标和多个小目标的有效区分。

(2) 可以对编队目标的类型进行相似性判断,将编队类型划分为同机型编队、多机型编队等。

(3) 宽带架次识别为后期的宽带类型识别提供了条件。

基于宽带回波进行飞机架次识别的框图如图 6.23 所示。

图 6.24 给出了某宽带雷达对一组间距为 30m 的编队目标回波处理的结果。根据连通区处理结果可知,当前观测目标为一双机编队。由于连通区间最

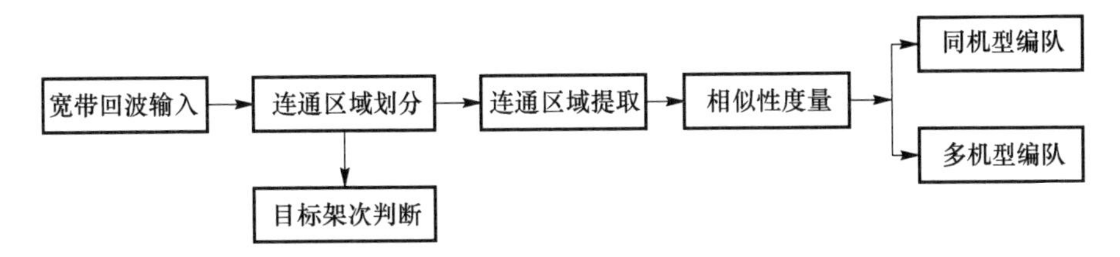

图 6.23　基于宽带回波的架次识别及相关处理框图

大相似系数为 0.94,因此可以断定为同机型编队。

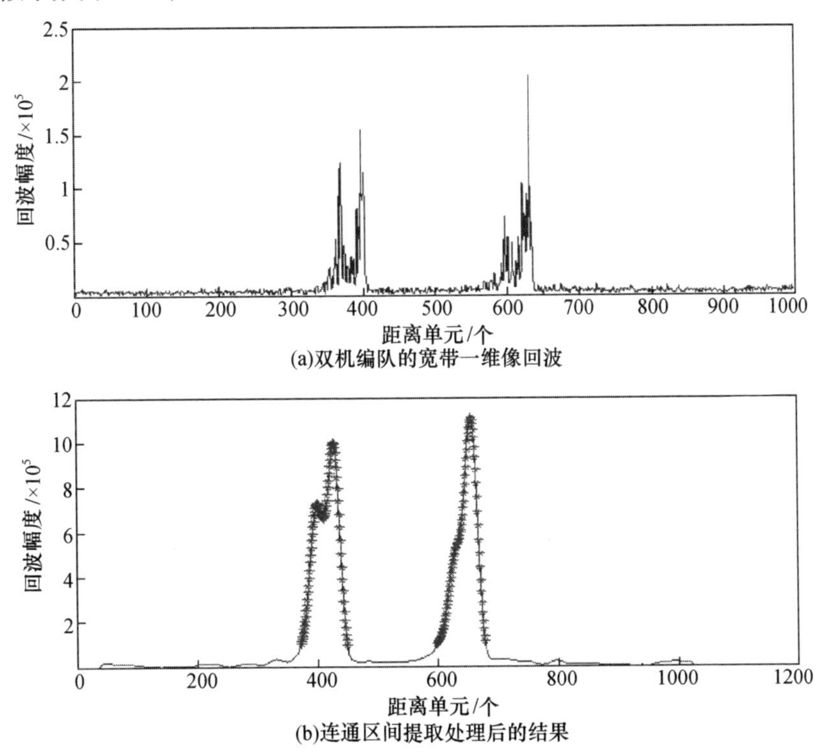

图 6.24　基于宽带回波进行飞机架次识别的处理结果(见彩图)

一般而言,宽带信号带宽大于 50MHz 即可进行径向间距为 30m 的编队目标的有效识别。随着带宽下降,编队类型判断的准确度会有所下降。

6.2.3　架次识别研究趋势

本节讨论的两种方法对前后分布的径向、切向飞行的编队目标架次识别是相对有效的。但由于实际情况中,编队灵活、场景多样,因此后期主要研究途径有两条:一是多种方法联合,避免单独采用多普勒或距离高分辨对某些场景不适用的问题,如距离－多普勒联合的架次识别方法;二是结合多站回波进行处理,由于空中编队并不是固定的，基于单站数据常常无法在距离或多普勒维上把目标分开，而多站提供的不同视角数据，对此可以起到很好的补偿作用，同时雷达组网的发展也为多站联合处理提供了条件。另外，除了利用常规宽窄带信号进行架次识别的算法研究外，还可以针对架次识别任务，进行特殊信号设计，使雷达信号更有利于开展架次识别工作。总体来讲，经过多年的发展，现有技术针对一些特殊场景的编队目标架次识别已可以稳健处理，但距离实际应用还有一定差距，有待进一步研究。

6.3 飞机类型识别

飞机类型识别包括对其类别属性（包括战斗机、运输机、轰炸机、民航机等；螺旋桨、喷气式、直升机等）、军民属性、敌我属性、尺寸大小等的判别。雷达远距离探测到飞机目标后，能及时作出类型判别，对防空体系判断目标威胁等级、制定应对策略有重要意义。同时，判别出目标类型，在后续的型号识别过程中，可以选取相应类型的目标模板库进行匹配识别，从而减少参与识别的目标数，大大降低识别计算量；避免不同类型目标型号识别所用特征相似造成的错判，提高目标识别正确率。

飞机目标的敌我识别一般通过加装敌我应答器实现。飞机的大小通常可根据 RCS、一维像尺寸特征进行判别。军民属性可以依据运动特征做出判断，也可以利用电子支援措施（ESM）进行判别。ESM 是一种被动侦察手段，它可以对飞机目标携带的雷达辐射源发出的电磁波到达的方位角、载频、到达时间、脉宽和脉冲幅度等进行侦测，从而确定该雷达的体制、用途和型号信息，进而通过平台库判断目标平台的军民属性，甚至可以给出目标平台的类型或型号。如前所述，雷达获取的运动特征、窄带特征和宽带特征能够反映不同类型飞机目标的差异，进行不同属性的飞机类型识别。下面基于实测数据介绍飞机类型识别的两个重要方面：军民属性识别和飞机类别属性识别。

6.3.1 军民属性识别

从设计用途角度看，民航机是为了实现客（货）运输功能，要求飞行稳定；而军用飞机的用途是作战，要求具备抢夺制空权、格斗、打击敌机等功能，特殊情况下某些型号要求具备超声速等极限特性。因此，根据飞机设计用途差异，可以实现基于运动特征的军用飞机和民航机分类。

飞机的飞行高度与飞行速度有着直接联系，通常并不作为独立特征量考虑，而是将其与速度联合，利用飞行包线来描述目标的飞行性能。飞行包线是以飞行速度、高度或过载参数等为坐标，在不同飞行限制条件下画出的封闭几何图形,表示飞机飞行范围或限制条件[2]。飞行限制条件包括最大速度、最小速度、升限、最大过载和最大马赫数,还有发动机性能,如气动热、噪声等。在不同飞机类型、不同飞行限制条件下,飞行包线都不同。不同飞行阶段、不同任务的飞行包线也不同。文献[2]给出了飞机在全加力状态、最小加力状态等条件下飞行包线的变化,并刻画了超声速飞机的高度-最大平飞速度包线。由此可见,通过空中目标的飞行包线即可确定性地分析不同目标的分类界限。

飞行包线所包围区域越大,飞机的飞行性能就越好。在任意飞行状态下,飞机的速度-高度关系均包含在其飞行包线内。图6.25为某军用飞机和民航机的速度-高度分布情况。军用飞机在飞行高度大于10km时,速度通常大于300m/s;而民航机在万米高空以上,速度一般小于250m/s。这种联合特征相比于单一的速度或高度特征,更有助于提高目标区分度。

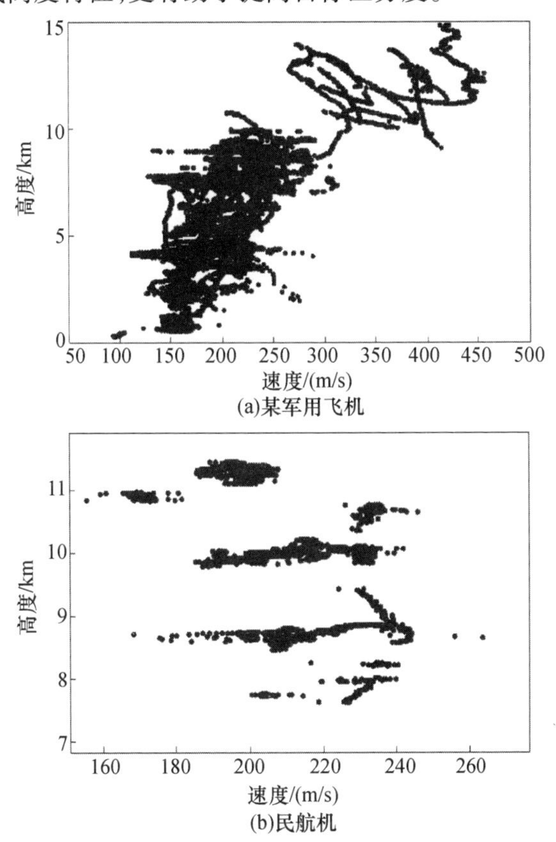

图6.25 飞机目标在速度-高度平面的统计分布

下面基于某地面X波段雷达录取的飞机数据给出分类测试结果。目标类型包括三种军用飞机及多种民航机。选取的运动特征为速度、高度和加速度的联合特征。根据训练集样本的多维特征,构建高斯混合模型的分布参数,刻画联合特征的分布特性。在分类过程中,训练集样本与测试集样本无重叠。测试结果如表6.3所示,引入加速度的联合特征的识别结果略优于速度－高度联合特征的识别结果,说明机动特性有助于军用飞机与民航机的分类。

表6.3 基于运动特征的飞机类型识别结果

联合特征 \ 分类	军用飞机/%	民航机/%
速度、高度	88.12	71.98
速度、高度、加速度	90.71	83.81

基于运动特征的分类,一方面,受限于训练特征的完备性,要求训练特征能够完整描述飞机的飞行性能,即训练样本覆盖目标可能出现的各种飞行情况,如巡航、超声速等;另一方面,它的分类层次只能达到属性级别,不能满足型号识别要求。同时,由于类间特征重叠区域较大,因此当样本落入类间目标的特征重叠区域时,识别失效。

6.3.2 类别属性识别

6.1.2节介绍了直升机、螺旋桨飞机和涡扇喷气式飞机三类目标的调制周期特征差异,据此可实现这三类目标的识别。本节着重介绍基于目标运动特征及RCS特征,对战斗机、运输机/轰炸机(两者特性相似,归为一类)、直升机三类目标的分类方法,如图6.26所示。

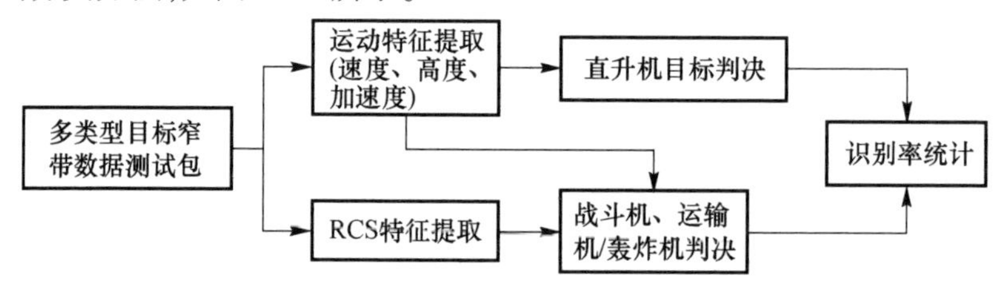

图6.26 基于运动特征和RCS特征的类型识别方法

识别的主要依据如下:

1) 基于运动特征的分类

考虑到直升机的最高速度、飞行高度小于固定翼飞机(包含战斗机和运输/轰炸机)的失速速度,可以通过速度、高度特征首先将直升机目标识别出来。实际识别操作中,如果目标航迹的最大速度小于100m/s或飞行高度长时间低于6500m,那便可以将其判断为直升机类目标。

2) 运动特征/RCS特征联合分类

该方法用于区分战斗机类目标以及运输/轰炸机类目标。战斗机类目标的最大速度、飞行高度往往超过运输/轰炸机类目标,因此,如果目标航迹中最大速度、高度大于某一阈值,同样可以判断出该目标是战斗机类。在分类算法中,取 340m/s(地面声速)的速度、12000m 的高度作为判断目标为战斗机类的速度、高度阈值,即当速度达到或超过 340m/s、高度超过 12000m,便将该目标判断为战斗机类目标。当然,战斗机类目标不一定每次飞行都会达到这么高的速度或高度。因此,如果仅凭运动特征无法断定该目标为战斗机类,便采用目标的 RCS 特征作为判决依据。由于作战需求,战斗机的 RCS 明显小于运输机/轰炸机类目标,通过对目标 RCS 测量序列进行统计,并与 RCS 门限进行对比,可以区分这两类目标。

对于某雷达实际录取的 51 批次数据进行类型识别,正确识别 46 批次,正确识别率达到 86.2% 。

用于类型识别的特征,由于类间特征重叠区域较大,因此当样本落入类间目标的特征重叠区域时,识别失效。因此,当作为型号识别前目标类型筛选依据时,必须对类型识别的置信度进行有效评估,以免造成型号识别的严重错误。

6.4　飞机型号识别

飞机型号的正确识别,对于评估飞机目标的威胁等级、作战性能有重要指导价值。由于窄带信号提供的目标信息有限,因此型号识别方法主要采用宽带高分辨雷达获取的目标精细结构特征作为分类识别的依据。

根据利用的信号形式不同,基于高分辨力雷达体制的 ATR 技术大致可分为三大类:第一类是基于雷达目标合成孔径雷达(SAR)图像;第二类是基于雷达目标逆合成孔径雷达(ISAR)图像;第三类是利用目标一维高分辨距离像(HRRP)。SAR 是基于运动平台对固定目标成像,在军事领域主要用于机载和星载对地观测,对地面雷达不适用。ISAR 是基于固定雷达对运动目标成像,可用于对飞机和舰船识别。但要获取目标的 ISAR 像,要求目标在相干成像时间内相对于雷达有一定的转角,如果目标相对于雷达作径向运动或运动方向和雷达视线夹角较小,则不能获得目标图像或成像时间较长。对于军用飞机,由于其隐身、机动特性,较难获得质量较好的 ISAR 图像。此外,目标的 ISAR 像是距离 - 多普勒二维像,其横向(多普勒)维的尺度由目标运动状态决定,不能反映目标的几何尺度信息,且在作识别处理时需要先进行横向定标。总之,二维 ISAR 成像需要一定的积累时间,高质量 ISAR 像较难获取,直接用于识别存在维数过大和横向定标等问题,因此没有得到广泛应用。

相对而言,由于避免了 SAR 或 ISAR 成像中复杂的运动补偿问题,HRRP 更易于获得和处理,且只需要目标的少数回波(甚至单次回波)就能进行识别,对目标的运动状态无特殊要求。对于地面机械扫描雷达,虽然目标的多次回波不满足成像条件,但可以通过对目标高分辨回波序列的融合处理来提高识别率,因此,基于 HRRP 的识别方法成为现代雷达目标识别,尤其是型号识别的主要方法之一。HRRP 是一种比较容易获得的目标特征,能够反映目标散射结构沿雷达视线的分布情况;不同目标的距离像有差别,同一目标的距离像有一定的稳定性,而且利用单次距离像回波就可以进行识别,因此,国内外对基于 HRRP 的目标识别进行了广泛深入的研究[5-13]。HRRP 可以直接作为识别特征,也可以进行有效的特征变换,将变换域特征作为分类器输入进行识别。在设计识别器时要考虑到识别性能、推广能力和识别运算复杂度。通过大量仿真试验,综合识别效果和工程可实现性,这里介绍以 HRRP 为特征的模板匹配识别、以 HRRP 变换域特征进行概率统计模型识别两种型号识别方法。

6.4.1 基于模板匹配的识别方法

模板匹配法是模式识别中的一类基本方法。对某类事物进行观测,得到具有时间和空间分布的信息,并对其进行特征提取和选择,得到最能反映分类本质的特征作为模板(训练样本)。然后,对几类事物的模板进行建库,用待识别对象的测试样本与模板库内的各个模板按某种准则进行匹配(比较),以最佳匹配作为分类判决的依据。以 HRRP 为特征进行模板匹配识别,可以采用滑动相关匹配识别方法,通过滑动相关的方法克服距离像的平移敏感性。基于模板匹配法的目标识别性能,在很大程度上取决于模板库的质量。

6.4.1.1 滑动相关匹配度的定义

滑动相关匹配识别方法通过计算两个距离像的滑动相关系数,定义其最大值为两个距离像之间的匹配度(matching score)[10-11],并以匹配度作为模板匹配准则进行分类判决。

给定两个复数值波形 $f(x)$ 和 $g(x)$,$x \in [a,b]$,其归一化相关系数定义为

$$C(f,g)=\frac{\left|\int_a^b f(x)g^*(x)\mathrm{d}x\right|}{\left|\int_a^b |f(x)|^2\mathrm{d}x \cdot \int_a^b |g(x)|^2\mathrm{d}x\right|^{1/2}} \tag{6.27}$$

当且仅当 $f(x)=\alpha g(x)$ 时,$C(f,g)$ 取最大值 1,α 是一常数。两个波形的匹配度定义为 $f(x)$ 与 $g(x)$ 的所有平移波形之间的最大相关系数。对于雷达目标识别问题,$f(x)$ 和 $g(x)$ 分别表示两个一维距离像。

匹配度又可以分为相干匹配度(coherent matching score)和非相干匹配度(incoherent matching score)两种,分别以复距离像和距离像幅度值为特征。

现有文献对两种匹配度进行了比较,得出以下结论:

(1) 非相干方法对方位角估计不敏感,对频率变化也不敏感;

（2）相干方法对加性噪声有较大容限；

（3）匹配目标之间和不匹配目标之间的非相干匹配度差异较小，相干匹配度差异较大，即根据相干匹配度进行识别的可信度较高，但要求方位角间隔较小。

对于识别，两种匹配度各有优缺点。由于采用相干匹配度进行识别时，要求模板库内训练样本的方位角间隔较小，这会大大增加模板库的存储量，不利于目标识别的工程化实现。因此，下面选用非相干匹配度作为分类判决依据。

6.4.1.2　识别流程

基于滑动相关匹配法的目标识别过程为：首先预选测试样本，即选择信噪比满足识别要求的样本进行识别处理；然后估计测试样本对应的目标姿态角，并用来进行方位约束，选择一部分训练样本参与识别过程；最后测试样本与训练样本经过一定的预处理后，通过滑动相关匹配法，判定目标型号。识别流程如图6.27所示。

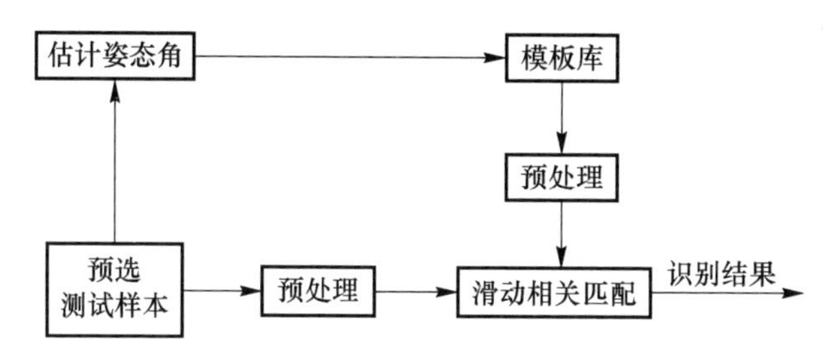

图6.27　滑动相关匹配法识别流程

6.4.1.3　建立和更新模板库

滑动相关匹配法具有实现简单、识别性能良好、对新目标学习方便等优点。但它也有一些缺点，比如推广能力差、计算量和存储量较大、拒判能力与识别率存在博弈等。基于模板匹配法的目标识别性能，在很大程度上取决于模板库的质量，即模板库既要包含各种姿态角条件下的HRRP训练样本，又要减小冗余度，这对建立与更新模板库的方法提出了较高要求。

训练样本是模板库的基本组成元素。选取训练样本的常用方法有取全部样本的方法和通过聚类产生聚类中心的方法等，图6.28给出了一组样本示例。对于距离像特征来说，若以全部样本作为训练数据，不仅会增加模板库的冗余度，而且会使得模板库的规模过于庞大，不利于目标识别的实时性。而聚类的方法不适用于距离像处理，因为距离像有平移敏感性的问题。因此，需要研究以距离像为特征的模板库建立方法。

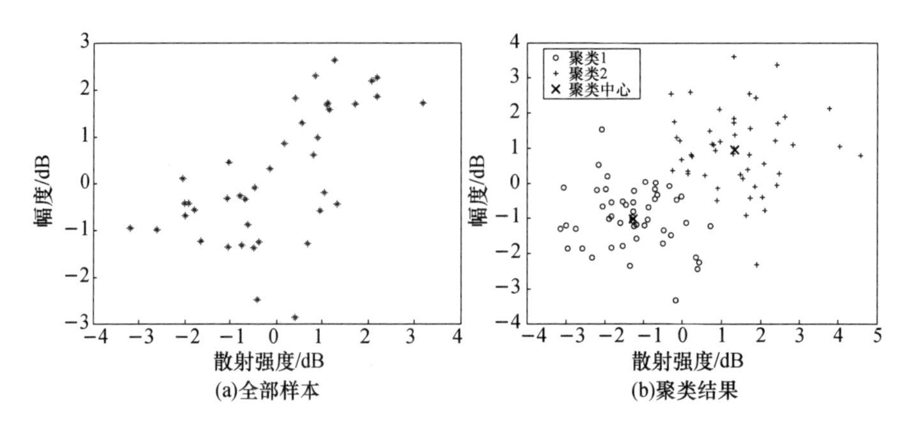

图 6.28　全部样本与聚类中心示例

在分析距离像特性时，曾提到一维距离像有方位敏感性，即距离像随目标姿态角的变化会发生幅度起伏甚至散射点越距离单元走动。因此，一方面通过距离像取平均的方法来降低其方位敏感性，另一方面可根据姿态角变化引起的距离像变化程度选取训练样本。

由于通常仅能粗略估计出目标航向与雷达视线之间的方位向夹角，而且目标的俯仰、横滚角变化也会引起距离像变化，因此为保证模板库的完备性，在新的训练数据与模板库已有训练样本姿态角相近的情况下，应该比较二者的相似性。若相似性较差，则应该把这个新的训练数据也作为一个训练样本保存到模板库中。另外，还应该考虑训练样本的信噪比，尽量将高信噪比的距离像保存到模板库中。因此，建立或更新模板库，主要依据方位角、相关系数和熵（反映信噪比大小）选取训练样本。

6.4.1.4　仿真数据处理结果与分析

仿真数据比较理想，没有噪声等不良因素的影响，因此可以进行多种情况下的目标识别分析。表 6.4 给出了仿真所用 10 种飞机模型的尺寸。可以看出，尺寸较小的几种飞机中，F16 与 J7 尺寸相近，F117、苏 -27 和苏 -34 三种目标尺寸相近；其他几种飞机尺寸较大，且相互之间有明显差异。在方位角[0°,45°]内按 0.02°间隔，在俯仰角[-25°,0°]内按 -5°间隔，利用 GRECO 软件仿真各种目标的宽带回波数据。

表 6.4　各仿真所用 10 种飞机模型的尺寸

机型	翼展/m	长度/m	高度/m
F16	9.12	14.6	4.35
F117	13.2	20	3.8

（续）

机型	翼展/m	长度/m	高度/m
F16	9.12	14.6	4.35
F117	13.2	20	3.8
J7	6	14	3
苏-27	14.7	21.93	5.93
苏-34	14.6577	24.8129	4.667
波音 737	28	33	10
图-154	37.55	47.90	11.40
A320	34.09	37.57	11.76
B-52	56.39	47.05	12.39
波音 747	65	70	18.2

利用 5 类大小不同的飞机仿真数据评估距离像相关系数大于某门限时目标方位角的变化情况，如表 6.5 所示。对表中结果分析可知，大尺寸目标按每 0.5°取一个平均距离像，小尺寸目标按每 1.0°取一个平均距离像作为训练样本，可大致保证较高的类内样本相似度。

表 6.5　相关系数大于某门限的方位角变化范围

机型	相关系数 >0.9	相关系数 >0.85	相关系数 >0.8
F16	0.3338°	2.3664°	8.1147°
F117	0.5838°	1.7993°	3.8673°
J7	0.5458°	2.4458°	5.7256°
波音 737	0.7102°	1.2071°	1.7038°
B52	0.2547°	0.4864°	0.8747°
波音 747	0.2589°	0.5300°	0.8222°

由于 B52、波音 747 两类目标尺寸明显大于其他几类目标，较易区分。因此，下面对其他类目标进行模板匹配识别仿真分析，研究带宽、模板库角域划分、非库属目标拒判因素等对识别性能的影响。模板库建立方法按方位角每变化 1°、俯仰角每变化 -5°取一个训练样本。

1）带宽对识别率的影响

表 6.6 给出了 6 种飞机目标的型号识别结果。可以看出，对于大多数目标，200MHz 带宽条件下，平均识别率可达到 80%；400MHz 带宽可保证各种目标的平均识别率都达到 80%。对于前五种目标，当带宽从 200MHz 提高到 400MHz 时，识别率可提高 10% 左右；当带宽从 400MHz 提高到 800MHz 时，识别率可提高 6% 左右；当带宽从 800MHz 提高到 1GHz 时，识别率提高了 1% 左右。尺寸较

大的波音737与其他5种目标较易区分,各种带宽条件下识别率都很高。

表6.6　6种飞机目标在不同带宽条件下的识别率

机型	雷达带宽			
	200MHz	400MHz	800MHz	1GHz
F16	81.9710%	90.6856%	97.7714%	98.4155%
F117	72.0791%	84.3625%	93.8102%	94.8764%
J7	82.8224%	92.0184%	96.5275%	97.5937%
苏-27	75.4850%	89.1604%	95.5946%	97.0754%
苏-34	86.4505%	93.5584%	98.0083%	98.5710%
波音737_300	97.5937%	99.5113%	99.6964%	99.7705%

2）模板库角域划分对识别率的影响

（1）不同分辨力的角域划分。表6.7给出了带宽800MHz,模板库角域划分不同时两类目标的识别结果。可以看出,在800MHz这种大带宽条件下,训练样本角度间隔减小对提高识别率作用不明显。因此,为降低模板库的规模,当带宽较大时,训练样本可按较大的角度间隔选取。

表6.7　模板库角域划分不同时两种小飞机的识别率

机型	1°	0.75°	0.5°
F16	90.5227%	90.5968%	91.8555%
J7	94.1582%	94.5876%	96.3202%

（2）信噪比对模板库角域划分的影响。表6.8给出了带宽800MHz时,在宽带回波上加入SNR=10dB高斯白噪声后的识别结果。噪声对各种模板库角域划分的影响相当。与无噪声情况类似,训练样本按小角度间隔选取时的识别率比按大角度间隔选取的识别率略高,仍可按1°间隔选取训练样本。

表6.8　噪声条件下模板库角域划分不同时两种小飞机的识别率

机型	1°	0.75°	0.5°
F16	88.3311%	88.3311%	90.0415%
J7	92.7143%	93.8472%	95.2910%

如前所述,在实际雷达测量条件下,仅能粗略估计目标姿态角,因此,对实测数据建库时通常不按照1°角度间隔取训练样本,而是选取姿态角相近(如相差±15°)的样本,通过比较其相似度的方法选取训练样本。

3）非库属目标拒判对识别率的影响

采用滑动相关匹配法进行非库属目标拒判,需要设置滑动相关系数门限,以低于该门限作为拒判依据。模板库取表6.6所示6种目标的训练样本,加入2种非库属目标进行型号识别。加入拒判门限后,8种目标的识别混淆矩阵如表

6.9所示。可以看出,图－154和A320两种非库属目标能够有效地被拒判,F117、苏－27和波音737 3种库属目标的识别率有所下降。表6.10给出了在提高拒判门限条件下的识别结果,库属目标的拒判率相比于表6.9大大降低了,非库属目标仍能正确拒判。因此,如何优化设置拒判门限,是影响分类器拒判性能的一个关键问题。

表6.9　6种库属目标加2种非库属目标的识别结果(带宽400MHz,加入拒判)

机型	F16	F117	J7	苏－27	苏－34	波音737	拒判
F16	80.54%	5.44%	9.39%	1.30%	0.41%	0.04%	2.88%
F117	6.63%	71.12%	4.41%	5.33%	0.25%	0.16%	12.08%
机型2	9.96%	1.65%	84.94%	0.58%	0.94%	0.12%	1.81%
苏－27	2.58%	6.93%	1.92%	73.68%	2.53%	0.01%	12.36%
苏－34	0.55%	1.10%	1.10%	1.84%	91.07%	0.00%	4.35%
波音737	0.04%	0.29%	0.16%	0.02%	0.01%	78.08%	21.40%
图－154	0.01%	1.11%	0.97%	0.00%	0.01%	0.23%	97.66%
A320	0.01%	1.71%	3.95%	0.00%	0.01%	0.84%	93.48%

表6.10　6种库属目标加2种非库属目标的识别结果(带宽400MHz,提高拒判门限)

机型	F16	F117	J7	苏－27	苏－34	波音737	拒判
F16	82.58%	5.77%	9.71%	1.41%	0.44%	0.04%	0.06%
F117	7.39%	80.03%	4.70%	6.57%	0.48%	0.19%	0.64%
机型2	10.31%	1.78%	86.16%	0.64%	0.97%	0.13%	0.01%
苏－27	3.38%	8.82%	2.33%	81.98%	3.12%	0.08%	0.29%
苏－34	0.77%	1.35%	1.29%	2.40%	93.96%	0.00%	0.23%
波音737	0.10%	0.59%	0.27%	0.07%	0.07%	94.44%	4.44%
图－154	0.25%	4.27%	1.82%	0.15%	0.10%	0.56%	92.85%
A320	0.04%	5.04%	5.42%	0.13%	0.10%	5.67%	83.59%

4）滑动相关匹配法的优缺点

滑动相关匹配法的优点有:实现简单、识别效果尚可、拒判能力较好、对新目标类别和新样本易于学习。滑动相关匹配法的缺点有:识别效果不是最好、推广能力差、计算量和模板库存储量较大。

要提高基于滑动相关匹配法的目标识别性能,可从以下几方面开展研究:降噪方法、降维等减少计算量的方法等。

6.4.2　基于概率统计模型的识别方法

在模式识别研究领域,概率统计模型由于其较好的噪声和环境鲁棒性,已经被证明是一种非常成功的模型,而且概率统计模型具有较完善的理论支持,复杂度低,具有高效的训练算法,特别是它能够使用较少的模型参数描述大量数据的分布,因而在模式识别任务中成为主流模型,并且在实际应用中获得了很大的成功。基于概率统计模型的目标识别算法在训练阶段通过对大量训练数据进行统计建模,使目标数学模型尽可能地接近目标特征真实的概率分布,因而具有较好的识别性能和推广性。

基于 Bayes 定理的概率统计识别是指根据测试样本 x 在各类别 $k(k=1,2,\cdots,K)$ 下的类后验概率 $P(k|x)$ 的大小确定该测试样本的类别归属,可以给出类别预测的置信度,利于附加信息的融合,并可以综合识别过程中的各种代价损失。当前,选择适当特征、处理解决 HRRP 敏感性、类后验概率准确提取已成为影响概率统计模型识别的主要因素。下面结合实际情况对相关问题的解决进行分析与讨论。

以下为基于雷达平台利用概率统计模型进行飞机型号识别的一般处理步骤。

1. 训练样本预处理

目标识别使用的概率分布模型可以通过对训练样本的统计拟合来获得,但目标样本数据量大、维数高,若直接进行模型获得,会使得计算量变大,且处理相对复杂。一般先要对训练样本进行角域划分与数据压缩。相关文献已证明在角域划分后目标类内扩散明显缩小,增大了类间可分性,是提高识别性能的有效途径之一。这里数据压缩的目的主要是样本缩减,避免海量数据处理。压缩方法在缩减样本的同时还要保证目标特征模式不丢失,当前主要应用的方法是样本聚类,如 K 均值聚类等。在聚类处理时,聚类中心个数设置是十分重要的,需要对实际数据进行考察后恰当选择,以获得最佳的处理结果。

2. 特征的选择与提取

目标的特征选择对识别性能具有决定性作用。进行型号识别采用的宽带一维像具有姿态、平移和幅度敏感性,恰当的特征选择可以有效提高系统识别能力。模板匹配方法可以直接利用一维像进行识别,而基于概率统计的识别方法则一般利用一维像变换域特征,以降低后期统计模型参数估计的难度。基于核(kernel)方法的广义判别分析(GDA)方法[14]不仅可以实现信号维度的压缩,还可以有效增加目标间的可分性,改善识别性能。

核方法的实质是通过核映射将低维输入空间中的线性不可分问题,变换至高维(甚至无穷维)特征空间中的较易解决的(可能的)线性问题,并以内积形式刻画,从而通过核代入最终在特征空间中获得原问题的解决。GDA 是核方法的典型应用,其针对 $c(c\geqslant 3)$ 类目标样本,定义特征参数 $X=\{x_1,x_2,\cdots,x_c\}$,其中 $\boldsymbol{x}_i$ 为一个 n 维特征矢量。第 i 类样本子集为 X_i,样本数量为 m_i,第 i 类均值为

$u_i = \frac{1}{m_i} \sum_{j=1}^{m_i} x_j^i$，映射 $\boldsymbol{\Phi}$ 将输入特征矢量 $\boldsymbol{x}_i$ 映射至高维空间 $\boldsymbol{\Phi}(x_i)$，因此在核映射后的 Fisher 比为

$$J(\varphi) = \frac{\varphi^{\mathrm{T}} S_B^{\varphi} \varphi}{\varphi^{\mathrm{T}} S_W^{\varphi} \varphi} \tag{6.28}$$

式中：$\boldsymbol{\varphi}$ 为特征核映射后的投影方向，相应的有

$$S_B^{\Phi} = \frac{1}{c(c-1)} \sum_{i=1}^{c} \sum_{j=1}^{c} (u_i - u_j)(u_i - u_j)^{\mathrm{T}} \tag{6.29}$$

$$S_W^{\Phi} = \frac{1}{c} \sum_{i=1}^{c} \frac{1}{m_i} \sum_{x_j \in X_i} (\boldsymbol{\Phi}(x_j^i) - u_i^{\Phi})(\boldsymbol{\Phi}(x_j^i) - u_i^{\Phi})^{\mathrm{T}} \tag{6.30}$$

$$u_i^{\Phi} = \frac{1}{n} \sum_{x_j \in X_i} \boldsymbol{\Phi}(x_j^i) \tag{6.31}$$

根据再生核理论，解投影方向为

$$\varphi = \sum_{x_j \in X_i}^{n} \alpha_i \boldsymbol{\Phi}(x_j) \tag{6.32}$$

式中：α_i 即为所估计的 GDA 模型参数。将式(6.32)代入式(6.28)，并利用相应的核技巧可得

$$J(\alpha) = \frac{\alpha^{\mathrm{T}} K_{\mathrm{b}} \alpha}{\alpha^{\mathrm{T}} K_{\mathrm{w}} \alpha} \tag{6.33}$$

式中

$$K_{\mathrm{b}} = \frac{1}{c(c-1)} \sum_{i=1}^{c} \sum_{j=1}^{c} (M_i - M_j)(M_i - M_j)^{\mathrm{T}} \tag{6.34}$$

$$K_{\mathrm{w}} = \frac{1}{c} \sum_{i=1}^{c} \frac{1}{m_i} \sum_{x_j \in X_i} (k_x - M_i)(k_x - M_i)^{\mathrm{T}} \tag{6.35}$$

$$M_i = \frac{1}{m_i} \left(\sum_{x \in X_i} k(x_1, x), \sum_{x \in X_i} k(x_2, x), \cdots, \sum_{x \in X_i} k(x_m, x) \right)^{\mathrm{T}} \tag{6.36}$$

由广义 Rayleigh 熵的性质，最大化式(6.33)即求解 $\boldsymbol{k}_{\mathrm{w}}^{-1} \boldsymbol{k}_{\mathrm{b}}$ 所对应的一组特征矢量，所以特征样本 $\boldsymbol{\Phi}(x_i)$ 在 φ 方向上的投影可以表示为

$$<\varphi, \boldsymbol{\Phi}(x)> = \sum_{i=1}^{n} \alpha_i \boldsymbol{\Phi}(x_i) \boldsymbol{\Phi}(x) \tag{6.37}$$

利用核技巧：

$$<\varphi, \boldsymbol{\Phi}(x)> = \sum_{i=1}^{n} \alpha_i k(x_i, x) \tag{6.38}$$

式中：$k(x_i, x)$ 即核函数，不同的核函数有不同的识别性能。典型的核函数有以下几种：

多项式核函数：

$$k(x, y) = (x \cdot y + 1)^k, k \in \boldsymbol{N} \tag{6.39}$$

径向基(RBF)核函数:

$$k(x,y)=\exp(-\|x-y\|^2/(2\sigma^2)),\sigma\in R \tag{6.40}$$

线性核函数:

$$k(x,y)=x\cdot y \tag{6.41}$$

采用功率谱作为特征参数有平移不变性、简单快速等优点,但是功率谱参数由于丢失了一维距离像的相位信息,造成了各类目标特征的趋同,因而若直接使用功率谱特征进行目标识别,识别性能不会太好。图 6.29 所示为原始的功率谱特征的前两维空间分布图(4 种飞机目标)和采用 GDA 映射后的处理结果。

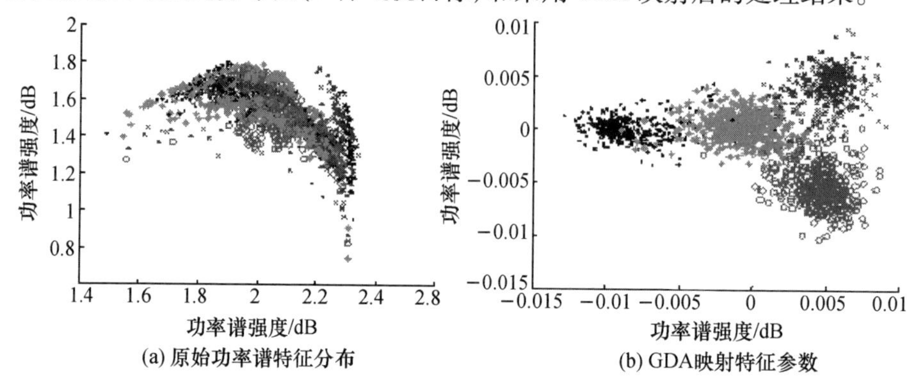

图 6.29 GDA 方法映射前后特征参数的分布情况对比(见彩图)[14]

因此,我们针对这一问题应用基于核方法的 GDA 方法对特征进行非线性变换,使经过核映射后的特征在同类模式间的距离减小,而异类模式之间的距离增大,从而增加目标特征的可分性,并使变换后的特征维数明显减少,提高识别性能。在 GDA 实现过程中,需要求解 $\boldsymbol{k}_{\mathrm{w}}^{-1}\boldsymbol{k}_{\mathrm{b}}$ 的特征值(其中,$\boldsymbol{k}_{\mathrm{w}}$、$\boldsymbol{k}_{\mathrm{b}}$ 表示核类内矩阵与核类间矩阵,它们是 $m\times m$ 阶矩阵,m 是训练样本个数),其计算复杂度是 $o(m^3)$,而且所有训练样本都要参与最佳投影方向的表达。当 m 较大时,GDA 面临计算复杂度大以及特征提取速度慢的问题,因此我们针对 GDA 训练模型时计算量随训练样本量的增加而急剧增加的问题,提出了先对训练样本空间做聚类,然后采用聚类中心作为训练样本估计 GDA 的模型参数,这样在很大程度上减少了训练样本的数量。基于实测数据的实验结果表明,该方法在获得较好识别性能的同时,有效控制训练和识别算法的计算复杂度,使基于一维像的目标识别的实时性得到了保证。

3. 概率统计模型的选择与概率分布函数的获取

目前还没有能够精确描述目标 HRRP 样本概率分布的普适统计模型,在识别系统设计过程中,需要根据实际数据情况适当选择概率统计模型,如选择 Gaussian 分布、高斯混合模型(Gaussian Mixture Model,GMM)和 Gamma 分布等,在数据量不大的情况下，还可以利用 Parzen 窗进行非参数分布函数估计，只是后期需要的存储量较大。一般在进行雷达目标识别中主要选择稳健性好，参数相对简单的模型。GMM 由于其使用灵活、简单在概率统计识别领域得到了广泛的应用。下面以 GMM 为例对统计模型的建立与参数估计进行介绍。

假设 o_t 是多维特征空间的一个观察矢量，混合度为 M 的高斯模型进行匹配的概率输出为

$$p(o_t \mid \boldsymbol{\lambda}) = \sum_{i=1}^{M} w_i p_i(o_t) \tag{6.42}$$

式中：w_i 表示各个高斯分量的权重，权重和为 1；$p_i(o_t)$ 为不同高斯分量的概率输出函数：

$$p_i(o_t) = \frac{1}{(2\pi)^{d/2} \mid \boldsymbol{\Sigma}_i \mid} \exp\left\{ \frac{-(o_t - \boldsymbol{\mu}_i)^{\mathrm{T}} \boldsymbol{\Sigma}_i^{-1} (o_t - \boldsymbol{\mu}_i)}{2} \right\} \tag{6.43}$$

式中：d 为特征参数矢量的维数；$\boldsymbol{\mu}_i$ 为第 i 个高斯分量的 d 维均值矢量；$\boldsymbol{\Sigma}_i$ 为第 i 个高斯分量的协方差矩阵。通常假设样本间相互独立，则协方差矩阵简化为对角阵。因此，第 k 类目标的高斯混合模型可以表示为 $\boldsymbol{\lambda}_k = \{\hat{\boldsymbol{w}}, \hat{\boldsymbol{\mu}}, \hat{\boldsymbol{\Sigma}}\}$，其中 $\hat{\boldsymbol{w}} = [w_1, w_2, \cdots, w_M]$，$\hat{\boldsymbol{\mu}} = [\mu_1, \mu_2, \cdots, \mu_M]$，$\hat{\boldsymbol{\Sigma}} = [\Sigma_1, \Sigma_2, \cdots, \Sigma_M]$。图 6.30 给出了高斯混合模型示意图。

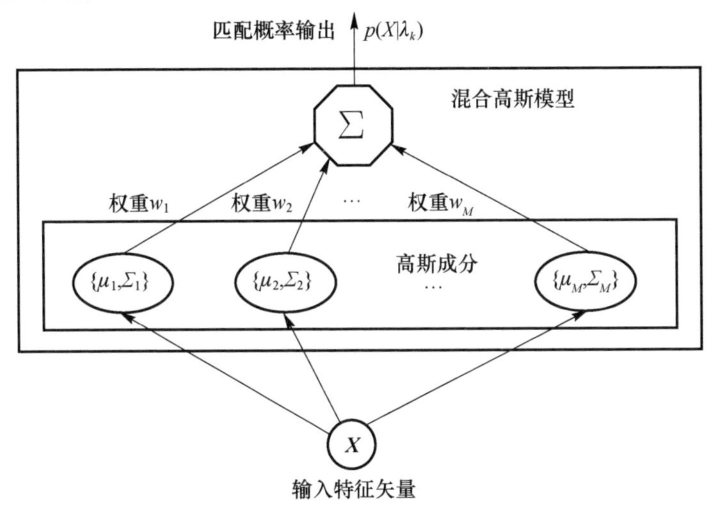

图 6.30　高斯混合模型示意图

当模型确定后，分类器设计问题也就转化为一个参数估计问题。通常可以利用极大似然估计或最大期望（Expectation Maximum，EM）算法来实现模型参数的估计。对于上面讨论的高斯混合模型，由于所给样本无法确定隶属于混合模型的哪个高斯分量，因此极大似然估计法无法进行参数求解，但 EM 算法却可以很好地解决这类问题。给定一个类别的训练数据，就可以采用 EM 算法估计高

斯混合模型的参数。

设某类别的训练特征矢量序列为 $\boldsymbol{X}=\{\boldsymbol{X}_t,t=1,2,\cdots,T\}$,它对于参数化模型 λ 的似然度可以表示为

$$p(\boldsymbol{X}|\lambda)=\prod_{t=1}^{T}p(\boldsymbol{X}_t|\lambda) \tag{6.44}$$

训练的目的就是找到一组参数,使得 $\lambda=\underset{\lambda}{\arg\max}\,p(\boldsymbol{X}|\lambda)$。这种最大参数估计问题可以通过迭代求解,具体处理步骤如下:

(1) 混合权值的重估公式:

$$w_i=\frac{1}{T}\sum_{t=1}^{T}p(i|\boldsymbol{X}_t,\lambda) \tag{6.45}$$

(2) 均值的重估公式:

$$\boldsymbol{\mu}_i=\frac{\sum_{t=1}^{T}p(i|\boldsymbol{X}_t,\lambda)\boldsymbol{X}_t}{\sum_{t=1}^{T}p(i|\boldsymbol{X}_t,\lambda)} \tag{6.46}$$

(3) 方差的重估公式:

$$\boldsymbol{\Sigma}_i=\frac{\sum_{t=1}^{T}p(i|\boldsymbol{X}_t,\lambda)\boldsymbol{X}_t\boldsymbol{X}_t^{\mathrm{T}}}{\sum_{t=1}^{T}p(i|\boldsymbol{X}_t,\lambda)}-\boldsymbol{\mu}_i\boldsymbol{\mu}_i^{\mathrm{T}} \tag{6.47}$$

(4) 训练数据落在假定的隐状态 i 的概率为

$$p(i|\boldsymbol{X}_t,\lambda)=\frac{w_ip_i(\boldsymbol{X}_t)}{\sum_{k=1}^{M}w_kp_k(\boldsymbol{X}_t)} \tag{6.48}$$

(5) 训练中高斯分量的分布为

$$p_i(\boldsymbol{X}|\lambda)=\frac{1}{(2\pi)^{d/2}|\boldsymbol{\Sigma}_i|^{1/2}}\exp\left\{-\frac{(\boldsymbol{X}-\boldsymbol{\mu}_i)^{\mathrm{T}}\boldsymbol{\Sigma}_i^{-1}(\boldsymbol{X}-\boldsymbol{\mu}_i)}{2}\right\} \tag{6.49}$$

在识别过程中,对于训练好的 N 个类别的高斯混合模型 $\lambda_k(k=1,2,\cdots,N)$,运用 Bayes 最大似然准则对输入特征矢量 $\boldsymbol{X}$ 进行识别。如果某类别的高斯混合模型 λ^* 具有最大概率,即 $\lambda^*=\underset{k}{\arg\max}\,p(\boldsymbol{X}|\lambda_k)$,则识别结果为对应 λ^* 模型的类别。图 6.31 给出了基于高斯混合模型的分类处理示意图。

高斯混合模型的混合度是模型的一个重要参数,混合度的确定一般需要利用训练数据在一定的拟合偏差下获得,拟合不够准确或过拟合都会影响后期的识别效果。

4. 基于统计模型的识别处理

识别处理过程中,通过雷达观测得到目标的回波信号,经过特征提取与特征

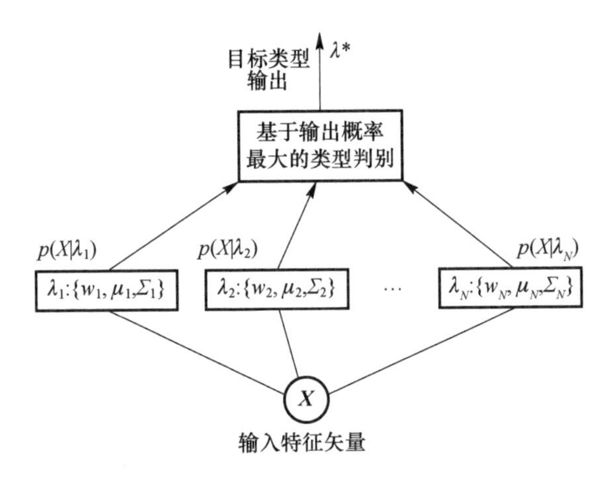

图 6.31　基于高斯混合模型的分类处理

空间变换得到表征目标特性的测试样本,根据目标姿态角估计结果选择相应角域的模型库,然后将在目标模型库基础上确定的某个判决准则应用于该测试样本来判定观测目标的类型。测试阶段的识别算法计算过程如图 6.32 所示。

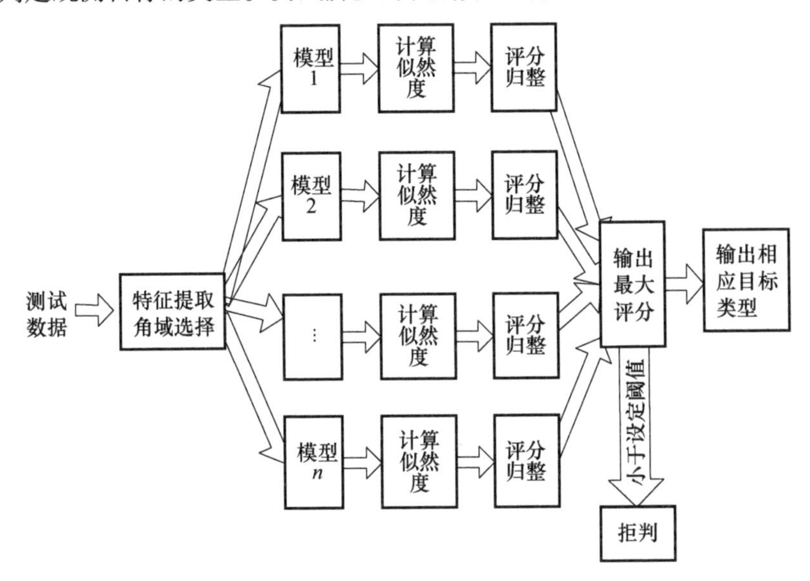

图 6.32　识别算法计算过程框图

综合上面的讨论,可以发现基于概率统计的飞机目标识别方法与模板匹配方法过程基本一致,都包含数据预处理、特征选择与优化、目标模型库的建立和识别处理等步骤,不同之处在于模板匹配方法以目标典型模式为基础,以距离来衡量类别隶属情况,而概率统计识别方法则更进一步,充分利用了目标分布信息,为可靠的目标识别提供了保证。另外,参数化模型描述与快速识别特性更为该方法的实际应用提供了条件。

6.5 综合识别

宽带虽然能够进行目标型号级的精细识别,但需要掌握这种型号飞机的多姿态角数据,对建立模板库所需训练数据的信噪比也有一定要求。现代飞机型号众多,很难对每一种飞机都建立完备的模板库。而且,宽带目标识别对一维像质量是有一定要求的。若目标一维像细节不明显或距离较远(信噪比较低),则宽带识别性能难以保证。与之相比,窄带特征体现了目标的粗略类别属性信息,且通常可以比宽带特征在更远距离上获取,因此窄带特征可以与宽带特征形成互补。

由于目标的宽带和窄带信息有很强的互补性,综合利用雷达宽带和窄带的多特征信息对目标识别是大有好处的,主要体现在以下几个方面:

(1) 飞机目标在相同距离上的宽带回波信噪比通常小于窄带回波信噪比[15],利用窄带特征可以在发现目标后及时判别目标属性,有利于指挥员对战场态势的判断;

(2) 利用航迹信息估计得到的目标姿态角是基于宽带特征分角域识别的重要参数,能够提高识别率、降低运算量;

(3) 目标类别数较多时,先利用窄带信息对目标进行粗分类,再利用宽带信息识别的策略,这有利于目标识别的实时处理和实际工程应用,而且能大大降低不同类目标宽带特征相似造成的错判,提高识别性能;

(4) 综合利用目标宽带特征和 RCS、速度、加速度、运动轨迹、调制特征等窄带特征,分别进行类型、型号识别,并进行信息融合,不仅能提高系统识别的稳健性,而且各层次识别结果互相印证,可以增加目标识别系统的识别信息输出量,全方面描述目标属性。

综合识别是利用雷达对飞机目标测量或计算得到的多种特征,结合现代模式识别与数据融合理论,在雷达检测到目标到跟踪上目标的各个阶段分别给出群目标架次信息、目标几何尺寸信息、目标类别信息、目标威胁程度信息、目标具体型号的完整信息。

6.5.1 综合识别方法

综合利用宽、窄带信息的识别策略如图 6.33 所示。首先利用窄带信息对目标进行粗分类(分层),然后针对重点目标进行宽带型号识别、宽窄带融合识别,综合做出目标的型号判断。融合阶段可以根据实测数据和经验确定窄带各个特征对识别系统的贡献率(权重),从而对宽带特征做有益的补充。利用目标的窄带测量信息(如速度、距离、方位、俯仰等),对目标的类型进行初步判定,缩小目标可能类型的范围,可减小参与型号识别的模板库规模,提高识别效率,降低型号识别的误判率。

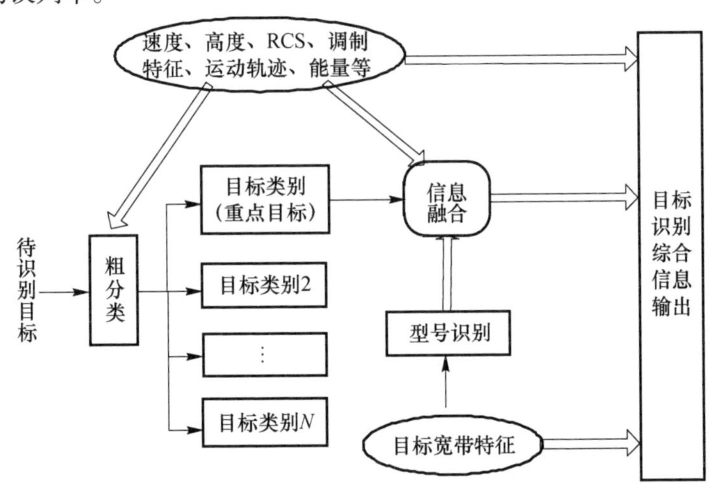

图 6.33　综合利用宽、窄带信息的识别策略

如何适时地在融合中引入窄带所提供特征的局部决策,以及哪一部分窄带特征的局部决策应该舍弃,哪一部分窄带特征的局部决策应该保留,这些都关系到融合识别结果。

一般情况下,各种特征的识别率反映了各自的识别效果,识别率越高越好。因此,识别率可作为局部决策的融合权值,但这种加权方法利用的只是各识别结果的静态信息,反映了各种特征的重要性。融合算子中的权值应当根据各种特征在识别样本的识别结果中所反映的动态信息进行自适应调整,使其既能反映各种特征影响待识别目标的识别结果的置信度,又能反映待识别目标在各种特征的特征空间中处于非重叠区域的可能性。这也是减少干扰信息的一种方法。

DS 证据理论是一种非精确推理方法,在区分“不知道”与“不确定”及精确反映证据收集方面显示出很大的灵活性。它采用信任函数而不是概率作度量,通过对一些事件的概率加以约束以建立信任函数而不必说明精确的难以获得的概率,它需要的先验信息较少,是一种性能稳定的融合方法。

在融合中也可以考虑采用多层并行决策融合,由多层的融合单元组成,每一层单元的输入是上层单元的决策,最后一层是总的融合中心。可以将两两特征的局部决策融合,然后进入新的融合单元,由总的融合中心得到最终的决策结果。这种方法可以在某一层确定特征信息的冲突程度,由此确定特征信息的可信度,然后决定是否舍弃某些特征信息的局部决策。

空中目标识别的一个显著特点是,它是一个连续、动态的过程。因此,为确保识别准确率，得到"当前"的识别结果后，需要综合考虑当前结果与前次识别结果的融合，利用连续识别融合提高识别的准确率。

通过多特征综合线性集成识别方法，在得到"当前"的识别结果后，如果进行连续识别，根据常识可知连续识别融合应当遵循以下原则：如果当前识别结果与前次识别结果一致，均为真目标，则识别结果融合后得到结果为真的可信程度应当比单次识别要高；如果两次识别结果均为假，则目标为假的可能性应当增大；如果两次识别结果不一致，这时的融合方法必须慎重考虑。由于前次结果和当前结果的隶属度均反映了目标属于真假可信程度的高低，因此可以直接比较它们和最难区分的情形（即隶属度为0.5）的距离。具体来说，如果第 i 个目标第 n 次的当前隶属度集成输出结果为 $\mu_i(n)$，前一次连续识别融合结果隶属度为 $\bar{\mu}_i(n-1)$，则识别融合方法如下：

$$\bar{\mu}_i(n)=\begin{cases}\bar{\mu}_i(n-1)+W_v\cdot(1-\bar{\mu}_i(n-1))\cdot\mu_i(n), & \bar{\mu}_i(n-1)>d_1 \text{ 且 } \mu_i(n)>d_1\\ \bar{\mu}_i(n-1)-W_v\cdot(1-\mu_i(n))\cdot\bar{\mu}_i(n-1), & \bar{\mu}_i(n-1)<d_2 \text{ 且 } \mu_i(n)<d_2\\ \bar{\mu}_i(n-1)+\mu_i(n)-0.5, & \text{其他情况}\end{cases} \tag{6.50}$$

式中：d_1、d_2 即隶属度判决门限；W_v 为控制收敛速度快慢的权重因子。

识别融合原理解释如下：如果前次融合判决与当前判决一致，两次均判定目标为真，则隶属度在前次融合的基础上将增大，增大的幅度取决于当前得到的隶属度 $\mu_i(n)$ 及权重因子 W_v，$\mu_i(n)$ 和 W_v 越大，则目标隶属度接近1的速度越快；如果前次判决与当前判决均认为目标为假目标，则目标为真的隶属度将减小，减小的幅度也取决于 $\mu_i(n)$ 及 W_v；如果两次判决不一致或为拒判情形，则融合后目标为真的隶属度取决于两次隶属度的绝对大小，例如，若前次融合得到目标为真的隶属度为0.9，而当前得到目标为假的隶属度为0.8（即目标为真的隶属度为0.2），则融合后目标为真的隶属度为0.6，即目标为真的可能性依然偏大一些。根据以上描述，基于多特征综合的模糊识别方法总的流程如图6.34所示。

6.5.2 基于距离像与运动特征的综合识别

在宽带回波信号中，HRRP 具有较高的径向分辨力，可以提供目标的结构细节信息，对于目标具有较高的分辨能力，而窄带信号提取的目标运动特征，如目标的高度、航迹、速度等，这些特征反映了目标的运动性能，对目标也是具有区分力的。HRRP 刻画目标的结构细节，运动特征则反映目标整体的运动性能，二者具有较好的独立性和互补性，将目标 HRRP 与运动特征相结合进行目标识别，对于提高系统识别性能是很有潜力的。另外，随着现代雷达技术的不断发展，当前的许多雷达系统都可以提供目标所对应的宽窄带回波信息，这也为宽窄带融

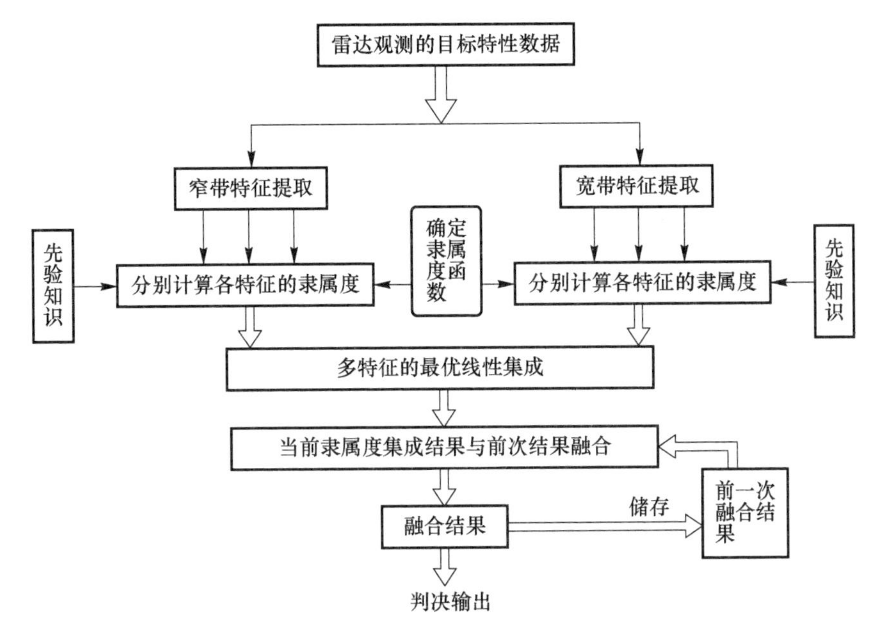

图6.34 多特征综合模糊识别流程图

合提供了很好的实现条件。

DS证据是信息融合方法中比较常用的方法之一,通过证据的组合推理可以有效降低判决的不确定性。本节对利用DS证据进行HRRP和运动特征融合的雷达目标识别进行研究,通过提取运动特征的概率密度函数来表示目标的运动性能信息,利用HRRP的频谱幅度来反映目标的结构细节,结合DS证据来实现二者的有效融合。

基于DS证据理论进行的HRRP与运动特征的融合属于决策级融合,宽窄带的识别结果是融合的基础,识别结果的获取途径直接决定证据的可信度和证据间的互补性,对于融合效果具有重要影响。以下分别对宽窄识别系统及其特点加以介绍。

1. 宽带识别

宽带识别采用6.4.2节所述的统计识别方法,以HRRP的频谱幅度和目标姿态角作为输入,训练得到不同目标在各个角域的高斯混合模型,将基于该模型获得的输入样本的类别隶属度作为宽带识别方法的输出[14],详细流程如图6.35所示。由所选择的宽带识别特征与识别方法决定该宽带识别结果具有以下几个特点:①识别性能较好。HRRP可以看作是目标等效散射点回波沿雷达视线方向的投影矢量和,它调制了目标的形状和结构等细节信息,对不同目标具有较好的区分能力。HRRP的功率谱不仅保留了大量的调制信息,同时又很好地克服了距离像的平移敏感性,保证了宽带识别结果较好的准确性。②姿态角敏感。

虽然宽带识别方法中运用了分角域处理,提高了单个目标在不同角域的识别性能,但是不同目标在各个角域的区分度是有很大差异的,反映在宽带识别结果上则表现为识别性能对姿态角的敏感性。③与信噪比有很强的相关性。信噪比是反映 HRRP 质量的一个重要指标,信噪比越高,可提取的目标调制信息越明确,对应的宽带识别结果也就越好。

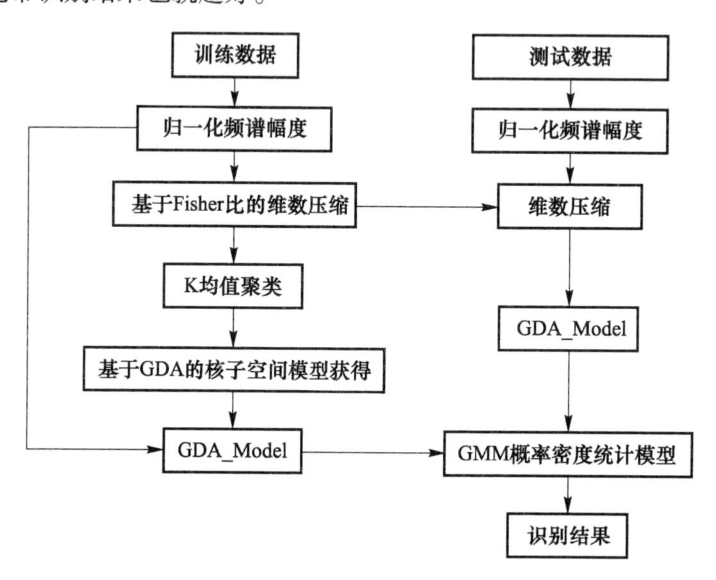

图 6.35　单角域内训练与识别的流程

2. 窄带识别

窄带识别方法以反映目标飞行性能的运动特征作为输入,利用窄带特征的高斯混合模型获得输入样本的类别隶属度。与宽带相对应,窄带识别结果的特点如下:①识别性能较差。作为窄带识别特征的速度、高度、加速度在不同目标间具有很强的模糊性,虽然能对目标类型做出区分,但较难给出可靠的型号识别结果。②对于目标的姿态角和回波信噪比具有很好的稳定性。窄带利用目标的运动和位置特征进行识别,只要信噪比高于检测门限,运动特征能准确提取,其稳定性与姿态角和信噪比关系不大。

图 6.36 给出了某飞机在不同角域和信噪比区间的宽窄带识别结果。图 6.36(a)中的姿态角域是将 0°~180°五等分获得的,图 6.36(b)中的信噪比区间 N 则是通过限制信号的信噪比位于[$20\log(5N)$(dB),$20\log(5(N+1))$(dB)]确定的,实验结果很好地验证了上述对识别系统特点的分析。

通过对宽窄带识别方法的介绍可以发现,宽窄带的识别特征相关性很小,得到的识别结果可以近似看作独立的,更重要的是,宽窄带识别方法具有一定的互补性,宽带识别可靠性好,但对姿态角和信噪比敏感,窄带识别可靠性差,对角域

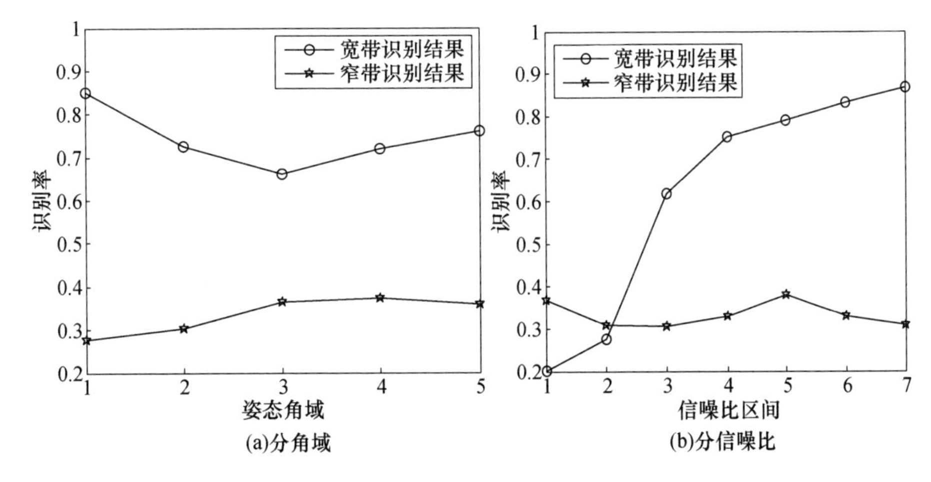

图 6.36　宽窄带识别方法特点(见彩图)

和信噪比稳定性好。这为运用 DS 证据理论进行宽窄带特征的融合提供了很好的基础。

利用 DS 理论,综合运动特征和 HRRP 特征对 6 种飞机(数据情况参见 6.6.3 节)目标进行识别的结果如图 6.37 所示。图 6.37 给出了融合识别前后系统目标识别性能的对比,以及识别性能随信噪比的变化情况。

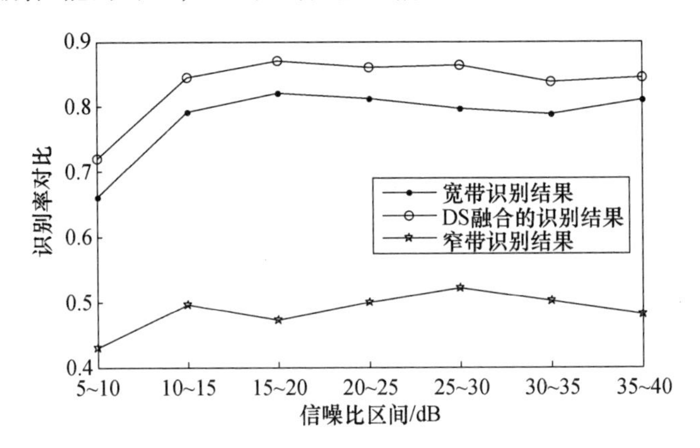

图 6.37　DS 证据融合在不同信噪比区间的改善结果

从图 6.37 可以看出,利用 DS 证据进行融合后的系统识别性能显著改善,6 种目标的平均识别率得到了较大提高,充分证明了基于 DS 证据的宽窄带融合识别方法的有效性。另外可以看到基于窄带运动特征的型号识别可靠性较低,识别稳健性较差,而基于宽带 HRRP 的识别结果识别率较高,这与前面特征区分力的分析情况一致。

图 6.37 所示识别结果随信噪比的变化表明,不同信噪比区间下,相对于宽

带识别的融合改善结果具有较好的稳定性。同时,在信噪比低于 20dB 时,可以明显看到宽带识别结果随信噪比的提高大幅提升,而窄带识别结果仅发生了小幅波动,这在一定程度上验证了前面关于宽窄带识别方法的信噪比敏感性分析。同时可以看到,在一维像信噪比大于 15dB 时,可以通过融合获得大于 85% 的识别率,而在 10dB 时也可以获得 70% 以上的识别率。

6.5.3 基于宽窄带多特征的综合识别

基于 HRRP 与运动特征的融合识别,是利用目标结构特征与运动特征的独立性和互补性来改善分辨能力。而基于宽带特征的融合识别主要有两方面,即基于频谱幅度的子集融合、频谱幅度与目标长度的融合,这类融合方法是通过对 HRRP 的分类信息进行挖掘,对目标的结构描述精细化,来提高识别性能[3]。为了充分利用宽窄带特征所提供的分类信息,本节对宽窄带多特征综合目标识别进行了阐述,将各种特征的融合识别方法结合为一个整体。图 6.38 给出了宽窄带多特征综合目标识别框图,不同融合方法基于识别特征的相关性由强到弱的次序依次进行。这样不仅可以简化融合结构,而且可以有效避免改善效果的反复。为了改善综合识别处理的性能,这里引入了 Top(N)方法和投票法。

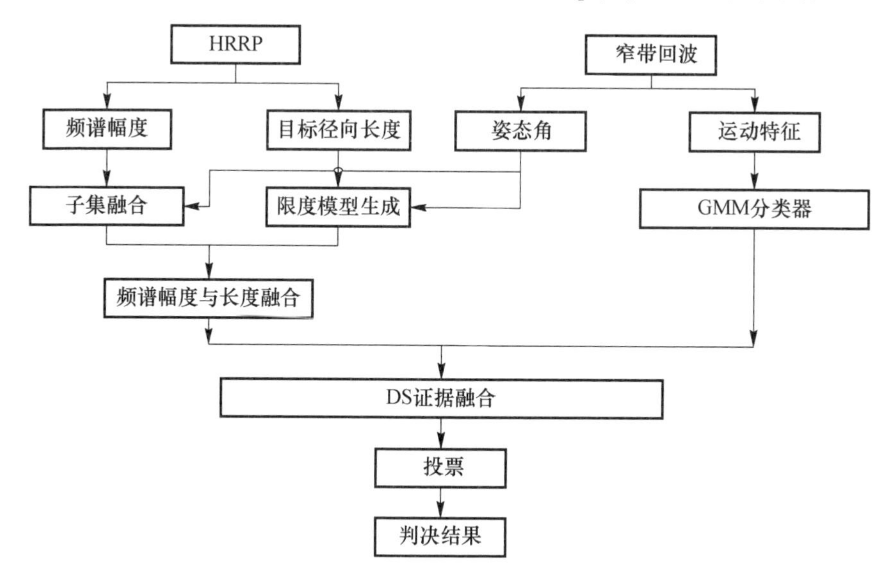

图 6.38 宽窄带多特征综合目标识别框图

1. Top(N)方法

通常测试目标经过识别模型后,可以得到一组评分或隶属度,这组输出结果表示当前测试目标与各类可能目标的相似程度,Top(N)方法提取相似度最大的 N 类目标组成测试目标的可能目标集合并进行下一步处理。之所以可以利用

Top(N)方法,主要有两个原因:一是当识别模型具有较好的可靠性时,测试目标对应的正确目标类别一般会得到较高评分或隶属度,如图6.39所示,虽然评分最高的目标类别概率只有78%,但是评分最大的前3类目标中包含正确目标类别的累积概率却接近95%,融合所纠正的目标主要分布在这3类目标中;二是随着相似性的减弱,目标被纠正的可能性不断减小。融合处理的改善情况主要发生在相似度较高的情况,对于低相似度情况处理的意义不大。在综合识别模型中,利用高可信度输出评分结合Top(N)方法不仅可以缩小可能的目标集合,还可以在一定程度上避免高冲突情况下产生的融合错判。

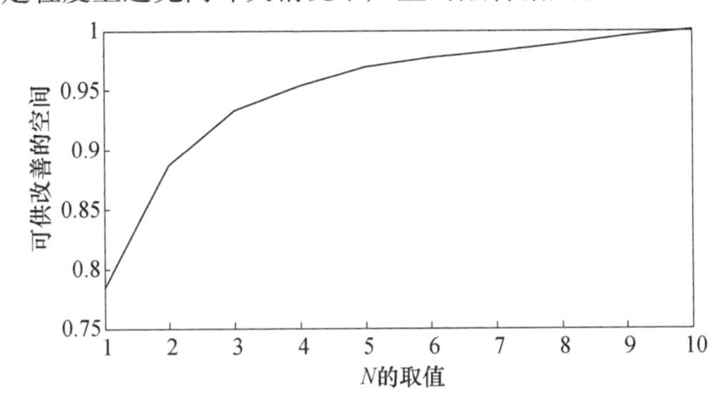

图6.39 实测数据中目标正确类别落在Top(N)集合中的累积概率

表6.11给出了Top(N)方法的结果对比,由于综合识别过程中利用了子集融合,其本身就包含了Top(5)的处理效果,因此此处只列出2~5的结果对比。由表可知,针对当前系统,结合Top(4)方法可以获得较好的识别结果,结合Top(5)的结果变差是因为判决冲突导致的误判比融合改善的情况更严重。

表6.11 Top(N)方法在N取不同数值时的结果

N取值	2	3	4	5
识别率/%	85.96	86.82	**87.22**	86.04

2. 投票

投票法是融合方法中应用较多而且相对简单的一种方法,前面讨论的各种融合方法都是通过添加具有一定互补性的特征来提高目标识别性能,而不同时刻的判决结果融合也可以很好地改善系统性能,图6.40给出了多个时刻输出结果投票的改善情况。可以看到随着投票数的增加,识别率不断提高,但考虑到增加投票数对实时判决的影响,投票数不宜过大。

表6.12给出了综合识别结果与各种融合方法结果的对比。综合利用多种融合处理方法得到的综合识别结果,在基于频谱幅度的宽带识别方法的基础上提高了8.86%,比其他融合方法性能也有提高。

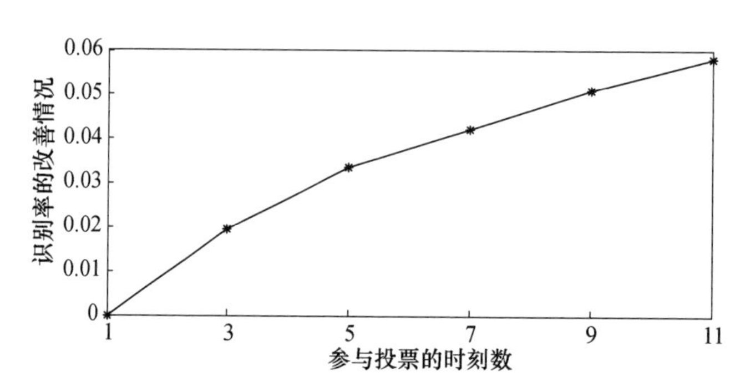

图 6.40　基于频谱幅度识别评分投票改善识别率的情况

表 6.12　各种融合识别方法的识别率改善情况

识别途径	识别率/%	较宽带识别的改善情况/%
频谱幅度 + VHA	82.75	4.39
频谱幅度 + 长度	80.03	1.67
频谱幅度子集融合	80.61	2.25
频谱幅度 + 投票(5)	81.72	3.36
综合识别	87.22	8.86

6.6　飞机目标识别试验

雷达目标识别是一项集传感器、目标、环境和数据处理技术为一体的复杂系统工程。虽然在过去的几十年间,雷达目标识别积累了一大批有价值的理论与技术成果[16-20],但是若没有实测数据验证,雷达目标识别技术的研究将停留在理论层面。对于空中目标识别,仍未出现面向复杂战场环境的雷达目标识别实用系统,其中最重要的原因是缺乏实际数据以对各种算法进行验证和完善,尤其是模板库、模型库的建立更需要大量实测数据的支撑。

因此,为突破目标识别研究的瓶颈,迫切需要依托宽带雷达试验平台,通过大量的试验研究,采集目标实测数据,进行目标信号的特征分析,建立丰富、有效的识别模板,对目标识别算法进行验证。

X 频段雷达能够实现高达 1GHz 的大带宽,可用来充分研究高分辨力识别方法的有效性,比较不同带宽的识别性能。而搜索警戒雷达多为 S 波段以下,带宽有限(一般低于 300MHz),由于不同频段下的目标宽窄带特性有一定变化,同时,带宽越小,目标的结构信息越少,识别越困难。因此,有必要研究低频段(S 波段以下)、低带宽(小于 300MHz)下的目标识别技术。为此,依托 X 频段、S 频段两个宽带雷达试验平台开展了飞机目标识别研究。

6.6.1　宽带雷达试验平台

为了对识别能力进行验证，建立的两套机动式相控阵雷达目标识别试验平台分别如下：一套雷达工作在 X 波段，带宽可设置为 400MHz、600MHz 和最大带宽 1GHz，最大作用距离 150km；另一套雷达工作在 S 波段，最大带宽为 200MHz，最大作用距离 200km。

试验系统工作时，在电扫范围内自动搜索、截获、跟踪目标，在稳定跟踪的情况下，启动宽带测量，雷达控制计算机发出控制命令，根据工作方式的不同，自动切换阵面宽窄带开关对目标交替进行窄带跟踪和宽带测量。

射频的宽带测量回波经去斜处理混频成中频信号，再经中频采样，数据送采集系统及数据处理工作站。数据处理工作站实时进行脉压处理，给出跟踪目标的宽带一维距离像，识别系统基于给出的一维像进行后续的识别处理。

雷达在方位上为机械转动加电扫两种方式，可扫描全方位 360°空域，因此可观测跟踪机场起飞的大部分飞机。

由于雷达架设地点位置固定，通过录取不同航线以及目标机动转弯数据，获得目标的大范围姿态角数据；同时，为验证复杂背景条件下的目标识别算法性能，录取了各种机型在不同天气、不同杂波背景下的数据。

6.6.2　实测数据说明

1. X 频段雷达试验数据

X 波段雷达录取了 6 种飞机目标的外场实测数据，带宽分别为 1GHz、600MHz、400MHz，相应理论距离分辨力为 0.15m、0.25m、0.375m，窄带带宽为 5MHz，距离分辨力为 30m。测试目标包含 4 种战斗机（机型 1 ~4）、一种螺旋桨运输机（机型 5），加上多种民航机共 3 个大类 6 种型号（民航机归为一种型号）。目标距离为 15 ~120km。识别模型的训练集与测试集按图 6.41 确定，首先从总体数据集中选取部分数据包作为预选训练数据集，实际应用的训练数据为预选数据集在信噪比限制条件下抽选出的。测试数据集由总体数据集中去除预选训练数据集后的剩余数据包组成，测试集与训练集完全独立。数据录取外场试验的雷达布站位置不固定，气候天气情况不同，雷达状态也不尽相同，这样的数据条件下可以对识别方法进行较为合理的评价。

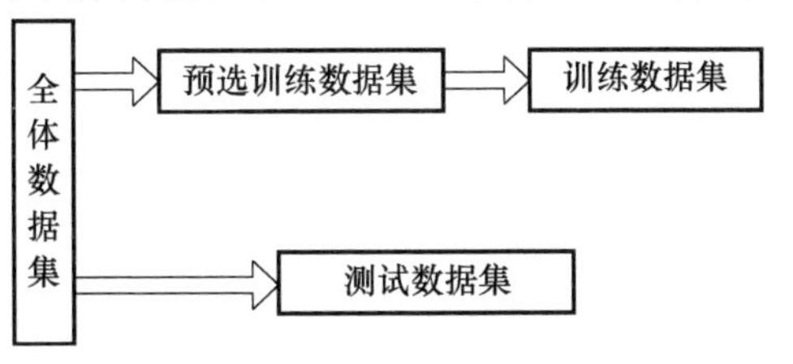

图 6.41　训练集与测试集的确定

为了对试验数据的分布情况有大致的了解，图 6.42 和图 6.43 分别对试验数据在不同条件下的分布进行了统计。为简单起见，图 6.42 中的

信噪比定义为

$$\mathrm{SNR} = 20\log\left(\frac{S_{\max}}{N_{\mathrm{mean}}}\right) \tag{6.51}$$

式中：$S_{\max}$为 HRRP 的幅度峰值；N_{mean}为 HRRP 的噪声均值估计（如不加特殊说明，书中信噪比均按上式定义）。图 6.43 中的姿态角域是将 0°～180°等分为 5 份获得。

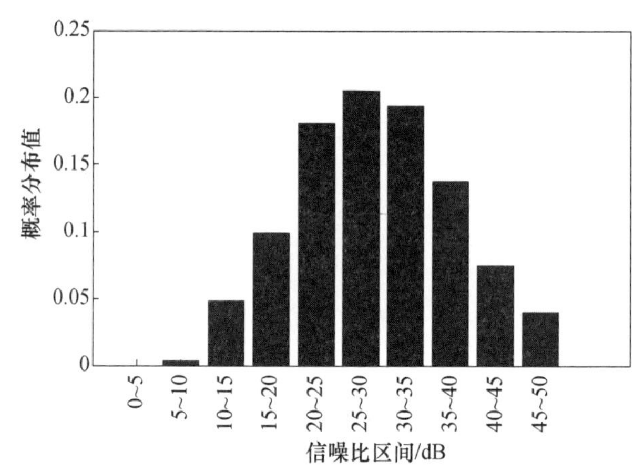

图 6.42　试验数据的信噪比分布情况

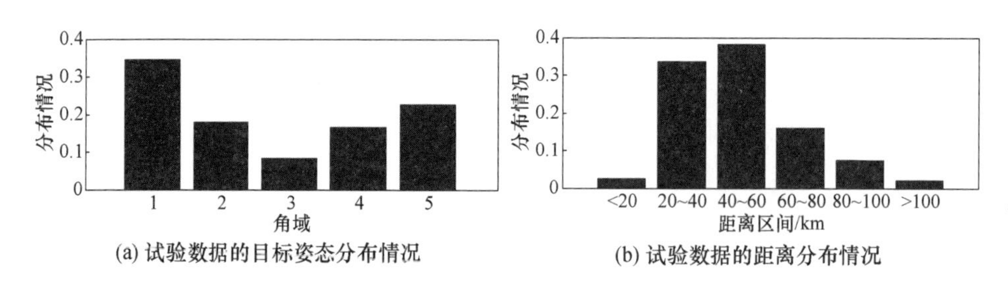

图 6.43　试验数据分布情况

在训练集和测试集完全独立的条件下（即测试集不含训练集），不同带宽训练集与测试集的平均占比关系如表 6.13 所示。

表 6.13　不同带宽数据训练集与测试集占比情况

	1GHz	600MHz	400MHz
训练集	5.43%	7.06%	8.53%
测试集	94.57%	92.94%	91.47%

以上为用于型号识别的数据说明。X 频段雷达还录取了两架飞机编队的宽带数据和直升机数据，分别用来验证架次判别方法和类型识别方法。

2. S 频段雷达试验数据

S 频段雷达录取 10 种飞机的外场实测数据。雷达宽带信号带宽为 200MHz,相应距离分辨力为 0.75m,窄带带宽为 5MHz,距离分辨力为 30m。测试目标包含 4 种战斗机(P1 ~ P4)、6 种运输机/轰炸机(P5 ~ P10)两个大类,10 种型号目标。目标距离 30 ~ 150km。识别模型的训练集与测试集同样按图 6.41 确定。

图 6.44 为数据信噪比统计分布图,信噪比区间设置在 0 ~ 55dB 范围内,5dB 间隔为 1 个区间,共 11 个区间。

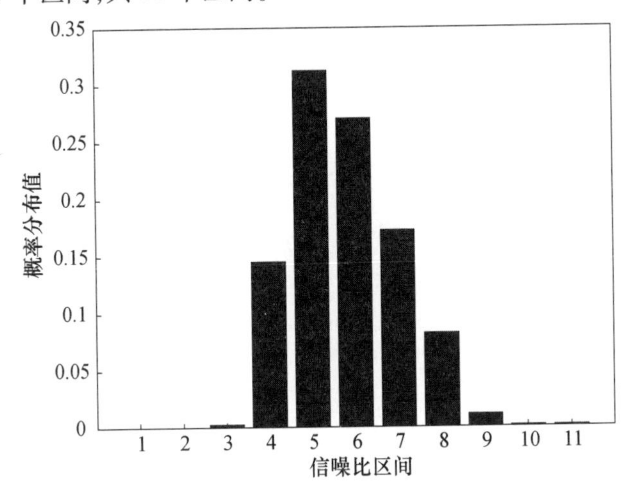

图 6.44 阎良外场录取的数据信噪比分布

在训练集和测试集完全独立的条件下(即测试集不含训练集),10 种目标的训练集和测试集分别占录取数据的 25% 和 75% 。

S 频段雷达也录取了直升机数据,用于验证类别属性判别的粗分类方法性能。

6.6.3 实测数据识别结果

1. 架次判别结果

现代军用作战飞机编队飞行时,由于速度大以及避免受袭击时同时受损,相邻飞机的间隔(左右)和距离(前后)最小一般为 50 ~ 100m。X 频段试验雷达的窄带距离分辨力在 30m(5MHz 带宽)左右,因此机群有可能占据多个距离门。所以架次判别问题首先应在距离维进行。距离维分辨比较简单,主要是在脉压后将有目标的距离门 I/Q 通道数据保留下来,以便于进一步分析。当多目标之间的最大距离小于一个距离门宽度时,则首先可考虑通过分析目标相对于雷达的径向运动引起的多普勒频率差异来分辨目标架次。对多次回波的距离门采样数据进行离散傅里叶变换(DFT),可根据多普勒频率的不同判别飞机架次。此时频率分辨力与观测时间成反比。综合上述分析,目标架次可以结合距离维和距离门内的分辨情况进行估计。

对录取的两架次编队飞机目标进行宽窄带距离维分辨的结果如图6.45所示。由于目标间距较大,从窄带和宽带距离维都能够有效分辨两架飞机。如果在距离上目标不能够有效分开,则可以尝试在多普勒维上分辨架次。

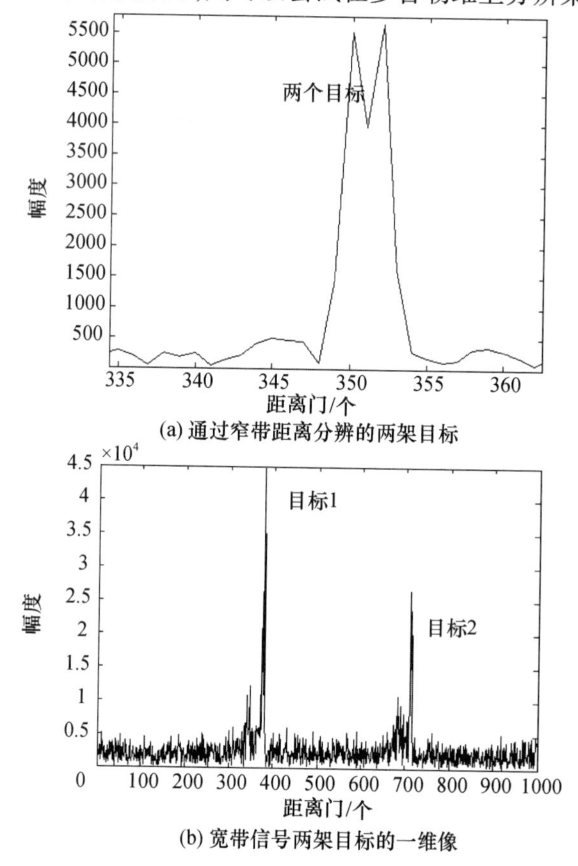

(a) 通过窄带距离分辨的两架目标

(b) 宽带信号两架目标的一维像

图6.45　通过距离分辨的两架编队目标

2. 类型识别结果

X频段试验雷达除录取用于验证型号识别方法的6种目标数据之外,还有直升机的数据。这些数据用来测试大小属性判别方法和类别属性识别方法。

1) 目标大小属性判别

6种目标按照尺寸大小分为3类目标:小型目标为机型1和机型2,尺寸门限取小于18m;中型目标为机型3和机型4,尺寸门限取大于18m且小于28m;大型目标为机型5和民航机,尺寸门限取大于28m。尺寸相近的三类目标平均混淆率如表6.14所示。

表6.14 带宽1GHz的不同尺寸目标间平均混淆情况

平均误判率/%	小目标	中目标	大目标
小目标	—	8.96	3.46
中目标	5.38	—	2.11
大目标	1.93	4.15	—

从实验结果可以看出,目标机型大小相近的误判率远远高于目标大小差异较大的情况。带宽为1GHz时,目标大小差异较大的目标之间混淆率大概在1% ~3%,而目标大小相近的平均识别率在80%以上。带宽越高,距离分辨力越高,一维距离像越能够描述大小相近目标间的结构细微差别,这样就越有利于区分大小相近的目标。显然,大目标与小目标之间的混淆远小于中目标与小目标之间的混淆,即目标尺寸差别越大,越有利于不同目标间的辨识。

2）目标类别属性判别

战斗机、螺旋桨飞机和直升机3类飞机在运动特征(速度、高度、加速度)也有很大的差异性。用X频段雷达录取的3类飞机的各一种机型进行类别属性判别,结果如表6.15所示。

表6.15 运动特征粗分类实验结果

正确分类率/%	战斗机	螺旋桨飞机	直升机
战斗机	98.27	1.73	0
螺旋桨飞机	14.45	85.55	0
直升机	1.01	0.06	98.93

3. 型号识别结果与分析

对于型号识别问题,在实测数据基础上分析了带宽、HRRP信号质量、目标姿态、宽窄带综合识别等对识别结果的影响。型号识别均采用基于HRRP特征的概率统计模型识别方法。

1）雷达带宽对识别效果的影响

采用X频段不同带宽数据分析带宽对识别效果的影响。总的来说,带宽越高距离分辨力越高,对目标结构细节的描述也越精细,识别效果也会越好。当然,随着带宽的增大,相同发射功率下同种目标同种状态的一维距离像的信号质量(信噪比)会下降,姿态也会更加敏感,因而对于特定目标,存在一个最佳识别带宽。X频段带宽400MHz、600MHz的5种(机型1~5,民航机由于数据较少没有采用)飞机数据,1GHz的6种飞机目标实录数据的型号识别算法测试结果如表6.16~表6.18所示。图6.46对比了不同带宽条件下的平均识别率,可见1GHz带宽的飞机目标识别性能最好,400MHz带宽也可以获得较好的飞机目标识别性能。

表 6.16 带宽 400MHz 的 5 类目标的识别结果

识别率/%	机型 1	机型 2	机型 3	机型 4	机型 5
机型 1	90.12	6.49	1.92	1.40	0.07
机型 2	27.86	58.06	3.52	8.49	2.04
机型 3	10.21	6.87	64.44	19.45	1.49
机型 4	2.45	6.87	6.42	83.85	0.40
机型 5	7.05	0.90	2.35	0.81	88.88

表 6.17 带宽 600MHz 的 5 类目标的识别结果

识别率/%	机型 1	机型 2	机型 3	机型 4	机型 5
机型 1	87.54	8.93	1.15	1.15	1.22
机型 2	7.57	87.57	1.94	2.64	0.28
机型 3	6.10	9.94	67.89	12.03	4.03
机型 4	4.56	1.19	11.36	79.84	3.06
机型 5	1.81	6.86	1.51	0.75	89.07

表 6.18 带宽 1GHz 的 6 类目标的识别结果

识别率/%	机型 1	机型 2	机型 3	机型 4	机型 5	民航
机型 1	91.91	2.87	2.03	1.83	0.52	0.84
机型 2	6.31	74.07	7.94	6.13	2.50	3.06
机型 3	3.03	2.78	85.11	7.35	1.27	0.47
机型 4	1.55	3.40	5.77	86.80	1.14	1.34
机型 5	1.84	0.55	3.51	1.30	87.01	5.79
民航	1.06	0.41	1.22	2.27	2.40	92.64

2）HRRP 信号质量对识别效果的影响

采用 X 频段试验雷达数据分析 HRRP 信号质量对识别效果的影响。HRRP 信号质量用信噪比来衡量，其定义见式(6.51)。图 6.47 所示为带宽 1GHz 时 6 类目标在每个姿态角域下对于不同 HRRP 信号质量条件的识别效果。

信号质量与目标距离、目标类型、雷达状态、环境因素等有密切关系，需要指出的是，由于雷达所录取数据时间跨度较大，各录取时间段雷达参数也不尽相同，评估结果基于数据统计分析，不涉及雷达发射机的发射功率、口径、损耗和环境杂波等因素对识别效果的影响分析。

图 6.48 是 6 种目标的平均识别率随 HRRP 质量的变化趋势，从实验结果可

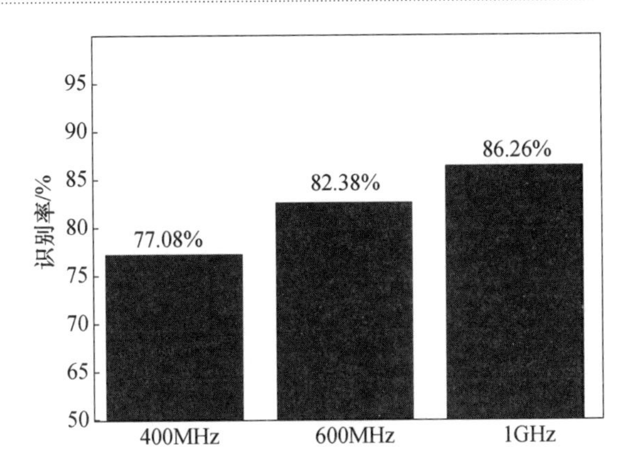

图 6.46　不同带宽条件下的平均识别率对比

以看出,HRRP 信号质量对识别效果影响很明显。从统计意义上来说,SNR 小于 15dB 时目标大部分细节被噪声淹没,基本不具备识别能力;SNR 达到 20dB 时识别效果迅速提高;SNR 超过 35dB 对识别效果帮助不大,统计识别率有少许下降是因为目标切向飞行时的 HRRP 信噪比普遍较高,而此姿态下的识别效果较差。

目标距离与 HRRP 信号质量有一定关系,从实验的统计结果来看,大目标(民航机和机型 5)飞行平稳,在可观测的距离范围内,距离对大目标的识别性能影响不大,在目标距离大于 100km 时识别性能仍然可以达到 80% 以上。中目标(机型 3 和 4)所录取的数据是最丰富的,因而其统计结果也最具有统计意义。在可观测的距离范围内,距离对中目标的识别性能影响很明显,距离越远,识别性能越差。迎头姿态中,近距离识别率 >90% ,远距离识别率下降到 75% 左右;切向飞行时,远距离识别性能下降最为明显,约在 30% ~40% ,大于 100km 几乎不具有识别能力。小目标(机型 1 和 2)所录取的数据不够丰富,主要原因是小目标在超过 70km 时雷达无法对目标进行有效跟踪或者目标宽带一维距离像几乎被噪声淹没,雷达数据记录人员放弃记录。对于小目标在可观测的距离范围内,距离对小目标的识别性能影响也很明显。对于远距离(大于 70km)小目标,雷达几乎不具备目标识别能力;近距离(小于 45km)目标识别性能约为 80% ;中距离(45 ~70km)目标识别性能降为 60% 左右。

3) 目标姿态对识别效果的影响

采用 X 频段试验雷达分析目标姿态对识别效果的影响。图 6.49 所示为 6 种目标在不同姿态下的平均识别率,从实验结果可以看出目标迎头姿态(姿态角在 0° ~38°)的识别效果最好,平均识别率超过 90% ,这是因为迎头姿态时 HRRP 径向长度最大,散射点分布也最为丰富,特征相对较为明显。追尾姿态(姿态角在 160° ~180°)的识别效果次之,平均识别率为 80% 左右。切向飞行

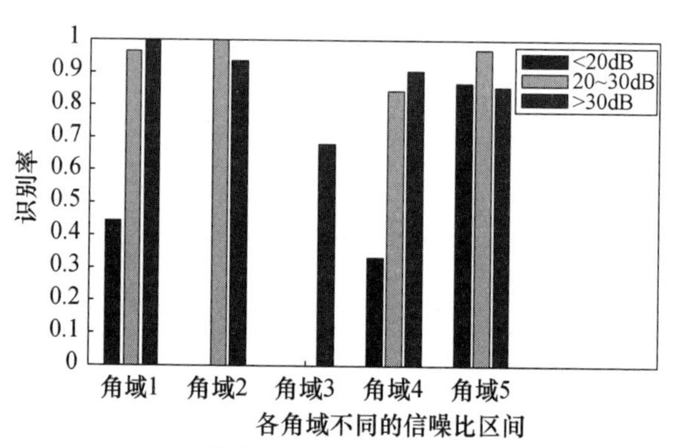

(a) 机型1在各角域不同信噪比区间的识别情况

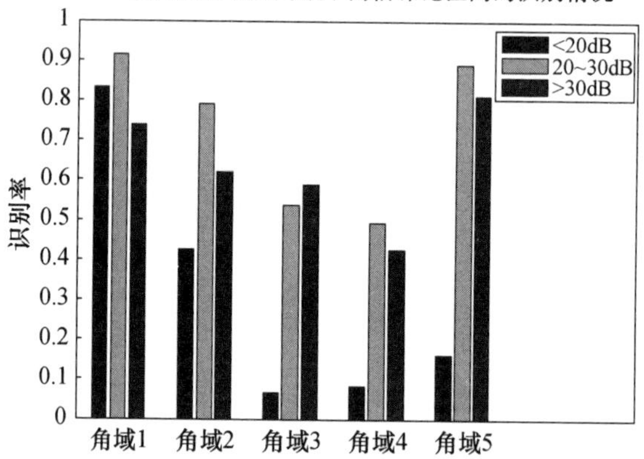

(b) 机型2在各角域不同信噪比区间的识别情况

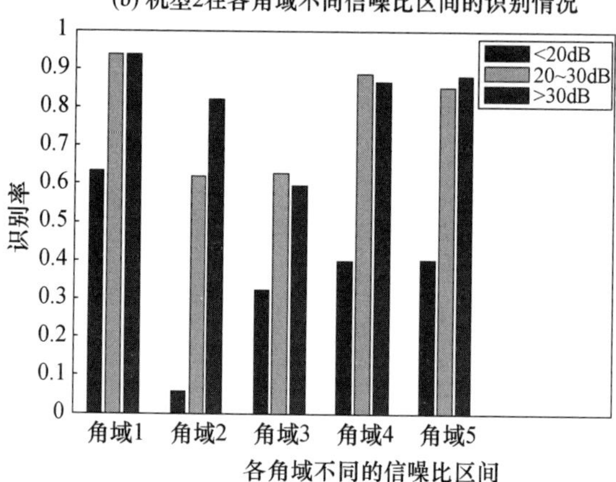

(c) 机型3在各角域不同信噪比区间的识别情况

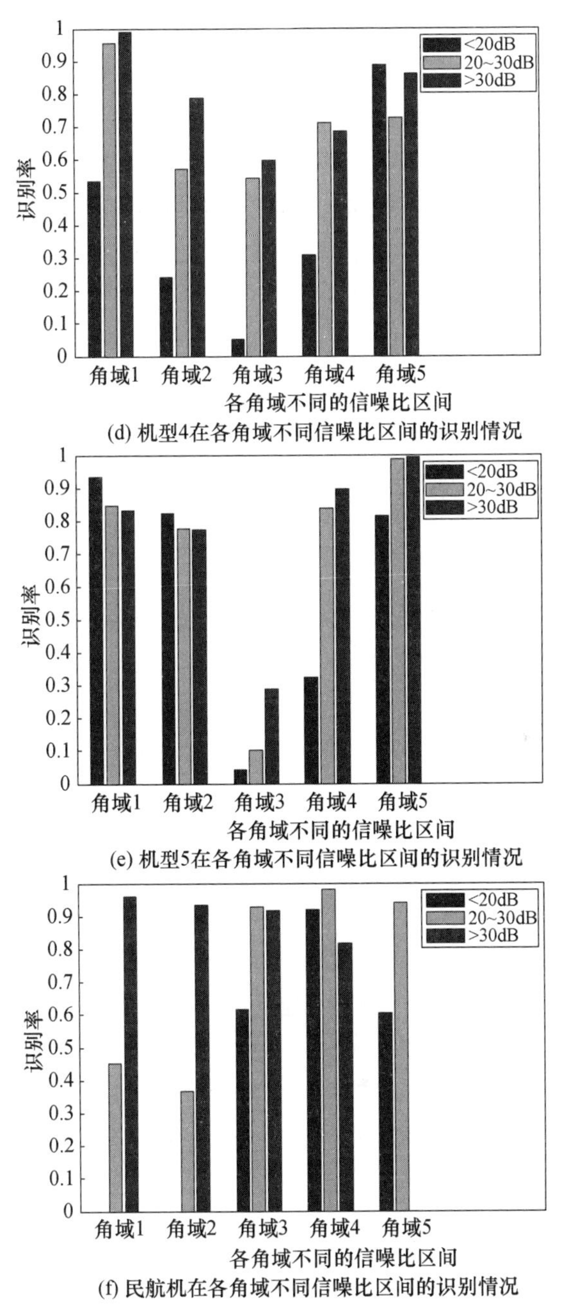

(d) 机型4在各角域不同信噪比区间的识别情况

(e) 机型5在各角域不同信噪比区间的识别情况

(f) 民航机在各角域不同信噪比区间的识别情况

图6.47　6种目标在不同角域不同信噪比区间的识别率(见彩图)

(姿态角在86°~120°)时,因为HRRP径向长度较短,散射点分布特征并不明显,因而识别效果最差,平均识别率仅为57%左右。

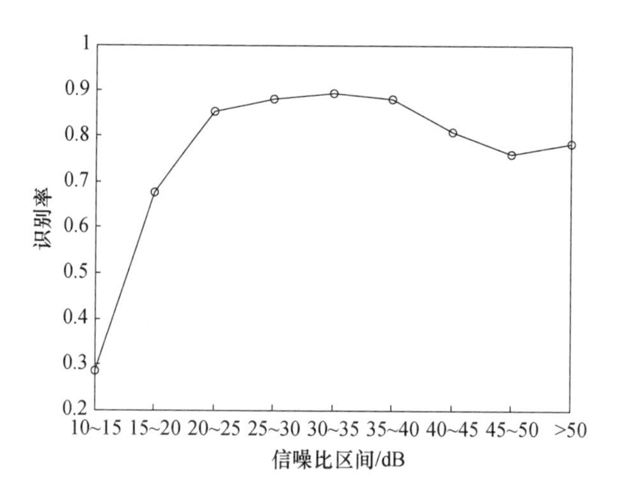

图 6.48 不同信噪比区间的平均识别率

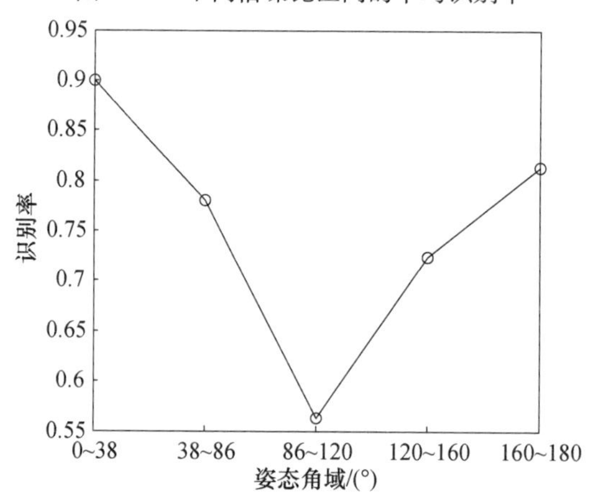

图 6.49 不同角域的 6 种目标平均识别效果

4）宽窄带综合对目标识别效果的影响

采用 S 频段试验雷达分析宽窄带综合识别对识别性能的改善情况。

在包括 4 种战斗机（P1 ~ P4）、6 种运输机/轰炸机（P5 ~ P10）的基础上，加入直升机数据，得到共 3 大类目标数据进行类别属性判别。通过窄带特征进行粗分类的平均正确率为 89.8%，如表 6.19 所示。直升机可以被准确识别，因此后续型号识别不需再考虑直升机的识别问题。

表 6.19 基于窄带的空中目标粗分类正确率

目标	战斗机	运输机/轰炸机	直升机
战斗机	81.8%	18.2%	0
运输机/轰炸机	12.5%	87.5%	0
直升机	0	0	100%

对4种战斗机、6种运输机/轰炸机共始终目标采用基于宽带HRRP特征的概率统计模型识别。宽带识别平均识别率为87%，如表6.20所示。

表6.20　基于宽带的机型识别混淆矩阵

机型	P1	P2	P3	P4	P5	P6	P7	P8	P9	P10
P1	81.82%	4.55%	13.64%	0	0	0	0	0	0	0
P2	3.23%	69.35%	17.74%	9.68%	0	0	0	0	0	0
P3	2.99%	2.99%	92.54%	1.49%	0	0	0	0	0	0
P4	3.70%	3.70%	14.81%	74.07%	0	0	0	0	3.70%	0
P5	0	0	0	4.35%	95.65%	0	0	0	0	0
P6	0	0	0	5.00%	0	95.00%	0	0	0	0
P7	0	0	0	0	0	0	81.82%	0	0	18.18%
P8	11.11%	0	11.11%	0	0	0	0	77.78%	0	0
P9	2.33%	6.98%	0	0	0	0	0	0	90.70%	0
P10	0	0	0	0.88%	0.88%	0.88%	0	0.88%	0	96.46%

宽窄带综合识别平均识别率为90.96%，如表6.21所示。

表6.21　基于宽窄带综合的机型识别混淆矩阵

机型	P1	P2	P3	P4	P5	P6	P7	P8	P9	P10
P1	91.80%	4.92%	3.28%	0	0	0	0	0	0	0
P2	2.30%	79.31%	9.20%	0	3.45%	0	5.75%	0	0	0
P3	0	7.14%	92.86%	0	0	0	0	0	0	0
P4	0	0	0	100%	0	0	0	0	0	0
P5	3.03%	0	0	0	93.94%	0	0	0	0	3.03%
P6	0	0	0	0	0	100%	0	0	0	0
P7	0	10.81%	2.70%	0	0	0	86.49%	0	0	0
P8	0	0	0	0	0	0	0	94.44%	5.56%	0
P9	0	0	0	0	0	0	0	0	98.41%	1.59%
P10	2.05%	0	0	1.37%	2.05%	1.37%	0	0	1.37%	91.78%

从识别统计结果中可以看出，运输机/轰炸机与战斗机的大类识别结果较好，说明所选用特征的类内聚集性和类间差异性较好，有利于识别；而每类的型号间识别结果相对而言较差，特别是战斗机的4种机型识别率较低，说明战斗机一维像之间差异不明显，小角域范围内易混淆。通过宽窄带综合，识别率得到显著提高。

通过两套雷达试验可以得出以下结论：

（1）带宽大于200MHz条件下，可以进行飞机型号识别。

（2）距离像的信噪比在20dB以上，能够达到较好的识别结果。

（3）迎头姿态飞机的识别效果最好，追尾次之，切向飞行时识别性能较差。

（4）在识别距离大于雷达作用距离的60%条件下，基于宽带一维像的飞机目标型号识别率能达到85%；通过宽窄带综合，在识别距离大于雷达作用距离的60%条件下，飞机目标型号识别率能达到90%。

根据试验结果，总结飞机目标识别存在的问题及技术发展方向如下：

（1）非完备库识别问题。录取飞机目标所有姿态角的数据建库，尤其是外军飞机，在实际工程应用中相当困难，需突破小样本（即姿态角不全）条件下的飞机目标型号识别技术。

（2）库外目标自学习问题。录取所有类型目标的实测数据建库在实际工程应用中是不现实的，需研究自学习技术，对未知类型的目标进行在线学习识别。

参考文献

[1] 黄培康，殷红成，许小剑．雷达目标特性[M]．北京：电子工业出版社，2005.

[2] 方振平．飞机飞行动力学[M]．北京：北京航空航天大学出版社，2005.

[3] 陈亚伟．基于多特征融合的雷达目标识别研究[D]．硕士研究生学位论文，南京电子技术研究所，2007.

[4] 邢孟道，保铮．飞机目标的一维距离像特性[J]．系统工程与电子技术，2002，24(8)：65－70.

[5] 廖学军．基于高分辨距离像的雷达目标识别[D]．博士研究生学位论文，西安电子科技大学，1999.

[6] Zhang X, Shi Y, Bao Z. A new feature vector using selected bispectra for signal classification with application in radar target recognition[J]. IEEE Trans. on Signal Processing, 2001, 49(9): 1875－1885.

[7] Zyweck A, Bogner R E. Radar target classfication of commercial aircraft[J]. IEEE Trans. on Aerospace and Electronic Systems, 1996, 32(2): 598－606.

[8] 杜兰，刘宏伟，保铮，等．一种利用目标雷达高分辨距离像幅度起伏特性的特征提取方法[J]．电子学报，2005，33(3)：412－415.

[9] Zyweck A, Bogner R E. Radar target recognition using range profiles[J]. Acoustics, Speech, and Signal Processing, Adelaide, Australia, 1994, 2: 373－376.

[10] Li H, Yang S. Using range profiles as feature vectors to identify aerospace objects [J]. IEEE Trans. on Antennas and Propagation, 1993, 41(3): 261－268.

[11] Li H, Wang Y, Wang L. Matching score properties between range profiles of high－resolution radar targets[J]. IEEE Trans. on Antennas and Propagation, 1996, 44(4): 444－452.

[12] Smith C R, Goggans P M. Radar target identification[J]. IEEE Antenna and Propagation Magazine, 1993, 35(2): 23－33.

[13] Hudson S, Psaltis D. Correlation filters for aircraft identification from radar range profiles [J].

IEEE Trans. on Aerospace and Electronic Systems,1993,29(3):741 -748.

[14] 孙俊,戴蓓蒨,刘洋. 基于聚类中心 GDA 的一维距离像目标识别方法[J]. 现代雷达,2009,31(6):47 -50.

[15] 桑玉杰,王洋,郭汝江. 雷达宽带与窄带回波信噪比对比分析[J]. 现代雷达,2013,35(10):27 -31,35.

[16] Rihaczek A W,Hershkowitz S J. Theory and practice of radar target identification[J]. Artech House,Boston,London,2000.

[17] Nebabin V G. Methods and techniques of radar recognition. Artech House,Boston,London,1995.

[18] Delaney W P,Ward W W. Radar development at lincoln laboratory:An overview of the first fifty years[J]. Lincoln Laboratory Journal,2000,12(2):147 -166.

[19] Lemnios W Z,Grometsein A A. Overview of the lincoln laboratory ballistic missile defense program[J]. Lincoln Laboratory Journal,2002,13(1):9 -32.

[20] 刘宏伟,杜兰,袁莉,等. 高分辨距离像目标识别研究进展[J]. 电子与信息学报,2005,27(8):1328 -1333.

第7章 地面目标识别技术

合成孔径雷达(SAR)作为一种有源成像雷达,它可以通过发射机主动向目标发射电磁波,并利用接收目标回波信号进行二维成像,合成孔径雷达具有全天时、全天候成像能力,可获得高分辨力图像;另外,适当的雷达波长可以穿透一定的遮蔽物成像,对隐藏目标的发现能力较强。SAR 在民用和军用领域有着非常广泛的应用,其中在军事上可以对敌方目标,如坦克群、机场和停机坪、各种车辆、桥梁、铁路、公路等各种军事建筑物进行有效侦察,这些应用中,SAR 图像目标识别已经由起初的人工判读方式转变为自动目标识别,要求系统在较短的时间内检测出目标并识别出目标的类别,这成为了 SAR 目标识别研究的重点。

SAR 图像主要反映了目标的电磁散射和结构特性,SAR 图像除了包含感兴趣的目标区域,还包含了大量的背景杂波,并且 SAR 图像的质量容易受到相干斑的影响,同时 SAR 图像中目标对方位角、目标位置均具有较强的敏感性,这直接影响了目标检测、鉴别、识别的性能。因此,在利用 SAR 图像进行目标识别之前需对 SAR 图像进行滤波、分割等预处理。

本章主要介绍利用 SAR 图像及其他特征,进行地面目标识别,包括车辆、机场、桥梁等具有代表性的目标识别。

7.1 SAR 目标识别基本流程

SAR 图像中的自动目标识别(ATR)是一个复杂的过程,要从一幅大场景的 SAR 图像中检测和定位出感兴趣的目标,如坦克车、装甲车等军事车辆,然后对目标进行分类,判定目标所属类别,以及检测和识别出具有军事价值的人造固定目标,如桥梁、道路、机场等。传统的 SAR 目标识别流程,由图像去噪、图像分割、特征提取、参数估计/分类算法构成,基本思路是利用目标与背景在图像灰度、纹理或者几何构成上的差别,在图像中检测出与目标相对应的几何单元,进一步进行分类和识别(图 7.1)。

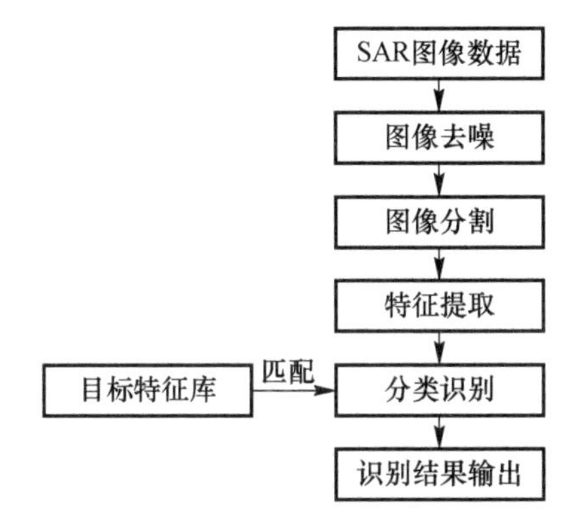

图 7.1　SAR 目标识别基本流程

SAR 固有的成像特性,会导致乘性相干斑噪声的产生,将会使一幅具有均匀散射系数的目标 SAR 图像并不具有均匀灰度,而会出现许多的斑点。这种噪声严重影响了 SAR 的实际应用,噪声的抑制既要求去除噪声,又要求保证图像细节的损失最小。

图像分割就是指把图像分成各具特性的若干区域并提取出其中感兴趣目标的技术,SAR 图像中包含大量的背景杂波区域,为了减少背景杂波对目标识别的影响,需要将感兴趣的目标区域分割出来。

特征提取指的是对分割出的感兴趣目标提取其几何特征和数学特征(如尺寸、线特征、纹理、对比度、傅里叶系数等特征)并且排除自然斑点噪声和人为造成的虚警。

分类识别指的是利用提取的特征估计进行参数估计从而判断目标的属性,以及选择合适的匹配算法,把提取出的目标特征与数据库内已有的特征进行一个匹配,判断出目标的类别和型号。

7.2　SAR 图像滤波方法

7.2.1　SAR 相干斑产生机理

SAR 是一种工作在微波波段的相干成像雷达,理想点目标散射的回波为球面波,如图 7.2 所示,在球面上其幅度处处相等,因此可以将目标看成由许多理想点目标组成。由于同一分辨单元内的点目标 SAR 无法分辨,它所收到的信号是这些理想点目标的矢量和。两个或两个以上频率相同、振动方向相同、相位方向相同或相差恒定的电磁波在空间叠加时,合成波振幅为各个波的振幅的矢量和。交叠区会在某些点振动加强,某些点振动减弱或完全抵消的现象,这种现象称为干涉。SAR 发射的相干电磁波照射地物目标时,其散射回来的总回波并不完全由地物目标的散射系数决定,而是围绕这些散射系数值有很大的随机起伏,这种起伏在图像上的反映就是相干斑噪声,因此具有均匀散射系数目标的 SAR 图像并不具有均匀灰度,而会出现许多斑点,使图像的信噪比下降,严重时使图像模糊,甚至图像特征消失。

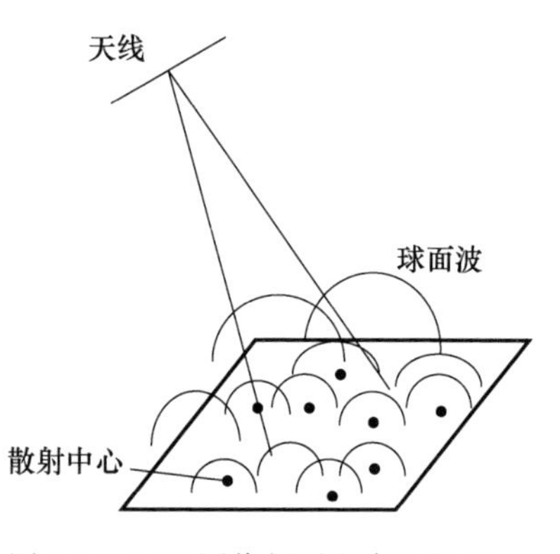

图 7.2 SAR 图像相干斑产生机理

Goodman 指出,当图像系统分辨单元比目标空间细节小,图像中像素退化,彼此独立时,相干斑噪声可以建模为乘性噪声,即地物回波可以用乘积模型中的两个不相关的变量进行描述,这是理解 SAR 图像相干斑特性的一个重要突破,即

$I=\omega n$,式中,I 是观测地物强度;ω 是地物实际后向散射截面;n 是和信号 ω 不相关的相干斑,以乘积的形式附加到信号上的。这个模型又称为乘性斑点模型。乘性斑点模型有两个前提条件,一是图像的强度满足 $P_I(I|\omega)=\frac{1}{\omega}\exp\left(-\frac{I}{\omega}\right)(I\geqslant 0)$,图像强度的方差为 σ^2;二是噪声分布服从均值为 1 的负指数分布:$P_n(n)=\frac{1}{\omega}\exp(-n)(I\geqslant 0)$。如果不满足上述前提条件,使用该模型无法获得理想结果。

由于 SAR 图像为复数图像,由复图像可以得到实部图像、虚部图像、幅度图像、强度图像等。假设在任何时刻被照射的场景由完全随机分布的许多点散射目标组成,它们的幅度是随机的。下面给出 SAR 单视复图像各特征量的概率密度函数。

观测的两个正交分量 $z_1=A\cos\phi$ 和 $z_2=A\sin\phi$ 符合 0 均值的高斯分布,它们的联合概率密度函数为

$$P(z_1,z_2)=\frac{1}{2\pi\sigma^2}\exp\left(-\frac{z_1^2+z_2^2}{2\sigma^2}\right) \tag{7.1}$$

相位 ϕ 在$[-\pi,\pi]$之间均匀分布。

幅度 A 服从 Rayleigh 分布:

$$P_A(A)=\begin{cases}\frac{A}{\sigma^2}\exp\left(-\frac{A^2}{2\sigma^2}\right), & A\geqslant 0\\ 0, & A<0\end{cases} \tag{7.2}$$

强度 I 服从负指数分布:

$$P_I(I)=\frac{1}{\sigma}\exp\left(-\frac{I}{\sigma}\right) \tag{7.3}$$

后向散射截面 ω 服从 Gamma 分布:

$$P_{\sigma}(\omega)=\left(-\frac{v}{\bar{\omega}}\right)^{v}\frac{\omega^{v-1}}{\Gamma(v)}\exp\left(-\frac{v\omega}{\bar{\omega}}\right) \tag{7.4}$$

式中:v 是参数;$\bar{\omega}$ 代表 ω 的均值。

7.2.2 相干斑统计滤波

对于相干斑噪声,在成像之前采用多视处理进行去斑处理,通过降低处理器带宽形成多视子图像,然后对多视子图像进行非相干叠加来降低相干斑噪声,以牺牲 SAR 图像的空间分辨力为代价,这与图像高分辨力的要求相互矛盾。基于斑点噪声统计特性的空域滤波算法,在图像上取一个滑动窗,以窗内所有像素作为滤波器输入值,基于其局域统计特性进行滤波处理,典型的如 Lee 滤波法[1-2],Frost 滤波[3],Kuan 滤波[4],Gamma MAP[5]滤波等。

1. Lee 和增强 Lee 滤波算法

Lee 算法的实现是通过在二维图像中滑动一个可选择大小的奇数宽度的窗口,在滑动到的每一个位置计算该位置图像数据的局部均值和方差,获得一个位置的权函数 k 后对图像进行处理,具体的表达式如下:

$$\hat{R}_{\text{Lee}}=(1-k)E(I)+kI_0 \tag{7.5}$$

式中:$\hat{R}$ 为窗口中心元素的滤波输出值;I_0 为窗口中心像素原始强度值;$E(I)$ 为窗口中所有元素的强度均值;权函数 $k\approx 1-C_F^2/C_I^2$($C_I=\sigma_I/\mu_I$,σ_I 和 μ_1 分别是滑动窗口内所有像素点的方差和均值,对于 L 视 SAR 图像,$C_F^2=1/L$)。

增强 LEE 算法则以 C_I 和 C_F 的比值为依据,将图像分为均匀、非均匀和点状目标 3 类区域,分别进行均值滤波、LEE 滤波和保持不变,得到了更好的滤波效果。增强 LEE 算法具体如下:

$$\hat{R}_{\text{reLee}}=\begin{cases}E(I),C_I<C_F\\ \hat{R}_{\text{Lee}},C_F\leqslant C_I\leqslant C_{\max}\\ I_0,C_{\max}<C_I\end{cases} \tag{7.6}$$

式中:$C_{\max}=\sqrt{3}C_F$。

Lee 算法计算量小,速度快,只要知道噪声的先验均值和方差,就可以使用此方法进行滤波。在选择较小窗口的情况下,对图像的纹理和边缘有较好的保持效果,但对目标元素的统计误差较大;随着处理窗口的增大,目标元素的统计特性的误差减小,但图像边缘和纹理变得模糊,一些细节信息被损失。在实际的应用中,需要根据实际应用场景合理选择滤波窗口。

2. Frost 及增强 Frost 滤波算法

Frost 滤波算法是在假定斑点噪声是乘性噪声的条件下,并且假设 SAR 图像是平稳过程,对其进行滤波处理。Frost 滤波器冲激响应为一双边指数函数,近似为低通滤波器,其滤波器参数由图像局部方差系数决定。冲激响应的衰减快慢取决于局部方差系数的大小,与其成正比关系。

Frost 滤波是以权重为自适应调节参数的滤波器,对每一像元,按式(7.7)确定一个权重值,然后按式(7.8)进行滤波。

$$W = \exp(-AT) \tag{7.7}$$

$$\hat{R}_{\text{Frost}} = \frac{\sum_{k=i-n}^{i+n} \sum_{l=j-n}^{j+n} I_{kl} W_{kl}}{\sum_{k=i-n}^{i+n} \sum_{l=j-n}^{j+n} W_{kl}} \tag{7.8}$$

式中:$A = \text{Damp}\sigma_1/\mu_I^2$(其中 Damp 为阻尼因子),$T$ 为滤波窗口中心像元到邻域像元的绝对距离。Damp 值越大,边缘保持效果越好,但平滑效果较差;反之 Damp 值越小,平滑效果越好,但边缘保持效果较差。经试验,在滤波中取 Damp = 2 效果较好。增强 Frost 滤波是在 Frost 滤波的基础上,根据场景的不同,采用不同的方法计算参数 A,具体的计算方法如下:

$$A = \begin{cases} E(I), C_I < C_F \\ \text{Damp}\dfrac{C_I - C_F}{C_{\max} - C_I}, C_F \leqslant C_I \leqslant C_{\max} \\ I_0, C_{\max} < C_I \end{cases} \tag{7.9}$$

3. Kuan 滤波

Kuan 滤波器是基于局部的线性最小均方误差的滤波器,在加性噪声模型基础上,考虑乘性噪声模型,并假设这个模型中噪声有固定的均值和方差。

利用线性最小均方误差准则,可解得

$$\hat{R}_{\text{Kuan}} = (1 - W)E(I) + WI_0 \tag{7.10}$$

式中:$W = \left(1 - \dfrac{C_F^2}{C_1^2}\right)/(1 + C_F^2)$。

Kuan 滤波是一种加权自适应滤波算法,它根据滤波窗口内像素特征决定中心像元与窗口均值的权重,Kuan 滤波器与 Lee 滤波器的区别在于用一个信号加一个依赖于信号的噪声来表示乘性模型的噪声。在均匀的区域里,W 趋于 0,滤波结果值 R 趋于 $E(I)$,即 I 的均值;而在图像强度起伏较大的区域(如城市区域或其他包含边界的自然场景等)里,W 趋于 1,R 趋于 I,即保持像元本身的值。因此,在均匀区域中,噪声被平滑,而在图像边沿或纹理细节部分,则保持原值。

4. Gamma MAP 滤波

这种算法实际上得到最大后验概率估计(MAP)值,MAP 滤波算法假设地面目标雷达散射特性和斑点噪声都服从 Γ 分布,所以又称 Gamma MAP 滤波器。地面目标雷达散射特性的分布为

$$p(R)=\frac{1}{R}\left[\frac{\alpha R}{E(R)}\right]^{\alpha}\frac{1}{\Gamma(\alpha)}\exp\left[\frac{-\alpha R}{E(R)}\right] \tag{7.11}$$

式中:R 为地面目标雷达散射特性(指不含噪声的后向散射);α 为异质参数。真正的图像特性仅取决于均值 $E(R)$ 和异质参数 α,后者决定分布的变化。对于一幅功率图像,$p(I/R)$ 为

$$p(I/R)=\frac{1}{I}\left(\frac{LI}{R}\right)^{L}\frac{1}{\Gamma(L)}\exp\left(\frac{-LI}{R}\right) \tag{7.12}$$

式中:L 为视数,I 为 SAR 图像的强度。斑点噪声和 R 叠加后的分布为 K 分布。则 MAP 滤波器输出为

$$\hat{R}_{\text{MAP}}=\frac{(\alpha-L-1)E(I)+\sqrt{E^{2}(I)(\alpha-L-1)^{2}+4\alpha LIE(I)}}{2\alpha} \tag{7.13}$$

式中:I 为待修正像素的值;异质参数 $\alpha=(1+C_F^2)/(C_1^2-C_F^2)$,在一个滑动窗内的局部方差系数 $C_I=\sigma_I/E(I)$,σ_1 是局部标准偏差,理论上的斑点噪声方差系数为 $C_F=1/\sqrt{L}$。

SAR 图像滤波结果:图 7.3 为原始 SAR 图像,图 7.4 为增强 Lee 滤波结果,图 7.5 为增强 Forst 滤波结果,图 7.6 为 Kuan 滤波结果,图 7.7 为 Gamma MAP 滤波结果。

图 7.3　原始 SAR 图像

图 7.4　增强 Lee 滤波结果

图 7.5　增强 Forst 滤波结果

图 7.6　Kuan 滤波结果

图 7.7　Gamma MAP 滤波结果

7.3 SAR 图像分割方法

SAR 图像分割是指把 SAR 图像划分成若干个互不交叠的区域，被分割的区域具有同质性和唯一性。同质性是指分割的所有像素点应具有某种相同特性，如灰度、纹理特征等，唯一性是指分割的区域与相邻的其他区域存在明显的差异。SAR 图像分割目的就是把 SAR 图像分成各具特征的区域并提取感兴趣目标的过程。但由于 SAR 地物场景的复杂性，致使各种分割算法的通用性不好。

7.3.1 基于阈值的分割方法

SAR 图像中的目标区域与背景区域或者说不同区域之间，它们的灰度值存在着较大的差异。可以将灰度的一致性作为重要判断依据来进行 SAR 图像分割。分割结果中不同的分割区域有着明显不同的灰度特征。阈值分割方法就是简单地用一个或几个阈值将图像的灰度直方图分成几个类，认为图像中灰度值在同一灰度类内的像素属于同一个物体。阈值分割的核心问题在于阈值的选择，常见的阈值分割算法包括直方图双峰法、直方图变换法、最大熵法、最小误差法和最大类间方差法[7]（Otsu）等。

最大类间方差法（Otsu）是在最小二乘法原理基础上推导出来的，基本思路是将直方图在某一阈值处理分割成两组，当被分成的两组类间方差为最大时，决定阈值。设图像灰度级 1 到 L，第 i 级像素 n_i 个，总像素 $N=\sum_{i=1}^{L} n_i$，则第 i 级灰度出现的概率为 $P_i=n_i/N$。

设灰度门限值为 t，则图像按灰度级被分为两类：

$$C_0=\{1,2,\cdots,t\},C_1=\{t+1,\cdots,L\} \tag{7.14}$$

两部分图像所占比例分别为

$$\omega_0=\sum_{i=1}^{t} P_i,\omega_1=\sum_{i=t+1}^{L} P_i \tag{7.15}$$

两部分图像的类内均值分别为

$$m_0(t)=\frac{1}{\omega_0}\sum_{i=1}^{t} i\cdot P_i,m_1(t)=\frac{1}{\omega_0}\sum_{i=t+1}^{L} i\cdot P_i \tag{7.16}$$

图像灰度总均值：

$$m_1(t)=\sum_{i=t+1}^{L} i\cdot P_i \tag{7.17}$$

类间方差：

$$\sigma^2(t)=\omega_0(m-m_0)^2+\omega_1(m-m_1)^2 \tag{7.18}$$

$\sigma^2(t)$称为目标选择函数，最佳阈值t^*可由下式确定：

$$t^* = \operatorname{argmax}\{\sigma^2(t)\} \tag{7.19}$$

相应的阈值函数定义如下：

$$f_{t^*}(x,y) = \begin{cases} b_0, f(x,y) < t^* \\ b_1, f(x,y) \geq t^* \end{cases} \tag{7.20}$$

式中：$1 \leq b_0, t^*, b_1 \leq L$。

方差在一定程度上度量了灰度分布均匀性，类间方差越大，表明图像中目标与背景两部分的差别越大，当部分目标错分为背景或者部分背景错分为目标时，两部分差别会变小。因此，Otsu 准则就是要最大化类间方差也就是最小化错分概率。Otsu 法是基于图像的一维灰度直方图，以目标和背景的类间方差最大为阈值选取准则。该法通常对目标和背景具有明显不同灰度特性的图像有较好的效果。

7.3.2 基于边缘检测的分割方法

SAR 图像分割区域的边缘往往也是 SAR 图像中的真实边缘。基于边缘检测的方法主要是通过检测出区域的边缘来进行分割的。基于边缘检测的图像分割方法是利用不同区域之间特征的不一致性和不连续性，首先检测出 SAR 图像中的边缘点，然后按一定的策略连接成闭合的曲线，从而检测出 SAR 图像的边缘，进而构成分割区域。

基于边缘检测的 SAR 图像分割算法的优点在于其比较适合边缘灰度值过渡比较显著且相干斑噪声较小的简单 SAR 图像的分割。对于边缘比较复杂以及存在较强相干斑噪声的图像，则不得不面对抗噪声性能和检测精度之间的矛盾。如果要提高检测精度，则相干斑噪声产生的伪边缘会导致不合理的轮廓，如果要提高抗噪性，则会产生轮廓漏检和位置偏差[8]。因此，如何进行有效的折中处理是成功应用基于边缘检测的 SAR 图像分割算法的关键。

传统的图像边缘检测方法大多从图像的高频分量中提取边缘信息，微分运算是边缘检测与提取的主要手段。传统的边缘检测算子如 Roberts、Prewitt、Sobel、Laplace 等都是局域窗口梯度算子，但由于它们对噪声敏感，所以在处理实际图像中效果并不理想。1986 年，John Canny[9]提出边缘检测算子应满足信噪比准则、定位精度准则、单边缘响应准则，并由此推导出了最佳边缘检测算子——Canny 算子。

1. Roberts 算子

Robert 边缘检测算子是一种利用局部差分算子寻找边缘的算子，它由下式给出：

$$g(x,y) = \sqrt{[f(x,y) - f(x+1,y+1)]^2 + [f(x,y+1) - f(x+1,y)]^2} \tag{7.21}$$

为了减少计算工作量,提高计算速度,可采用下式来计算:

$$g(i,j) = |f(i+1,j+1) - f(i,j)| + |f(i+1,j) - f(i,j+1)| \tag{7.22}$$

式中:$f(x,y)$是具有整数像素坐标的输入图像。平方根运算使该处理类似于在人类视觉系统中发生的过程。它是一个两个 2×2 模板作用的结果,其模板为

$$\boldsymbol{H}_1 = \begin{bmatrix} 0 & 1 \\ -1 & 0 \end{bmatrix}, \boldsymbol{H}_2 = \begin{bmatrix} 1 & 0 \\ 0 & -1 \end{bmatrix} \tag{7.23}$$

Roberts 算子利用局部差分算子寻找边缘,边缘定位精度较高,但容易丢失一部分边缘,同时由于没经过图像平滑计算,因此不能抑制噪声。该算子对具有陡峭的低噪声图像响应最好。由于 Robert 算子通常会在图像边缘附近的区域内产生较宽的响应,故采用上述算子检测的边缘图像常需做细化处理。

2. Prewitt 算子

为了在检测图像边缘的同时减少噪声的影响,Prewitt 算子将方向差分运算与局部平均相结合。该算子的表达式如下:

$$\begin{aligned} f_x(x,y) = & f(x+1,y-1) + f(x+1,y) + f(x+1,y+1) - \\ & f(x-1,y-1) - f(x,y-1) - f(x+1,y-1) \end{aligned} \tag{7.24}$$

$$\begin{aligned} f_y(x,y) = & f(x-1,y-1) + f(x,y-1) + f(x+1,y-1) - \\ & f(x-1,y+1) - f(x,y+1) - f(x+1,y+1) \end{aligned} \tag{7.25}$$

Prewitt 算子的卷积模板如下:

$$\boldsymbol{f}_x(x,y) = \begin{bmatrix} -1 & 0 & 1 \\ -1 & 0 & 1 \\ -1 & 0 & 1 \end{bmatrix}, \boldsymbol{f}_y(x,y) = \begin{bmatrix} -1 & -1 & -1 \\ 0 & 0 & 0 \\ 1 & 1 & 1 \end{bmatrix} \tag{7.26}$$

3. Sobel 算子

Sobel 算子在 Prewitt 算子的基础上,通过在 3×3 邻域内做加权平均和差分运算得来。Sobel 算子的表达式如下:

$$\begin{aligned} f_x(x,y) = & f(x-1,y+1) + 2f(x,y+1) + f(x+1,y+1) - \\ & f(x-1,y-1) - 2f(x,y-1) - f(x+1,y-1) \end{aligned} \tag{7.27}$$

$$\begin{aligned} f_y(x,y) = & f(x+1,y-1) + 2f(x+1,y) + f(x+1,y+1) - \\ & f(x-1,y-1) - 2f(x-1,y) - f(x-1,y+1) \end{aligned} \tag{7.28}$$

Sobel 算子的卷积模板如下:

$$\boldsymbol{f}_x(x,y) = \begin{bmatrix} -1 & 0 & 1 \\ -2 & 0 & 2 \\ -1 & 0 & 1 \end{bmatrix}, \boldsymbol{f}_y(x,y) = \begin{bmatrix} -1 & -2 & -1 \\ 0 & 0 & 0 \\ 1 & 2 & 1 \end{bmatrix} \tag{7.29}$$

Sobel 算子引入了加权局部平均,不仅能检测图像的边缘而且能进一步抑制

噪声的影响，但它得到的边缘较粗。

4. Laplace 算子

拉普拉斯算子是常用的边缘增强二阶微分算子，是偏导数运算的线性组合运算，一个二元图像函数 $f(x,y)$ 的拉普拉斯算子定义为

$$\nabla^2 f = \frac{\partial^2 f}{\partial x^2} + \frac{\partial^2 f}{\partial y^2} \tag{7.30}$$

离散表达式为

$$\frac{\partial^2 f}{\partial x^2} = f(x+1,y) + f(x-1,y) - 2f(x,y) \tag{7.31}$$

$$\frac{\partial^2 f}{\partial y^2} = f(x,y+1) + f(x,y-1) - 2f(x,y) \tag{7.32}$$

$$\nabla^2 f = [f(x+1,y) + f(x-1,y) + f(x,y+1)f(x,y-1)] - 4f(x,y) \tag{7.33}$$

在实际应用中，二阶导数运算也往往通过模板卷积的方式来实现，具有如下几种模板：

$$\boldsymbol{H} = \begin{bmatrix} 0 & -1 & 0 \\ -1 & 4 & -1 \\ 0 & -1 & 0 \end{bmatrix}, \boldsymbol{H} = \begin{bmatrix} -1 & -1 & -1 \\ -1 & 8 & -1 \\ -1 & -1 & -1 \end{bmatrix}, \boldsymbol{H} = \begin{bmatrix} 1 & -2 & 1 \\ -2 & 4 & -2 \\ -1 & -2 & 1 \end{bmatrix} \tag{7.34}$$

拉普拉斯算子是一个标量，它没有边缘方向的信息，对噪声比较敏感，具有旋转不变性。

5. Canny 算子

Canny 算子是应用较为广泛的边缘检测算子之一，在边缘检测方面取得了良好的效果。具体步骤如下：

（1）利用高斯滤波模板进行卷积消除噪声。

（2）利用一阶偏导的有限差分来计算梯度的幅值和方向。利用倒数算子找到图像灰度沿 2 个方向的偏导数 G_x, G_y，并求出梯度的大小：$|G| = \sqrt{G_x^2 + G_y^2}$，梯度方向 $\theta = \arctan\left[\frac{G_y}{G_x}\right]$。

（3）对梯度幅值进行非极大值抑制。像素梯度幅值矩阵中的元素值越大，说明图像中该点的梯度值越大，但这不能说明该点就是边缘。在 Canny 算法中，非极大值抑制是进行边缘检测的重要步骤，就是指寻找像素点局部最大值，将非极大值点所对应的灰度值置为 0，这样可以剔除掉一大部分非边缘的点。

（4）双阈值方法检测。Canny 算法中减少假边缘数量的方法是采用双阈值法。选择两个阈值，上限和下限。如果一个像素的梯度低于下限阈值，则被抛弃；如果高于上限阈值，则被认为是边缘像素；如果介于二者之间，只有当其高于上限

阈值的像素连接时才会被接受。Canny 推荐的上下限阈值比为2:1 到3:1 之间。

(5) 连接边缘。根据高阈值得到一个边缘图像,这样一个图像含有很少的假边缘,但是由于阈值较高,产生的图像边缘可能不闭合,为解决这样一个问题采用另外一个低阈值。在高阈值图像中把边缘连接成轮廓,当到达轮廓的端点时,该算法会在断点的 8 邻域点中寻找满足低阈值的点,再根据此点收集新的边缘,直到整个图像边缘闭合(图 7.8、图 7.9)。

图 7.8　SAR 原始图像(2.4 视)

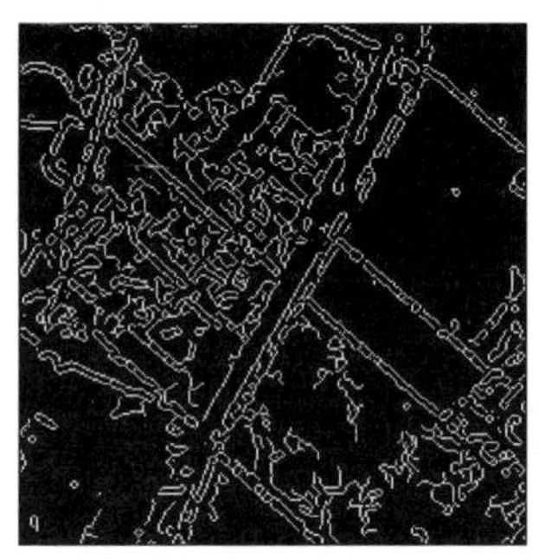
图 7.9　Canny 边缘检测

从图 7.9 可以看出,Canny 边缘检测算子在均匀区域能够很好地抑制斑点噪声产生的虚假边缘。但是在图像波动比较快的区域,由于噪声的影响,Canny 边缘检测算子会将图像分割成许多小区域,而这些小区域并不能完全反映该区域的真实情况,并且在抑制噪声的同时丢失了部分真实目标。产生这些现象的主要原因是 SAR 图像斑点噪声是一种依赖场景的乘性噪声,它并不服从高斯分布,而 Canny 边缘检测算子是以高斯分布噪声为假设的。对于低视数($L<4$) SAR 图像,由于其分布偏离正态分布很大,所以检测效果比较差,而对于高视数 SAR 图像,由于图像噪声分布比较接近正态分布,利用 Canny 边缘检测会获得比较好的效果。

7.4　机场目标识别技术

在 SAR 图像中,机场作为一类特定的目标,无论是从军用或民用的角度来讲,其识别都具有特殊的意义。机场跑道是机场存在的最显著标志,机场跑道的主要特征是以两条长平行直线为边缘,可通过提取这两条平行直线可以达到自动识别跑道的目的[10-13]。它在 SAR 图像中有较为明显的特征:一般呈较暗的长矩形状,且表面灰度连续均匀,与背景相差大,每条跑道构成一对平行线。

利用基于灰度的阈值分割方法对 SAR 图像进行图像分割,这是因为通常机场跑道具有较强的镜面反射效应,其在 SAR 图像上表现为比周围其他目标都要暗的狭长区块。因此利用该先验知识,通过对 SAR 图像进行灰度阈值分割可以将机场跑道所在的粗略位置提取出来,然后利用后续处理进行精确定位。

提取面积最大的前几个连通域。通过第一步的灰度阈值分割得到 SAR 图像的二值图,考虑到机场目标的空间尺寸较大,一般位于二值图中较大的连通域中,因此此处通过提取几个较大面积的连通域,即可找到疑似机场的区域;对疑似机场区域进行边缘提取,得到机场跑道的长直边缘。

采用 Hough 变换法提取上述边缘图中的直线,得到跑道的最终位置,最后根据区域中有无跑道来确定机场的位置。由于机场跑道往往不止一条并且还具有宽度,因此经过 Hough 变换后可以提取出多条直线,此时还需要通过平行条件对所提取的直线进行平行判断。

算法的具体流程图如图 7.10 所示。

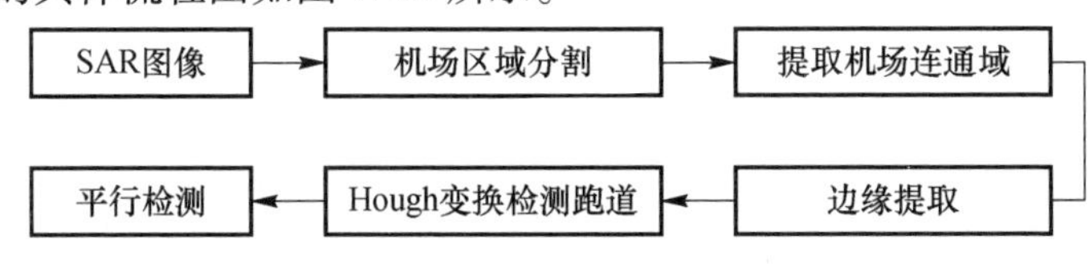

图 7.10　机场提取算法流程图

7.4.1　机场区域分割

由于机场跑道一般由水泥、沥青、混凝土等材料建造而成,这些材料均具有较强的镜面反射效应,跑道在 SAR 图像上表现为比周围其他目标都要暗的狭长区块。通过对 SAR 图像进行灰度阈值分割可以将机场跑道所在的粗略位置提取出来。灰度阈值分割是利用图像中感兴趣目标与其他地物目标与背景的灰度差异,选择某一合适的阈值,按照灰度值大小把 SAR 图像分割成二值图像,由此来判断图像中各像素是属于要提取的目标还是背景区。

考虑到机场目标在 SAR 图像中一般较背景呈现出暗的长而宽的区域,即所提取目标与背景区灰度值差异较大,再考虑到计算的复杂程度,采用最大类间方差法对 SAR 图像进行图像分割。将机场跑道所在的粗略位置提取出来,然后在分割得到的二值图像中提取较大连通域的区域。

7.4.2　机场连通域提取

利用得到灰度阈值分割后的二值图像,考虑到机场目标的空间尺寸较大,一般位于二值图中较大的连通域中,因此此处通过提取几个较大面积的连通域,来确定疑似机场区域的位置。

在一幅二值图像 I 中,设某一像素点 p,坐标为(x_p,y_p),其在水平方向和垂直方向的两个相邻像素坐标为(x_p+1,y_p),(x_p-1,y_p),$(x_p,y_p+1)$$(x_p,y_p-1)$。$p$ 的这 4 个邻域像素记为 $N_4(p)$,即图 7.11(a)中的阴影部分;在对角线上与 p

相邻的 4 个像素点坐标为(x_p+1,y_p+1),(x_p+1,y_p-1),(x_p-1,y_p+1),(x_p-1,y_p-1),这 4 个邻域像素记为 $N_D(p)$,即图 7.11(b)中所示。p 像素周围 8 个邻域像素即集合 $N_4(p)$与 $N_D(p)$的并集记为 $N_8(p)$称为 p 像素的 8 邻域集合,如图 7.11(c)所示。

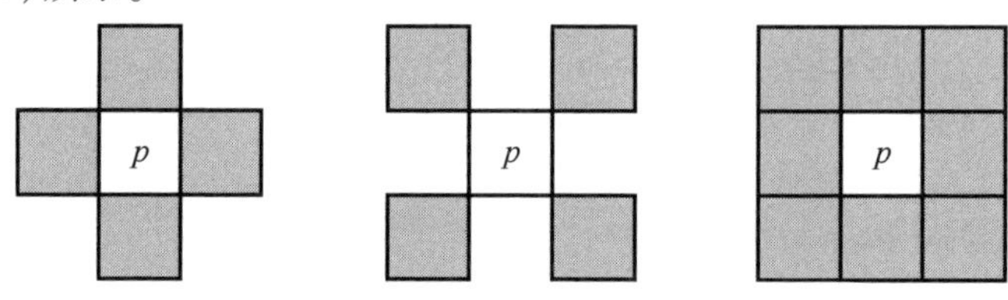

图 7.11　像素点及邻域

若在所要提取目标的像素 p 和 q 之间存在一条完全由目标像素组成的 4 连接或 8 连接路径,则称像素 p 和 q 满足 4 连接或 8 连接条件。

对分割得到的二值图像采用 8 连通区域标记法,提取几个面积较大的连通域,方法如下:

设 L 是一幅二值图像 I 中的一个连通域,其中点 p 是 L 中已知的一点,使用如下迭代表达式迭代生成连通域 L 中所用像素点所在位置:

$$U_k=(U_{k-1}\oplus B)\cap I \tag{7.35}$$

式中:$U_{k-1}=p$;运算$\oplus$表示图像处理中的膨胀算法;B 为此处膨胀运算使用的 8 连通结构元素。在图 7.12 中,阴影值为 1,与 p 表示不同是因为这些点还未被检测出来,如果连续两次迭代结果有 $U_k=U_{k-1}$,表示算法已收敛,令 $L=U_k$ 及为所提取的连通域。

在灰度阈值分割后的二值图像中提取 8 连通区域,考虑到机场目标的空间尺寸较大,一般位于二值图中较大的连通域中,因此此处选择面积最大的 3 块连通域作为机场可能存在的区域,为之后的进一步提取做好准备。

7.4.3　机场边缘提取

通过对 SAR 图像的二值图进行连通域提取,得到了多个疑似机场区域,对得到的疑似机场区域进行边缘提取,正确的机场区域,通过边缘提取会得到机场跑道的几条平行线段;反之,假的机场区域无法得到平行线段。

通常利用图像中灰度级的不连续性来实现图像的边缘检测,常用一阶和二阶导实现这种不连续性的检测。其中,基于一阶导的边缘检测算子包括 Roberts 算子、Sobel 算子、Prewitt 算子等;基于二阶导的边缘检测算子包括拉普拉斯边缘检测算子、LOG 算子等,这些检测算子是通过检测图像中一阶导的极大值点或二阶导的过零点来实现边缘检测,这些方法往往对噪声比较敏感,边缘定位不是

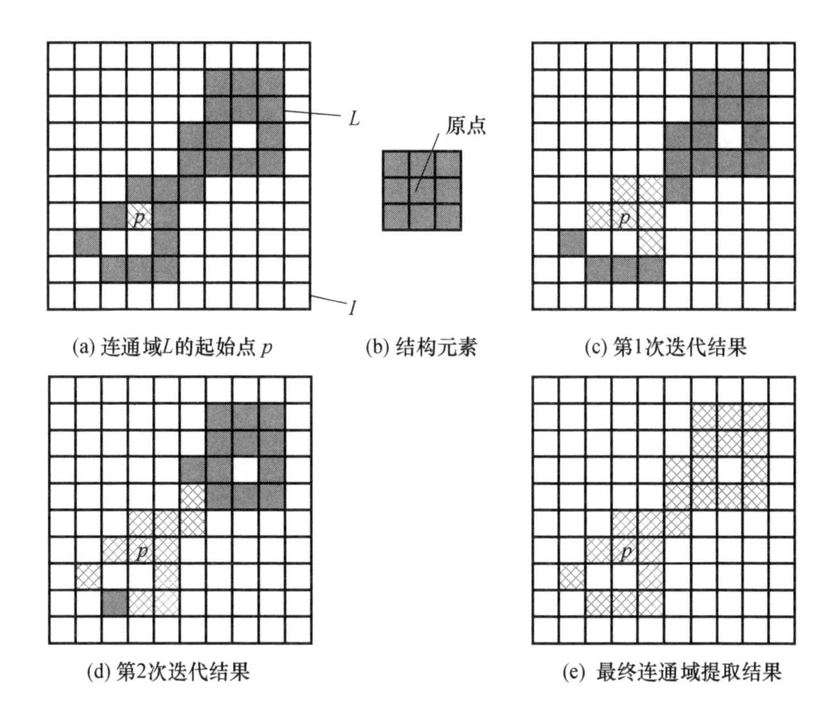

图 7.12　连通域提取

很准确。Canny 算子不是通过检测一阶导和二阶导的极大值点和过零点来检测边缘,它是将图像的边缘点定义为梯度方向强度的局部最大值点,通过非最大值抑制处理来实现边缘点的检测,本节使用 Canny 算子对得到的疑似机场连通域进行边缘提取。

为方便起见,重写相关公式。二维函数 $f(x,y)$ 的梯度为

$$\boldsymbol{g} = \nabla \boldsymbol{f} = \begin{bmatrix} G_x \\ G_y \end{bmatrix} = \begin{bmatrix} \dfrac{\partial f}{\partial x} \\ \dfrac{\partial f}{\partial y} \end{bmatrix} \tag{7.36}$$

其幅值为

$$g(x,y) = \nabla f = \sqrt{G_x^2 + G_y^2} = \sqrt{\left(\frac{\partial f}{\partial x}\right)^2 + \left(\frac{\partial f}{\partial y}\right)^2} \tag{7.37}$$

方向为

$$\alpha(x,y) = \arctan\left(\frac{G_y}{G_x}\right) \tag{7.38}$$

Canny 算法总结如下:

(1) 首先通过高斯滤波器对原图像进行平滑以减少噪声。

（2）在图像的每一像素点利用式（7.37）和式（7.38）计算其梯度大小 $g(x, y)$ 和方向 $\alpha(x,y)$，其中图像的边缘点为梯度方向上强度局部最大值点。

（3）得到的边缘点需满足3个条件才能被认为是边缘点，即：①该点强度大于沿该点梯度方向的邻域像素点的强度；②与该点梯度方向上相邻两点的方向差在45°之内；③以该点为中心的8邻域内该点强度最大，即非最大值抑制。

（4）在步骤结束后使用两个阈值 T_1 和 T_2 做阈值处理，其中 $T_1 < T_2$，得到大于阈值 T_2 的强边缘点和处于 T_1 和 T_2 之间的弱边缘点。

（5）最后将8连接的弱边缘点连接为强边缘点。

利用Canny边缘检测算子对上节得到的疑似机场区域进行边缘提取可以得到机场跑道的长直边缘。

7.4.4 基于Hough变换跑道检测

Hough变换是一种检测、定位直线和解析曲线的有效方法，它将原始图像中给定形状的曲线或直线变换到参数空间的一个点。Hough变换受噪声和曲线间断的影响小，Hough变化把在图像中直线检测问题转换到参数空间中对点检测的问题，典型的变换是采用直线的极坐标方程：

$$\rho = x\cos(\theta) + y\sin(\theta) \tag{7.39}$$

转化到 (ρ,θ) 参数空间，图像空间 (x,y) 中的每一点都对应参数空间 (ρ,θ) 中的一条正弦曲线，在一条直线上的点所对应的正弦型曲线相交于一点。将参数空间离散化，如果参数空间量化过粗，则参数空间的凝聚效果差，找不出直线的准确 (ρ,θ) 值；如果参数空间量化的过细，那么计算量将增大，需要兼顾这两方面，取合适的量化值，用二维数组统计过参数空间每点的正弦曲线的条数，搜索二维数组中的局部最大值，并非所有的局部峰值都对应于跑道的边缘，还必须利用跑道边缘的成对平行的性质以及跑道的宽度范围检测跑道。

7.4.5 实验结果分析

图7.13为一幅含有机场目标的SAR图像，采用上述机场目标提取的方法对其进行提取。经过SAR图像预处理，滤除相干斑噪声后，利用最大类间方差法对其进行区域分割，结果如图7.14所示。

得到经上述分割处理后的二值图像后，考虑到机场目标的空间尺寸较大，一般位于二值图中较大的连通域中，因此通过提取4个较大面积的连通域，来确定疑似机场区域的位置，通过提取较大的4个连通域，可以得到多个疑似机场区域，由于只有机场区域才有平行的跑道，因此之后对上述结果进行边缘提取，为后续机场跑道的提取做准备。边缘提取结果如图7.15所示。

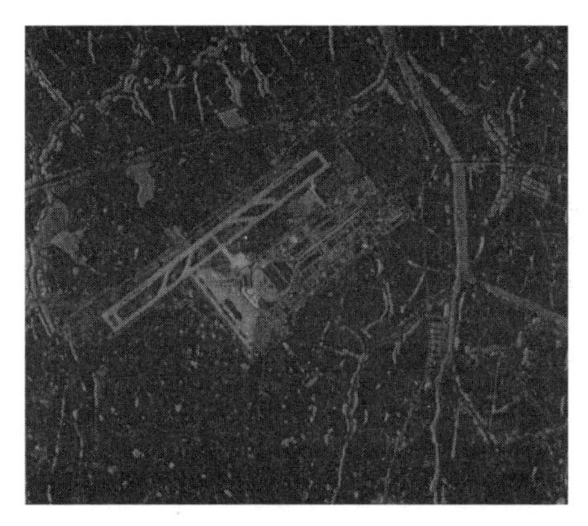

图7.13 含有机场区域的SAR图像

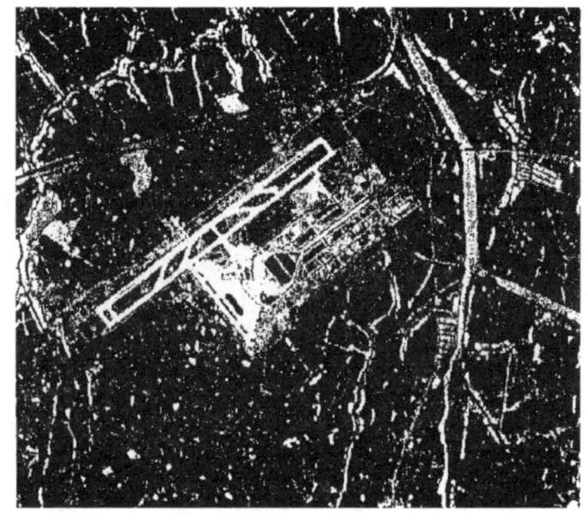

图7.14 最大类间方差法分割结果

由上述边缘提取的边缘大多是一些离散的像素点,这是因为由于噪声、连通域提取的不均匀导致的边缘断裂。因此,最后再采用Hough变换法将上述边缘像素连接为有意义的边缘,检测得到的最长直线段,作为机场主跑道。结果如图7.16所示。

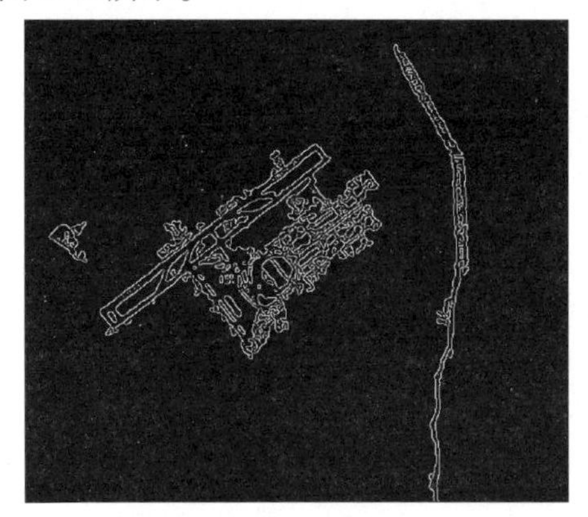

图7.15 边缘提取结果

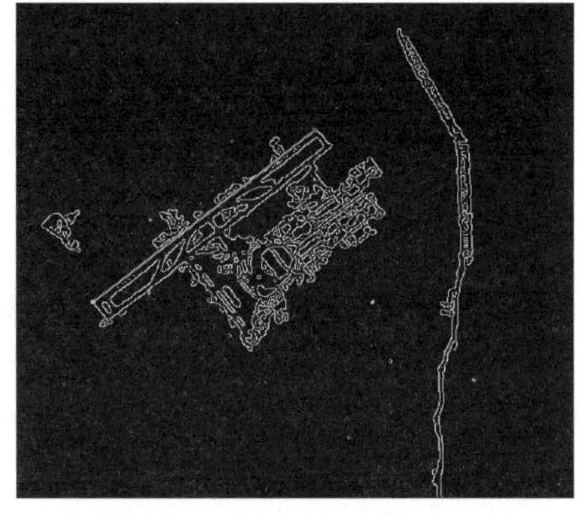

图7.16 机场最长跑道提取结果

得到了最长的机场跑道后,就能根据区域中有无跑道确定机场位于哪个连通域中。最后在该连通域中使用Hough变换提取与最长跑道相互平行的直线段作为其他机场跑道。提取结果如图7.17所示。当提取出机场跑道即可确定机场在SAR图像中的位置,如图7.18所示。

提取机场时首先利用最大类间方差法对SAR图像进行区域分割,将机场跑道所在的粗略位置提取出来。又考虑到机场目标的空间尺寸较大,因此又通过提取4个较大面积的连通域,找到疑似机场的区域。对以上结果进行边缘提取,得到机场跑道的长直边缘;再利用Hough变换法对边缘像素进行连接得到跑道的最终位置,只要确定了跑道的位置即可确定机场在SAR图像中的位置。

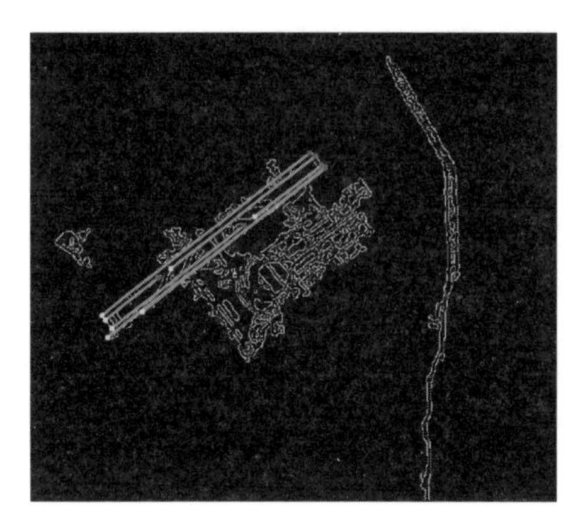

图 7.17　确定的机场区域(见彩图)

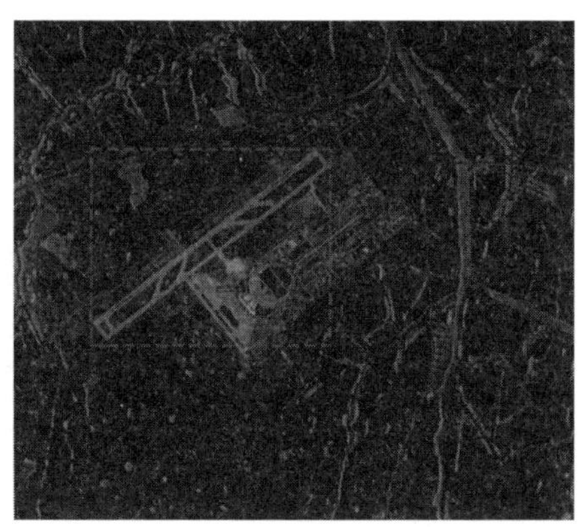

图 7.18　机场中其他跑道的提取结果

7.5　桥梁目标识别技术

桥梁是一种重要的人工建筑,也是交通要道,SAR 图像中桥梁特征的提取具有重要意义。SAR 图像中桥梁特征提取方法的研究主要包括以下几个方面:①基于图像像素的灰度检测算法,如检测桥梁边缘平行线;②基于知识提取兴趣区的检测方法,如从水体结构或道路连接中获取桥梁位置;③基于模型匹配的算法,如形态学方法等。

桥梁在 SAR 图像中所呈现的知识信息表现为以下几个方面:边缘的平行性;与道路连接的连续性;分割水体的地域性等。其中 SAR 图像中桥梁与水体的关系是识别提取桥梁的一个最重要地理信息。

在水体先验知识上的桥梁识别算法,主要由水体分割、感兴趣区域确定和桥梁识别几个步骤实现。在初级处理过程中,利用快速算法得到潜在目标所在的感兴趣区域,在后续的处理过程中利用目标特征对该区域内的潜在目标进行识别,取得了良好的检测效果。算法基本流程图如图 7.19 所示。

图 7.19　桥梁提取基本流程图

7.5.1　水体分割

由于需要处理的 SAR 图像一般尺寸较大,数据量很多,如果在整个图像上遍历寻找桥梁目标,会造成很大的时间开销,并可能造成较多的虚警干扰。水体分割可以将与目标无关的陆地区域去掉,突出需要仔细研究的区域,从而可以大大提高识别效率,并有效防止某些区域的虚警干扰。

对于 SAR 桥梁图像来说,由于其存在一些特殊性,因此可以使用双门限阈值分割的方法,快速简单地实现河流区域的连通,这两个门限阈值分别是水体阈值和桥梁阈值。此处可以利用最大类间方差法(Otsu)对 SAR 图像进行处理,由 Otsu 方法得到 T_1、T_2两个门限,可以将图像分为水域类、草地类和桥梁类等人工建筑类,将除了水域的其他类合并得到水域类。

图 7.20 是某地区的原始图像,图中既包含河流、桥梁等关心的目标区,也包括树林道路、村庄等区域,地理环境复杂。采用 Otsu 算法对 SAR 图像进行分割,并合并非水区域后的处理结果如图 7.21 所示。

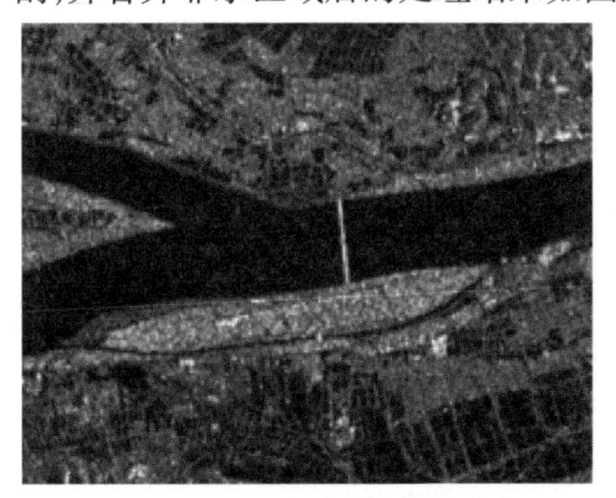

图 7.20　原 SAR 桥梁图像

图 7.21　Otsu 分割图像后合并非水区域

7.5.2　潜在桥梁区域确定

由水体分割的过程可知,桥梁一定包含在分割后的水体连通区域中,为了便于识别工作的进行,需要找出潜在桥梁所在的区域,即为感兴趣区域(ROI)。潜在桥梁区域是正好包含潜在桥梁目标的矩形区域,可以通过潜在桥梁向横轴和纵轴分别投影得到。

数学形态学作为一种集合论的方法,可以应用到图像处理的各个方面。数学形态学的基本思想是:用一定形态的结构元素去度量和提取图像中相对应的形状,从而达到图像解译的目的。数学形态学的基本运算有膨胀、腐蚀以及由它们组合成的开和闭运算。利用面积阈值处理以及形态学运算,处理结果如图 7.22所示,提取桥梁的感兴趣区域如图 7.23 所示。

7.5.3　桥梁目标判别

下一步对桥梁候选区像素集进行局部的 Radon 变换,得到系数矩阵。Radon 变换系数的最大值得到桥梁的主轴。对主轴的每个候选点进行连通域的提取,候选桥梁即为面积最大的连通域。计算垂直于主轴的像素宽度, 取平均值作

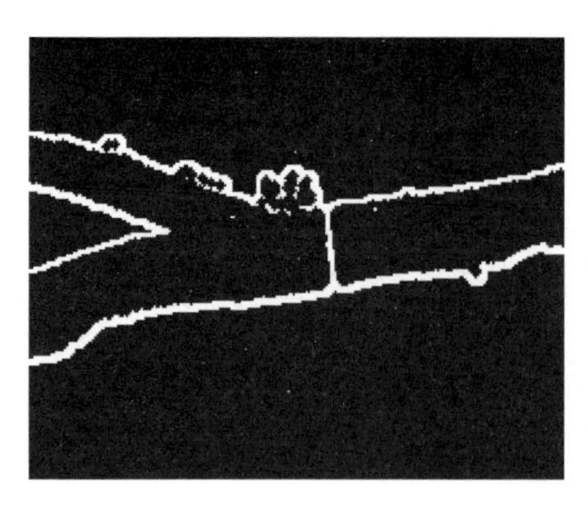

图 7.22　形态学处理

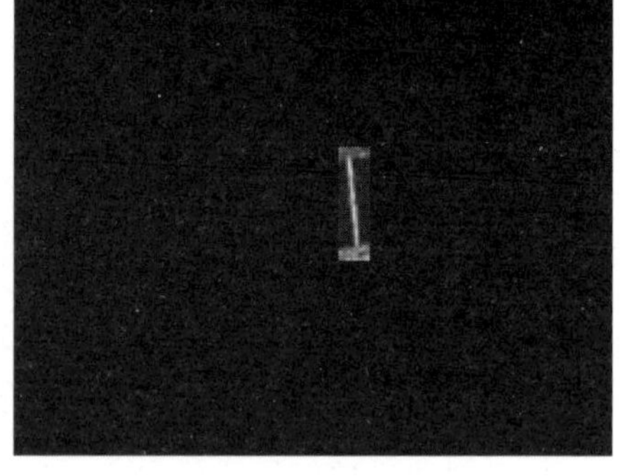

图 7.23　提取桥梁感兴趣区域

为桥梁宽度，若宽度满足设置的阈值就进行下一步操作，否则，去除该候选桥梁。

经过上述处理后，可以得到若干疑似桥梁区域，还需要对这些疑似桥梁区域进行判别检测。设疑似桥梁的轴向像素长度为 L，若 L 满足桥梁的长度阈值且长宽比满足一定的要求，则对桥梁进行标号，为特征提取区。如不满足，则重新进行下一个疑似桥梁区域的检测，从而实现 SAR 图像中桥梁目标的提取。

对桥梁候选区像素集进行局部的 Radon 变换，最终检测结果如图 7.24 所示。

图 7.24　最终检测的桥梁位置（见彩图）

本节桥梁目标识别算法建立在水体先验知识基础上，对于公路、干枯河流等地理环境中的桥梁识别还有待于进一步研究。

7.6　车辆目标识别技术

在 SAR 目标识别中车辆目标是一种重要目标。美国国防预研计划署和空军研究实验室 MSTAR 提供的目标分类识别数据为 SAR 车辆数据，包括多种类型装甲车、主战坦克，极大地推动了基于 SAR 图像的目标识别技术的发展。采用基于平均模板的 SAR 目标识别算法,将 SAR 目标能量作为特征,并采用均方误差(Mean Square Error,MSE)分类器对目标分类。SAR 图像存在方位敏感性,即不同方位的 SAR 图像由于目标散射中心变化而导致很大差异,因此识别过程必须首先将 1°~360°方位的每幅图像划分到不同方位区间,然后再构造平均图像作为模板存储起来。识别时,为了减少计算量,需要估计测试目标的大致方位,然后搜索出与这个方位相近的模板,再用 MSE 分类器对目标分类,算法基本流程如图 7.25 所示。

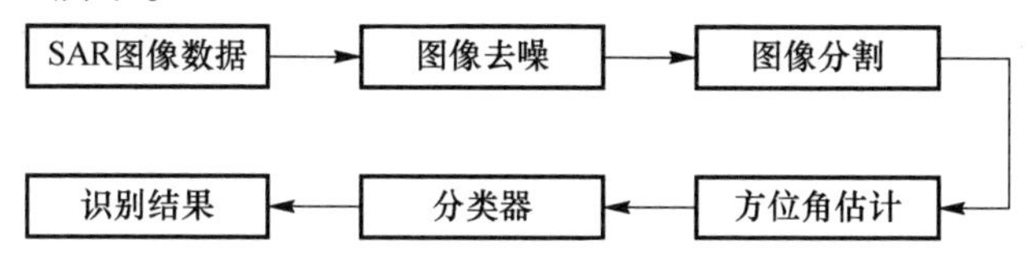

图 7.25　车辆目标识别基本流程图

7.6.1　SAR 目标姿态角估计

由于 SAR 成像结果对目标方位角变化高度敏感,若直接把待识别图像与目标的所有方位角图像构成的模板匹配进行目标识别,识别效率比较低,在识别之前进行方位角估计,把待识别目标图像和估计出的方位角区间的图像进行匹配,找出最优的匹配结果作为目标识别的输出,可以降低目标识别的搜索空间,有效提高识别效率。图 7.26 给出了不同区域的分割结果。

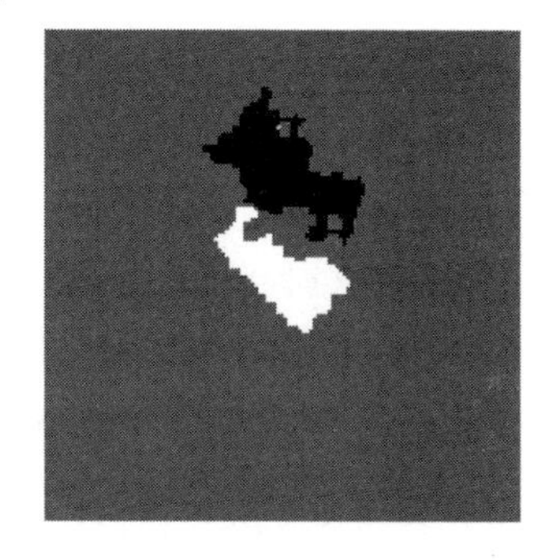

图 7.26　图像分割结果

MIT Lincoln 实验室提出的方位估计算法的主要思想是:利用一个能够包含目标区域的二维矩形窗在图像上不断旋转和平移,直至矩形窗中能量达到最大,此时方向即为目标的方位。基于目标－背景面积比最大准则、矩形框周长最小准则和边界点数最多准则[15],以及基于目标区域主导边界的方位估计算法都会受到假设前提的影响,存在一定的局限性。没有一种算法对任何情况都适用,它们的缺陷是一致的,即对某些方位估计不准,如:对 0°和 90°等垂直和水平方位的估计误差最大。另外,这些算法都不能消除 180°模糊问题,即对称方位不能区分,如 45°和 225°。这种问题主要是由于 SAR 图像的分辨力低,分不清目标的前部和后部所造成的。

为了简单、快速地估计目标方位,采用基于目标区域主导边界的 Radon 变换算法,目标区域在背离阴影一侧有两条边,即一条长边和一条短边,这两条边都呈直线状,其中长边与目标方位基本一致,可称长边为主导边界。如果能够检测出主导边界的方向,就可以获得比较准确的目标方位角。

Radon 变换经常用于直线检测,可以定义在任意维变量空间域,对于图像而言,考虑二维欧氏空间的变换形式,可得

$$F(\theta,\rho)=\int_D f(x,y)\delta(\rho-x\cos\theta-y\sin\theta)\,\mathrm{d}x\mathrm{d}y \tag{7.40}$$

式中:D 为整个 $x-y$ 平面;$f(x,y)$ 是关于 x 和 y 的函数;δ 为冲激函数;ρ 为原点到直线的距离,$-\infty\leqslant\rho\leqslant\infty$;$\theta$ 为直线的法线与 x 轴的夹角,$0\leqslant\theta\leqslant\pi$。由于 δ 的存在,使得 $f(x,y)$ 的积分在直线 $\rho=x\cos\theta+y\sin\theta$ 上进行。

如图 7.27 所示,当 ρ 和 θ 估定时,直线 $\rho=x\cos\theta+y\cos\theta$ 是唯一确定的,它对应于 $\rho-\theta$ 平面的一个点,因此 Radon 变换可将 $x-y$ 平面的一条直线映射为 $\rho-\theta$平面的一个点。对于离散形式,式(7.40)可改写为

$$F(\theta,\rho)=\sum_{y=1}^{N}\sum_{x=1}^{M}f(x,y)\delta(\rho-x\cos\theta-y\sin\theta) \tag{7.41}$$

式中:$f(x,y)$ 为图像在位置(x,y)处的灰度值;M、N 分别为图像宽度和高度;其余变量的含义与式(7.40)相同。

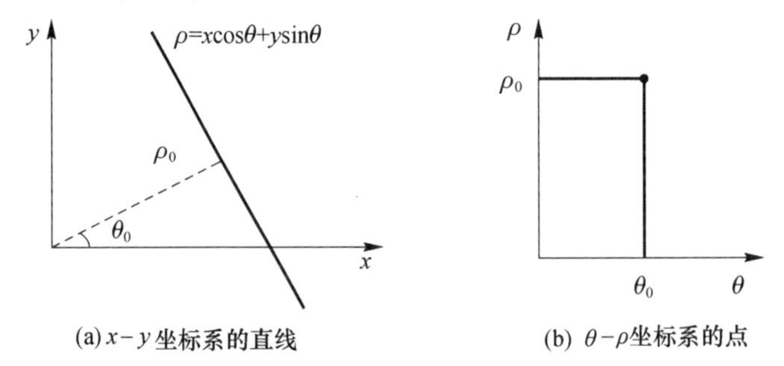

图 7.27 Radon 变换示意图

Radon 变换估计目标方位的方法是:首先获得目标区域,提取出目标轮廓,然后对目标轮廓线进行 Radon 变换,最大值点对应的 θ 角度即为目标方位角的估计值。Radon 变换估角算法的特点主要是算法简单,运算速度快。

7.6.2 基于平均模板的识别算法

1. 模板形成

MIT Lincoln 实验室的研究者把 MSTAR 图像中目标能量相加取平均后作为模板。形成模板之前,应该考虑一下 SAR 图像的方位敏感性。由于同一目标在不同方位下对应的 SAR 图像存在很大区别,因此首先要对全 360°方位范围内的 MSTAR 图像划分方位区间,使每类目标不同方位的图像都在各自相近的方位区间内形成模板。方位区间的选取应尽量考虑 3 条因素[16]:①模板数据库的存储容量;②分类过程的运算效率;③分类概率。这 3 条因素相互制约,互为消长。

如果要提高分类概率，方位区间就必须选取得小，那么模板数据库的存储容量就要大，分类时间就要长；反之，如果要减少模板数据库的存储容量和分类时间，就必须以降低分类概率为代价。综合考虑以上因素，选取方位区间间隔为 10°，即 1°方位至 10°方位的 SAR 图像形成一个模板，11°方位至 20°方位的 SAR 图像形成一个模板，依此类推。

方位区间间隔确定之后，便可以对每个区间的目标能量做统计平均以形成模板。

$$M(x,y)=\frac{1}{K}\sum_{k=1}^{K}I_k(x,y) \tag{7.42}$$

式中：$M(x,y)$表示模板；$I(x,y)$表示区间内各类图像目标区域的能量；K 表示区间内的图像数目；(x,y)表示像素坐标，每类目标应有 36 个模板。

2. 分类器设计

本节设计两种分类器，一种是最小距离分类器，另一种是线性最小二乘分类器。其目的是比较一下它们的分类结果，如果分类结果基本相同，则证明平均模板算法的可行性与鲁棒性；反之，如果分类结果相差很大，则证明这种算法不可靠。

分类之前，首先定义 $\boldsymbol{a}=[a_1,a_2,\cdots a_N]^{\mathrm{T}}$ 表示测试目标向量，$\boldsymbol{m}_i=[m_{i1},m_{i2},\cdots,m_{iN}]^{\mathrm{T}}$ 表示模板向量。

1）最小距离分类器

假设有 K 类目标 $H_0,H_1,\cdots,H_K$，令测试向量表示为

$$H_i:\boldsymbol{a}=m_i+n,i=1,2,\cdots,K \tag{7.43}$$

式中：n 表示零均值高斯分布的噪声或干扰，设向量 $\boldsymbol{a}$ 的均值和方差为

$$E\{\boldsymbol{a}|H_i\}=\boldsymbol{m}_i \tag{7.44}$$

$$\mathrm{var}\{\boldsymbol{a}|H_i\}=\sigma_N^2 \tag{7.45}$$

可以求出向量 $\boldsymbol{a}$ 在 H_i 条件下的概率分布为

$$f(\boldsymbol{a}\mid H_i)=\frac{1}{\sqrt{2\pi\sigma_N^2}}\exp\left[-\frac{\sum_{j=1}^{N}(a_j-m_{ij})^2}{2\sigma_N^2}\right] \tag{7.46}$$

采用最大后验概率准则：

$$H_i=\arg_i\max f(H_i|\boldsymbol{a})\arg_i\max\frac{f(\boldsymbol{a}|H_i)P(H_i)}{P(\boldsymbol{a})} \tag{7.47}$$

式中：$P(\boldsymbol{a})$为可忽略的常数；假设各类目标等概出现，$P(H_i)$也可忽略。此时上式变成

$$H_i=\arg_i\max f(\boldsymbol{a}|H_i)=\arg_i\min\sum_{j=1}^{N}(a_j-m_{ij})^2 \tag{7.48}$$

由式(7.48)即可判断出目标所属类别。这种分类器称为最小距离分类器，或 MSE 分类器。

2）线性最小二乘分类器

线性最小二乘分类器主要是通过模板向量的一阶线性方程预测测试向量，得到它的一个估计，如果估计向量与测试向量的均方误差最小，即可判别目标所属类别。

假设测试向量的估计用一阶线性方程表示为

$$H_i: \hat{\boldsymbol{a}}_i = z_{i1} + m_i z_{i2} = [1 \quad m_i] \begin{bmatrix} z_{i1} \\ z_{i2} \end{bmatrix} = J_i \boldsymbol{Z}_i \tag{7.49}$$

式中：z_{i1}称为直流因子，z_{i2}称为尺度因子。为了求出测试向量的估计 $\hat{\boldsymbol{a}}_i$，首先要估计出因子系数 Z_i。设测试向量与其估计的误差为 $\boldsymbol{\varepsilon}_i$，则

$$H_i = \arg_i \min ||\boldsymbol{\varepsilon}_i||^2 = \arg_i \min ||\boldsymbol{a} - \hat{\boldsymbol{a}}_i||^2 = \arg_i \min ||\boldsymbol{a} - J_i \boldsymbol{Z}_i||^2 \tag{7.50}$$

采用梯度下降法求出因子系数的估计 $\hat{\boldsymbol{Z}}_i$：

$$\hat{\boldsymbol{Z}}_i = (\boldsymbol{J}_i^{\mathrm{T}} \boldsymbol{J}_i)^{-1} \boldsymbol{J}_i^{\mathrm{T}} a \tag{7.51}$$

此时估计的测试向量为

$$\hat{\boldsymbol{a}}_{\mathrm{i}} = \boldsymbol{J}_i \hat{Z} i \tag{7.52}$$

线性最小二乘分类器先计算出测试向量的估计，然后找出误差最小者即可判断目标所属类别。

7.6.3 实验结果与分析

1. 实验数据介绍

为了开发新一代 SAR ATR 系统，美国国防高级研究计划局和空军研究室启动了一项 MSTAR(Moving and Stationary Target Acquisition and Recognition)计划，并委托美国 Sandia 国家实验室于 1995 年 9 月、1996 年 11 月和 1997 年 5 月分 3 次在不同地点采集了大量理想操作条件下的 SAR 图像，用于支持 SAR ATR 算法的开发和测试研究。为了向全世界征集更好的 ATR 算法，公布了部分图像数据。利用这些数据进行 SAR ATR 研究并将其称为 MSTAR 图像。表 7.1 中列出了 MSTAR 图像的各种操作条件。

表 7.1　MSTAR 操作条件信息

操作条件	具体信息	操作条件	具体信息
时间	1995 年 9 月 2 日	地点	Redstone 兵工厂
传感器	STARLOS 雷达	极化	HH
频率波段	X	频率	9.6GHz
成像模式	聚束式	图像分辨力	1ft × 1ft
俯仰角	17°和 15°	斜视角	90°
方位角	1° ~ 360°	图像尺寸	128 × 128 像素

图像共包括3类7种型号的目标，表7.2列出了目标的类别、型号和操作条件。

表7.2　目标的类别、型号和操作条件

类别	型号	操作条件
T72坦克车	sn-132	目标安装有牵引钢索、后置油箱、旋转聚光灯，并且天线处于展开状态，车门是打开的，挡泥板发生了弯曲变形
	sn-812	目标安装有扫射机枪、旋转聚光灯，并且车门是打开的，挡泥板发生了弯曲变形，车载工具箱有凹痕
	sn-S7	目标安装有旋转聚光灯，天线处于展开状态，挡泥板发生了弯曲变形
BMP2履带式装甲车	sn-9563	目标出入口盖住，头灯是损坏的，前部安装有挡泥板
	sn-9566	目标安装有聚光灯、横档，挡泥板是损坏的，防泥罩上有泥土
	sn-C21	目标安装有天线、横档和旋转炮筒
BTR70轮式装甲车	sn-C71	目标安装有机头罩

图7.28为三类目标的光学图像及其SAR图像，目标的各种细节信息在光学图像中显示得十分清楚，仅凭人眼就能够准确区分不同类型的目标，如T72坦克车有很长的炮筒，BMP2是六轮履带式装甲车，BTR70是四轮轮式装甲车。

(a) T72光学图像　(b) BMP2光学图像　(c) BTR70光学图像
(d) T72 SAR图像　(e) BMP2 SAR图像　(f) BTR70 SAR图像

图7.28　MSTAR目标的光学像及SAR图像(见彩图)

SAR图像仅包含了目标(亮点区域)、阴影(暗点区域)和背景(包围目标和背景的区域)3个区域。与普通光学图像相比，SAR图像中的目标仅仅是一个近似矩形的亮斑,目标的各种特性均不能明显显示出来,人眼几乎不能区分。由于SAR图像与光学图像之间存在这种巨大差异,要求人们必须从SAR图像中提取出目标的有效特征并利用计算机判断目标所属类别。

2. 结果分析

下面通过实验检验基于平均模板识别算法的性能。识别结果以混淆矩阵形式给出。

实验3.1:以17°俯仰角的BMP2sn－C21、BTR70sn－C71和T72sn－132图像作为训练样本,以15°俯仰角的BMP2sn－C21、BTR70sn－C71和T72sn－132图像作为测试样本,检验算法对同配置目标的识别性能,实验结果见表7.3和表7.4。

表7.3　最小距离分类器对同配置目标的分类概率

测试目标＼类别	BMP2	BTR70	T72	正确分类概率	平均正确分类概率
BMP2sn－C21	184	3	9	93.88%	93.03%
BTR70sn－C71	14	172	10	87.76%	
T72sn－132	4	1	191	97.45%	

表7.4　线性最小二乘分类器对同配置目标的分类概率

测试目标＼类别	BMP2	BTR70	T72	正确分类概率	平均正确分类概率
BMP2sn－C21	183	3	10	93.37%	93.71%
BTR70sn－C71	4	177	15	90.31%	
T72sn－132	3	2	191	97.45%	

可见,无论采用最小距离分类器还是线性最小二乘分类器都可以达到较高的分类概率,并且结果相差不多,证明基于平均模板的SAR目标识别算法对同配置目标具有较高的识别性能。

实验3.2:以17°俯仰角的BMP2sn－C21、BTR70sn－C71和T72sn－132图像作为训练样本,以15°俯仰角的BMP2sn－9563、BMP2sn－9566、T72sn－812和T72sn－S7图像作为测试样本,检验算法对变形目标的识别性能,实验结果见表7.5和表7.6。

表7.5　最小距离分类器对变形目标的分类概率

测试目标＼类别	BMP2	BTR70	T72	正确分类概率	平均正确分类概率
BMP2sn－9563	167	14	14	85.64%	80.79%
BTR70sn－9566	162	17	17	82.65%	
T72sn－812	31	9	155	79.49%	
T72sn－S7	32	15	144	75.39%	

表7.6 线性最小二乘分类器对变形目标的分类概率

测试目标＼类别	BMP2	BTR70	T72	正确分类概率	平均正确分类概率
BMP2sn - 9563	166	12	17	85.13%	80.79%
BTR70sn - 9566	163	16	17	83.16%	
T72sn - 812	30	7	158	81.03%	
T72sn - S7	37	13	141	73.82%	

由表可见，两种分类器下的平均识别概率相同，仅达到80%左右，对于T72sn - S7的分类概率最低。这一结果表明基于平均模板的SAR目标识别算法对变形目标的分类结果不甚理想。

通过以上实验结果，可以得出以下结论：

1）算法将SAR目标能量作为特征，并采用最小距离和线性最小二乘两种分类器对目标识别。它的原理简单，易于实现。

2）算法对同配置目标的识别概率较高，而对变形目标的识别概率显著降低，表明算法对目标配置变化的鲁棒性较差。

3）算法不能克服SAR图像的方位敏感性，必须以10°间隔划分方位区间。识别之前应该首先估计目标的方位角。为了简化方位估计过程，本节采用基于Radon变换的估角算法。它原理简单，执行速度快，达到了提高识别效率的目的。

4）算法需要较大的空间存储各类目标的模板，因此对识别系统的存储容量提出了较高的要求。

参考文献

[1] Lee J S, Jurkevich I. Speckle filtering of synthetic aperture radar images: a review[J]. Remote Sensing Reviews, 1994, 8: 313 - 340.

[2] Lee J S. Digital image enhancement and noise filtering by use of local statistics[J]. IEEE Trans on Pattern analysis and Machine Intelligence, 1980, PAMI - 2(2): 165 - 168.

[3] Frost V S, Stiles J A, Shanmugan K S, et al. A model for radar images and its application to adap tive digital filtering ofmultip locative noise[J]. IEEE Transactions on Pattern Analysis and Machine Intelligence, 1982, 4(2): 157 - 165.

[4] Kuan D T, Sawchuk A A, Strand T C, et al. Adaptive noise smoothing filter for images with signal dependent noise[J]. IEEE Transactions on Pattern Analysis and Machine Intelligence, 1985, 7(2): 165 - 177.

[5] Lopes A, Nezry E, Touzi R. Structure detection and adaptive speckle filtering in SAR images [J]. Int. J. Remote Sens, 1993, 14: 1735 - 1758.

[6] Foucher S, Benie G B. MAP speckle filtering in SAR images[J]. In Proc. IGARASS, Washing-

ton,DC,1990:1683 - 1686.

[7] OTSU N. A threshold selection method from gray - level histogram[J]. IEEE Tran System Man Cybernetic. 1979,9(1):62 - 66.

[8] 颜学颖. SAR 图像相干斑抑制和分割方法研究[D]. 西安:西安电子科技大学,2013.

[9] Canny J F. A computational approach to edge detection[J]. IEEE Transactions on Pattern Analysis and Machine Intelligence,1986,8(6):679 - 698.

[10] 何勇,徐新,孙洪,等. 机载 SAR 图像中机场跑道的检测[J]. 武汉大学学报,2004,50(3):393 - 396.

[11] 鲍复民,李爱国,覃征. 合成孔径雷达图像中机场跑道的自动识别[J]. 西安交通大学学报,2004,38(2):1243 - 1246.

[12] 贾承丽,周晓光,计科峰,等. 复杂 SAR 场景中机场跑道的提取[J]. 信号处理,2007,23(3):374 - 378.

[13] 董书勇,吴巍. 一种遥感图像中机场跑道的提取方法[J]. 武汉理工大学学报,2006,28(7):152 - 155.

[14] Ross T D,Worrell S W,et al. Standard SAR ATR evaluation experiments using the MSTAR public release data set[J]. SPIE,1998,3370:566 - 573.

[15] 尹奎英. SAR 图像处理及地面目标识别技术研究[D]. 西安:西安电子科技大学,2011.

[16] 韩萍. SAR 图像自动目标识别及相关技术研究[D]. 天津:天津民航学院,2001.

第8章 舰船目标识别技术

从需求来说,对于海面舰船目标的识别一般可划分为3个层次:大中小分类、军民船分类、舰船型号识别。这3个层次的目的分别是:大中小分类可完成大量航迹的初步筛选,提取高威胁度目标,减轻操作员压力,为识别工作模式提供引导;军民船分类主要区分敌方军船、民船,进一步筛选进入型号识别的高威胁度目标;舰船型号识别对敌方军船(驱逐舰、护卫舰等)进行更精细的型号识别,为作战态势分析、目标监视和目标打击提供依据[1]。总体看来,舰船目标识别的策略为由粗到细,且粗层次特征要记录传送给下一层次识别供辅助识别。

对于海面目标,宽窄带特征的综合应用是识别的重要手段。常用的特征类型主要有:①低分辨雷达的回波特征,如目标RCS特征、回波波形特征等,由于分辨力不高,且容易受箔条、角反射器等干扰的影响,难以较好地识别目标[2];②一维高分辨距离像特征,能够反映舰船目标强散射点在径向上的投影,但受观测角度的影响,存在一定的方位敏感性[3];③基于ISAR二维图像提取的特征,包含了较丰富、直观的目标识别信息,在获取高质量舰船ISAR像的基础上,可以从中提取舰船尺寸、形状、结构等特征作为舰船识别的有效特征量[4]。

综上所述,舰船目标识别的一般流程是对接收的回波数据,按照窄带和宽带分别进行特征提取,综合利用各种特征(窄带、一维像、二维像等),基于模板库中的先验特征信息对海面舰船进行分类识别的过程。

8.1 舰船目标特征

8.1.1 舰船目标RCS特征

舰船的雷达散射截面积(RCS)基本上取决于它们的几何尺寸、舷长、上层建筑等结构因素,同时与雷达波的波长和极化特性有关。根据Skolnik经验公式[5],雷达波以小擦地角入射时,以平方米为单位的海面舰船RCS中值与其排水量和雷达频率有如下关系:

$$\sigma = 52\sqrt{fD^3} \tag{8.1}$$

式中：f 为频率(MHz)；D 为排水量(kt)。

对于大部分岸基或机载雷达对远距离海面目标的观测构型来说，观察的是海面目标的小擦地角电磁散射特性。X 频段的典型舰船目标 RCS 与吨位按式(8.1)计算，如表 8.1 所示。可见，RCS 可以作为舰船大中小分类的特征。但实际测量中存在目标 RCS 闪烁等起伏情况，会影响特征的适用性[6]，8.2 节中将结合实测数据对此进行详细分析。

表 8.1 典型舰船的 RCS

序号	属性	吨位/t	长度/m	RCS/dBsm
1	“尼米兹”核动力航空母舰	73973	332	65.19
2	“阿利·伯克”级驱逐舰	9000	156	51.47
3	“东方之星”客轮	2200	76.5	42.3

随着舰船雷达隐身技术的发展和隐身设计的运用，在应用雷达隐身技术条件下计算出的 RCS，与同等吨位的舰船 RCS 相比明显减小。因此，舰船“RCS”特征与其吨位、尺寸的关系仅限于传统的非隐身船只。

8.1.2 舰船目标运动特征

与空中目标运动特征相比，海面目标不存在高度特性，而且舰船目标的机动特性不明显，因此，速度是舰船目标主要的运动特征。对典型的军舰(包括驱逐舰、护卫舰、炮艇等)和民船(包括客轮、油轮、货轮等)的最大速度进行统计，如图 8.1所示，军舰的最大速度一般大于 22 节(约 40km/h)。但实际中的舰船一般以巡航速度行驶，此时军民船速度区间有很大的交叠，速度特征的适用性受到显著影响。

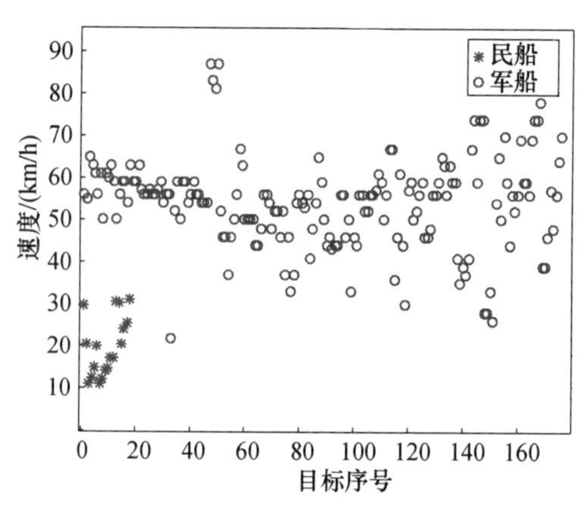

图 8.1 军民船最大速度分布情况(见彩图)

8.1.3 舰船目标宽带特征

舰船目标根据其用途不同,在尺寸、外形、结构等物理特征上均存在差异。如图8.2所示,T. M. Harmony 油轮长333m,它的甲板非常平,除后部驾驶舱外几乎没有上层建筑,仅船中部存在连接油管所需的小型塔吊;Ticonderoga 级导弹巡洋舰长172.8m,它的上层建筑主要分布在船身中部,船头、船尾则较为平坦。由此可见,长度、外形、上层建筑分布等物理特征均可作为舰船识别的特征。

(a)T.M. Harmony油轮

(b)美国Ticonderoga级导弹巡洋舰

图8.2 舰船光学图片(见彩图)

一维高分辨距离像(HRRP)是目标散射结构沿雷达视线(LOS)的投影,反映了目标精细的结构特征。基于HRRP提取的长度特征可用于舰船大中小分类,提取的散射结构分布特征可用于军民船分类及型号识别。

图8.3分别给出了某型雷达录取的中型和大型舰船目标的单帧一维距离像。根据目标所占距离单元数和距离分辨力可以估计目标的视在尺寸,再结合目标姿态角估计,能够实现目标大中小分类。

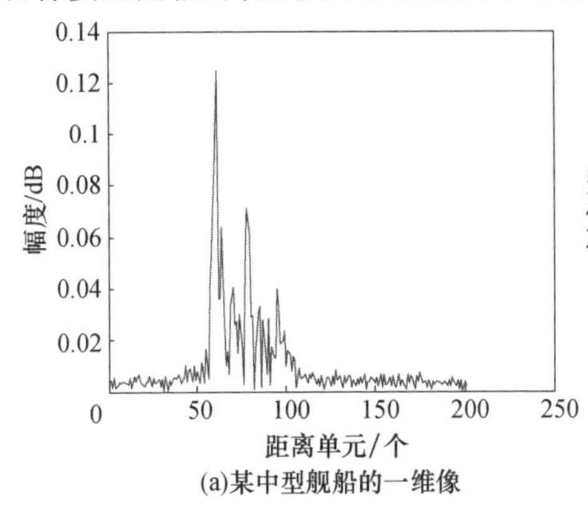

(a)某中型舰船的一维像

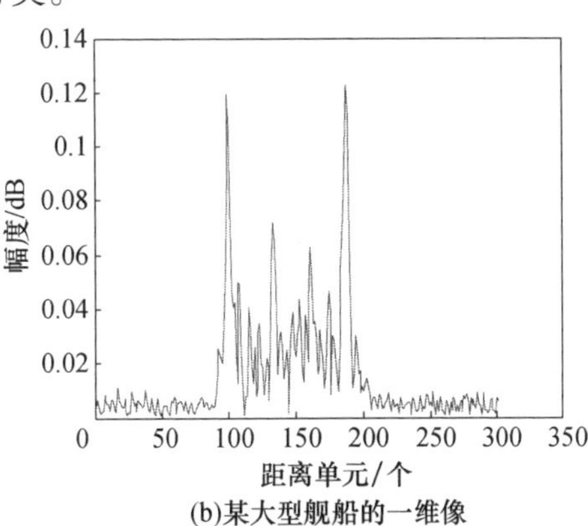

(b)某大型舰船的一维像

图8.3 一维像尺寸特征

一维像在一定角度范围内具有相对的稳定性。图8.4为某型雷达获取的小型目标连续多个脉冲的HRRP,并统计某帧一维像与其他各帧一维像之间的相关系数。由图可见,一维像序列的形状没有发生大的变化,且相关系数能保持在 0.8 以上。因此,对感兴趣的舰船目标进行 HRRP 建库,可以实现对特定舰船的识别。

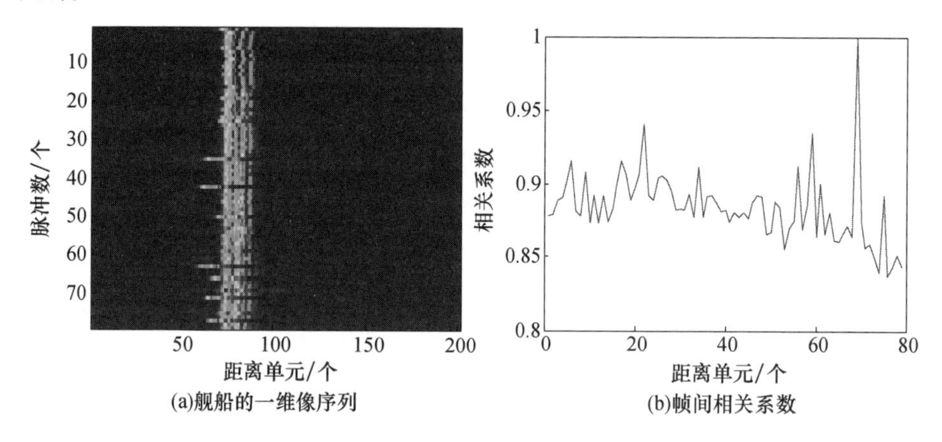

图 8.4 一维像的稳定性示例(见彩图)

高质量图像是非合作目标识别的一种重要手段。ISAR 具有全天候、全天时获取远距离运动目标高分辨力图像的能力。雷达通过发射大带宽信号获取一维高分辨距离像,依靠目标与雷达相对运动产生的多普勒信息提高横向分辨力,因此,可从 ISAR 像中提取舰船的尺寸、形状、结构等特征。根据目标 ISAR 成像的特点,可以将 ISAR 像特征分为两类:目标几何参数特征和二维像的数学特征。几何特征有很明确的物理意义,可以判断目标的大致类型;而数学特征描述了目标散射点(结构)的精细特征。

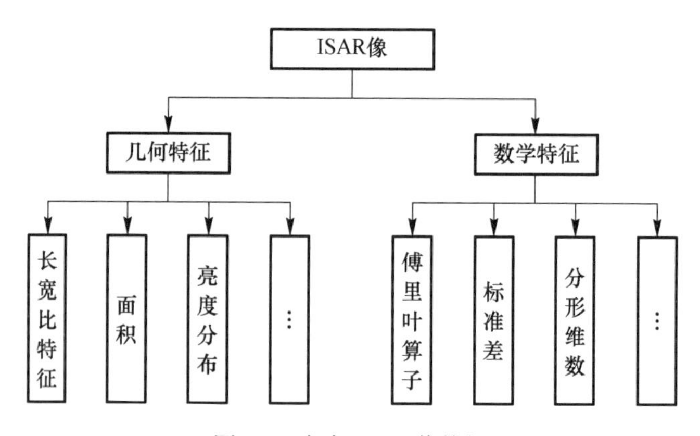

图 8.5 舰船 ISAR 像特征

8.1.4 多传感器特征

由于雷达测量一般会受到各种不同程度的干扰,也包括本身测量的不确定性,因此利用多源传感器信息融合能够降低单一传感器数据信息的模糊度,并且能够利用数据的冗余性降低其对系统的干扰,增加目标的观测维度,提升识别性能。

1. 雷达特征

对于海面目标,宽窄带特征的综合应用是识别的重要手段。常用的特征类型主要有[7]:①低分辨雷达的回波特征,如目标 RCS 特征、回波波形特征等,由于分辨力不高,且容易受箔条、角反射器等干扰的影响,分类精度有限;②一维高分辨距离像特征,能够反映舰船目标的精细散射结构,但受观测角度的影响,存在一定的方位敏感性;③基于 ISAR 像提取的特征,包含了较丰富、直观的目标识别信息,但对雷达资源要求较高。

2. ESM 特征

ESM 是一种被动侦察手段,它可以对海面目标携带的有源探测设备发出的电磁波的到达方位角、载频、到达时间、脉宽和脉冲幅度等信息进行侦测,从而确定该辐射源的型号,进而通过平台库判断目标的平台类型或型号。ESM 识别的特点是距离信息不够精确,需要与雷达航迹进行配准。此外,同一种辐射源可能在多型平台列装,因此,ESM 信息需要与雷达识别结果进行融合处理。

3. AIS 特征

“AIS”船舶自动识别系统,是由敌我识别器发展而来的,配合 GPS 将船名、呼号、吃水等静态信息和位置(米级精度)、航速、航向在 VHF 频段向附近水域广播。国际海事组织规定在 2007 年之前,300t 以上国际航线船舶、500t 以上的非国际航线船舶以及所有的客船必须装配 AIS。因此,目标是否有 AIS 信号以及 AIS 属性信息也是融合识别的重要特征之一。

在海面目标综合识别中,由于部分舰船可能对 AIS 信息进行伪装,因此需要建立 AIS 信息库,在收到目标的 AIS 信号后,通过与库内的信息进行比对,判断 AIS 信息的真伪,再作为舰船分类的特征。

8.2 大中小分类技术

一般而言,大中小目标的分类标准是:

(1) 大目标。吨位 >10000t,长度 >180m,包含远洋货轮、油轮等大型民船和航空母舰。

(2) 中目标。吨位 1000 ~ 10000t,长度 90 ~ 180m,包含驱逐舰、护卫舰等作战军船。

(3) 小目标。吨位 <1000t,长度 <90m,多为民用船只,包含渔船、救援船等。

大中小分类可完成大量航迹的初步筛选，提取高威胁度目标，减轻操作员压力，为识别工作模式提供引导。对于不同用途的雷达而言，大中小分类的最终目的也有所区别。预警雷达主要关心具备作战能力的军舰和航空母舰，因此需要剔除小目标，保留中大目标；而某些雷达主要攻击目标为航空母舰，因此对大目标识别率要求较高。

由8.1节介绍可知，舰船RCS、长度等特征均可作为舰船大中小分类的特征。目前，基于雷达特征的大中小分类存在的问题是：①可用于大中小分类的有效特征较少；②窄带条件下的特征稳健性不足，影响分类准确率；③高海情下，特征易受污染，无法实现有效分类；④长度特征与姿态角关系密切，需要提高航向角精度（目前大部分雷达的航向角误差为15°）。

本节主要介绍基于RCS特征和长度特征的舰船大中小分类技术以及影响特征稳健性的因素。

8.2.1 基于RCS特征的大中小分类

根据雷达距离方程[5]推得RCS的计算公式如下：

$$\sigma = \frac{P_t G_t G_r \lambda_0^2 R^4}{(4\pi)^3 S} \tag{8.2}$$

式中：σ为目标的RCS；P_t为发射功率；G_t为天线发射增益；G_r为天线接收增益；λ_0为雷达波长；R为目标距离；S为接收机输入端的信号强度。常规警戒或情报雷达通常采用扫描体制，在波束扫描过程中，目标相对雷达的距离、姿态基本不变，回波幅度随天线方向性函数的变化而变化，回波序列的幅度呈现出由小变大再变小的变化规律[8]。利用波束中心指向的目标回波能量可以折算出目标的"RCS"。

基于RCS特征的舰船大中小分类的处理流程如图8.6所示。分类处理主要基于雷达输出的回波数据和检测信息。首先利用雷达检测信息确定目标位置信息，再根据目标位置信息返回回波数据中提取目标分类所需的特征，将分类特征输入分类器中，结合训练样本预先计算的分类界限，获得目标分类信息，通过将目标分类信息与雷达回波相叠加形成分类视频。

实际舰船分类不能仅依靠8.1.1节的经验公式，直接将计算的RCS特征与目标吨位联系，而需要利用不同结构、不同排水量、不同入射角的舰船的RCS作为训练样本来获取舰船目标的分类界限。下面对RCS特征的影响因素进行分析。

1. 雷达参数的影响

根据式(8.2)的描述，影响目标RCS的影响因素通常包括以下几个方面：

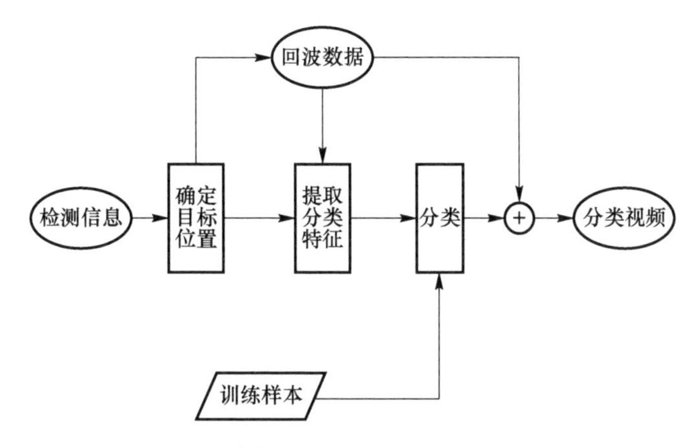

图 8.6　基于窄带 RCS 的大中小目标分类处理流程

(1) 雷达波长。

(2) 发射能量。

(3) 发射/接收增益。

(4) 距离。

由式(8.2)可知,RCS 与波长的平方成正比,但舰船复杂的结构、材料差异等因素使得二者不能通过简单的公式进行换算。基于同一部雷达在同频段情况下进行训练及测试样本采集,则不需要考虑波长的影响,而且同一部雷达的发射/接收增益一般是固定的,但在实际处理中,天线扫描、雷达采用自动增益控制等因素也会对回波能量产生影响。

假设式(8.2)中的回波能量只受距离影响,仿真结果如图 8.7 所示。目标距离雷达 300km 与 150km 处的距离增益损失相差约 12dB,可见,距离是 RCS 的主要影响因素。在实际处理中,目标距离可通过雷达跟踪信息获得。

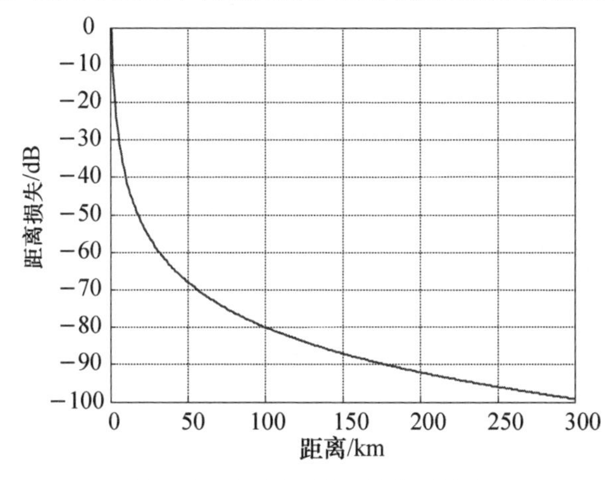

图 8.7　距离引起的回波能量损失

2. 姿态角的影响

目标 RCS 值是姿态角的敏感函数,目标的运动轨迹变化和载机的运动都会使目标姿态发生变化,从而引起目标 RCS 的变化。

利用某雷达架在海边观测原地绕圈的目标所录取的全姿态角的目标数据,分析姿态角对目标 RCS 的影响。由于目标尺寸大于雷达距离分辨力,取目标距离像支撑域内的目标能量和作为目标的 RCS。在正侧视方向(雷达视线与船头方向夹角为 90°)附近时,舰船的 RCS 会突增;在其他方向,RCS 变化相对平稳,有利于识别。因此,在训练和识别中需要考虑不同姿态角对样本特征的影响,通常采用分角域建模的方法。

3. 舰船颠簸的影响

舰船的颠簸变化与海浪起伏、舰船尺寸、航行速度、航行方向与海浪起伏方向的关系等因素有关,很难对这些相关因素直接建模,一般通过实测数据处理降低其对目标 RCS 的影响。例如,对于同一波位的多帧数据可采用非相参积累的方法,对多圈数据可采用扫描间积累的方法,以降低目标自身 RCS 的起伏对特征稳定性的影响。

海面起伏导致舰船颠簸,海浪涌动等变化也会引起分辨单元内回波能量的变化。文献[9]指出,当雷达入射方向与海面垂直方向的夹角(天顶角)大于 60°时,海面起伏对舰船 RCS 的贡献不明显。由于机载平台或岸基对海雷达的入射俯仰角一般小于 10°,因此海面起伏对目标 RCS 的贡献很小。

8.2.2 基于长度特征的大中小分类

理论上,除了从一维距离像上提取长度特征外,从 ISAR 像上也可以提取长度特征。但在工程实际应用中,考虑到大中小分类的目的,若集中过多雷达资源进行 ISAR 成像以提取长度特征,代价太大,不利于雷达系统的实时处理。因此,这里不讨论基于 ISAR 像提取长度特征。

雷达通过一维高分辨距离像可以获取舰船长度在雷达视线方向的径向投影长度,结合目标姿态角即可得到目标的真实长度。在这个过程中,影响目标长度特征估计性能的因素,包括雷达分辨力、姿态角、信噪比等,同时舰船自身结构的差异也会影响长度估计精度[10]。

1. 姿态角的影响

舰船的长宽比越大,适用于长度估计的姿态角范围越大。图 8.8 以长 196m、宽 28m(长宽比为 7)的货船为例,计算长度投影和宽度投影的边界。由图可见,当姿态角大于 83°时,目标在雷达视线方向的径向投影以宽度投影为主,因此对该目标实现长度估计的合适姿态角范围为迎头和追尾方向附近 83°。

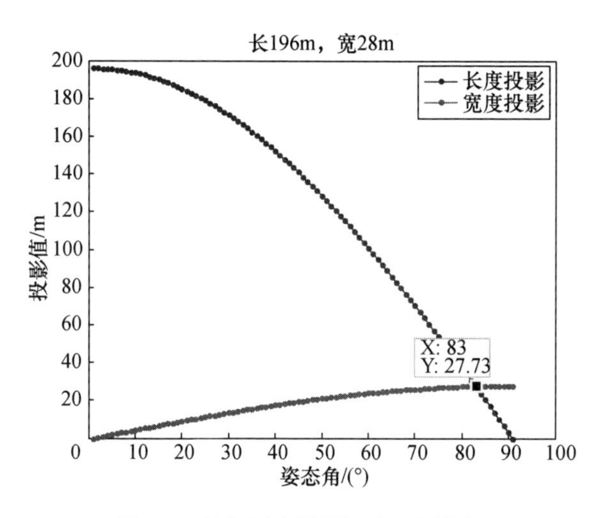

图 8.8 目标径向投影尺寸(见彩图)

2. 信噪比及船身结构的影响

在提取径向长度时,不同结构的目标对信噪比的要求有所不同。对下图中两艘货船的原始一维像添加噪声,进行 100 次蒙特卡罗计算,估计一维像长度。货船 1 的信噪比从 20dB 降至 15dB,径向长度提取误差则从 20% 增加到 80%,主要是由于弱散射点距离主体散射点距离较远,此时弱散射点在长度提取算法中已经被视作非目标区域,图 8.9(e)为信噪比 16dB 时的一维像。由于货船 2 的一维像散射中心分布集中,边缘弱散射点对径向长度提取不会产生显著影响,当信噪比从 20dB 降至 15dB 时,径向长度提取误差从 20% 增加到 30%,图 8.9(f)为信噪比 16dB 时的一维像。对于这两种船,当信噪比大于 25dB 时,径向长度的提取误差都控制在 5% 以内。

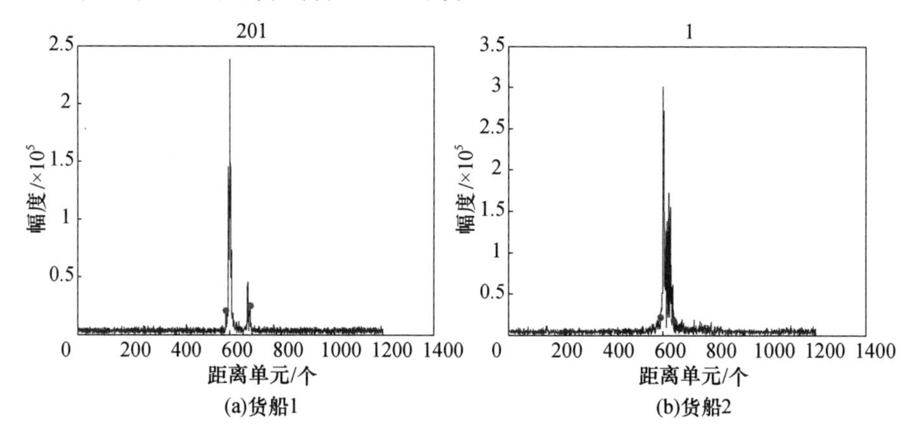

(a)货船1　　(b)货船2

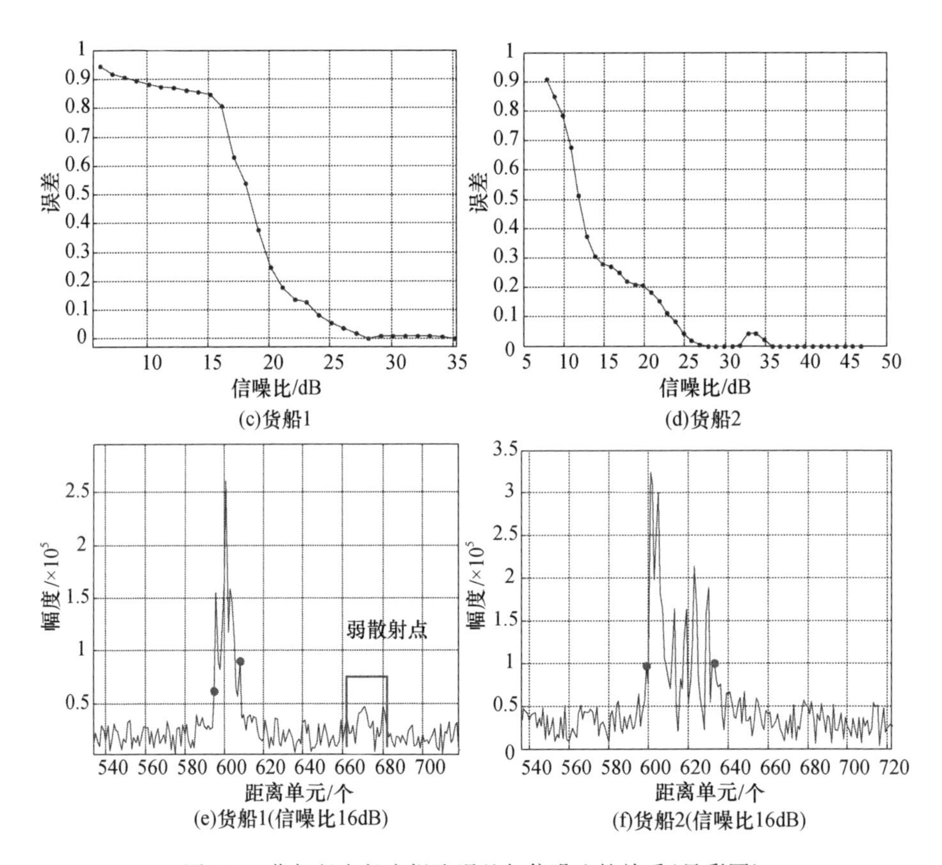

图 8.9　货船径向长度提取误差与信噪比的关系(见彩图)

8.3　军民船分类技术

一般而言,军民船主要是根据舰船的用途来区分的。例如,军舰包括驱逐舰、护卫舰等,民船包括客轮、油轮、货轮等。军民船分类的目的是区分敌方军船、民船,在大中小分类后进一步筛选进入型号识别的高威胁度目标。在工程实际应用中,由于型号识别所占用的雷达资源较多,因此希望通过军民船分类进一步提取出所关注的高威胁度目标,提高雷达系统的工作效率。

由 8.1.3 节介绍可知,典型的军民船在外形、上层建筑分布等物理特征方面存在显著差异,而这些特征在一维像和 ISAR 像中都得到了很好的体现,因此可利用上层结构特征作为军民船分类特征。目前,基于雷达特征的军民船分类存在的问题是:①由于军民船是根据舰船用途来区分的,因此对于一些外形结构特征相似的军民船而言,这种基于雷达特征的分类方法性能较差,例如一些军用补给舰的外形与大型民船很相似,但根据用途划分属于战斗序列舰即军船;②高海情下,特征易受污染,无法实现有效分类;③从雷达图像上提取的上层结构特征与姿态角关系密切,在某些姿态角域(如正侧视角域),分类特征会失效。

本节主要介绍基于宽带一维像和 ISAR 像的军民船分类技术以及影响特征稳健性的因素。

8.3.1　基于宽带一维像的军民船分类

目标的一维高分辨距离像揭示了目标沿雷达视线方向散射强度的分布,反映了目标精细的结构特征,因此是一种较好的目标识别特征[11]。

在进行军船和民船之间大类识别时,由于军船和民船在各自类型域内均包含大量不同种类型号的目标,舰船目标一维像数据存在各类样本数据量之间差异较大、各姿态角数据量严重不均衡等问题,因此不考虑采用模板匹配方法进行识别。对预处理后的一维像进行特征提取,然后利用各种区分性较好的特征进行军民船分类。图 8.10 给出了基于一维像的军民船分类算法实现流程。

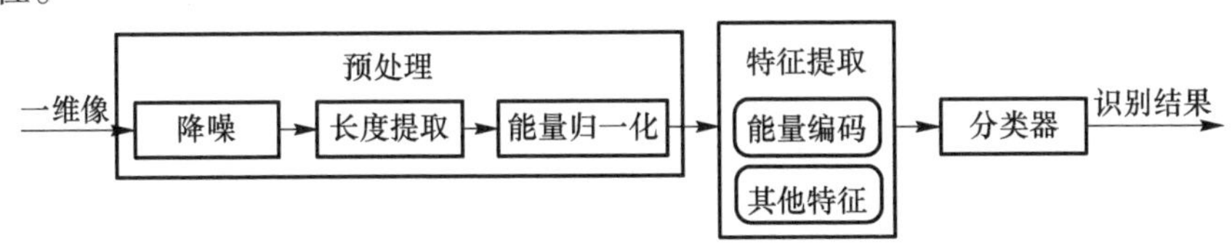

图 8.10　一维像军民船分类流程

由于舰船目标运动较缓慢,这里不考虑较复杂的预处理操作,只进行降噪、目标支撑域长度提取和能量归一化操作。目标支撑域长度提取,一方面是为了统一一维像的数据处理长度,另一方面是在降噪处理的基础上进一步减小噪声影响。能量归一化主要是为了减小一维像幅度敏感性的影响。图 8.11 给出了预处理前后的一维像对比结果。

下面介绍几种典型特征的提取方法,并给出相关实验分析结果。

1. 能量编码特征

在进行军民船分类时,由于军船和民船在船体的上层结构特征方面呈现出较大差异。因此,我们可以将预处理后的 HRRP 根据能量分布特征进行编码,将所得编码值作为识别特征进行目标识别。

以图 8.12 中的一幅一维像为例,按照能量编码的方法可得到二进制编码码字为(1,0,1),其码字对应数值为 5。然后根据先验统计知识,对该编码所属舰船类别进行军民船分类判决。

此方法需要对大量的军民船一维像编码进行统计,划分码字所属舰船类别,

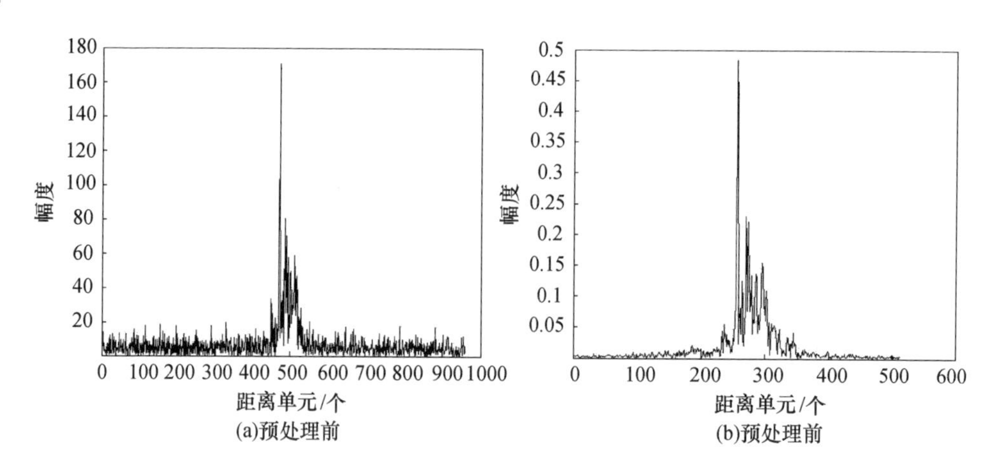

图 8.11　预处理前后一维像对比

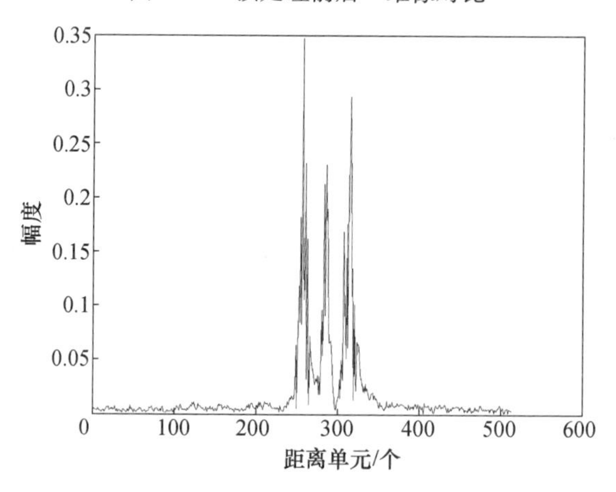

图 8.12　某型舰船一维像

以此作为分类器判断标准。该方法的优点是简便易行,不需要额外构建训练库;缺点是对一维像的姿态角有一定要求,适用于前视一定角域内的一维像。

对大量军民船一维像编码特征统计结果如图 8.13 所示。所有数据经过预处理、编码处理后,按码字类型计算对应数值,数值为 4、5 的即被判为民船,其余码字类型均被判为军舰。

由于能量编码特征提取步骤中,在确定目标区域长度后,要对目标区域按长度分段,而带宽影响一维像的分辨力,会对长度提取和分段结果造成影响,进而影响编码码字结果,因此带宽不同时,能量编码特征判决条件会相应发生改变。

2. 其他特征

除能量编码特征和离散性特征外,还可计算中心矩特征、对称性特征、偏度特征、峰度特征、熵特征等,进行多特征融合的军民船分类。

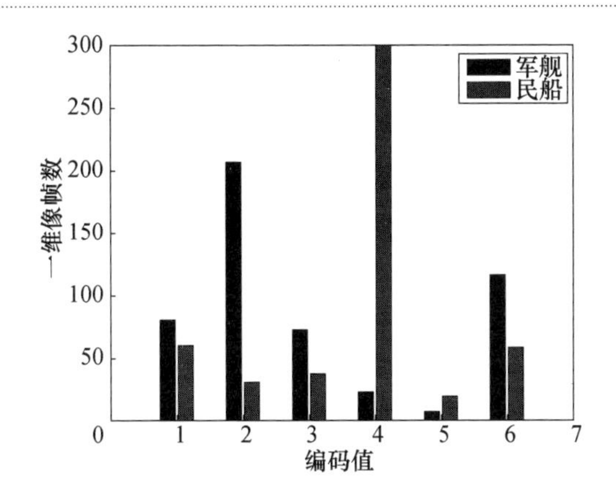

图 8.13　军民船一维像编码值分布情况(见彩图)

8.3.2　基于 ISAR 像的军民船分类

基于 ISAR 像提取的特征,包含了较丰富、直观的目标识别信息,在获取高质量舰船 ISAR 像的基础上,可以从中提取舰船上层结构等特征作为军民船分类的有效特征量。缺点是对雷达资源要求较高。

图 8.14 给出了基于 ISAR 像的军民船分类算法实现流程。考虑到基于数据的舰船目标识别存在对非合作目标建库困难的问题,因此采用基于模型匹配的识别技术,利用船舶桅杆位置、上层建筑结构、长度等特征进行分类[12]。

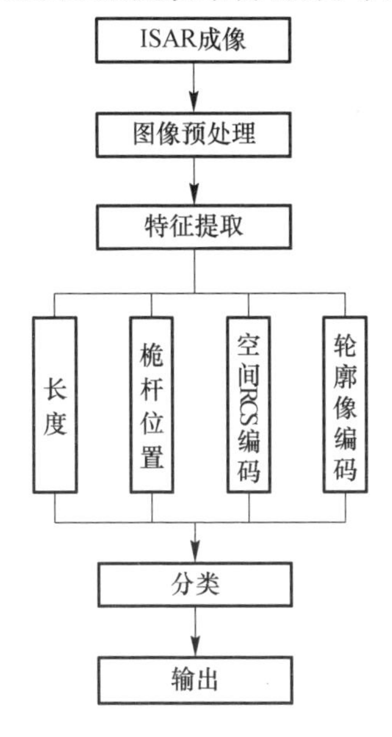

图 8.14　ISAR 像军民船分类算法实现流程

1. ISAR 图像预处理

ISAR 像不同于光学图像,特征提取和识别难度较大,由于测量条件和成像原理等原因,ISAR 像存在如下特点:①存在斑点噪声和条纹干扰,造成 ISAR 像质量下降;②通常表现为稀疏、孤立的散射中心分布;③ISAR 像随雷达照射视角变化而改变。ISAR 像的这些固有特点都对图像特征的稳定性和识别性能造成了严重影响。因此,基于 ISAR 像的特征提取首先需要对 ISAR 像进行预处理,以抑制杂波和噪声的影响,改善图像的质量,进而能较好地从 ISAR 像中提取相关特征,达到识别的目的。

ISAR 像的预处理一般分为:①斑点噪声抑制;②条纹干扰抑制;③填充和平滑。

1)斑点噪声抑制

斑点干扰主要源于环境噪声的影响,其强度较散射点来说一般要小得多,因此可用全局阈值处理的方法去除。由于干扰与散射点的能量分布不是均等的,因此使用固定值或强度均值作为阈值的方法抑制效果一般。考虑到一般情况下,斑点干扰幅度较小,散射点幅度较大,能量分布并不是均等的特点,可使用如下步骤抑制斑点噪声:

步骤 1:为 T 选一个初始估计值(取 ISAR 像各像素点强度最大值与最小值的中间值)。

步骤 2:使用 T 对 ISAR 像像素点进行分组。产生两组像素:亮度值 $> T$ 的所有像素组成的 G1,亮度值 $< T$ 的所有像素组成的 G2。

步骤 3:分别计算 G1 和 G2 范围内像素的平均亮度值 μ_1 和 μ_2 。

步骤 4:计算新阈值,即

$$T = \frac{1}{2}(\mu_1 + \mu_2)$$

步骤 5:重复步骤 2 ~ 步骤 4,直到连续两次计算得到的 T 的差比预先设定的参数 T_0 小为止。

步骤 6:对图像中幅度高于阈值 T 的散射点予以保留,低于该阈值的散射点幅度置零。

经过迭代的阈值不断向强度较大的点集中区和强度较小的点集中区之间移动,因此能较好地滤除强度相对较小的斑点噪声。由于 ISAR 像中存在个别散射点幅度较幅度均值大很多的情况,因此有必要对散射点幅度进行均衡处理。

2)条纹干扰抑制

条纹干扰产生的原因主要有:①强散射点副瓣的影响;②自聚焦误差;③目标存在旋转部件。有两种方式来处理条纹干扰,一种是在成像过程中,通过精确相位补偿来增强自聚焦的性能;另一种是在成像之后,根据图像的特性来抑制条纹干扰。由于条纹干扰一般都出现在有强散射点的距离单元,可以分别对每个距离单元单独设置阈值来去除条纹干扰。例如,以每个距离单元中幅度最大值的 1/10 作为阈值(或者以该距离单元的幅度平均值作为阈值)。

3）填充和平滑

空间 ISAR 像不同于光学图像,表现为稀疏、孤立的散射中心分布,不利于后续的目标形状特征提取。因此,要提取 ISAR 像形状特征,则需在预处理过程中进行图像填充和平滑。针对 ISAR 像的稀疏、孤立散射中心分布特性,可采用形态学膨胀实现 ISAR 像填充。

数学形态学操作一般包括膨胀和腐蚀。使用同一个结构元素对图像先进行腐蚀然后进行膨胀运算的操作称为开操作(open),先进行膨胀然后进行腐蚀运算的操作称为闭操作(close)。

形态学操作中结构元素的选择对图像的处理结果有较大影响。结构元素的选择不仅需要考虑图像中目标的大致尺寸,还需要依据图像中目标间断、分散的程度。分散程度越大,所需要的结构元素尺寸就越大。但是结构元素过大,往往会导致图像中目标的某些部分过度连接和填充,而且会导致边缘锯齿现象严重。

2. ISAR 像特征提取

提取稳定、有效的 ISAR 像特征是实现舰船目标识别的基础。根据目标 ISAR 像的特点,将 ISAR 像特征分为两类:目标几何参数特征和二维像的数学特征。几何特征有很明确的物理意义,可以判断目标的大致类型;而数学特征描述了目标散射点(结构)的精细特征,对于进一步的分类识别是大有裨益的。

几何参数特征包括舰船中心线、舰船轮廓像、舰船主桅杆位置、舰船上层结构等。

1）舰船中心线

舰船 ISAR 像中的舰船中心线,即连接船头与船尾中心的直线,可以通过 Hough 变换或者最小二乘拟合进行估计。Hough 变换通过最大峰值确定中心线的斜率。但是舰船上较高的结构可能会影响舰船中心线的估计,因此在估计时可以先将多普勒方向具有较大扩展的部分从图像中去除。

2）舰船轮廓像

舰船中心线将舰船分成上层结构部分和甲板两部分,可以通过比较两部分的多普勒扩展区分出舰船上层结构部分。其中,上层结构部分具有较大的多普勒扩展。舰船的轮廓像为从船头到船尾,舰船上层结构部分的多普勒与舰船中心线多普勒之差。

3）舰船主桅杆位置

设定门限,将轮廓像与门限比较,连续几个超过门限的距离单元可以认为是桅杆。桅杆位置取桅杆所在距离单元的中间位置。桅杆位置一般用桅杆距离船头的距离与整个船体长度之比表示。

4）舰船上层结构

在提取的轮廓像基础上，对舰船上层结构进行二进制编码。

图 8.15 给出了对某 S 波段雷达录取的数据进行 ISAR 成像、图像预处理和特征提取的结果。

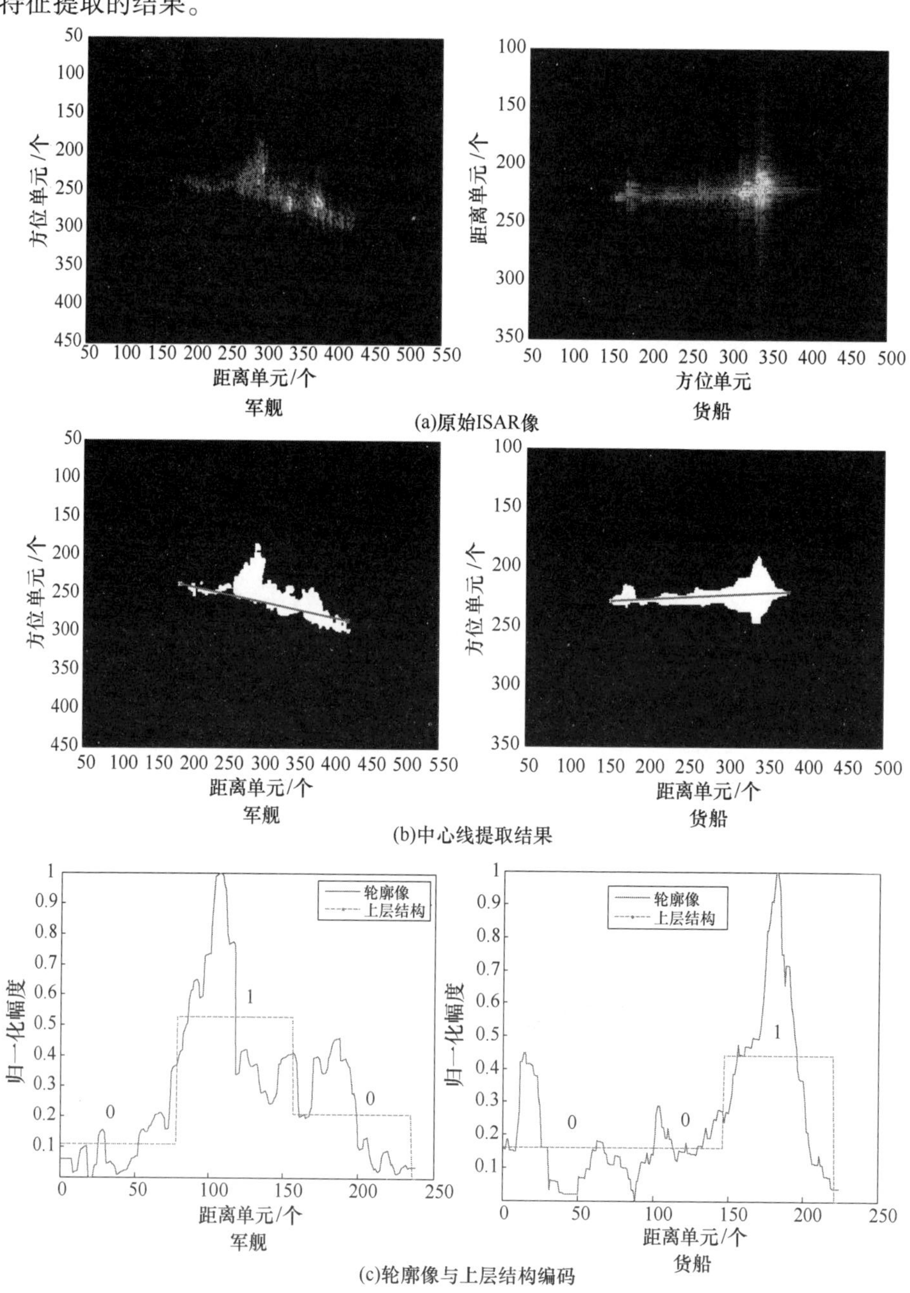

图 8.15　ISAR 像特征提取结果(见彩图)

从两幅轮廓像中提取的桅杆位置以及舰船上层结构编码特征如表 8.2 所示。此处的桅杆位置泛指船体上最高部分的位置。

表 8.2 桅杆距离船头位置估计值和上层结构编码特征

类别	桅杆位置	上层结构编码
军舰	44.54%	0 1 0
货船	81.25%	0 0 1

由于货船的驾驶舱一般位于船尾，而军舰中部比较高，因此根据桅杆位置与上层结构编码可以将货船和军舰进行有效分类。

8.4 舰船型号识别技术

作战军舰是重点监视目标，尤其是部分美日驱逐舰、护卫舰等具有高威胁度的目标，因此舰船目标识别的最终目的是对敌方军船（驱逐舰、护卫舰等）进行更精细的型号识别。舰船型号识别可以为作战态势分析、目标监视和目标打击提供依据。

目前，基于雷达特征的舰船型号识别存在的问题是：①全姿态模板库的建立很难；②外籍军舰样本的获取很难；③非完备库下的目标识别算法性能较差；④切向姿态角下尚无有效识别方法；⑤库外目标的有效拒判算法待研究。

本节主要介绍基于宽带一维像和 ISAR 像的舰船型号识别技术以及影响特征稳健性的因素。

8.4.1 基于宽带一维像的型号识别

由于一维像实际获取较容易，因此建立一维像模板库相对于 ISAR 像而言更方便，因此基于宽带一维像的型号识别技术获得了广泛关注。

1. 一维像预处理

由于一维高分辨距离像（HRRP）受噪声影响，且自身存在方位敏感性、平移敏感性、幅度敏感性等不利于识别的问题，需要进行一定的预处理来改变一维像的分布特性，以提高识别性能。一般的预处理流程包括增益调整、降噪处理、距离像剔除、幂变换、归一化等操作。

由于雷达有接收增益控制，为了后续非相干平均处理，需要先将增益不同引起的一维像幅度差别去除，因此预处理的第一步是对一维像进行增益调整。

第二步的降噪处理主要通过以下 4 个步骤实现。

1）一维像对齐

为获得稳定的一维像特征，可通过对一维像进行非相干或相干平均的方法在一定程度上降低一维像的方位敏感性。进行相干或非相干平均的前提是一维像必须是对齐的。然而,雷达通常观测的都是非合作目标,而目标在观测期间做机动飞行,导致每次脉压后目标在距离波门中的位置是变化的。因此,要做一维像平均必须先把一维像按距离单元对齐。图 8.16 是某目标对齐前后的一维像序列对比结果。

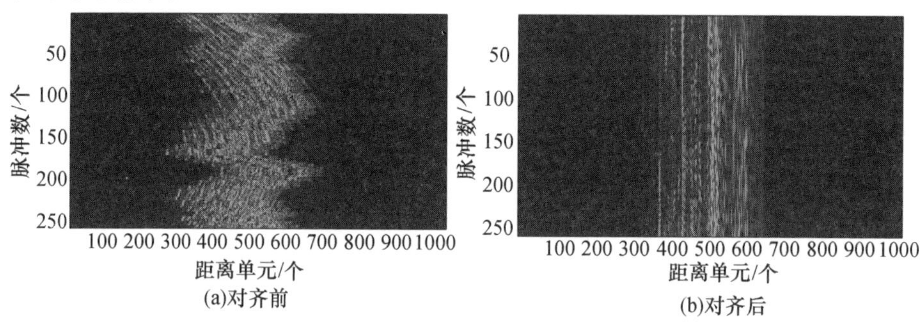

图 8.16　某目标的一维像序列(见彩图)

2) 一维像积累

一维像对齐后,可以采用对一维像进行非相干或相干平均的方法来提高信噪比。由于非相干平均计算简单,且对噪声平滑有一定的效果,因此这里采用非相干平均的方法获得一维像特征。图 8.17 给出了一维像平均前后的结果对比。图 8.17(a)是由某次宽带回波得到的一帧一维像,可以看出噪声污染很严重。图 8.17(b)是对连续 16 帧一维像进行非相干平均得到的平均一维像特征。对比可以看出,非相干平均后的噪声单元幅度得到了一定的平滑,与目标部分的区分更加明显。

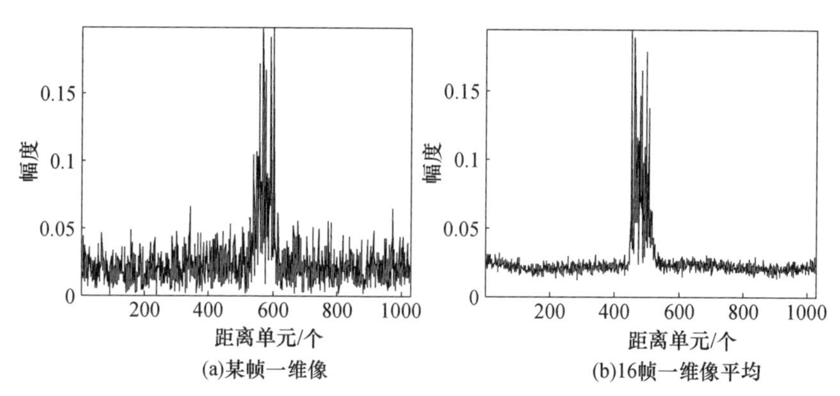

图 8.17　一维像非相干平均前后对比

3) 去噪声单元

对于单目标的一维像,有很多距离单元都是冗余的。为了降低一维像特征维数,同时考虑到计算效率,需要去除冗余噪声单元。平均一维像已在很大程度上平滑了噪声单元幅度,可以在平均一维像的基础上设置幅度门限,去除部分噪声距离单元,保留目标距离单元。去噪声单元的目的就是通过去除部分噪声单元,并且较好地保留目标散射距离单元,以降低一维像维数,同时缩小模板库规模,提高计算效率。

4) 降低噪声电平

经过平均处理后,噪声单元幅度虽然得到平滑,但仍占有较大比例的能量。这部分能量在识别过程中会影响一维像相似性度量。对平均一维像可以采用去噪声均值等方法降低噪声电平,然后再对一维像做能量归一化。由于平均一维像幅度已被平滑,因此采用将噪声最小值置为零电平的方法去除部分噪声能量。对图 8.18(a)进行处理后得到的一维像特征如图 8.18(b)所示。通过比较可见,经过上述降噪处理的一维像目标散射单元能够很好地保留,噪声得到了较好抑制。

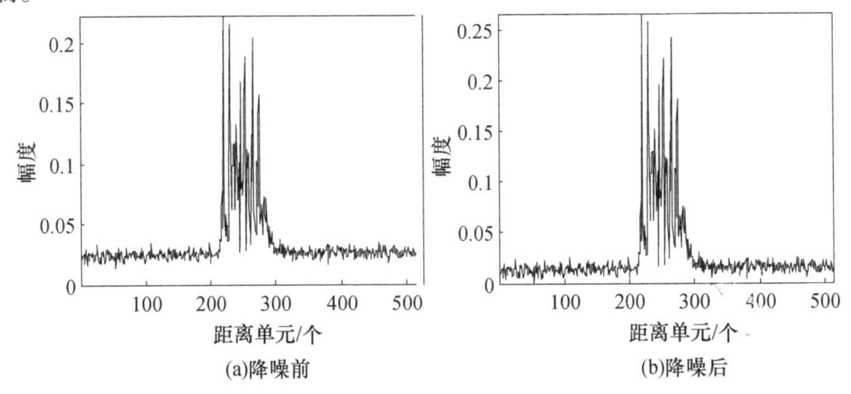

图 8.18 降噪处理

经过降噪处理之后,可以根据设定的信噪比门限,剔除信噪比过低不能用于识别的一维像。对于满足信噪比要求的一维像,一般还要进行非线性变换,这里选用幂变换处理。由于一维像的目标姿态敏感性,一维像的幅度起伏较大,因而散射点的位置信息相比于幅度信息对识别的作用更大。采用指数小于 1 的幂变换处理,可以压缩一维像的幅度动态范围,幅度的不稳定性相对减弱,相当于提高了弱散射点对相似性度量的贡献,减弱了强散射点存在时对弱散射点的屏蔽作用。

除了雷达增益会引起一维像的幅度差别外,目标位置、雷达发射功率等测量条件的变化,也会造成距离像幅度的敏感性。通常可以采用能量归一化的方法对一维像的幅度进行处理。

经过以上预处理过程后,在一定程度上降低了一维像的平移、幅度和方位敏感性,提高了信噪比,提升了弱散射点对识别的贡献,有利于提高识别率。

2. 一维像特征提取

一维高分辨距离像可以对目标结构进行细节描述,为目标识别提供更精细化的识别特征。总体来说,基于一维像的识别特征主要有以下几种。

1）归一化一维像包络

基于一维像进行识别,利用的是目标散射调制引起的波形差异与强散射点的相对位置关系(图 8.19)。从所包含的信息量上讲,直接利用一维像即可以利用一维像的所有信息,只是一维像具有幅度、方位和平移敏感性,需要进行归一化、分姿态角域和配准等相关处理,同时还要结合降噪处理方法进行一维像的优化,以提高信噪比,降低噪声对一维像结构的影响。处理方法包括相参与非相参的积累。

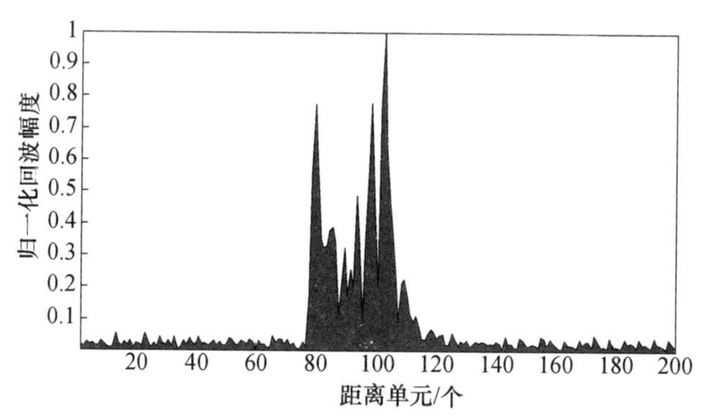

图 8.19 归一化一维像包络

2）频谱特征

由于一维像具有平移敏感性,当所提特征不具有平移无关特性时,一维像的对齐处理将会明显影响系统的识别响应速度。很多研究人员都是通过提取平移无关特征来避免一维像对齐的,最常用的特征便是一维像的频谱幅度、功率谱。若设 $s(k)$ 为一次回波($k=1,2,\cdots,N$),N 为距离单元数,则其频谱表示如下:

$$S(n)=|S(n)|\mathrm{e}^{\mathrm{j}\theta_n}=\sum_{k=1}^{N}s(k)\mathrm{e}^{\mathrm{j}\frac{2\pi nk}{N}} \tag{8.3}$$

$|S(n)|$ 反映不同频率分量的强度,θ_n 反映各频率信号的相对位置差异。由于时域平移即为频域添加线性相位,平移敏感性完全反映在相位项中。另外,相位对于噪声也具有敏感性,尤其是高频区,这些都会导致相位信息的稳定性变差,很难有效应用于目标识别中。由于频谱幅度具有平移无关性,且获取简单,研究表明,基于频谱幅度信息可以进行目标的有效识别。

3）统计特征

一维像的统计特征,可以从另一个方面对目标散射点的分布情况进行特性描述,也是目标识别的一个重要途径。中心矩是一种简单的平移、旋转且尺度不

变特征,反映了目标的形状信息。对信号进行归一化处理:

$$\bar{x}(n) = x(n) / \sum_{n=1}^{N} x(n) \tag{8.4}$$

p 阶中心矩定义为

$$\mu_p = \sum_{n=1}^{N} (n - M_1)^p \bar{x}(n) \tag{8.5}$$

式中:M_1 为一阶原点矩。

4) FMT 变换特征

模板库完备是保证舰船型号识别性能的条件,这是因为一维像严重依赖于舰船的姿态。因此,对于不能获得全姿态训练样本的目标,首先应对舰船目标的雷达回波进行预处理,抽取出对舰船目标姿态变化相对不敏感的物理特征量,然后利用分类器对目标特征进行识别。

通过傅里叶-梅林变换(FMT),能够产生不依赖于舰船一维像开窗位置与比例变化的物理特征集合,它由快速傅里叶变换(FFT)与离散梅林变换(DMT)级联而成[13]。目标一维像的 FFT 归一化值对回波的平移(即时延)具有不变性,而 DMT 对回波的比例变换(即回波的宽窄变化)具有不变性,于是用 FMT 对目标一维像进行处理,就获得了不敏感于其位置与比例变化的结果,从而去除了目标距离与方位因子产生的影响。

设 $X = \{x_1, x_2, \cdots, x_N\}$ 是由一维像的 N 个采样值构成的矢量,则 X 的 FFT 归一化幅值为

$$Y = \{y_1, y_2, \cdots, y_N\} = \mathrm{FFT}\{X\} \tag{8.6}$$

式中:$y_i = \left| \sum_{n=1}^{N} x_n \exp\left(-\mathrm{j}\frac{2\pi}{N}\eta_i\right) \right| / \max \left| \sum_{k=1}^{N} x_n \exp\left(-\mathrm{j}\frac{2\pi}{N}\eta_k\right) \right|$, $i = 1, 2, \cdots, N$。

对 Y 进行 DMT,记其变换结果为

$$Z = \{z_1, z_2, \cdots, z_N\}$$

则有

$$z_i = \left\{ \left[\sum_{k=1}^{N} \cos\left(\frac{2\pi i}{N}\ln k\right)(y_k - y_{k-1}) \right]^2 + \left[\sum_{k=1}^{N} \sin\left(\frac{2\pi i}{N}\ln k\right)(y_k - y_{k-1}) \right]^2 \right\}^{\frac{1}{2}} \tag{8.7}$$

式中:$i = 1, 2, \cdots, N$;$y_0 = 0$。可以证明,Z 对 X 具有时延和比例不变性。

5) 其他变换特征

除上述特征外,一维像信号矢量还可以通过多种变换提取目标的特征。利用高阶谱特征[14]、零相位谱、小波变换系数、基于 Clean 方法的参数化描述等,一维像的高分辨特性为多种特征提取提供了很好的基础[15]。

但由一维像提取出的特征对于识别未必都是有效的，在使用过程中常需要进行特征选择，以达到最优的识别性能。一般采用线性判决分析（LDA）来进行特征可分性的考察，通过可分性排序进行目标特征选择，降低特征维数。

类间距离：设类 $\omega_i = \{x_k^i, k = 1,2,\cdots,N_i\}$ ，$\omega_j = \{x_l^j, l = 1,2,\cdots,N_j\}$ ，两类样本集之间的平均距离为

$$\bar{d}(\omega_i,\omega_j) = \frac{1}{N_i N_j}\sum_{k=1}^{N_i}\sum_{l=1}^{N_j} d(x_k^i, x_l^j) \tag{8.8}$$

式中：$d(x_k^i, x_l^j)$ 是某种定义下的两种模式间距离，一般可取欧氏距离。

类内距离：设 ω_i 类的样本均值向量为 m_i ，则由样本集定义的类内均方欧氏距离为

$$\bar{d}^2(\omega_i) = \frac{1}{N_i}\sum_{k=1}^{N_i} (x_k^i - m_i)^{\mathrm{T}}(x_k^i - m_i) \tag{8.9}$$

显而易见，使得类间距离大且类内距离小的特征较好，据此可以进行特征选择。近年来，核方法（Kernel Merthod）在统计识别领域也得到了很好的应用[16]。广义判决分析（GDA）结合了核方法与判决分析的思想，在提取有效分类特征的条件下，能够实现维数压缩，在当前目标识别中已得到了有效利用。

3. 姿态角对模板库建立的影响

在基于一维像的型号识别中，姿态角的利用对于模板库建立与系统的识别性能都有重要影响[17]。海面舰船目标不同于空中目标，迎头、追尾情况的一维像结构明显比侧视时更丰富，可以有针对性地进行姿态角划分并建立模板集合，提高目标间的可分性，对识别能力给出更准确的评估。另外，在分角域建库过程中，模板的姿态角细化程度和某些姿态角模板缺失条件下对识别性能的影响也是必须要考虑的关键问题。

下面利用两种尺寸相近的合作目标实测数据进行分析。

1）舰船目标不同角域的识别性能对比

为了对不同角域的识别性能进行分析，首先对两种目标的一维像在不同角域的相关系数进行统计，统计结果如下：

图 8.20 中有 9 个角域，每个角域 10°。由两目标间的回波相似性度量可以看到，随着目标姿态由迎头变为正侧视，目标间的差异性逐渐变小。这是因为正侧视时目标的投影长度变短，船体结构无法在径向得到表现，使得回波差异性降低。

图 8.21 给出了识别率随姿态角变化的关系曲线。随着目标姿态由迎头变为正侧视，识别能力逐渐下降。迎头 0° ~ 50°可实现两目标有效识别，50° ~ 80°识别率有所下降，正侧视条件下无法给出有效的识别结果。通过识别率曲线得到的结论与可分性分析结论一致。

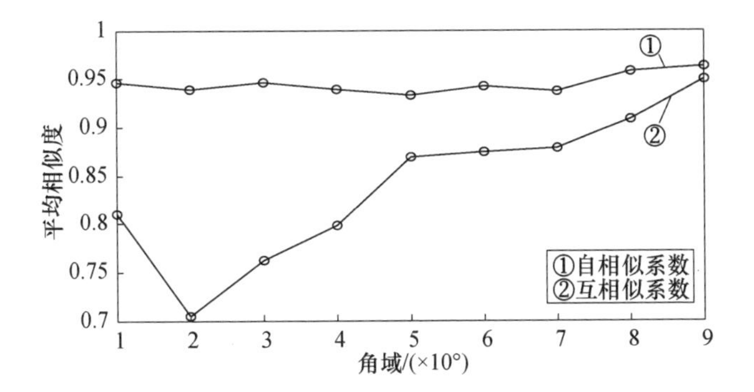

图 8.20　不同角域两目标的自相关与互相关系数(见彩图)

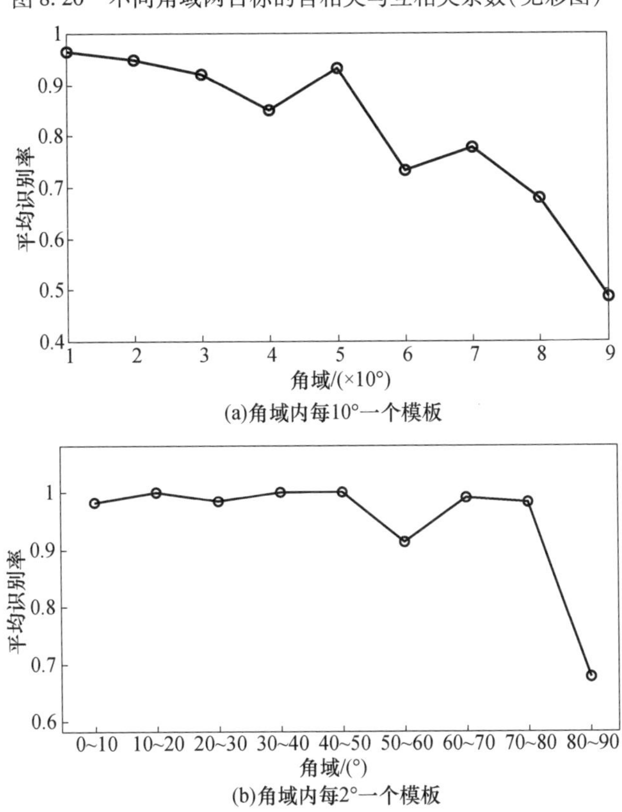

图 8.21　识别率随姿态角变化的关系

2）模板选择时姿态角细化程度对识别性能的影响

对模板选择的姿态角细化程度进行考察,可以为后期建立完善的模板库提供重要依据,对于一维像模板库的建立具有重要意义。实测数据处理结果如下:

图 8.22 给出了识别率与角域模板数的变化关系。由于目标均匀旋转,单个角域姿态跨度为 10°,若角域内均匀间隔选择 2 个目标模板,则可以看成是每 5°

选取一个模板放入模板库。因此,该结果等效考察了模板选择的最小姿态角间隔。处理结果显示,当模板数大于5以后,即模板选择姿态角间隔为2°时,识别性能起伏在2%以内,且识别率可以达到识别要求。这说明在该数据条件下,建库达到2°一个模板,便可以建立目标的完备识别模板库。

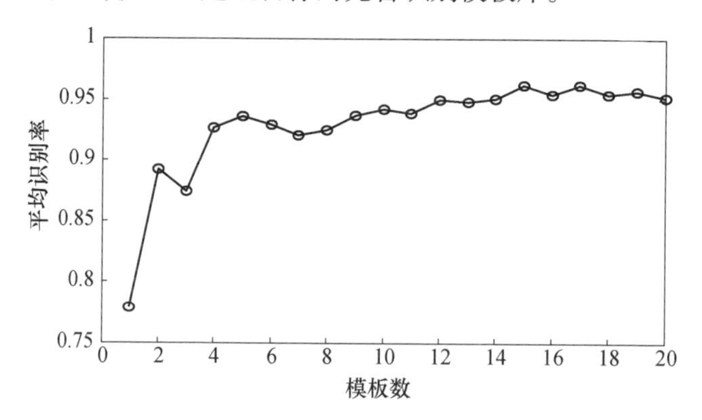

图8.22　识别率随单角域内模板数的变化关系

3）模板姿态角不全时的跨角域识别性能分析

由图8.23所示处理结果可以看到,随着姿态角差异变大,目标一维像自相似性下降,目标识别率明显下降,与迎头姿态差30°的情况下,识别率下降了40%。同时结果显示,在迎头姿态角域,角域跨度不超过20°时,识别性能虽有所下降,但仍具有一定的识别能力。在侧视条件下,由于角域本身可分性有限,跨角域识别意义不大。

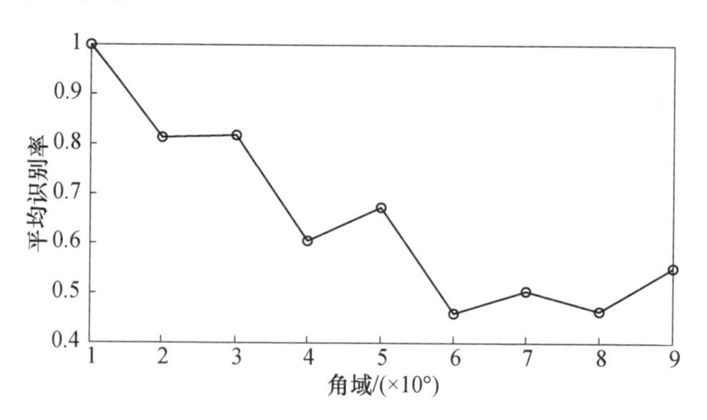

图8.23　利用第一角域进行多角域识别的结果

8.4.2　基于ISAR像的型号识别

由于不同姿态的ISAR像实际获取较困难,因此建立ISAR像模板库较难。但ISAR像由于其丰富、直观的特征信息,更利于型号识别,因此在雷达资源允许的条件下,基于 ISAR 像的型号识别技术的性能更优。

在 ISAR 像图像预处理与特征提取的基础上,首先可根据舰船长度估计结果与桅杆信息估计结果,对舰船进行粗分类,缩小候选目标范围;接着在投影平面估计的基础上,将候选目标三维模型投影到相应的距离 - 多普勒平面并提取其轮廓像。其中,模型库由光学或 CAD 模型组成,刻画目标全姿态轮廓信息,解决了传统匹配识别中需要建立实测 ISAR 像模板的问题。最后,将 ISAR 像的轮廓像与模型的轮廓像进行匹配,根据匹配结果判别目标型号,如图 8.24 所示。

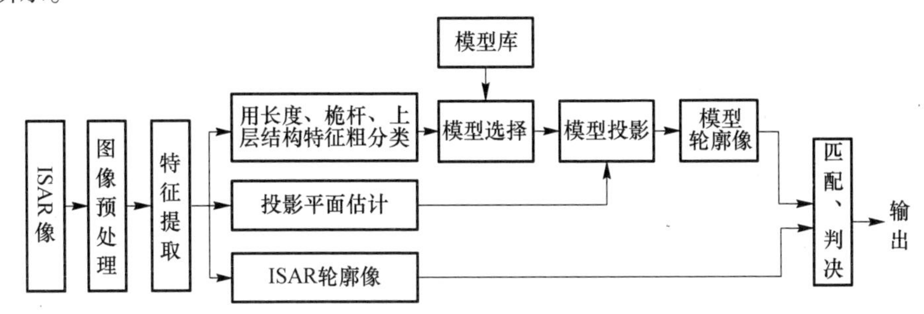

图 8.24　基于 ISAR 像的型号识别流程图

下面利用对两种护卫舰——0 * 1 护卫舰和 0 * 2 护卫舰 CAD 模型进行电磁仿真所获得的仿真 ISAR 像(X 波段,180MHz 带宽),提取轮廓像,并分析其用于目标型号识别的可行性。

1. 舰船轮廓提取

首先对舰船的光学图像和仿真 ISAR 像进行轮廓提取,并进一步提取能够代表舰船特征的上层轮廓图像。光学图像和仿真 ISAR 像的轮廓像如表 8.3、表 8.4所示。

表 8.3　舰船光学图像轮廓提取

目标	光学图像	轮廓像
0 * 1 护卫舰		
0 * 2 护卫舰		

表 8.4　舰船 ISAR 像轮廓提取

目标	ISAR 像	轮廓像
0＊1 护卫舰		
0＊2 护卫舰		

由于舰船轮廓像的上层结构能够代表舰船的形状特征，而舰船下方轮廓由于受到海水覆盖以及海杂波影响不能代表舰船真实形状，因此需要进一步提取轮廓像中的上层轮廓信息[18]。具体方法是，先提取舰船轮廓的中心线信息，将中心线上方的轮廓定义为轮廓像的上层结构，光学图像和仿真 ISAR 像的轮廓上层结构如图 8.25、图 8.26 所示。

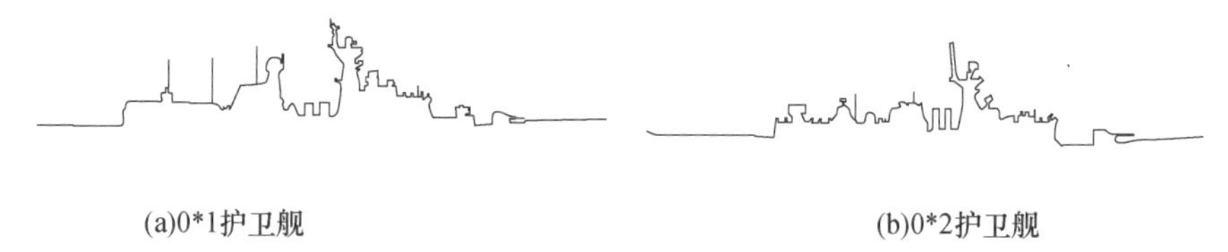

(a)0*1护卫舰　　(b)0*2护卫舰

图 8.25　舰船光学图像的轮廓像上层结构

(a)0*1护卫舰　　(b)0*2护卫舰

图 8.26　舰船仿真 ISAR 像的轮廓像上层结构

2. 舰船轮廓像匹配

在实际的舰船轮廓像匹配过程中，有以下问题需要特别指出：一个是舰船 ISAR 像的多普勒展宽，另一个是轮廓像左右翻转匹配。由于舰船 ISAR 像反映的不是舰船实际轮廓的比例，在多普勒域的展宽受到舰船转动速度的影响，因此在轮廓像匹配过程中需要解决多普勒展宽问题。具体方法是对倾斜校正后的舰船上层轮廓进行坐标平均值归一化，这样舰船的多普勒展宽都会映射到同一尺度下。

对于轮廓的左右翻转匹配问题，由于在实际 ISAR 像中舰船的船头在左侧或右侧是不确定的，因此在匹配过程中需要将舰船 ISAR 像上层轮廓及其左右翻转的上层轮廓都与模板库进行匹配,并选择两者中更为相似的作为实际上层轮廓。

在实际舰船成像过程中,由于舰船是非合作目标,舰船与雷达之间的姿态角需要估计,而实际的估计结果误差在 ±10°内,因此在轮廓像匹配过程中,要求算法具有抵抗姿态角 ±10°误差的能力。例如,设估计得到的未知舰船姿态角为 A,在模板库中找到姿态角为 A ±10°的舰船侧视像,然后进行轮廓像匹配,最终能对舰船类型进行正确识别。

8.5　综合识别技术

8.5.1　多特征融合识别处理

一种特征只能描述目标某一方面的特性,而且特征的精度和稳健性都会影响识别性能。而同一目标的不同特征可以从不同的角度反映目标的特性,因此,通过利用多个维度的特征融合处理,使得描述目标的信息更加丰富,从而提高分类识别的正确率和鲁棒性。8.2 节介绍了基于 RCS 特征和基于长度特征的大中小分类方法,由于特征自身的分类能力及各种因素的影响,使得 RCS 特征、长度特征在小、中、大三类目标之间均存在一定的混淆。基于目标的 RCS 特征和距离像长度特征进行融合识别,有望进一步提升大中小目标分类性能。

基于岸基雷达实测数据,针对海面舰船利用窄带 RCS 特征与窄带目标长度对目标大中小进行融合识别。由于两种特征的量纲和描述目标角度不同,采用基于单一特征分类隶属度融合的方法,处理结果如表 8.5 所示。相比而言,RCS 特征对中目标的分类性能较差,而长度特征对中目标的分类性能较好。从融合识别结果可见,与仅采用单一特征的分类性能相比,中目标的分类性能有较大提升,总的平均识别率达到 80% 。总体来说,基于两种特征的融合处理对大中小分类的识别性能具有一定的改善效果。

表 8.5　融合识别结果

特征	小	中	大
RCS	75.00%	60.42%	74.55%
长度	75.00%	80.21%	82.91%
RCS + 长度	75.00%	91.67%	78.63%

8.5.2　多传感器综合处理

由于雷达或其他传感器提供的特征具有很好的独立性与互补性,利用多源传感器信息融合能够降低单一传感器数据信息的模糊度，并且能够利用数据的冗余性降低其对系统的干扰，增加目标的观测维度，提升识别性能。因此，开展多传感器特征融合识别研究具有重要意义。从层次上讲，基于多传感器特征的融合识别处理可以从两个方面开展：一是特征层融合（图 8.27）；二是决策层融合（图 8.28）。

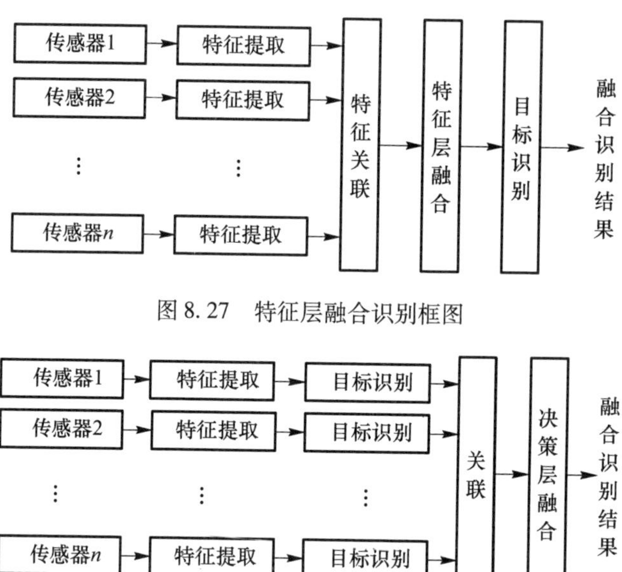

图 8.27　特征层融合识别框图

图 8.28　决策层融合框图

特征层融合属于中间层融合，各传感器根据各自获取的原始测量数据抽象出目标特征，融合中心对各传感器提供的目标特征矢量进行融合，并将融合后获得的融合特征矢量进行分类得到目标识别结果。同样，融合中心在对各传感器提供的目标特征矢量进行融合前需要对各组特征矢量进行关联处理，以保证参与融合的特征矢量来自同一个目标，这可以通过目标状态估计技术来解决。

当特征可信度很高时，还可以利用特征进行层次化分类处理，利用树状分类处理流程，将部分明确目标提前分离出识别集合，降低识别集合混淆度。

决策层融合目标识别就是各传感器先在本地分别进行预处理、特征提取、模式分类，建立起对所观测目标的初步结论，然后融合中心对各传感器的识别结果进行融合以得到最后的识别结果。

当前进行海面目标识别的特征包括目标一维像、二维像、径向长度、RCS、径向速度、AIS 与 ESM 信息，各个特征所给出的分类集合不同，判决可信度差异明显，直接采用特征层融合可能会影响综合特征序列的稳定性。针对这类问题，决策层融合中的 DS 处理方法可以有效解决特征判决集合不一致与置信度差异情况下的融合问题,可以在舰船分类识别中有效发挥作用。

一般采用 DS 融合有三个要素[19]。

1. 证据基本概率的获得

为了对证据的不确定性进行更好的描述,DS 处理引入了基本概率赋值函数。基本概率赋值反映了证据对命题的直接支持和信任程度,其可靠性与合理性对于证据融合的效果具有重要影响。目标识别后得到的类别隶属度表示识别样本与各目标类别的相似程度,因此,融合处理中可采用以识别隶属度为基础的证据基本概率赋值。

设 U 是一个识别框架,表示为 $U = \{P_1, P_2, \cdots, P_N\}$,根据单个特征可获得目标的类别隶属度表示为 $D_N = \{D_n(P_1), D_n(P_2), \cdots, D_n(P_N)\}$ 。基本概率赋值函数表示为 $m_N(P)$,以雷达识别为例,其基本概率赋值 $m_N(P)$ 由下式获得:

$$m_N(P) = \begin{cases} \mu \dfrac{\left(\sum\limits_{H \subset U} D_n^{\mathrm{T}}(P) \log(D_n^{\mathrm{T}}(P)) \right)}{\log 10}, P = \theta \\ (1 - m_N(\theta)) D_n^{\mathrm{T}}(P), P = P_i, i = 1, 2, \cdots, N \end{cases}$$

$$\mu \leqslant 1, D_n^{\mathrm{T}}(P) = \frac{D_n(P)}{\sum\limits_{H \subset U} D_n(H)} \tag{8.10}$$

在基本概率赋值方法中,不确定性元素所对应的基本概率赋值主要由两个因素决定:①依据先验知识得到的对所用识别方法的置信度,在基本概率赋值中,反映为 μ 的大小, μ 为不确定性限度因子,置信度越高,不确定性越小,对应 μ 的值也就越小。具体赋值需要根据证据的可信程度恰当选择,一般来说雷达证据可信度较高,因此应以雷达为主,其他传感器特征为辅进行融合。②单次识别所获得的类别隶属度的模糊熵,模糊熵是模糊理论中用来表示模糊集合模糊度的测度,在这里用来表示单次识别类别隶属度的模糊程度。当各类别隶属度均等时,模糊熵为 1;当判决结果完全明确时,模糊熵为 0。由此获得的不确定性赋值不仅考虑了证据的先验信息,还具有一定的自适应性,可以根据单次识别结果的模糊度自动调整不确定性的大小。

2. 基于 Dempster 组合规则的证据合成

Dempster 组合规则是 DS 证据理论中的经典组合方法,它可以通过证据基本概率赋值的正交和与合理组合集的归一化来使信任度向不确定性小的元素集中,降低判决的不确定程度。基于 Dempster 组合规则得到的合成证据的基本概率赋值 $m_F(C)$ 可表示为

$$m_F(C) = \begin{cases} \dfrac{\sum\limits_{\substack{i,j \\ A_i \cap B_j = C}} m_W(A_i) m_N(B_j)}{1 - K} C \subset U & C \neq \phi \\ 0 & C = \phi \end{cases}$$

$$K = \sum_{\substack{i,j \\ A_i \cap B_j = \phi}} m_W(A_i) m_N(B_j) < 1 \tag{8.11}$$

式中：$1 - K$ 为归一化因子；$m_W(A_i)$ 、$m_N(B_j)$ 为不同特征对应元素的基本概率赋值。

3. 融合的决策规则

在证据理论中，证据融合之后如何获得决策结果并没有统一的方法，一般采用比较简单的决策规则，以信任函数最大的类别作为融合识别结果，信任函数 $\mathrm{Bel}(A)$ 与决策规则可表示如下：

$$\mathrm{Bel}(A) = \sum_{\substack{C \subset A \\ C \neq \phi}} m_F(C) \tag{8.12}$$

$$\{D_F \mid \mathrm{Bel}(D_F) = \max_j(\mathrm{Bel}(D_j))\} \tag{8.13}$$

对于非合作目标识别，雷达特征包含的目标信息较为丰富，在多传感器融合中一般以雷达特征为主。但对于特定类型识别，其他传感器具有一定的优势，例如，ESM 对军用舰船的识别可信度较高。因此，识别中应根据各传感器的特点，针对不同目标范畴采用多种识别策略，以实现多传感器综合的识别效能最大化。

8.6 舰船实测数据识别试验

8.6.1 对海雷达试验平台

为了对识别能力进行验证，我们建立了机动式雷达目标识别试验平台：雷达工作在 S 波段，最大带宽为 200MHz，窄带带宽为 10MHz，最大作用距离 200km。

为满足识别需求，雷达有对海窄带搜索、对海 HRRP 和对海 ISAR 3 种工作模式。以岸基试验为主，试验系统工作时，在电扫范围内自动搜索、截获、跟踪目标，在稳定跟踪的情况下，启动宽带测量，雷达控制计算机发出控制命令，根据工作方式的不同，自动切换阵面宽窄带开关对目标交替进行窄带跟踪和宽带测量。系统可实时显示搜索海域目标航迹和识别结果。

8.6.2 实测数据录取情况

测试目标包含 5 种军舰和若干种民船两个大类，目标距离 2 ~ 60km。外场试验数据录取的时间分布较广（2013—2015 年），两次外场试验的雷达布站位置不一样,气候天气情况不同,雷达状态也不尽相同,应该说录取的试验数据是比较全面的,这样的数据条件下可以对识别方法进行更合理的评价。

8.6.3　实测数据分布情况

为了对试验数据的分布情况有大致的了解,图 8.29 ~ 图 8.31 分别对试验数据在不同条件下的分布进行了统计。图 8.31 中的姿态角域是将 0° ~ 180°等分为 5 份获得。

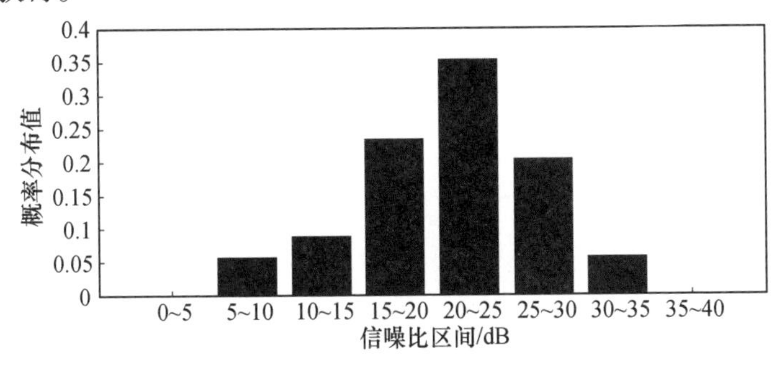

图 8.29　实验数据的信噪比分布情况

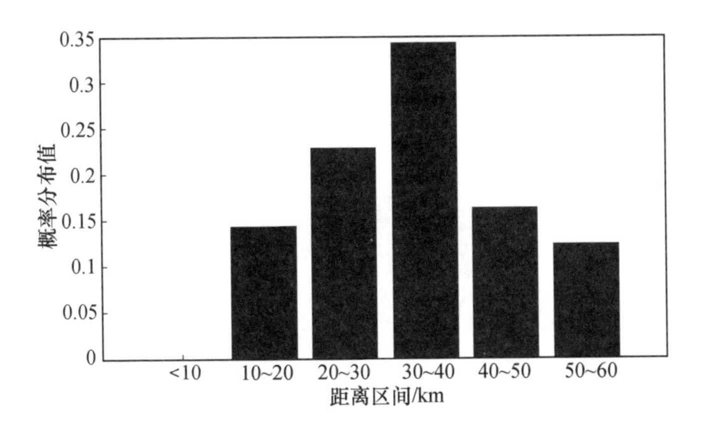

图 8.30　实验数据的距离分布情况

8.6.4　实测数据处理结果

1. 大中小分类结果

利用雷达录取的 10MHz 带宽舰船回波数据进行大中小分类测试,结果如表 8.6 ~表 8.8 所示。大、中目标的分类界限为 200m,中、小目标的分类界限为 75m。分类结果显示,每类目标与相邻类型存在混淆,如小目标会误判为中目标,但不会误判为大目标,这是符合直观感受的。大目标与中目标之间的混淆情况相对严重,说明分类特征在两类目标间的可分性不好。可以通过增大样本数

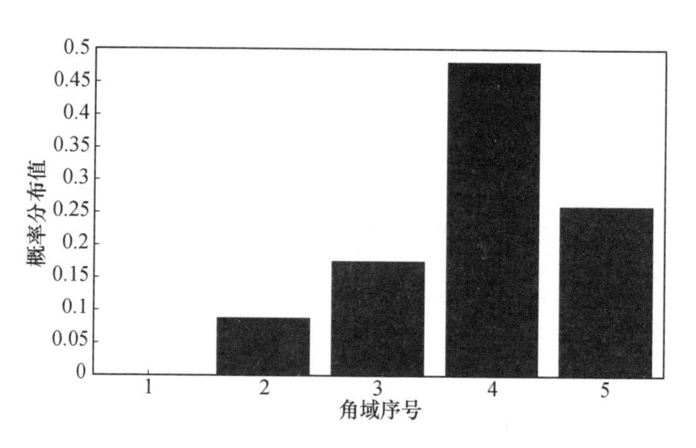

图 8.31　实验数据的目标姿态分布情况

量，提高分类特征的鲁棒性和分类界限的合理性，进行特征融合，从而提高识别率及置信度。

表 8.6　基于 RCS 特征的大中小分类结果

类别	小	中	大
小	75%	25%	0
中	4%	60%	36%
大	0	25%	75%
平均	71%		

表 8.7　基于长度特征的大中小分类结果

类别	小	中	大
小	75%	25%	0
中	20%	80%	0
大	0	17%	83%
平均	80%		

表 8.8　大中小分类融合处理结果

类别	小	中	大
小	75%	25%	0
中	8%	92%	0
大	0	21%	79%
平均	82%		

图 8.32 是利用雷达某天录取的数据，基于上述方法获取的分类视频。根据 AIS 获取船只信息，并验证分类结果的正确性，分类结果与目标信息基本一致。

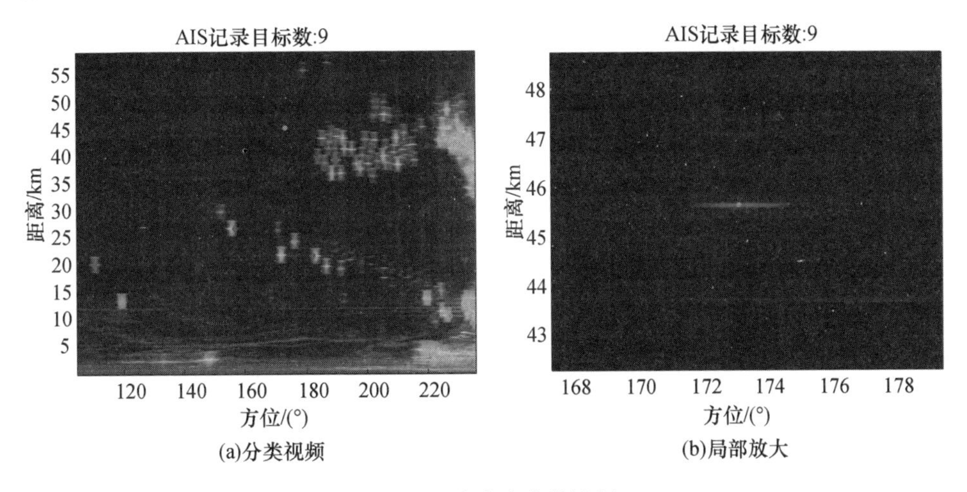

图 8.32　大中小分类视频

2. 军民船分类结果

实测海面目标 200MHz 带宽的一维像数据共 10 种船型。根据能量编码特征区分军民船,处理结果如表 8.9 所示。在前视姿态角域,能量编码特征的区分军民船能力随信噪比降低持续恶化。从统计意义上来说,SNR < 15dB 时,目标大部分细节被噪声淹没,基本不具备识别能力;SNR 达到 20dB 时,识别率迅速提高。

表 8.9　基于一维像的军民船分类混淆矩阵

类别	SNR = 10dB	SNR = 15dB	SNR = 20dB	SNR = 25dB
军船	64.79%	90.02%	94.26%	94.57%
民船	43.98%	77.08%	82.46%	84.59%
平均	54.39%	83.55%	88.36%	89.58%

对实测军民目标的 ISAR 像进行处理,识别结果如表 8.10 所示,平均识别率为 88.75% 。

表 8.10　基于 ISAR 像的军民船分类结果

类别	正确样本数	总样本数	识别率
军船	28	32	87.5%
民船	18	20	90.0%

3. 舰船型号识别结果

基于两种军舰的实测一维像数据(峰值信噪比 > 20dB)的处理结果如图 8.33 所示。

由图 8.33 可以看出,模板库角域间隔为 2°时,平均识别率可以达到 85% 左右;模板库角域间隔为 4°时,平均识别率可以达到 80% 左右;模板库角域间

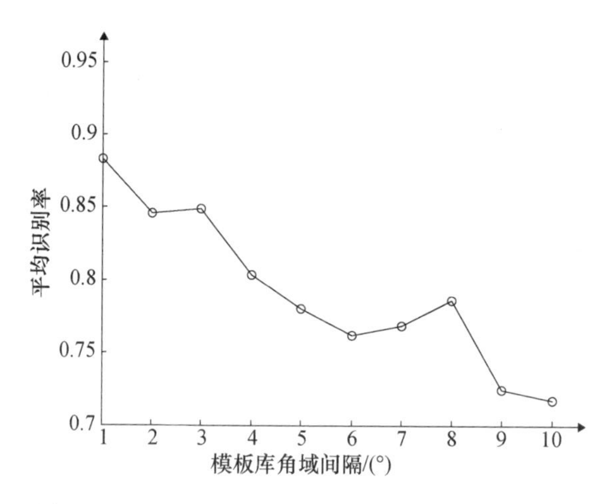

图 8.33　平均识别率随模板库角域间隔的变化关系

隔继续增大时，平均识别率下降明显。说明在该数据条件下，要想达到 80% 的平均识别率，模板库角域间隔不能超过 4°，即可建立目标的较完备识别模板库。

表 8.11 给出了模板库角域间隔为 2°时的型号识别结果。

表 8.11　模板库角域间隔为 2°时的型号识别混淆矩阵

类别	护卫舰	驱逐舰
护卫舰	62.40%	37.60%
驱逐舰	9.56%	90.44%

8.6.5　试验基本结论

（1）带宽小于 20MHz 条件下，目前基于单一特征的大中小分类准确率不能满足识别要求。通过长度、RCS 特征融合处理，可实现平均分类准确率大于 80%。

（2）在前视姿态角域，基于一维像能量编码特征的区分军民船能力随信噪比降低持续恶化。从统计意义上来说，SNR 达到 20dB 时，识别率可满足要求。

（3）基于 ISAR 像的军民船分类性能优于基于一维像的军民船分类性能，可在不依赖模板库情况下对舰船区分军民船属性，识别率高，算法稳健。

（4）基于模板匹配的型号识别算法，模板姿态角间隔要求小于 2°，否则识别率下降严重。对于型号识别，建立完备的模板库较难，需研究非完备库条件下的型号识别算法。

参考文献

[1] Alexandrov C, Dragonov A, Kolev N. An application of automatic target recognition in marine navigation[J]. IEEE International Radar Conference, 1995, pp. 250 – 255.

[2] Inggs M R, Robinson A D. Ship target recognition using low resolution radar and neural networks[J]. IEEE Transactions on Aerospace and Electronic Systems, 1999, 35(2):386 – 393.

[3] Pilcher C M, Khotanzad A. Maritime ATR using classifier combination and high resolution range profiles[J]. IEEE Transactions on Aerospace and Electronic Systems, 2011, 47(4):2558 – 2573.

[4] Musman S, Kerr D, Bachmann C. Automatic recognition of ISAR ship images[J]. IEEE Transactions on Aerospace and Electronic Systems, 1996, 32(4):1392 – 1404.

[5] Skolnik M I. 雷达手册(第二版)[M]. 王军, 林强, 等译. 北京:电子工业出版社, 1974.

[6] 黄培康, 殷红成, 许小剑. 雷达目标特性[M]. 北京:电子工业出版社, 2005.

[7] Sowelam S M, Tewfik A H. Waveform selection in radar target classification[J]. IEEE Transactions on Information Theory, 2000, 46(3):1014 – 1029.

[8] 林青松, 胡卫东, 虞华, 等. 低分辨雷达回波序列轮廓像目标分类方法研究[J]. 现代雷达, 2005, 27(3):24 – 28.

[9] 孙造宇, 董臻, 周智敏. RCS 测量雷达标定过程中的误差分析[J]. 现代雷达, 2003, 25(12):14 – 16.

[10] 王涛, 李士国, 王秀春. 一种基于高分辨距离像的目标长度特征提取算法[J]. 中国电子科学研究院学报, 2006, 1(6):532 – 535.

[11] 保铮, 刑孟道, 王彤. 雷达成像技术[M]. 北京:电子工业出版社, 2005.

[12] Pastina D, Spina C. Multi – feature based automatic recognition of ship targets in ISAR[J]. IET Radar, Sonar and Navigation, 2009, 3(4):406 – 423.

[13] Zwicke P E, Kiss I. A new implementation of the mellin transform and its application to radar classification of ships[J]. IEEE Transactions on Pattern Analysis and Machine Intelligence, 1983, 5(2):191 – 199.

[14] 孙菲, 梁菁, 任杰, 等. 一种基于高阶谱特征的舰船目标识别方法[J]. 舰船科学技术, 2011, 33(7):105 – 108.

[15] 邵云生, 徐国华. 雷达舰船目标的混合特征提取算法的设计与实现[J]. 舰船电子对抗, 2004, 27(2):20 – 23.

[16] 边肇祺, 张学工, 等. 模式识别[M]. 北京:清华大学出版社, 1999.

[17] Vespe M, Baker C J, Griffiths H D. Radar target classification using multiple perspectives[J]. IET Radar, Sonar and Navigation, 2007, 1(4):300 – 307.

[18] Menon M M, Boudreau E R, Kolodzy P J. An automatic ship classification system for ISAR imagery[J]. The Lincoln Laboratory Journal, 1993, 6(2):289 – 308.

[19] 韩崇昭, 朱洪艳, 段战胜, 等. 多源信息融合[M]. 北京:清华大学出版社, 2006.

第9章 弹道导弹识别技术

弹道导弹与反导防御是矛与盾的关系,它们之间对抗的核心是突防与识别。随着弹道导弹突防技术的发展,从来袭导弹目标群中识别出真弹头,即真假弹头识别成为弹道导弹防御系统中的核心问题,也是最具挑战性的技术难题[1-3]。因此,研究反导系统雷达目标识别技术,对于提高反导防御系统的防御能力,有着十分重要的意义。

从伴飞物中识别出弹头是反导拦截的前提,也是雷达目标识别的技术难点。极高的飞行速度使防御系统的识别时间十分有限;隐身技术的应用使得防御系统的识别距离大为缩短;有源干扰、无源诱饵等多种干扰手段的运用使识别的电磁环境十分复杂,给识别带来了极大的难度。为了保证对弹头目标识别的置信度,需要综合利用目标的多种特性信息进行识别。

本章针对弹道导弹真假弹头识别问题,分析了弹道导弹的目标特性与突防技术,在此基础上重点介绍导弹目标综合识别技术,主要包括目标特征提取技术、关键事件判别技术、基于威胁度排序的综合识别技术,最后给出了对弹道导弹目标识别的展望。

9.1 弹道导弹特性分析

雷达可测量的弹道导弹目标特性包括电磁散射特性和运动特性。3.4 节给出了金属圆锥体的电磁散射计算结果,可近似表示弹头目标的电磁散射特性。这里主要介绍弹道目标的运动特性。此外,为了研究真假弹头识别技术,需要了解常用的弹头突防措施,在本节一并介绍。

9.1.1 运动特性

在工程中,常将导弹运动分为质心的运动和绕质心的运动,可分别称作弹道特征和微动特征。

弹道导弹从发射到攻击过程要经历弹箭分离、碎片抛射、诱饵释放等事件和中段飞行、再入减速等运动过程。为保持在大气层外飞行的稳定性，弹头在中段要进行空间姿态控制，其中自旋稳定是最常用的控制方式；由于大气扰动、诱饵释放以及弹箭分离时其他载荷的反作用力影响，弹道导弹目标在中段和再入段存在进动和章动等运动形式，这些自旋、进动、章动等运动形式构成了空间弹道目标的微动特性[4]。

1. 弹道特性

从广义上讲，所谓弹道就是射弹从发射点飞往目标点所经过的路径（或称为“轨迹”）。弹道导弹的飞行弹道是根据打击目标的具体任务和射程的要求，通过飞行控制系统的工作而实现的。通常，弹道导弹的飞行弹道，从起飞至接近目标时的再入段，几乎全是呈椭圆形状，如图9.1所示。

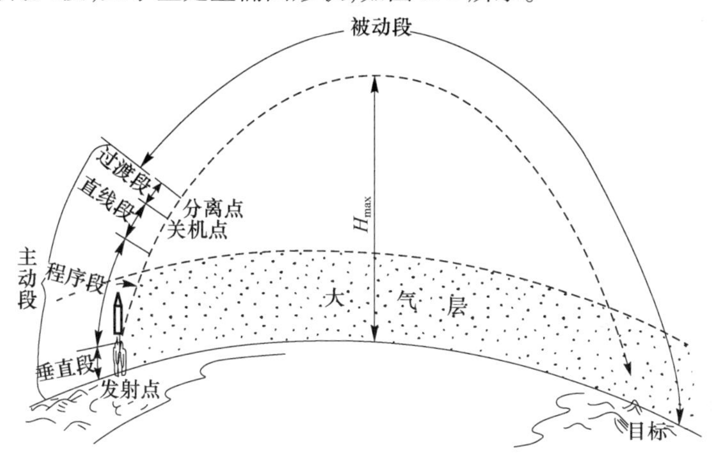

图9.1 地地弹道导弹的飞行弹道

弹道导弹的飞行弹道，本来是一条空间轨迹，只是在导弹横向运动很小的情况下，可以将它简化为一条平面弹道。根据弹道式导弹从发射点到目标点运动过程中的受力情况，可将其弹道分为几段。

首先，根据导弹在飞行中发动机和控制系统工作与否，可将其弹道分为动力飞行段（简称主动段或助推段）和无动力飞行段（简称被动段）两部分。在主动段，导弹的发动机处于工作状态，而所谓被动段，则是指发动机已经关闭，导弹在“被动”状态下，沿着惯性飞向目标。然而，实际上有些导弹的被动段飞行，并不是“被动”的。为了进一步提高导弹的命中精度，可能采用中段制导和末段制导，动力装置要参与工作。不过，即使遇到这种情况，人们仍然习惯把弹道分为主动段和被动段两部分。

其次，在被动段则又根据弹头所受空气动力的大小而分为自由飞行段（简称自由段或中段）和再入大气层飞行段（简称再入段）两部分[5]。被动段的起点动能达到最大值。随后，导弹飞到弹道的最高处，动能为最小，而势能却达到最大。从弹道的最高点至再入大气层之前的一段下降的弹道，速度因受到地球引力的影响而由小增大，势能变成动能。重新进入大气层之后，导弹（一般此时指的是弹头）受空气阻力的影响，速度又开始急剧下降。

在主动段，导弹在发动机的作用下冲向天空，弹头和弹体连成一体，其尾焰包含有可见光、短/中波红外和紫外等波段的能量。在中段，弹头与弹体分离，基于突防目的，通常释放诱饵及各种干扰装置，形成包括弹头、发射碎片、各种诱饵和假目标的威胁目标群，在近似真空的环境中惯性飞行。再入段是弹头返回大气层飞行的阶段，由于大气阻力使得目标产生减速特性，轻诱饵在该阶段很快被大气过滤掉，剩下的弹头和重诱饵在高速再入过程中会引起大气电离，形成等离子鞘套和尾流[5]。

1）主动段

主动段是从导弹离开发射台到导弹关机为止的一段。该段上，发动机和控制系统一直工作，导弹和诱饵尚未分离，作为一个整体目标存在。

导弹作为一个整体飞行时间通常很短，约在几十秒至几百秒的范围内。导弹起飞上升 8km 以上，被预警卫星上的红外扫描相机捕获。凭借最初的几个位置坐标，经弹道拟合，可以获知导弹发射点位置。通常，在飞行主动段弹道的终点，弹头将和弹体适时进行分离。在主动段终点的主要飞行参数有关机点的速度、弹道倾角、飞行高度、飞行距离、飞行时间等。这些参数确定以后就可以利用椭圆弹道理论估算被动段射程以及弹道导弹全射程，用导弹预警卫星对导弹飞行位置进行实时连续地采集，可以估算出导弹关机点参数，这对预警系统能否成功预警至关重要。

弹道导弹的主动段飞行弹道，其相应的水平距离，仅占整个飞行弹道很小的一个部分（约占全射程的 5%）。但主动段弹道的飞行参数及其程序却对被动段弹道的形状和射程的远近等，起着决定性作用。

以“V－2”导弹为例，它的飞行程序是：开始垂直起飞，3s 后，导弹开始朝目标方向转弯，当导弹的飞行倾角达到 45°（洲际弹道导弹的飞行程序倾角一般在 20°左右）和飞行速度为 1600m/s 时，由飞行控制系统发出关闭火箭发动机的指令。这样，它的主动段飞行到此结束。

无论是近程的、中程的、中远程的以及洲际的弹道导弹，其主动段弹道还可以进一步细分为若干小段，但是，它们一般都可以分为垂直飞行段、程序飞行段和瞄准飞行段。

导弹从离开发射台（或其他发射装置）起，至开始程序转弯飞行前的一段弹道，是垂直飞行段（时间约 8s，高度约几百米）。

导弹在飞行控制系统的作用下，通过操纵元件的相应动作，可以使导弹的垂直飞行自动朝目标方向转弯，并且，按照预定的飞行程序角（即俯仰角），把导弹引导到椭圆弹道上来。这是导弹的程序飞行段的基本任务。

从程序飞行段结束至达到关机速度而使发动机熄火为止，这一段弹道称为“瞄准飞行段”。

2）中段

中段亦称自由飞行段，是从弹头和弹体分离（或发动机关机）的瞬间开始，直到弹头再入大气层之前的飞行阶段。它是整个弹道中目标飞行时间最长的一个阶段，对于洲际导弹，此段可达20min。

在中段初期，由于惯性作用，导弹继续向弹道最高点飞行，并在此阶段释放再入飞行器和各种突防手段，当导弹到达最高点时，所有有效载荷释放完毕。同时为了防止弹体为敌方雷达起到目标指引作用，实战中一般将其炸成碎片，因此中段的弹道目标主要是再入飞行器（Reentry Vehicles，即真弹头，亦称再入弹头）、诱饵和碎片。

尽管远程弹道导弹的自由飞行段弹道可以达到很高的高度，但是，只要其飞行速度还没有达到第一宇宙速度（即7900m/s），椭圆弹道的近地点到地心的距离小于地球的半径，导弹总是要落回到地球上的某一点的。

为了提高导弹的命中精度，在主动段结束之后，继续对导弹进行控制，即采用中段制导和末制导技术，修正主动段的累积误差，消除再入的误差。这样，不仅有利于提高命中精度，还可以大大降低主动段对飞行控制精度的要求。

3）再入段

从弹头再入大气层到命中目标为止的飞行阶段为再入段。该段目标飞行时间较短，一般只有几分钟。由于此时导弹（一般指“弹头”）又重新在稠密的大气层内飞行，它将受到强烈的空气动力的作用，出现严重的气动加热，所以，要对弹头采取有效的稳定和防热措施，使弹头能够高速地、顺利地穿过大气层而命中目标。

再入段存在的弹道目标也主要是再入飞行器、诱饵和碎片。诱饵主要分为轻诱饵和重诱饵。轻诱饵较为简单，如：悬浮微粒、金属丝、箔条、喷漆金属薄膜的充气球等，适用于大气层外的突防，在进入大气层后会很快燃烧。重诱饵也称假目标、假弹头，为带有推动力的弹头复制品，其外形像一个再入弹头并具备与弹头相近的雷达特征，运动特性和弹道系数与真弹头也非常相近，在真空段尤其是在再入段能够模拟弹头回波信号随时间的起伏特性。弹头突防时，真弹头隐藏在许多上述简单和复杂诱饵所组成的群目标当中，共同构成弹头再入时复杂的目标环境。

在再入段大气分子密度会明显影响飞行弹道，并在一定高度形成等离子鞘套和尾流，弹头的再入电磁特性已明显不同于其自身的电磁散射特性。高速弹头、弹体和重诱饵再入过程中最主要的再入物理现象就是其再入大气层后拖了一个很长的电离尾迹,形成等离子鞘套和尾流。等离子鞘套由于常阻断无线电通信,又称为“黑障”。目标从高层大气到低层大气飞行过程中,雷达散射截面(RCS)的起伏较大,一般经历不变—减小—增大—减小—恢复的过程。研究表明,等离子鞘套和尾流的雷达散射截面和红外辐射远比弹头本身的散射和辐射大得多,而且,不同的再入弹头尾迹的 RCS、雷达回波突增现象和辐射特性差别较大,这些目标特性信息为再入目标的识别提供了依据。

如果弹头采用末制导技术,则会使再入飞行段的弹道变得复杂,采用末制导的目的在于提高命中精度和突防能力。为此,要解决弹头再入飞行段出现的电离层效应和等离子鞘套衰减作用的影响等一系列的问题。

2. 微动特性

微动最早出现在相干激光雷达中,美国海军研究实验室的 Victor C. Chen 最早将微动(Micro - Motion,或 Microdynamics)和微多普勒(Micro - Doppler)的概念引入雷达观测中,将目标或目标部件除质心平动以外的振动、转动等微小运动统称为微动[6],微动产生的多普勒频移称为微多普勒频率,简称微多普勒。弹道导弹目标微动主要指目标群中弹头、弹体、诱饵等相对于各自质心的运动[7]。

微动可以分为简单微动和复合微动。简单微动主要包括径向机动、振动、转动、摆动、自旋、锥旋等。复合微动包括章动、进动等,它们由简单微动合成,进动由自旋和锥旋合成,章动由自旋、锥旋和摆动合成[8]。

弹头目标沿弹道飞行时自身一般处于进动状态,且由于定向打击要求,通常锥旋轴会指向再入方向。弹头由于具有姿态控制系统,其飞行相对稳定,有进动角及进动现象伴随,但其进动角一般不大。弹体、诱饵、碎片等通常没有姿态控制装置,因此趋向翻滚或摆动等微动方式。不同微动方式对目标回波的调制不同,因此从回波起伏提取弹道目标微动特征成为中段识别的重要手段[9]。弹道目标的微动特性可参见 4.4 节相关内容。

9.1.2 弹头突防技术

弹道导弹的突防技术是指弹道导弹为无损伤地通过反导防御系统拦截区,在导弹助推段、中段及再入段所采取的对付敌方反导防御系统一切探测、拦截手段的技术,是衡量弹道导弹武器系统战术技术性能和武器研制水平的重要标志[10]。目前,弹头突防技术还在继续发展,已经和正在采用的突防措施,概括起来大致有隐身技术、电磁干扰技术、诱饵、多弹头、机动变轨技术等。

1. 隐身技术

弹头隐身对提高弹头生存能力具有显著的效果。通过多种手段降低弹头本身的可探测性,能大大缩短弹头被预警雷达和反导作战雷达发现的距离,以及反导防御系统对弹头的最大拦截距离。

隐身技术主要包括雷达隐身技术和红外隐身技术。

雷达隐身技术主要有外形隐身技术和采用吸波材料。外形隐身技术，如导弹弹头采用锥形等特殊结构设计。使用吸波材料则是在导弹及弹头表面涂敷电波吸收型或干涉型涂料，耗散或抵消对方发射来的雷达波；使用专用消蚀材料，控制边缘层，减小大气电离，就能够减小雷达反射截面积，从而减小雷达目标特性；还可以将弹头包裹在金属聚酯薄膜气球中，并混杂在大量外观与之相似的空气球中一同释放，使雷达难以识别真假目标。

红外隐身技术是针对对方红外探测系统发现、跟踪和瞄准而采用的，主要措施有：在导弹上安装红外干扰装置；在导弹喷管外安装红外吸收装置，减小自身红外辐射；在导弹的燃料中加入添加剂改变导弹红外辐射的频谱或采用无烟固体发动机，减少导弹自身的红外和可视特征等。

2. 电磁干扰技术

从普通反导系统的基本组成来看，该系统的“耳目”是它的雷达。显然，如果这种雷达一旦受到干扰，那么，这个反导系统就会立即变成“瞎子”和“聋子”，就根本谈不上对来袭的目标进行有效的跟踪、识别和拦截。

由弹头自身或其他飞行器向目标上空某个区域投放干扰装置，主动向敌方雷达发出强大的无线电干扰波或转发某种形式的电磁波，其目的在于主动迷惑、积极欺骗敌人，保证弹头成功地突防。

无线电干扰装置是一种主动式的对敌方反导系统雷达实行干扰的装置，它一般安装在弹头或其他投放物上。在弹头飞行的适当时机，无线电干扰装置便主动发出各种强大的无线电干扰信号，使敌方的雷达难以进行正常的工作。

如果在弹头或其他投放物上安装特殊的无线电信号接收机，专门用来接收敌方反导雷达的搜索、识别、跟踪信号，并经过适时的信息处理，然后向敌方反导系统主动地发出一些“引诱”的信号，使敌方雷达被引向假的目标上，那么，敌方的反导系统就有可能以假为真，发射反弹道导弹去拦截，而真弹头便可以顺利地突破敌方反导系统所组成的“防御网”，避开其拦截，对预定目标实施攻击。

3. 诱饵

诱饵是应用最早且至今仍被普遍采用的弹道导弹突防技术。诱饵是一种假目标，主要从外形、雷达散射截面（RCS）、动态特性等方面模拟真弹头，以消耗雷达的跟踪识别时间资源，增加真假弹头识别难度，提高弹头的突防概率。最常见的是在外形、RCS 上与真弹头相似的轻、重诱饵。

轻诱饵主要在真空环境中飞行，能进行无空气阻力的伴随弹头飞行[10]。其主要特点是质量小、体积小、数量大、易制和价廉。这些充气式锥体、球体、干扰条等不同尺寸、外形的制品，利用了内部残存的气体，释放至真空环境后迅速膨胀成型，产生与弹头的 RCS 相近的雷达目标特性。

重诱饵是针对轻诱饵只能适应高空突防的弱点,而采取的一种能够伴随真弹头进入大气层的突防措施。重诱饵不仅重量大,再入大气层时不至于像轻诱饵那样被大气轻易“过滤”掉,而且,它的外形一般也同真弹头十分相似。再入段的诱饵,必须有一定质量,在弹道系数上与弹头相近。重诱饵与弹头在弹道系数上的差别必须在雷达的测量误差之内,重诱饵才会有效;但受有效载荷能力限制,重诱饵又不能很重。因此,要使重诱饵与真弹头的弹道系数相近,在技术上有一定难度。弹道导弹的母弹头所能够携带重诱饵的数量,主要取决于导弹的有效推力和母弹头承载容积的大小。一般来说,重诱饵不仅要有一定的重量,而且有一定的体积,所以,母弹头携带的重诱饵数总是有限的。

4. 多弹头技术

一枚导弹装载多个子弹头,可以集中攻击同一目标,也能单独攻击不同目标。多弹头导弹比单弹头导弹具有更高的灵活性,可提高突防概率。根据子弹头的释放、制导方式,通常分为集束式多弹头、分导式多弹头和机动式多弹头。

集束式多弹头在结构上主要由母舱(又称“母弹头”)和子弹头两部分组成。通常,在一颗母弹头内,集中“捆绑”了几个子弹头。最初,这种母弹头和子弹头上都没有发动机推进系统和飞行控制系统,它们与弹体分离之后,按照获得的预定飞行高度和速度,通过分离机构的作用,抛弃母弹头上的护罩,一次将全部子弹头释放出去;或者逐次将子弹头从母弹头上滑出去,沿着略微离开预定的弹道飞向目标。因此,有人称这种多弹头为“霰弹式多弹头”。子弹头的飞行弹道大致与导弹飞行所形成的预定弹道相同,攻击的仍然是同一个目标,只是落点散布的范围稍大,杀伤破坏面目标的威力要比单弹头略微强一些,全部子弹头均受到拦截的可能性要小一些。集束式多弹头在对目标进行攻击时,它们之间散开的距离一般为几十千米,如图 9.2 所示。

显然,集束式多弹头的突防,要比释放轻重诱饵来保护真弹头突防要强得多。尤其是,它所采取的技术并不复杂,各个子弹头均有杀伤破坏目标的作用。因此,直到现在,国外还有些弹道导弹仍采用这种突防技术。

但是,集束式多弹头命中精度低,不能用来打击导弹地下发射井那样加固的点目标。即使用来打击面目标,如果各子弹头释放的间隔过小,一方面,可能只需要一枚子弹头便能取得预定打击效果,却一下子同时落入了几枚,形成核爆重叠,影响毁伤效果,另一方面,可能某一枚子弹头被拦截起爆,由此产生的核爆效应,将危及其他子弹头的安全突防。反过来说,各子弹头释放的时间间隔过大,很可能会造成被敌方的反弹道导弹及其他反导弹武器各个击破的结局,因此,采用集束式多弹头还不是一种理想的突防手段。

分导式多弹头是在集束式多弹头技术的基础上发展起来的,其母弹头装有发动机推进系统和制导系统。在结构上,它主要由末级推进舱、控制舱和子弹头

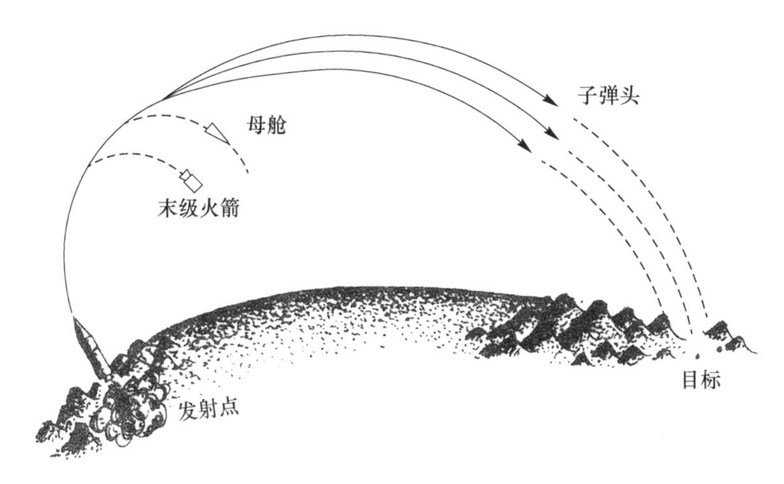

图 9.2　释放集束式多弹头示意图

释放舱三大部分组成。通常,在推进舱内装有一台主发动机和数台飞行姿态控制用的发动机;在控制舱内装有制导系统的一些仪器设备;在释放舱内装有若干枚子弹头,如图 9.3 所示。

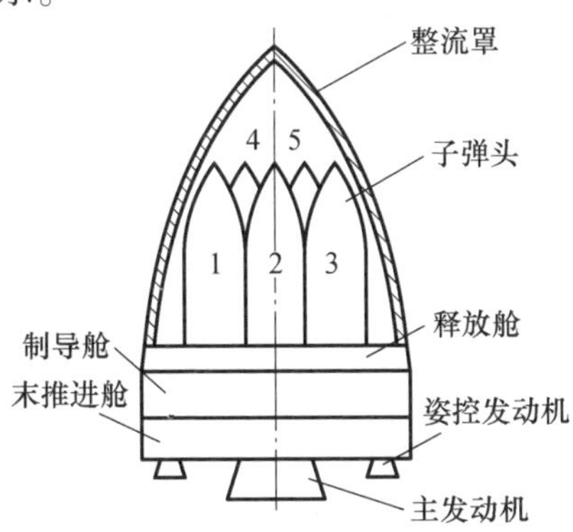

图 9.3　分导式多弹头结构示意图

母弹头的制导系统,其主要作用是适时改变母弹头的飞行姿态,调整其飞行速度和改变其飞行高度。它可以采取惯性制导、星光制导、星光 - 惯性制导及其他复合制导系统。

分导式多弹头与集束式多弹头相比较,其显著的特点是:母弹头具有推进和控制能力,可以在不同高度、速度、方位逐个释放子弹头,各子弹头可以分别攻击不同的目标,也可以沿着不同方向攻击同一个目标;其变轨机动和突防能力较强,并可对不同目标实施攻击,如图 9.4 所示。

机动式多弹头,又称“全导式多弹头”。它是一种母弹头和子弹头都装有火箭发动机推进系统和制导系统的弹头,其子、母弹头都具有机动、变轨能力。

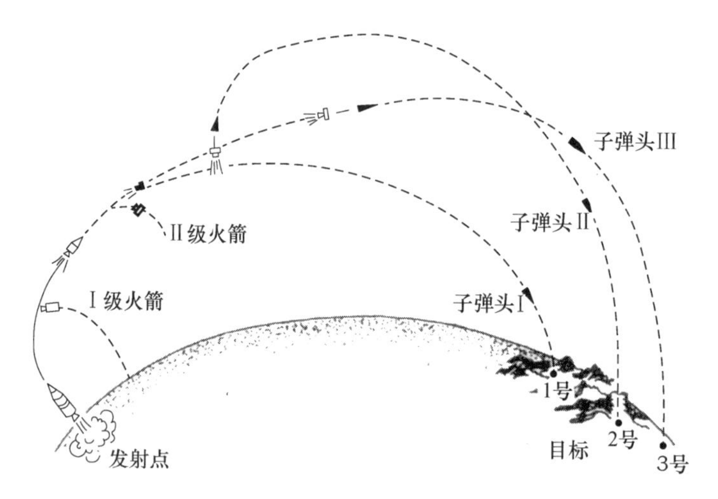

图 9.4　母弹头投放子弹头示意图

采用机动式多弹头,应具有先进的末段制导系统。通常,弹道的末段是指弹头再入大气层的起始点到击中目标的一段,该段起始点离地面的高度大约 80km。由于大气阻力和弹头再入时受的重力加速度很大,弹头下降速度可达每秒七八千米,因此,弹头因和大气摩擦而引起的烧蚀严重,使其可能偏离了预定弹道。机动式多弹头应针对这种情况,随时给出所在位置的坐标,自动修正机动弹道,最后自动寻找目标。显然,机动式多弹头是在分导式多弹头技术的基础上发展起来的。

机动式多弹头,从根本上改变了弹道导弹基本上沿着不变的弹道飞行的状态。通常,当机动式多弹头接近目标时,可以先沿着一般的弹道飞行,并造成对目标将要实施攻击的假象;随后,突然改变飞行弹道,避开敌方的拦截,突破敌方的防区,沿着一条新的弹道,深入敌目标区,向目标发起攻击,如图 9.5 所示。

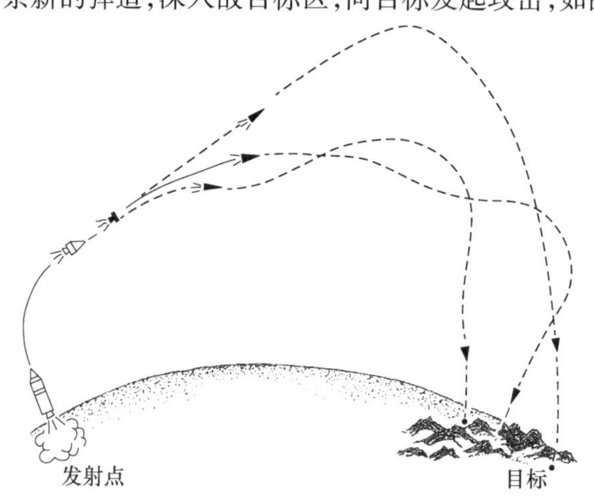

图 9.5　机动式多弹头飞行示意图

由于机动式多弹头的子、母弹头都具有机动变轨能力，敌方的反导系统要具有这样快速机动应变的拦截能力，一时还是比较困难的。这十分有利于子弹头和母弹头的突防。

此外，采用机动式多弹头还有许多优点。尤其是各子弹头加上了精确的末制导系统之后，具有快速收集目标信息、识别目标特征以及实时处理的能力，并且可以做出正确判决，使命中精度可以比不加末制导的子弹头高得多。

5. 机动变轨技术

弹头与弹体分离后，根据需要改变飞行弹道，实行机动飞行，可增加敌方反导系统对导弹弹道的预测难度，同时有利于躲避拦截弹的拦截，是一种重要的弹头突防技术。机动弹头的变轨弹道方式包括平面机动弹道、螺旋机动弹道和空间机动弹道等。轨道武器是一种新型的机动变轨导弹。

轨道武器就是使弹头先进入运行轨道，攻击时再突然向目标俯冲。轨道武器可分为全轨道和部分轨道两种形式，它通常用多级火箭作为运载工具，把轨道武器（即弹头）发射到绕地球旋转的低卫星轨道上（其轨道高度一般为 150 ~ 200km），运行轨迹与普通人造卫星相似。这样，它就容易被人们误认为是在轨道上运行的一颗人造地球卫星。但是，这种“卫星”可以接收地面的（或其他位置上的）指令信号，能够在 2 ~ 3min 时间内突然脱离轨道，出其不意地冲向地面上的某一个预定目标。

假如发射入轨的弹头只绕地球运行半圈左右，接到脱离轨道的指令信号便立刻飞向目标，这种弹头就称为“部分轨道轰炸武器”。它的飞行轨道与人造卫星轨道一样，都要比一般的弹道式洲际导弹的弹道低得多，如图 9.6 所示。

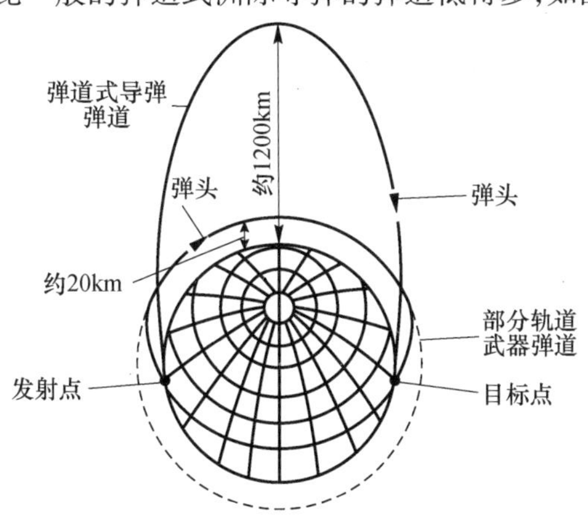

图 9.6　部分轨道武器飞行示意图

轨道武器，实质上是弹头机动变轨的一种特殊形式。无疑，它将使反导系统的拦截增加难度。然而，要使弹头进入卫星轨道，不仅运载它的火箭要有足够强大的推力,还要有助推加速发动机和精确的保证入轨的控制系统。此外,还要有一套地面的复杂的发送控制指令的系统。

弹道导弹突防与防御系统是一对矛与盾的关系,随着导弹突防能力的提高,要求弹道导弹防御方针对各种突防措施研究雷达资源配置、分层目标识别方法,高效利用有限的雷达资源实现真假弹头识别。

9.2 特征提取技术

现在比较成熟的弹道导弹目标识别方法都是基于目标特征提取和分类器判别的方案,其中,提取显著有效的弹头目标特征是弹道导弹目标识别的关键,为了保证对弹头目标识别的置信度,需要结合弹道目标在不同飞行阶段呈现的目标特性,综合利用多种特征信息进行识别。目前考虑弹道导弹在不同飞行阶段的有效识别特征如图 9.7 所示,主要包括弹道特征、RCS 特征、微动特征、一维像特征、质阻比特征等。

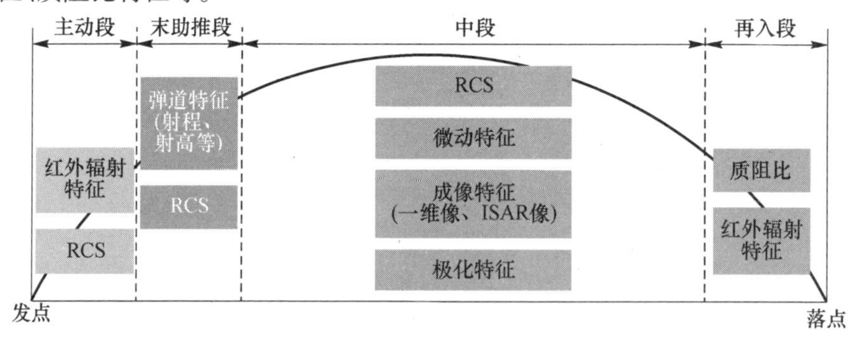

图 9.7 弹道导弹目标识别特征(见彩图)

目标特征提取技术是基于雷达的测量信息提取弹道目标的 RCS、运动、微动、一维距离像等特征。目标特征提取基本流程如图 9.8 所示。

9.2.1 弹道特征识别

在主动段和中段早期,识别任务是从飞机、卫星等空中、空间目标中识别出弹道导弹,迅速实现正确预警[5]。弹道导弹在大气层内飞行时,可利用弹道导弹与飞机目标之间的运动特性,如速度、高度、纵向加速度及弹道倾角等差异来识别[7]。在大气层外飞行时主要实现导弹与卫星的区分,它们基本上都是沿椭圆轨迹飞行。利用雷达测量的位置信息,解算出弹道导弹运动方程中的 6 个轨道根数,确定相应的弹道运动方程,根据弹道导弹和卫星的轨道与地球表面是否有交点来区分导弹和卫星。

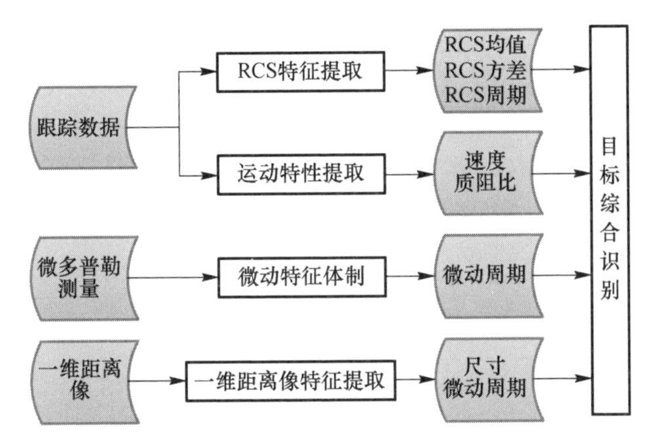

图9.8 目标特征提取基本流程

导弹起飞上升到8km以上,被预警卫星上的红外扫描相机捕获。凭借最初的几个位置坐标,经弹道拟合,可以获知导弹发射点位置,知道发射点位置即知道发射导弹的国家和地区,这样导弹型号就限定在特定国家和地区的少数几个型号。如果发射点位置准确到导弹发射基地,综合导弹部署等情报,受怀疑型号数目还会下降,甚至可以初步判断导弹型号[11]。

在导弹主动段关机时,可以计算关机点特征量,包括关机点速度矢量、位置矢量、弹道倾角等。关机点参数确定以后就可以利用椭圆弹道理论估算被动段射程以及弹道导弹全射程。由于各国导弹类型较少,射程也不尽相同,可以进一步排除若干导弹类型,降低后续真假弹头识别的难度。

9.2.2 RCS特征提取与识别

目标的雷达截面积(Radar Cross Section,RCS)是反映目标对雷达信号散射能力的度量指标。空间目标沿轨道运动时其姿态相对于雷达视线不断发生变化,从而可获得其RCS随视角变化的数据,RCS序列的幅度及变化规律反映了目标的形状、大小、材料、姿态变化及散射极化等特性。

导弹的RCS越大,被雷达发现的距离就越远,可拦截时间就越长,从而成功突防概率就越小。因此,弹头在飞行过程中为了突防和准确打击目标,一方面通过外形设计、表层涂敷材料等手段实现隐身,另一方面采用姿态修正技术,将弹头与敌方雷达视线的姿态角保持在一定范围内,使得弹头在此姿态角度范围中的RCS尽可能小。相对于RCS较小且变化稳定的弹头,助推火箭、诱饵、碎片等一般不具备姿态控制功能,会呈现翻滚等不规则运动,导致这些目标的RCS变化很大,这种差异为弹道导弹目标分类提供了依据。目标的RCS是随机变量,构成一随机过程,但对于固定的雷达视角,目标的RCS的大小、起伏等变化又是相对固定量,可求取其统计特性来实现目标分类。设$\{x_k | 1 < k < N\}$表示目标

的 RCS 序列,则可计算下列统计特征。

1. 位置特征参数

位置特征参数包括均值、极小值、极大值、中位数及分位数等。均值表达式如下:

$$\bar{x} = \frac{1}{N}\sum_{k=1}^{N} x_k \tag{9.1}$$

通常弹头目标尺寸较小且可能具有隐身特性,因此其 RCS 均值与弹体等尺寸较大的目标相比偏小。

对序列 $\{x_k \mid 1 < k < N\}$ 按大小排序,可获得极大值和极小值,中间的数即中位数。如样本大小 N 为奇数,则样本中位数为 $\frac{x_{N-1}}{2}+1$;如样本大小 N 为偶数,则为 $\frac{x_N}{2}$。样本中位数即样本序列排序后的中间取值,对于样本序列本身实际意义不大,但对于多个不同目标的 RCS 序列而言,这个特征可以从一定程度上表征 RCS 时间序列中样本的取值。

2. 散布特征参数

散布特征参数包括极差、标准差及变异系数等,表达式如下:

$$\begin{cases} \max\limits_{1\leqslant k\leqslant N}\{x_k\} - \min\limits_{1\leqslant k\leqslant N}\{x_k\} \\ s = \sqrt{\dfrac{1}{N-1}\sum\limits_{k=1}^{N}(x_k - \bar{x})^2} \\ C_{\mathrm{v}} = \dfrac{s}{\bar{x}} \end{cases} \tag{9.2}$$

极差反映了目标在统计时间内,样本取值起伏的极值,这个特征与目标的运动方式密切相关,对于具有稳定的运动方式、规则的几何外形的目标,此特征值偏小。

标准差反映了样本的取值与其数学期望的偏离程度。由于弹头目标在飞行过程中可以进行姿态控制,因此其 RCS 起伏比较稳定,样本标准值相对较小,而对于弹体、碎片等目标,在空间呈现自由翻滚,因此其样本方差可能偏大。

3. 分布特征参数

分布统计特征量描述了目标 RCS 统计分布的总体密度函数的图形特征,包括标准偏度系数、标准峰度系数等。偏度系数的表达式为

$$C_{\mathrm{s}} = \frac{N}{(N-1)(N-2)} \frac{\sum\limits_{k=1}^{N}(x_k - \bar{x})^3}{s^3} \tag{9.3}$$

当 N 较大时($N>30$ 可以认为是大样本),表达式为

$$C_s = \frac{1}{N-3}\frac{\sum_{k=1}^{N}(x_k-\bar{x})^3}{s^3} \tag{9.4}$$

峰度系数的表达式为

$$C_e = \frac{N^2-2N+3}{(N-1)(N-2)(N-3)}\frac{\sum_{k=1}^{N}(x_k-\bar{x})^4}{s^4} - \frac{3(2N-3)}{N(N-1)(N-2)(N-3)}\frac{\left[\sum_{k=1}^{N}(x_k-\bar{x})^2\right]^2}{s^4} \tag{9.5}$$

当 N 较大时（$N>30$ 可以认为是大样本），表达式为

$$C_e = \frac{N-2}{N^2-6N+11}\frac{\sum_{k=1}^{N}(x_k-\bar{x})^4}{s^4} - \frac{6}{N^3-6N^2+11N-6}\frac{\left[\sum_{k=1}^{N}(x_k-\bar{x})^2\right]^2}{s^4} \tag{9.6}$$

4. 时间序列的统计分布

统计分布包括累积概率分布、直方图、概率密度函数等。相对其他统计特征，统计分布特征需要更长的观测时间。

为了突出目标特性，可以对 RCS 序列进行特征变换提取变换特征参数，如傅里叶变换、梅林变换、小波变换等。例如，对 RCS 观测序列进行了小波变换，通过小波变化可以在时域和频域上将 RCS 观测序列的细节清晰地表现出来，更有利于提取出反映目标特性的特征[12]。

美国“铺路爪”雷达 AN/FPS－115（Pave Paws）对实际采集的油箱和再入弹头的 RCS 序列数据，采用均值、方差、直方图、概率密度函数、累积概率分布和傅里叶变换系数等特征参数分析了目标的差异，实现了再入弹头和油箱之间良好的识别效果[13]。

利用电磁仿真数据来分析不同目标的 RCS 特征可分性。仿真中参数定义如下：雷达为 X 频段，RCS 的脉冲重复频率为 20Hz，窄带信号的脉冲重复频率为 300Hz；目标模型采用电磁仿真计算，目标 1 模拟弹头目标，采用圆锥体，长 1m，底圆直径约 1m；目标 2 模拟末修舱，形状为圆柱体，长 2.35m，直径 1.3m；目标 1 的微动方式为进动，进动频率 1Hz，自旋频率 3Hz，进动角为 3°。目标 2 采用翻滚运动，翻滚频率为 0.05Hz。

根据上述仿真参数获得 RCS 序列如图 9.9 所示。图 9.9（a）为目标 1 的动态 RCS 序列，起伏较小，积累时间为 4s；图 9.9（b）为目标 2 的动态 RCS 序列，起伏偏大，积累时间为 40s。

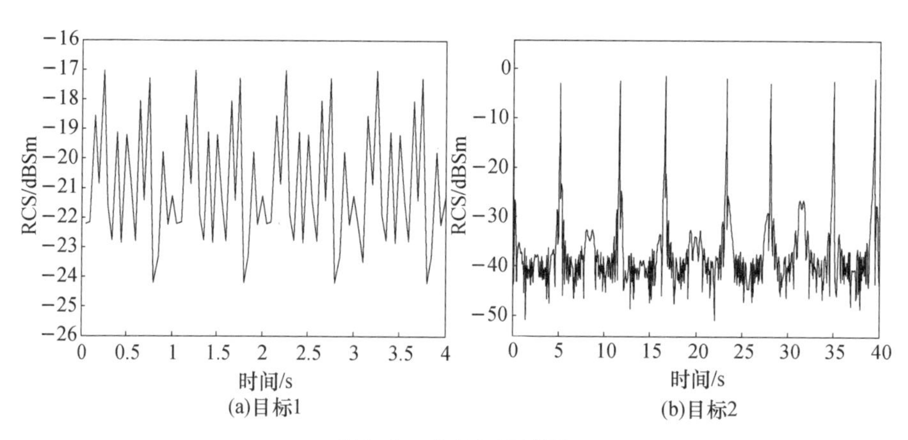

(a)目标1　(b)目标2

图 9.9　动态 RCS 序列

对两类目标的动态 RCS 序列分别提取均值和标准差特征,并获得统计特征分布,结果如图 9.10 所示。目标 1 和目标 2 的 RCS 均值特征的分布差异明显,标准差特征具有一定区域的交叠,仍具备一定程度的可分性,可以作为分类特征。

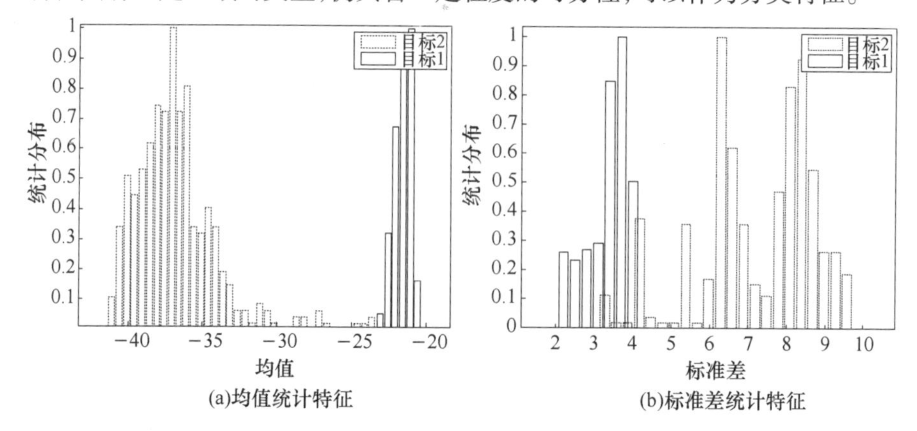

(a)均值统计特征　(b)标准差统计特征

图 9.10　统计特征分布

9.2.3　微动特征

1. 基于 RCS 的微动特征提取

雷达测量 RCS 序列的起伏和周期性体现了弹道导弹目标的微动特性。周期估计方法一般分为两类:第一类是利用序列的相关特性,如频谱分析、自相关函数法等;第二类是利用统计理论,如方差分析法。

频谱分析是通过信号频域峰值提取来得到信号周期。自相关函数法、平均幅度差函数法等相关函数变换方法,都是把各自周期提取函数的相邻两个极大值之间的时间间隔作为序列的周期。设信号序列 $x(n)$ 由周期信号 $s(n)$ 和噪声 $w(n)$ 组成,即

$$x(n) = s(n) + w(n) \tag{9.7}$$

其自相关函数定义为

$$r(k) = \frac{1}{N}\sum_{n=1}^{N-k} x(n)x(n+k) \tag{9.8}$$

当 $k = k_0$ 时 $r(k)$ 取得最大值,则信号的周期估计为 $T = k_0/f_s$,f_s 为采样频率。

平均幅度差函数定义为

$$D(k) = \frac{1}{N}\sum_{n=1}^{N-k} |x(n+k) - x(n)| \tag{9.9}$$

当 $k = k_0$ 时 $D(k)$ 取得最小值,则信号的周期估计为 $T = k_0/f_s$。

方差分析法是利用统计理论进行周期估计[14]。采用序列分组的方法,利用组内平方误差和组间平方误差构建检验统计量,根据给定的显著性水平,遍历序列来判定序列的周期。

函数变换方法易出现多个极值,影响周期估计。可以将变换函数与频谱分析相结合,利用变换函数增强序列的周期性,然后利用谱分析方法自动估计微动频率。该方法的实现流程如图 9.11 所示。

图 9.11 RCS 序列的周期估计方法的实现流程

仿真目标运动方式为进动,自旋频率 3Hz,锥旋频率 1Hz,进动角 3°;雷达 PRF 为 20Hz,RCS 序列的统计时间 4s。如图 9.12 所示,RCS 序列直接进行傅里叶变换后通过峰值所在位置可以获得微动频率为 1Hz,经过循环自相关函数变换后,序列周期性明显增强。对变换后的序列采用傅里叶变换,则倍频处的峰值得到抑制。

实际雷达测量 RCS 序列受目标起伏特性、噪声等影响,使得周期提取函数并不是光滑的,而是含有很多的毛刺,这严重影响了周期提取的精度。实际中需要对 RCS 序列采用滤波、平滑等预处理,降低随机影响。

2. 基于窄带回波的微动特征提取

弹头目标为了保持大气层外飞行的稳定性和提高命中精度,在飞行中段需要通过自旋进行姿态控制,即沿着弹道飞行的同时存在微动,因此雷达观测的弹头运动是平动与微动的合成运动,这使得分析微多普勒特征时将受到平动多普勒的影响,平动会使微多普勒产生平移、折叠,必须首先完成平动趋势项补偿才能进一步开展微多普勒特征分析。对于微运动目标,回波多普勒频率随时间会呈现周期性的变化,此时采用傅里叶变换分析多普勒特征会丢失频率随时间变化的信息,因此通常结合时频分析方法来实现微动特征的提取。本节主要对这两方面进行介绍。

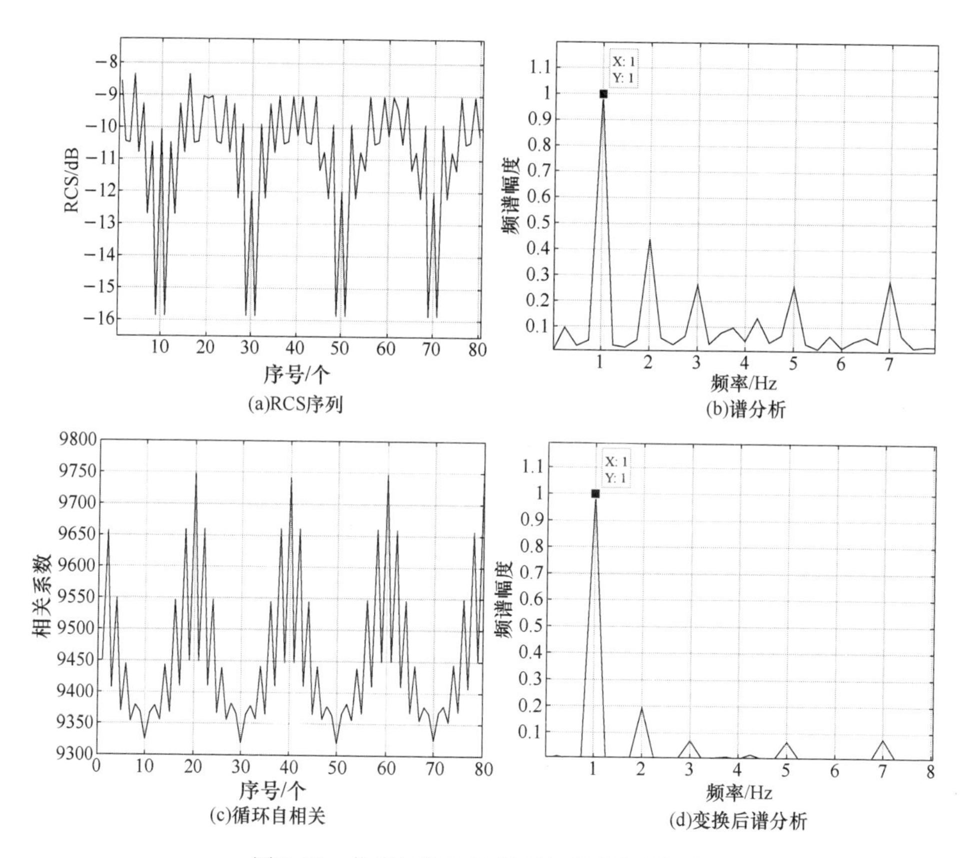

图 9.12 仿真目标 RCS 序列与微动特征提取

1）平动补偿

弹道类目标距离雷达较远，短时间内弹道变化平缓，弹道运动引起的平动速度函数近似为二阶多项式具有足够的精度，因此目标平动补偿中主要考虑速度和加速度的影响。目标加速度对回波的调制将导致频谱扩展，甚至出现频谱折叠现象，反映在回波的时频分析中即为频率变化有斜率存在，其频率变化斜率与雷达脉冲重复频率、目标平动方式有关。由于短观测时间内通常认为目标径向加速度保持不变，尤其当雷达 PRF 较高时，更易实现短时积累。由于去除加速度影响后的目标频域能量最集中，补偿算法可采用频谱熵最小为准则，在特定范围内进行加速度搜索。速度对于回波分析的影响只是频谱搬移，可通过频谱能量均匀分布来估计初始速度值，解决频谱偏移问题。平动补偿流程图如图 9.13 所示。

弹道导弹目标的微动调制，会引起信号的多普勒展宽，而傅里叶变换的参数与时间无关，此时频谱分析不能表现频率随时间的变化情况，时频分布采用时间

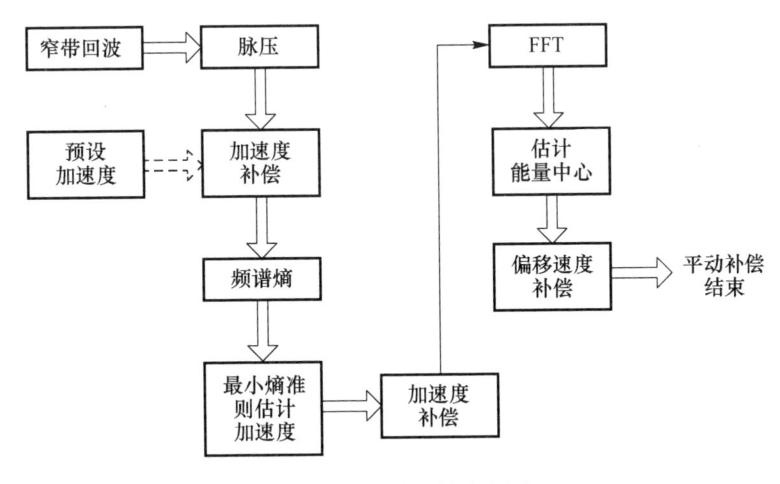

图 9.13　平动补偿流程图

和频率联合函数，引入了“局部频谱”的概念，可以描述信号的频谱（或能量谱）随时间的变化情况。给定信号 $x(t)$ 的短时傅里叶变换（Short Time Fourier Transform，STFT）定义为[15]

$$\mathrm{STFT}_x(t,f) = \int [x(t)g^*(u-t)]\mathrm{e}^{-\mathrm{j}2\pi fu}\mathrm{d}u \tag{9.10}$$

式中：$g(t)$ 是一个时间宽度很短的窗函数，它沿时间轴滑动。由于时频分布引入局部频谱的概念，可以体现信号中多个分量的瞬时变化情况。

结合图 9.13 流程仿真自旋目标的平动补偿。仿真中目标包含 3 个散射点，通过时频分析仿真验证平动补偿方法。原始数据的时频分析结果如图 9.14（a）所示，出现了频谱折叠现象，图 9.14（b）为平动补偿后的时频图像，多普勒谱分布在图像中心位置，此时时频图像只包含目标微动的多普勒信息。

2）瞬时频率提取

由于时频分布为时间—频率的二维信息，很难直接利用，一般通过估计瞬时频率方法实现微动参数的估计。在时频平面上，时频脊线所在的位置信息对应着信号瞬时频率的变化情况[16]。下面介绍常用的时频图像脊线的提取方法。

（1）基于能量的统计方法。基于能量的统计方法属于非参数化的估计方法，包括峰值检测法、归一化的一阶矩方法等。

峰值检测法是通过检测时频分布图上的最大值实现瞬时频率估计，它是下面这个优化问题的解[17]：

$$f(n) = \max_{1\leqslant m\leqslant M}(\mathrm{abs}(\mathrm{tfr}(m,n))) \qquad 1\leqslant n\leqslant N \tag{9.11}$$

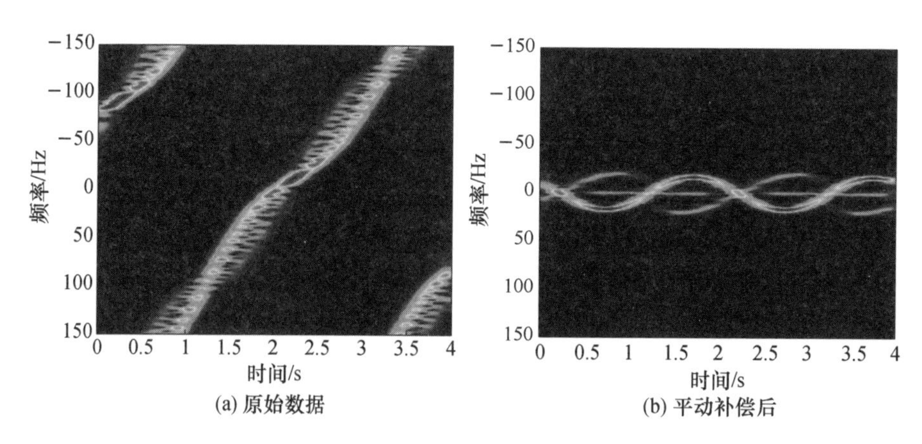

图9.14 平动补偿仿真(见彩图)

式中:离散短时傅里叶变换 $\mathrm{tfr}(m,n)$ 是一个 $M\times N$ 的矩阵。由于峰值检测法只在时频面内搜索给定时刻的最大值,当信号受噪声污染时,信号能量在时频域内的分布会随噪声能量强度发生改变,在一定的信噪比条件下,峰值检测法对信号能量分布的变化不敏感。

归一化的一阶矩测量法是对给定时刻的时频分布关于频率求取条件期望值,将得到的期望值定义为瞬时频率,可以定义为[17]

$$f(n)=\sum_{m=1}^{M}f_m\,|\mathrm{tfr}(m,n)|^2/\sum_{m=1}^{M}|\mathrm{tfr}(m,n)|^2 \tag{9.12}$$

式中:f_m 表示 tfr 矩阵第 m 行代表的频率,$|\mathrm{tfr}(m,n)|^2$ 表示信号的能量在时频图上的分布。$|\mathrm{tfr}(m,n)|^2/\sum_{m=1}^{M}|\mathrm{tfr}(m,n)|^2$ 代表的是在 $t=n$ 时刻 f_m 的概率。通过将频率乘以对应的概率,得到瞬时频率的估计。

(2) 基于 Viterbi 算法的多分量估计。Viterbi 算法是一种估计信号隐藏状态的通用技术[18]。在这种算法中,一般需要两个假设:第一,瞬时频率应当尽可能通过时频分布图中最大幅度值的点;第二,瞬时频率估计中连续两个点的变化应当尽可能小。

假设 $t=n$ 时刻,在时频图中确定 Q 为该时刻的瞬时频率值。在 $t=n+1$ 时刻,时频图上共计有 M 个点,分别为 $S_1,S_2,\cdots,S_{M-1},S_M$。从 Q 点到 $S_1,S_2,\cdots,S_{M-1},S_M$ 共计有 M 种可能性。根据 Viterbi 算法的假设,$t=n+1$ 时刻选择的点应该满足两个条件:该点对应的时频分布上的幅度应该尽可能大,同时应该和 Q 点靠得尽可能近,由此可确定如下代价函数[18]。

$$\mathrm{Cost}(Q,S_i)=\mathrm{CostOfMag}(Q,S_i)+\mathrm{CostOfRange}(Q,S_i) \tag{9.13}$$

式中：$\text{CostOfMag}(Q,S_i)$ 表示尽可能通过时频矩阵上幅度值大的点的代价；$\text{CosOfRange}(Q,S_i)$ 表示瞬时频率估计的时间上连续的两个点应当尽可能靠近的代价。通过代价函数寻优即可获取各时刻的瞬时频率值。该算法需要假设信号分量个数,并根据此假设对每个分量分别估计。初始时刻的瞬时频率值可根据幅度最大等准则来确定。

(3) 基于 Hough 变换的瞬时频率自动提取。在信号频率变化规律已知条件下,可采用参数化方法,将时频脊线的提取转变为时频平面上曲线参数的确定过程。Hough 变换是常用的参数化瞬时频率估计方法。它是将图像测量空间的一点变换到参量空间中的一条曲线或一个曲面,将具有统一参量特征的点变换后在参量空间中相交,通过判断交点的积累程度来完成特征曲线的检测[20]。进动目标微多普勒的大小由进动角、雷达平均视线角、锥旋频率共同决定,其雷达回波可以近似为正弦调频信号,可采用三参数的 Hough 变换实现正弦曲线检测,具体算法可参考文献[20]。标准 Hough 变换存在计算量大和内存消耗的问题,可采用随机 Hough 变换[21]方法克服这些问题。

在多分量存在的情况下,峰值法、一阶矩方法受到不同分量的影响会错误跟踪变化曲线,而且获得的瞬时频率是多个分量的叠加,易出现偏差。基于 Viterbi 算法的瞬时频率提取可实现时频平面多分量的跟踪,但在多个分量交叉位置存在能量共用的问题。参数化方法可以在检测曲线过程中实现参量估计,对信号能量的积累使该方法抗噪性能好,但这类方法要求已知信号模型。

3. 基于一维距离像序列的微动特征提取

目标周期微动特性会对其雷达回波产生周期性调制。文献[22]通过对窄带回波进行时频分析得到微多普勒频率随时间的变化关系。这种方法要求对窄带回波数据进行有效的平动补偿,实现困难。文献[23,24]利用进动锥体目标的雷达散射截面(RCS)随姿态角变化表现为随时间变化,将 RCS 随时间变化转换为 RCS 姿态角序列,可估计进动参数。这种方法能够估计除微动周期之外的其他参数,但对非合作目标难以应用。利用一维距离像序列提取弹道目标微动参数的方法也得到了研究[25,26]。已有方法通常要先提取一维散射中心,然后估计目标径向投影尺寸变化。这类方法要求散射中心比较稳定,且能实现不同距离像的散射中心之间的关联。对于目标姿态变化引起等效散射中心发生变化或遮挡等因素引起的散射中心数目不同且难以正确关联的情况,这类方法难以得到正确结果。下面首先分析进动、翻滚等微动方式下目标的姿态角变化规律,然后介绍一种基于一维距离像序列提取目标微动周期的方法。该方法不需要进行运动补偿等处理,原理简单,实现方便,在一定噪声条件下也能正确提取微动周期。

1) 微动目标姿态角变化分析

理论计算和实验测量均表明,在高频区,目标总的电磁散射可以认为是某些局部位置上电磁散射的相干合成，这些局部性的散射源通常被称为等效散射中心，或简称散射中心[27]。目标的高分辨一维距离像就是在照射时刻，目标散射中心在雷达视线上的投影，可以利用极窄的脉冲，或者脉冲压缩后的宽带回波信号来获得高分辨一维距离像。一维距离像随目标姿态的变化而变化。

目标的进动、章动、翻滚等微运动会造成目标相对于雷达视线（RLOS）的姿态角发生变化，对应各散射中心位置在雷达视线上的投影发生相应变化。进动是由自旋和锥旋合成的微动方式。文献[24]推导了远场条件下，雷达入射方向近似与 yoz 平面平行时，进动目标在 t 时刻相对于雷达的姿态角 β（鼻锥方向为0°）计算公式：

$$\beta = \arccos(\cos\theta\cos\gamma - \sin\theta\sin\gamma\sin\omega t) \tag{9.14}$$

式中：θ 为进动角；γ 为雷达视线与进动轴的夹角；ω 为目标绕进动轴的角速度，如图9.15所示。图9.15中 Ω 是目标的自旋频率。对于弹头这种表面光滑且轴对称的目标，可忽略自旋引起的目标相对于雷达视线的姿态变化。从式(9.14)可以看出，当短时间内雷达视线与进动轴夹角变化较小时，目标相对于雷达的姿态角近似周期变化。假设目标进动角 θ 为6°，锥旋频率1Hz，雷达视线与进动轴夹角 γ 为139°，则姿态角 β 按图9.16所示周期变化。姿态角的周期变化导致目标一维距离像序列按相同周期变化，因此可以根据一维距离像序列存在周期相关的特性估计目标进动的锥旋周期。

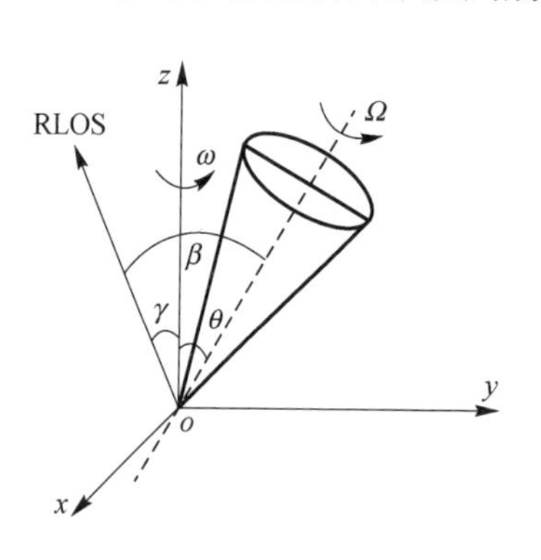

图9.15　目标进动示意图

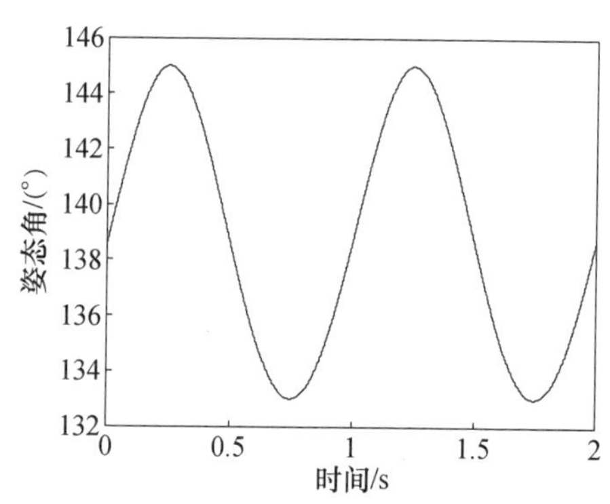

图9.16　γ =139°时进动目标相对于雷达视线的姿态角变化

如果目标绕 x 轴做翻滚运动，翻滚周期为5s，同样假定雷达视线平行于 yoz 平面，且与 z 轴夹角为139°，则目标姿态角 β' 按式(9.15)计算。10s时间内 β' 变化趋势如图9.17所示，姿态角按翻滚周期变化，同样可以根据一维距离像序列存在周期相关的特性估计翻滚周期。

$$\beta' = \arccos(\cos\gamma\sin\omega t - \sin\gamma\cos\omega t) \tag{9.15}$$

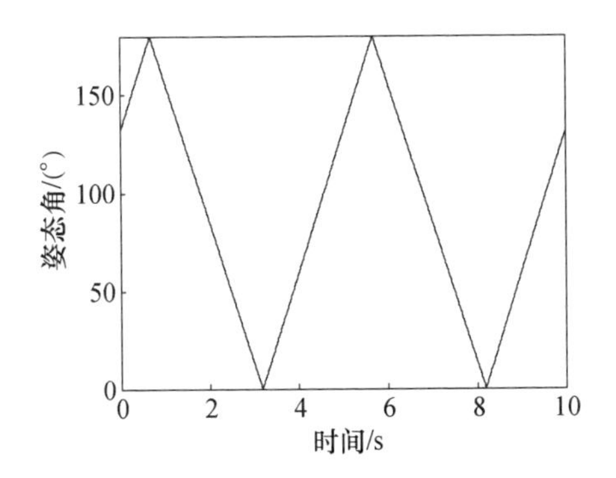

图 9.17 翻滚目标相对于雷达视线的姿态角变化

2）微多普勒特征提取

由于一维距离像有随姿态角变化而变化的特性，目标在机动、翻滚等周期微动状态下，其相对于雷达视线的姿态角呈近似周期变化，因此雷达获取的目标距离像序列也具有相同的周期变化特性。对距离像序列求取某帧距离像与其他各帧距离像的相关系数，并估计相关系数序列变化的周期，即可估计出目标的微动周期。

雷达实际观测的通常是非合作目标，不同时刻目标的距离像在距离波门中的位置是不定的，因此目标距离像存在不可预测的相对平移[28]。为了克服一维距离像的平移问题，需要采用滑动相关方法计算两帧距离像的最大滑动相关系数作为两者之间的相似性度量。下面介绍最大滑动相关系数的计算方法。设 $\hat{x}_i(n)$ 为第 i 帧原始距离像，$n=0,1,2,\cdots,N-1$，N 为距离单元数，其归一化距离像 $x_i(n)$ 定义为

$$x_i(n)=\frac{\hat{x}_i(n)}{\sqrt{\sum_{n=1}^{N}|\hat{x}_i(n)|^2}},\quad n=0,1,2,\cdots,N-1$$

则第 i 帧和第 j 帧距离像 $x_i(n)$ 和 $x_j(n)$ 的最大滑动相关系数定义为

$$\rho_{ij}=\max_{0\leqslant\Delta n\leqslant N-1}\rho'_{ij}(\Delta n)=\sum_{n=0}^{N-1}x_i(n)\tilde{x}_j^*(n+\Delta n) \tag{9.16}$$

式中：$\tilde{x}_j(n)$ 是对 $x_j(n)$ 的周期延拓；$\tilde{x}_j^*(n)$ 是 $\tilde{x}_j(n)$ 的共轭。对于有 M 帧距离像的距离像序列，每帧距离像与其中某帧参考距离像的最大相关系数序列用 $\rho(m)$，$m=0,1,2,\cdots,M-1$ 表示。可以选取距离像序列中的任意一帧距离像作为参考距离像。

提取最大相关系数变化周期的方法采用自相关函数法。周期信号的自相关函数也具有周期性，并且周期与信号周期相同。在周期信号周期的整数倍上，它的自相关函数可以达到最大值。即可以不用考虑信号的起始时间，而从自相关

函数的第一个最大值的位置来估计其周期,这个性质使自相关函数成为估计各种信号周期的一个依据[29]。计算 $\rho(m)$ 的自相关函数

$$R(k) = \sum_{m=0}^{M-1} \tilde{\rho}(m)\tilde{\rho}(m+k) \tag{9.17}$$

式中: $\tilde{\rho}(m)$ 为 $\rho(m)$ 的周期延拓。

根据圆周相关也称循环相关定理[30],式(9.16)和式(9.17)可由 FFT 计算实现。以计算最大滑动相关函数为例,式(9.16)可由下式计算:

$$\rho_{ij} = \max \mathrm{IFFT}[X_i^*(k)X_j(k)] \tag{9.18}$$

式中:$X_i(k)$ 和 $X_j(k)$,$k=0,1,2,\cdots,N-1$ 分别是 $x_i(n)$ 和 $x_j(n)$ 的傅里叶变换。

3)仿真实验

基于散射点模型,仿真了 X 波段雷达,带宽 1GHz,重频 400Hz 条件下,锥体目标进行锥旋的宽带回波数据。锥旋频率为 2Hz,锥旋角度为 6°。

可任取锥旋目标的一帧距离像,求其与连续 2s 时间内的其他各帧距离像的最大滑动相关系数,如图 9.18 所示,可以明显看出一维像变化的周期性。计算图 9.18所示的最大相关系数序列的自相关函数,如图 9.19 所示,其第一个最大值位置为 199,相当于平移 198 点后的最大相关函数序列与原序列相关程度高。根据重频 400Hz,可以估算出目标锥旋周期为 198/400 =0.495(s),锥旋频率为 2.02Hz。

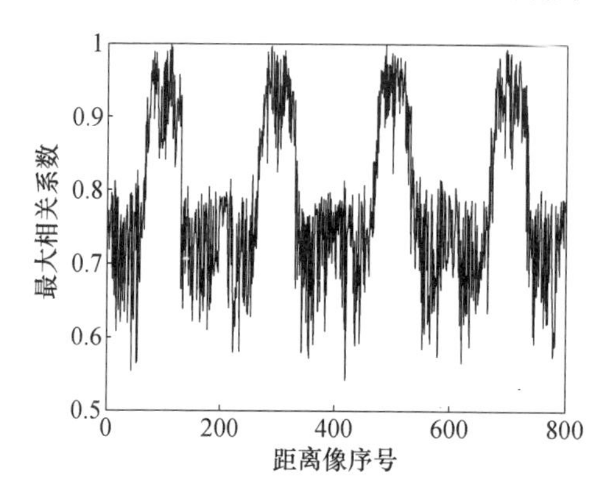

图 9.18 锥旋目标连续 2s 距离像与其中某帧距离像的最大相关系数

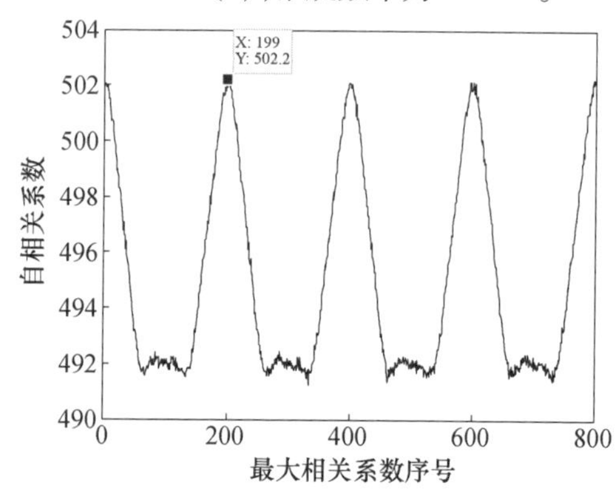

图 9.19 图 9.18 所示最大相关系数序列的自相关函数

在宽带 I/Q 回波数据上加入白高斯噪声,得到信噪比约为 20dB 的距离像序列。这里的信噪比按照文献[31]中第二种宽带信噪比定义,即取距离像峰值与噪声均值的比值计算信噪比。对比加入噪声前后的某帧距离像如图 9.20 所示。对加入噪声的距离像序列进行同样的分析,结果如图 9.21、图 9.22 所示,微动频率约为 1.99Hz。可见,在一定信噪比条件下,仍能够正确提取出目标锥旋的微多普勒频率。

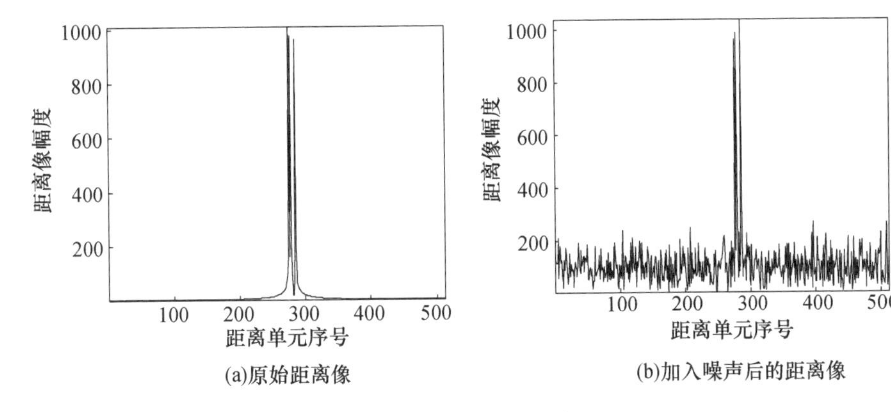

(a)原始距离像　　(b)加入噪声后的距离像

图9.20　某帧距离像

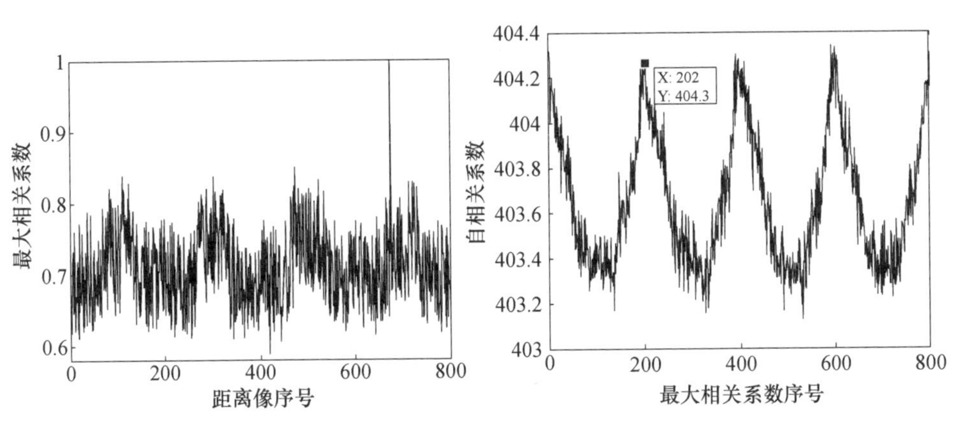

图9.21　加入噪声后距离像序列的最大相关系数

图9.22　图9.21所示最大相关系数序列的自相关函数

9.2.4　尺寸特征

一维距离像是目标上各散射中心在距离维上的投影，因此，根据雷达的分辨力，可以估算出目标在雷达视线上的投影长度，如图9.23所示。

设宽带雷达的距离分辨力为 $\Delta R = C/2B$，式中 C 为光速，B 为信号带宽。目标在HRRP中占据 N_0 个距离单元，则目标在雷达视线方向的投影长度为

$$L_0 = N_0 \cdot \Delta R \tag{9.19}$$

实际测量中，目标投影长度与目标指向、目标尺寸形状以及目标的散射特性等都有关系，同时又受到雷达带宽制约，而且弹头目标尺寸偏小、形状简单，一维距离像的散射点较少，使得提取弹头目标径向长度的精度受到影响。

在飞机目标识别中，假设短时间内目标相对雷达视线的姿态角不变或变化很小，可以利用雷达连续记录短时间的回波数据，根据跟踪数据计算目标相对雷达视线的姿态角。由于弹道导弹目标存在微动现象，目标实际指向与飞行方向

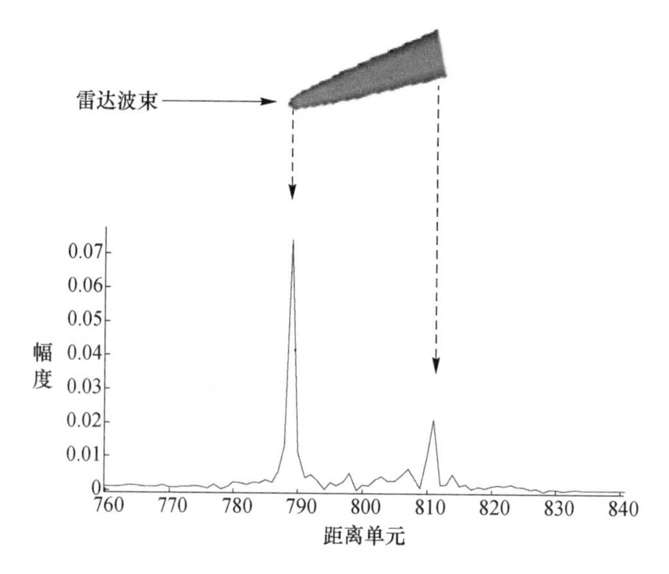

图 9.23　导弹目标与一维距离像的对应示意图(见彩图)

不一致,因此这种方法不适用于弹道导弹目标的姿态角估计。

由于目标指向未知,由投影长度反推目标真实尺寸是比较困难的。但弹头尺寸较小,利用其与诱饵或碎片在投影长度上的差异,也可以进行目标分类。需要注意,弹道导弹飞行速度快,若相对于雷达的径向速度分量较大,会使宽带一维距离像产生展宽、畸变,因此需要通过速度补偿校正距离像畸变。

一维距离像是依靠雷达信号带宽的提高来获得目标尺寸的,而窄带信号可以依靠长时间积累获得的目标的微多普勒,其中也包含目标尺寸信息。根据多普勒效应产生原理,计算目标多普勒的基本公式[32]如下:

$$f_{\mathrm{d}} = -\frac{2v}{\lambda}\sin(\vartheta) = -\frac{2\omega r}{\lambda}\sin(\omega t + \varphi_0) \tag{9.20}$$

式中:ω 为旋转角频率;r 为散射点距旋转中心的距离;λ 为雷达波长;φ_0 为回波的初始相位。由此可见,进动圆锥散射中心的微多普勒分布可近似为正弦曲线形式,则根据图像重建理论,逆 Radon 变换可实现正弦曲线到参数空间的映射,由此可利用散射中心的微多普勒能量积累实现其相对位置的重构,然后结合微多普勒表达式即可估计目标尺寸[32]。目标旋转过程中,散射中心的遮挡等因素会影响能量的积累,使得弱散射中心无法进行重构,从而影响尺寸参数的准确估计。

9.2.5　质阻比特征

弹道目标再入大气层时和大气分子发生复杂的相互作用称为大气过滤效应,由于大气过滤作用,不同质量的目标表现出不同的减速特性。质阻比特征

（也称弹道系数，符号一般记为β）表示再入体质量沿速度矢量上有效阻力面积之比，是一个重要的识别参数，是再入弹道目标最显著的特征之一。

不同质阻比的目标，在再入段的减速特性也不一样。质阻比小的目标，在较高的高度即开始减速或被大气烧毁；而较重的弹头或重诱饵会一直持续到较低的高度才开始减速。质阻比特征实际上反映了目标的减速特性，是较为可靠的再入识别特征。因此，再入段导弹防御系统目标识别的关键问题之一是在较高的高度上快速准确地估计出再入目标的质阻比[9]。

质阻比定义为

$$\beta=\frac{m}{C_{\mathrm{D}}A} \tag{9.21}$$

弹道系数定义为

$$\alpha=\frac{C_{\mathrm{D}}A}{m}=\frac{1}{\beta} \tag{9.22}$$

式中：m为弹头质量；C_{D}为阻力系数；A为弹头在速度方向上的投影面积。C_{D}是一个变量，一般取C_{D}为常数2.2，真实的弹道系数是按照变量C_{D}来计算。弹头在再入过程中，由于防热层烧蚀，会使质量和外形发生变化，阻力系数沿弹道是变化的。因此，β值在再入飞行过程中是个变量。

再入目标质阻比估计主要有两种方法[33]：一种是利用解析公式法，直接利用雷达测量信息和多项式拟合等方法，根据再入运动方程计算质阻比；另一种方法为滤波法，是基于再入运动方程将质阻比作为状态矢量的一个元素，利用非线性滤波方法实时估计质阻比。

1. 解析公式法质阻比估计

根据雷达测量数据以及位置信息，基于解析公式法实时估计质阻比的流程图参见图9.24，步骤如下：

（1）输入该时刻的雷达测量数据（距离、方位、俯仰）以及时标；

（2）对输入的数据进行预处理（剔除野值和数据平滑）；

（3）据雷达站的大地纬度计算地心纬度；

（4）计算雷达近地点到地心的距离；

（5）由步骤（4）的结果，计算目标到地心的距离；

（6）由步骤（5）的结果，计算目标的海拔高度；

（7）计算距离、俯仰的一阶变化率、再入速度及再入加速度；

（8）由步骤（5）~（7）的结果，计算再入角正弦、大气密度和重力加速度；

（9）据计算模块计算质阻比；

（10）输出该时刻结果，判断是否需要停止，停止则结束计算，否则重复步骤（1）~（9）的计算过程。

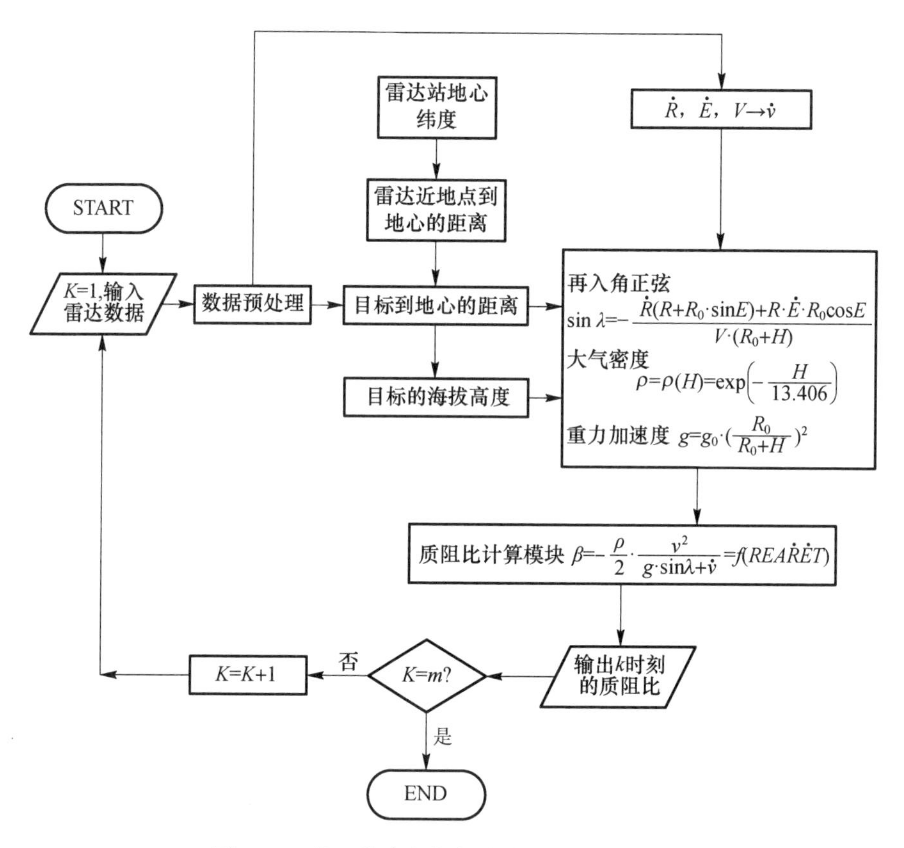

图 9.24　基于公式法的实时质阻比估计流程图

2. 滤波法质阻比估计

再入运动由于作用于其上的力比较复杂,不能精确地描述,且目标质量一般会实时变化,导致再入运动表现为严重的非线性形式。综合国内外的研究,对质阻比的估计的滤波方法主要有扩展卡尔曼滤波(Extended Kalman Filter,EKF)、不敏滤波(Unscented Kalman Filter,UKF)、粒子滤波(Particle Filter,PF)、Divided Difference Filter、Extended H_∞ Filter 等[34,38],在运算速度上 EKF 具有明显的优势,该算法便于工程上实时实现。

基于扩展卡尔曼滤波质阻比估计的主要步骤:

(1) 状态预测方程:

$$\hat{\boldsymbol{X}}_{k/k-1}=f(\hat{\boldsymbol{X}}_{k-1})$$

(2) 预测均方误差:

$$\boldsymbol{P}_x(k/k-1)=E[(\boldsymbol{X}_k-\hat{\boldsymbol{X}}_{k/k-1})(\boldsymbol{X}_k-\hat{\boldsymbol{X}}_{k/k-1})^{\mathrm{T}}]=\boldsymbol{F}[\boldsymbol{P}_x(k-1)+\boldsymbol{Q}_{k-1}]\boldsymbol{F}^{\mathrm{T}}$$

(3) 滤波增益方程:

$$\boldsymbol{K}_k=\boldsymbol{P}_{k/k-1}\boldsymbol{F}_k^{\mathrm{T}}(\boldsymbol{F}_k\boldsymbol{P}_{k/k-1}\boldsymbol{F}_k^{\mathrm{T}}+\boldsymbol{R}_k)^{-1}$$

(4) 状态估计方程：

$$\hat{\boldsymbol{X}}_k = \hat{\boldsymbol{X}}_{k/k-1} + \boldsymbol{K}_k[\boldsymbol{Z}_k - \boldsymbol{F}(\hat{\boldsymbol{X}}_{k/k-1}, k)]$$

(5) 估计均方误差：

$$\boldsymbol{P}_k = (\boldsymbol{I} - \boldsymbol{K}_k\boldsymbol{F})\boldsymbol{P}_{k/k-1}(\boldsymbol{I} - \boldsymbol{K}_k\boldsymbol{F})^{\mathrm{T}} + \boldsymbol{K}_k\boldsymbol{R}_k\boldsymbol{K}_k^{\mathrm{T}}$$

滤波前需确定合适的状态初值 X_0，状态预测均方误差矩阵 $\boldsymbol{P}_0$ 以及系统噪声和量测噪声的方差阵 $\boldsymbol{Q}_x$，$\boldsymbol{R}_x$。据滤波特点，采用多参数初始优化方法，设计3种不同量级的目标质阻比初值，如弹头、重诱饵、轻诱饵；用不同的质阻比初值参数代入滤波算法，测试算法性能和识别效果。

据雷达跟踪信息及雷达测量精度，基于扩展卡尔曼滤波的质阻比实时估计步骤如图9.25所示。据雷达跟踪信息及雷达测量精度，基于扩展卡尔曼滤波的质阻比实时估计步骤如下：

(1) 输入该时刻的雷达测量数据；

(2) 对输入的数据进行预处理(判断是否再入，野值剔除等)；

(3) 输入雷达站位置参数、数据时标；

(4) 输入扩展卡尔曼滤波初始参数；

(5) 当 $k=1$ 时，定滤波器初值；

(6) $k=k+1$ 时滤波器进行时间更新，计算状态预测值和预测均方误差；

(7) k 时刻进行状态估计和估计均方误差的计算；

(8) 把滤波器状态的 k 时刻更新值代入时间更新系统，即返回步骤(6)；

(9) 结合 $k=k+2$ 时的雷达测量值，重复步骤(6)~(7)，直到 k 值等于数据长度，输出滤波估计结果，终止计算。

3. 质阻比典型量级

利用测量目标质阻比(弹道系数)的方法对弹头及各种轻重诱饵进行识别是研究得最早，也是研究得比较成熟的目标识别技术之一。美国的林肯实验室在20世纪60年代就开始研究质阻比，美国夸贾林导弹靶场的现役35GHz毫米波雷达采取的跟踪算法有多种，能够精确测量多种洲际导弹目标的质阻比[40]。

表9.1是典型目标的质阻比，来源于美国Texas大学的公开资料(“An approach for optimized tactical ballistic missile object discrimination based on the ballistic coefficient”，作者M. R. Dahlberg，1995)。由表可知，典型再入战术弹道道弹(Tactical Ballistic Missile，TBM)弹头的质阻比为5000~7000kg/m^2；助推箱或母舱包括碎片的质阻比为100~300kg/m^2；尾翼等轻型碎片的质阻比为50kg/m^2。因此，如果一个目标的质阻比为5000kg/m^{2}以上，则很可能为弹头之类的重要目标；反之，如果一个目标的质阻比为1000kg/m^{2}以下，则很可能为诱饵、碎片、母舱之类的不重要目标。根据质阻比估计的方差，采用奈曼-皮尔逊准则，即可对目标进行属性判别[41-43]。

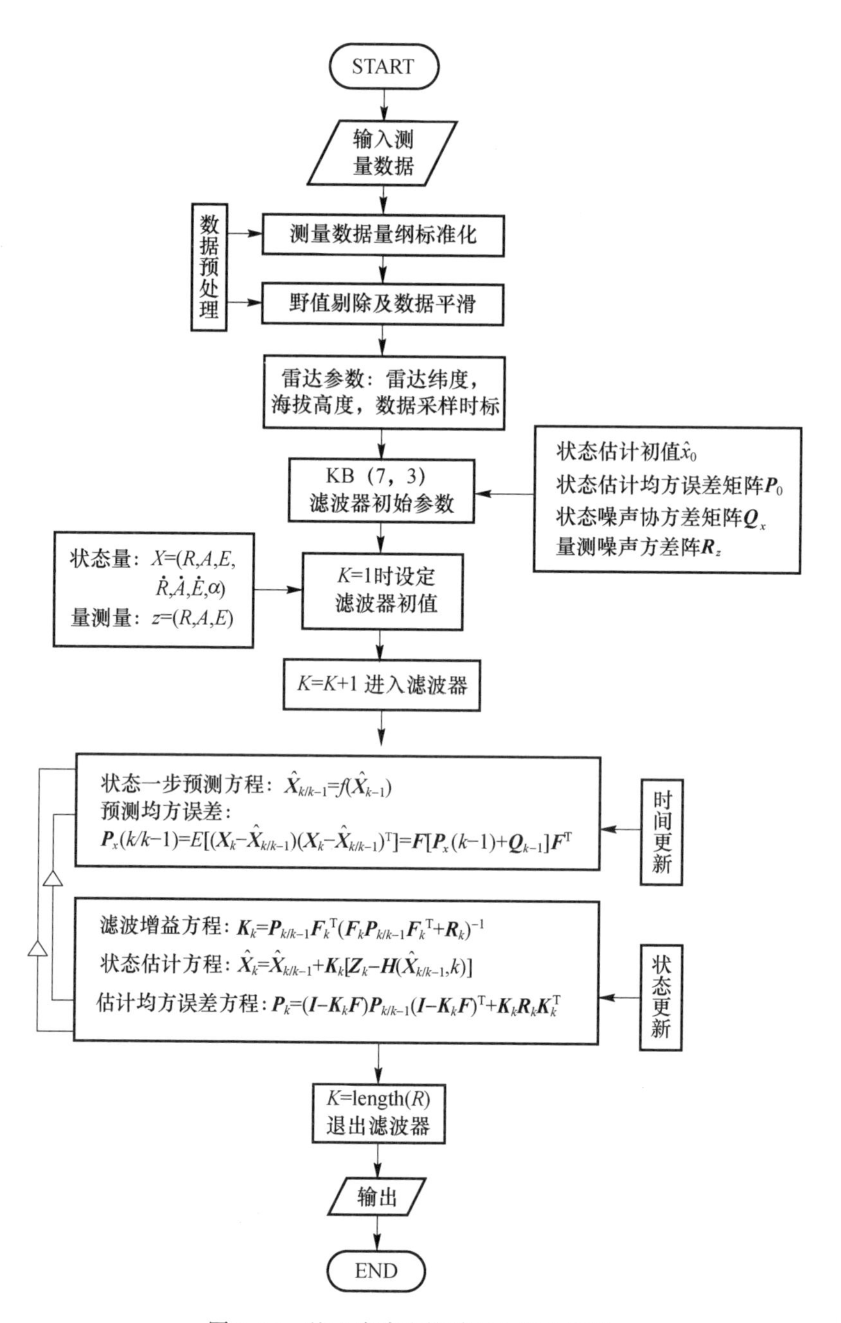

图 9.25　基于滤波法的质阻比提取流程

表9.1 典型目标的质阻比及其目标特性

TBM	特性	质阻比/(kg/m²)	结果
再入体	(1)重量很大(含弹头);(2)空气动力学设计;(3)较小的参考面积	5000~7000	大
助推箱或母舱(大碎片)	(1)重量较大;(2)非空气动力学外形设计;(3)参考面积大	100~300	小
尾翼等轻型碎片	(1)重量轻;(2)非空气动力学外形设计;(3)参考面积大	50	很小

4. 仿真分析

仿真数据说明:仅考虑数据率100Hz情况下,相同初始再入速度、不同再入目标的数据仿真及滤波法结果;再入时间比较短,一般为几十秒,假定大气层是球对称和不旋转的且忽略地球偏率,仅研究弹头质心运动。沿弹道飞行的再入目标质阻比是时变的,作用在目标上的力主要包括重力和阻力,不考虑升力作用,再入时的攻角为零。雷达测量精度:距离10m、方位和俯仰0.5mrad;采用指数下降大气模型。

仿真参数如表9.2所示,雷达数据率100Hz,测量精度距离10m、方位和俯仰0.5mrad;采用指数下降大气模型。

表9.2 3种不同量级质阻比再入目标的仿真条件

再入目标	仿真参数			
	质阻比/(kg/m²)	初始速度/(km/s)	初始海拔/km	大气密度模型/(kg/m³)
目标1	7000~10000	7.056	90	$e^{-(h/13.406)}$
目标2	2800~4700			
目标3	60~100			

质阻比数量级不同的目标在再入段的运动规律表现出明显不同。3种目标以相同速度在90km高空再入后进入大气层,由于大气稀薄,阻力几乎作用不大,无法从轨迹上分开;在80km高空以下质阻比量级较小的目标3,从速度上和加速度与其他目标明显不同;到了50~30km大气层稠密时,空气阻力急剧增加,阻力作用明显,因此目标之间的运动学差异更加明显;在不同的海拔高度上各目标呈现不同的减速效应,这为不同质阻比的目标识别提供了条件。

仿真结果如图9.26所示。图9.26(b)中雷达坐标系下的目标再入轨迹可见目标2与目标1一直伴飞到末端,图9.26(c)中目标3再入大气时很快就被过滤掉,60km以上减速特性明显,所以主要看对目标1和2的跟踪和弹道系数滤波估计。

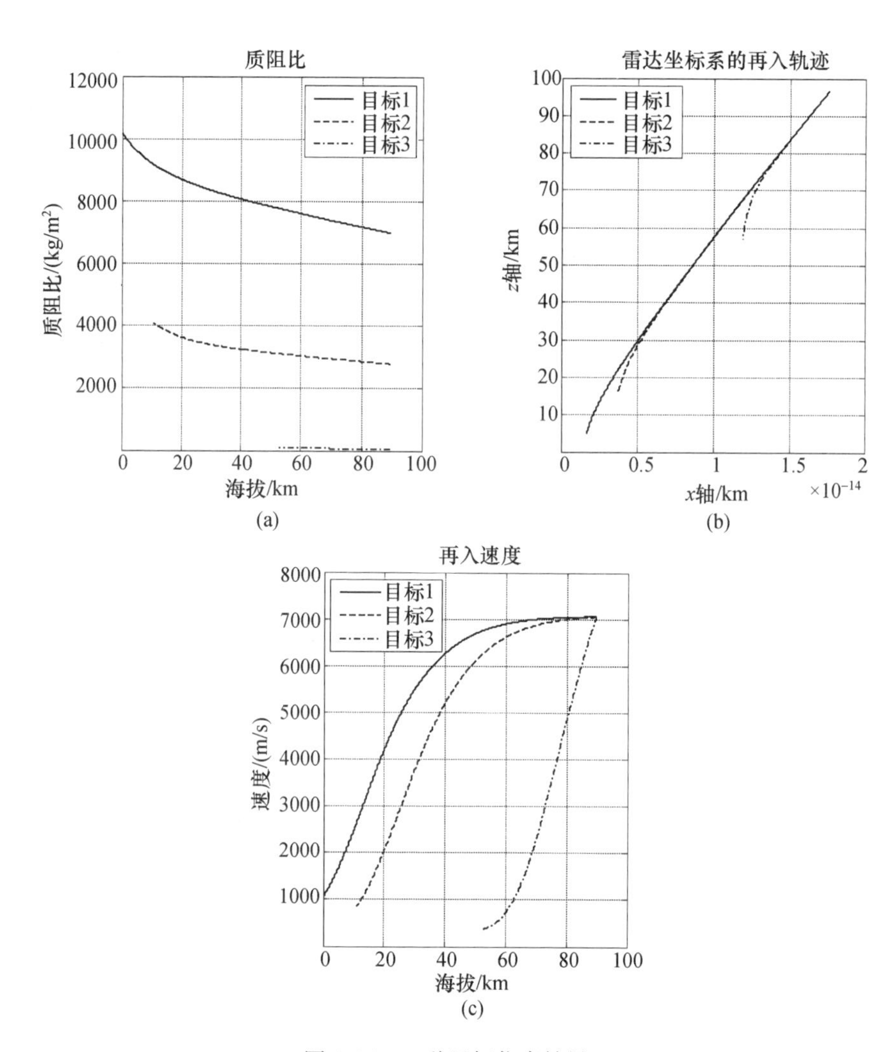

图 9.26　三种目标仿真结果

1）解析法仿真分析

由图 9.26 的结果可知，根据再入目标的减速特性，目标 3 与目标 1、2 伴飞一段时间就分离，在较高的海拔高度就被识别出来；从三者的运动轨迹可知，目标 2 与目标 1 一直伴飞，且两者减速特性差异不明显，故需要对目标 1、2 给出质阻比估计进行识别判断。

仿真结果如下：用提出的方法可实现目标 1 和目标 2 的质阻比实时估计，由图 9.27 和图 9.28 的结果可知海拔高度在 70km 以下，两目标的质阻比估计误差小于真值的 6%，海拔高度 40km 以下，质阻比估计误差小于真值的 2%；图 9.28 结果显示，可知在雷达数据率 100Hz，并保证一定的测量精度，在较高的高度上两目标的质阻比估计误差较大,但并不影响两个目标的识别,重诱饵和弹头在较高的海拔上就能识别,海拔高度 70km 以下达到理想的识别效果,实际应用中可以结合不同弹道目标的减速特性进行综合识别。

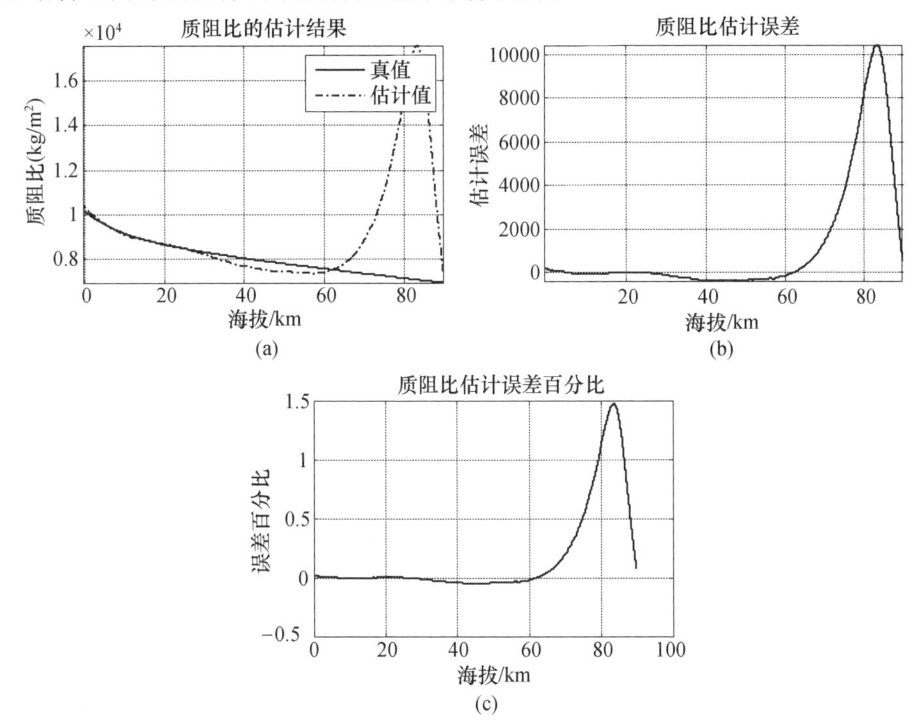

图 9.27 目标 1 的质阻比估计

利用雷达测量数据根据物理意义计算质阻比,采用公式法时影响质阻比估计精度的主要因素有大气密度模型的选择、雷达测距和测角精度[45-48]。另外比较关键的是数据平滑的方法,根据不同海拔高度对估计结果精度的不同要求来设计平滑方法,以满足不同高度的识别特征提取的需求。

2）滤波法仿真分析

对 3 种目标仿真数据加噪声后进行质阻比估计,100 次蒙特卡罗滤波结果如图 9.29 所示[49]。图 9.29(b)中 3 种目标的速度滤波结果显示,根据减速特性,目标 3 经速度估计即可识别出来;图 9.29(a)中显示了 3 种目标的质阻比滤波估计结果,可见在 80km 左右收敛后,目标 1 和目标 2 已经可以区分,由目标 1 和目标 2 的质阻比估计结果与真值的对比,可见在 80km 高空后滤波算法开始收敛,50km 以后稳定在真值附近。

精确测量目标质阻比,对于提高目标跟踪精度、增加目标的识别能力以及辅助拦截制导等方面都具有重要作用。目标质阻比的测量是个相当复杂的问题,

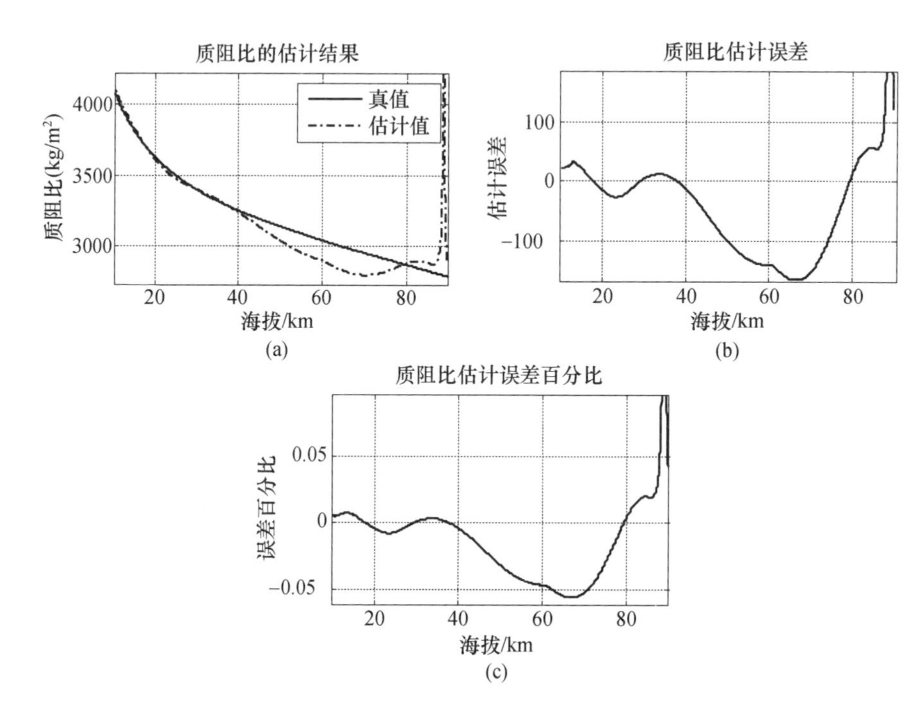

图 9.28　目标 2 的质阻比估计

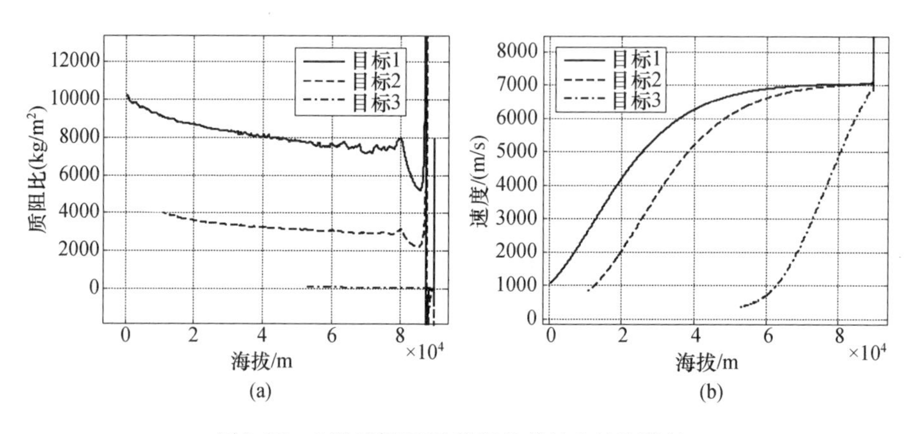

图 9.29　3 种目标 EKF 质阻比估计和速度估计

（注：目标 3 再入过程中就被大气过滤，仅给出目标 1 和 2 的滤波分析）

涉及因素众多。具体而言，影响目标质阻比测量的因素有地球模型、坐标系选择、雷达测量精度、目标运动模型、非线性滤波算法、干扰等因素，需要多层次分析。在弹道目标识别中，质阻比特征作为再入目标识别的一个特征量，可结合目标的再入减速特性联合对目标的属性进行判决，给出识别结果。

9.3　关键事件判别

弹道导弹识别的宽窄带特征提取方法,如 RCS 统计特征、微动特征等得到了广泛研究。但这些特征有各自的提取条件、适用飞行阶段、可识别对象等局限,因此需要研究其他可用于识别的方法。考虑导弹飞行过程中会发生头体分离、调姿、诱饵抛撒、机动等事件,对这些关键事件进行监测判别,可以对目标运动状态和威胁等级做出判别,便于根据目标的运动状态采用不同识别方法,减轻目标识别负担,辅助识别过程。

导弹关键事件判别技术是利用目标 RCS、一维像、位置等测量信息,对目标分离、目标机动变轨、目标翻滚、目标调姿等关键事件进行判别。基于前期理论分析,可将 RCS 信息、宽带一维距离像信息、多雷达融合航迹信息等互相结合起来监测并确认头体分离、机动等关键事件,识别方法如图 9.30 所示。本节首先梳理导弹飞行过程中的典型关键事件,然后对各种事件的判别方法进行介绍。

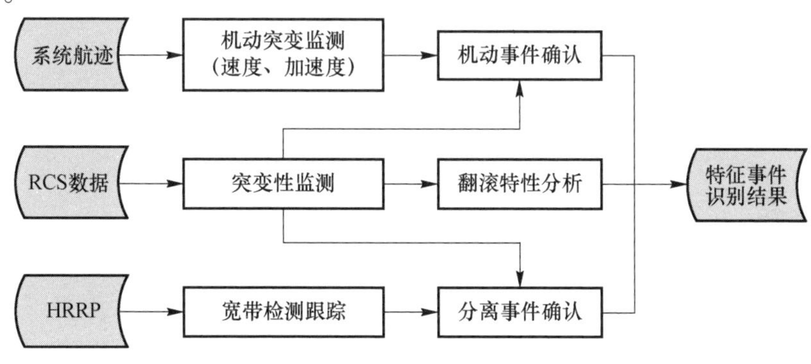

图 9.30　关键事件判别框架

9.3.1　导弹关键事件梳理

通过收集弹道导弹的相关资料,特别是导弹飞行过程中的动作资料,总结了导弹飞行过程中的典型关键事件,如头体分离、调姿、诱饵抛撒、机动等事件,如图 9.31 所示。分离事件主要包括头体分离、头舱分离、整流罩分离、释放诱饵、碎片分离、释放中继;机动事件包括机动变轨、平飞、偏离惯性弹道等机动特征;调姿和翻滚分别是弹头和非弹头目标的运动状态,可根据目标是否有调姿动作以及目标是否处于翻滚状态做真假弹头判别。

本节对这些关键事件发生的飞行阶段、关键事件之间的先后关系和因果关系、导弹关键事件对识别的作用等方面进行分析。

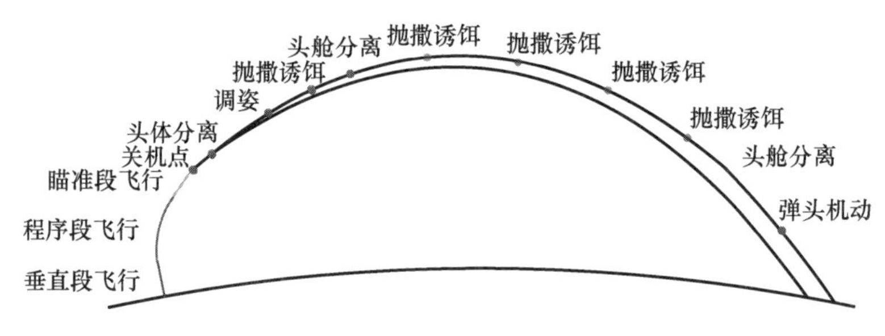

图 9.31　导弹飞行过程中的关键事件(见彩图)

1. 分离事件

1）头体分离事件

根据火箭级数不同,导弹可分为一级助推、二级助推和三级助推,在每级助推的结束,都会发生头体分离(或级间分离)事件,在最后一级助推结束时,还会发生弹体爆炸和碎片分离事件,这是为了把整个大的弹体分裂成许多小的碎片,增加目标跟踪与识别的负担,从而增大导弹防御的难度。

主动段飞行还可以细分为垂直段飞行、程序段飞行和瞄准段飞行。发动机熄火之后,进行头体分离。

火箭发动机关机常采用“预令关机”和“主令关机”两次关机的措施,即在预令关机时,使发动机推力先降下来一部分,然后,到了主令关机时,再使发动机全部关闭。由于主令与预令之间相隔的时间比较短,因此,能够较好地控制导弹的关机速度和飞行倾角,就可保证导弹能够准确地按照设计的弹道,稳定地飞行。发动机关机后,弹上的分离系统开始工作,弹头和弹体分离,并沿着各自的路线飞行。头体分离示意图如图 9.32 所示。

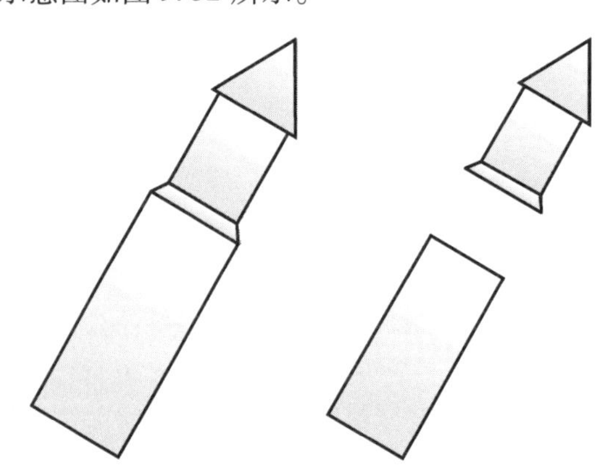

图 9.32　头体分离过程示意图

头体分离事件发生在助推结束之后,不同射程的导弹,其助推时间和助推高度也不同,因此,头体分离发生的时间和高度也不相同。

表 9.3 给出了典型射程导弹的头体分离事件发生的阶段。以“民兵”3 导弹为例,“民兵”3 导弹第三级与第二级分离后不久,大约在 240km 高度,推力中断,然后与末助推舱分离。表 9.4 给出了不同射程导弹的飞行时间(最小能量弹道)。

表 9.3 不同射程导弹头体分离事件发生的阶段

射程/km	头体分离时的高度/km	头体分离时距发射点距离/km	头体分离时距点火的时间/s
500	20~40	25~75	33
3000	100~170	125~250	80
10000	175~220	425~475	—

表 9.4 不同射程导弹的飞行时间(最小能量弹道)

射程/km	主动段时间/min(平均加速度 $6g$)	被动段时间/min	大概总飞行时间/min
120	—	2.6	—
300	—	4.0	—
500	0.50	5.2	5.7
1000	0.83	7.4	8.23
1500	1.00	9.0	10.00
2000	1.08	10.4	11.48
2500	1.17	11.7	12.87
3000	1.25	12.8	14.05

头体分离事件发生时,主要特征表现如下:

(1) 目标运动特征。在头体分离之前,目标的速度达到当前前后时刻速度的一个最大值,因为在这之前,导弹由于动力的存在处于向上加速阶段,在这之后,导弹由于失去动力处于自由落体阶段。与速度相对应,目标的加速度在些时刻发生变化,在此之前,目标的加速度是由于火箭发动机产生的向上的加速度,而在此之后,目标的加速度是由于地球引力而产生的。头体分离前后目标速度、加速度变化曲线如图 9.33 所示。

利用雷达窄带回波,提取目标的速度特征和加速度特征,可判断头体分离事件的发生。此外,通过一维像序列的变化,也可以辅助判断头体分离事件的发生。

(2) 一维像序列特征。当发生头体分离事件时,目标的一维像序列会发生明显变化。当两个目标都在一维像的开窗之内时,一维像上会多出一个目标,并且两个目标的距离越来越远,一段时间之后,两个目标的距离逐渐超出一维像的开窗,此时一维像上只有一个目标。

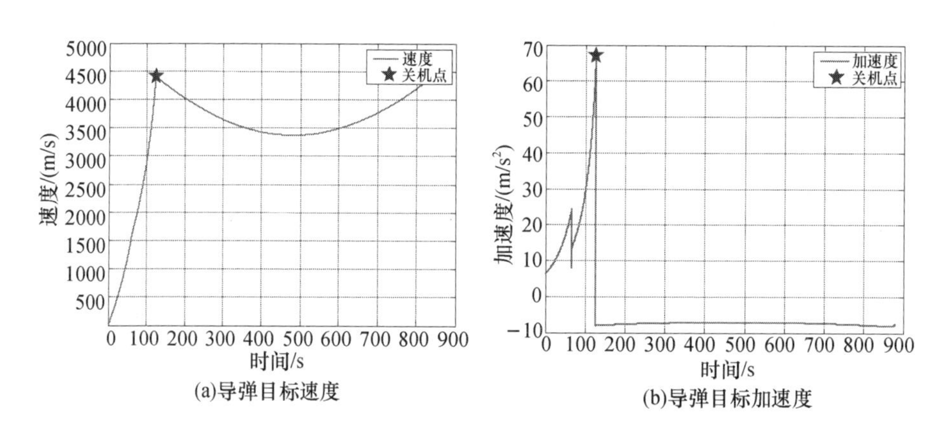

图 9.33　头体分离(关机点)前后的目标速度和加速度变化

除头体分离事件之外,在导弹飞行过程中,其他的分离事件还有头舱分离、整流罩分离、释放诱饵、碎片分离、释放中继等。

2）诱饵释放事件

导弹释放诱饵的行为贯穿于整个自由段,如图 9.34 中“民兵”3 导弹的诱饵释放过程所示。“民兵”3 导弹第三级与第二级分离后不久,大约在 240km 高度的中段,推力中断,然后与末助推舱分离,末助推控制系统开始工作,按照计算机预定的程序,对末助推舱的方向和速度进行修正;大约在 960km 高度,开始沿着对射程不敏感的方向顺序地释放子弹头、金属箔条云团和重诱饵。

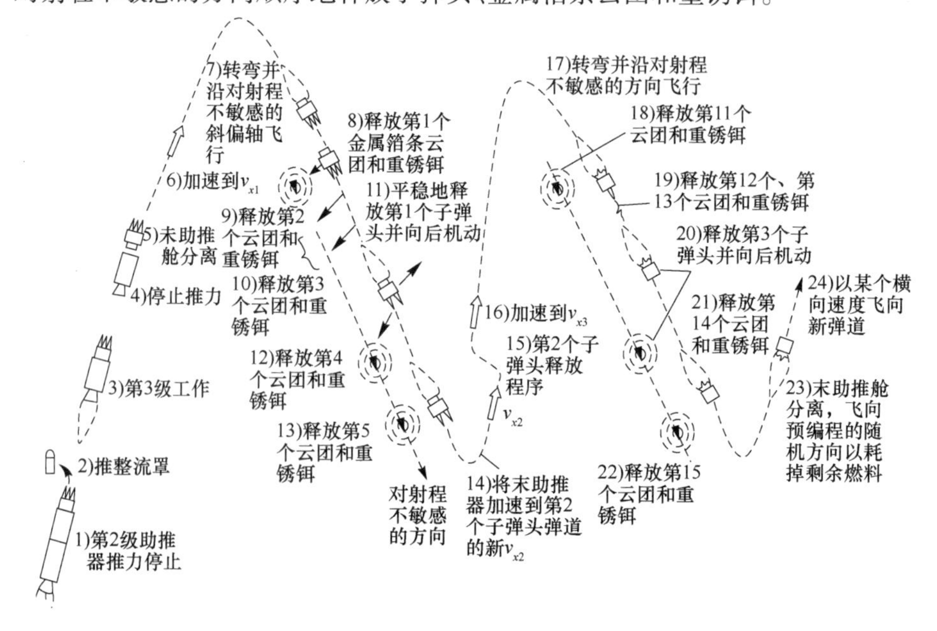

图 9.34　“民兵”3 导弹的诱饵释放过程示意

每次释放,必须使子弹头或重诱饵分别置于金属箔条云团之中,且末助推系统使末助推舱机动,改变弹道并调整母舱的飞行方向和速度,再投出下一个子弹头或重诱饵;全部突防系统投放完毕后,在真空段形成 3 串并行“糖葫芦”式的多目标群构成的多目标飞行状态,每个多目标串大约打 4 ~6 个单目标群,每个群中多数含有重诱饵和钨丝形成的干扰云团;少数(1 ~2 个)目标串会含有子弹头,为的是真假混淆、以假乱真。

从诱饵释放过程分析,诱饵可分为箔条、轻诱饵和重诱饵等种类,不同类型诱饵的释放过程具有不同的特征,下面具体分析。

诱饵释放事件发生时,主要特征表现如下:

(1) 目标运动特征。诱饵释放事件发生在导弹飞行中段,此时弹头一般位于大气层之外,在地球引力的作用下,处于自由落体阶段。诱饵释放时,由于弹头质量的减小和释放诱饵时的反作用力,弹头的动量矩和机械能不会严格守恒,这种动量矩和机械能不守恒现象的表现程度与诱饵的质量密切相关:释放重诱饵时动量矩和机械能不守恒现象比较明显,释放箔条等诱饵时,动量矩和机械能不守恒现象最不明显。

图 9. 35 给出了非对称抛撒诱饵的示意图。诱饵抛撒过程诱饵会有一定的初速度,由于动量守恒,目标分离前后,弹头与诱饵的速度均发生变化。

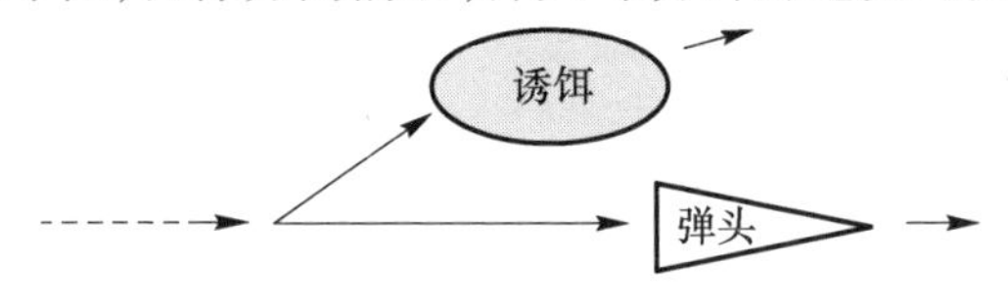

图 9. 35　非对称抛撒示意图

图 9. 36 是对称抛撒诱饵示意图。抛撒对称发生可以减小诱饵分离对弹头运动状态的改变,但诱饵与弹头存在一定的相对速度,多普勒频率会发生明显变化。

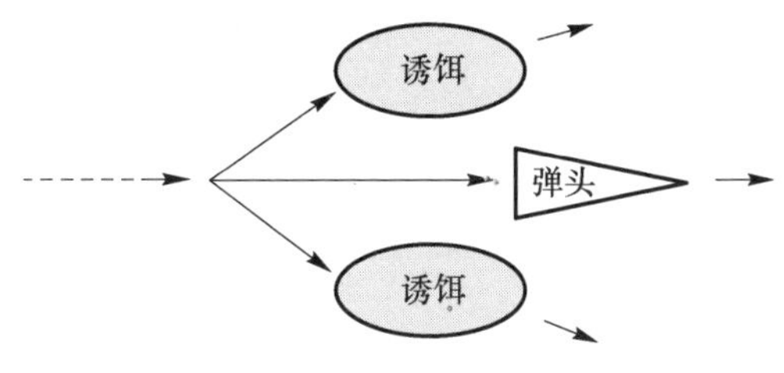

图 9. 36　对称抛撒示意图

可以看出利用目标运动状态可以为关键事件判别提供很好的判决信息,实际处理中,主要通过多普勒分析来实现,观测精度则要通过精度要求、波长和观测时间进行适当选择。

（2）RCS 序列特征。诱饵释放前后，由于诱饵是从母舱内释放，因此弹头的RCS 变化并不明显。

（3）一维像序列特征。当诱饵释放时，一维像上会出现目标分离的现象。

3）头舱分离事件

头舱分离事件是指弹头和母舱的分离。由于母舱是诱饵的载体，因此，弹头和母舱分离事件一般发生在诱饵释放完全结束之后，当然，如果导弹不携带诱饵，头舱分离事件可以发生在助推段结束之后，中段的初期。

头舱分离事件发生时，主要特征表现与头体分离事件和诱饵释放类似，其特殊之处如下。

（1）目标运动特征。头体分离前后的速度和加速度变化特别明显，而头舱分离前后的速度和加速度变化没有头体分离明显。与诱饵释放事件相比，头舱分离事件的动量矩和机械能不守恒现象更加明显。

（2）RCS 序列特征。头舱分离事件发生时，从试验中观察到，目标的 RCS 序列可能会发生突变。

（3）一维像序列特征。头舱分离事件的一维像序列的现象与头体分离事件类似，在一维像序列上表现在由一个目标逐渐分开为两个目标。

2. 翻滚事件

在导弹的飞行过程中，弹头和弹体以及诱饵等有着明显不同的运动方式。弹头具有自旋、章动等特有的运动方式，而诱饵的运动特性与弹头存在显著差异：无姿态控制的碎片一般存在翻滚运动，其周期与弹头章动周期有较大的差别。除弹头之外的所有目标都可能产生翻滚现象，因此，翻滚事件是判别非弹头目标的重要特征。翻滚事件的特征主要反映在目标的 RCS 序列和一维像序列上。

1）RCS 序列特征

当目标发生翻滚时，由于目标相对于雷达的姿态呈现周期性的变化，其 RCS 序列也会出现周期变化的现象。

2）一维像序列特征

翻滚事件的一维像序列的现象与其 RCS 序列现象类似，目标姿态的周期性变化使得目标的一维像序列也呈现周期性变化的现象。

3. 调姿事件

导弹调姿发生在头体分离之后，导弹调姿的目的主要有两个：一个目的是通过调整弹头的姿态，减小弹头相对于敌方雷达的 RCS，从而减小被发现的概率；另一个目的是弹头攻击目标时需要弹头向下的姿态，而在导弹发射之后，由于校准等原因，弹头的姿态是平的或斜向上的，因此需要通过调姿来改变弹头进攻的姿态，如图 9.37 所示。

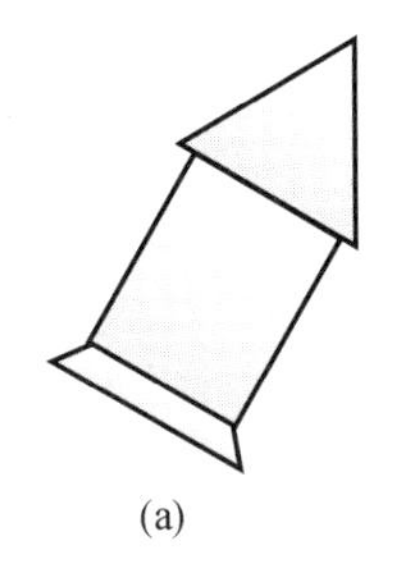

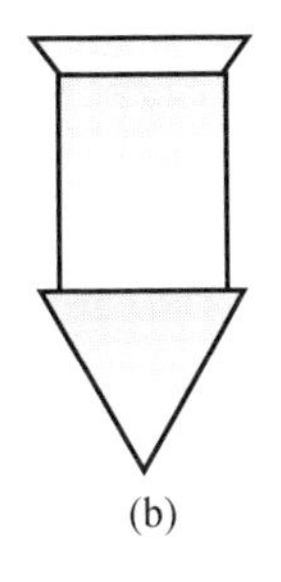

图 9.37 调姿前(a)与调姿后(b)的弹头姿态

弹头调姿发生在导弹的自由飞行阶段。通过对弹头调姿原因的分析可推断出,弹头调姿一般发生在导弹飞行中段的前期,因为调姿的时刻越往后,弹头被对方雷达发现的可能性越大。

调姿分离事件发生时,主要特征表现如下:

(1) 目标运动特征。调姿事件发生在导弹飞行中段,此时弹头一般位于大气层之外,在地球引力的作用下,处于自由落体阶段。弹头调姿时,通过喷射气体等方式改变弹头的姿态。此时动量矩和机械能不会严格守恒,然而,由于弹头向外喷射的质量相对自身的质量很小,因此,这种动量矩和机械能不守恒的现象是否能够被观测到取决于雷达测量的精度。

(2) RCS 序列特征。弹头调姿时,目标相对于雷达的姿态发生明显变化,这种变化带来目标 RCS 的变化。因此,当弹头调姿时,目标的 RCS 会发生变化,这种变化不同于头体分离时的 RCS 突变,而是与调姿速度相关的缓慢较稳定的变化。利用目标 RCS 的变化规律,可以识别出目标是否发生了调姿事件。

(3) 一维像序列特征。当发生调姿事件时,由于目标姿态的缓慢变化,其一维像也会出现与 RCS 相类似的变化过程。

4. 机动事件

导弹的机动措施包含发射前、顶级或末助推级飞行,以及弹头机动 3 种含义。发射前的机动,使得防御方无法预期导弹的发射点和飞行弹道,有利于攻方突防。顶级或末助推级飞行中的机动,可躲避防御系统敏感器件的探测、跟踪和瞄准。弹头突然伸出控制面并倾斜,从而产生升力进行机动,或是改变飞行路线,偏离原定方向,都是有效的机动方式。

机动变轨是弹头在再入过程中作机动飞行,机动弹头分躲避型和精确型(高级机动弹头)两种。躲避型机动弹头是通过改变飞行弹道来躲避敌方拦截,精确型机动弹头是不仅改变飞行轨道,而且利用末制导以提高命中精度。

导弹机动变轨可分为全弹道变轨和弹道末段变轨两种,前者主要采用低弹道、高弹道、滑翔弹道飞行和末段加速等技术,后者是当弹头再入大气层时,先沿预定弹道飞行,造成攻击目标的假象,而后改变弹道飞向目标,使对方来不及拦截。

机动弹头的变轨弹道方式包括平面机动弹道、螺旋机动弹道和空间机动弹道等[10]。

1）平面机动弹道

平面机动即弹头在射面内机动飞行。其普遍方式有两种：

（1）当弹头飞行到再入高度距地（50km）时，以大转弯过载很快将弹道拉平，进入敌低空反导拦截下限平飞一段后，俯冲命中目标，即图 9.38 中的弹道 B。

（2）在自由飞行段，弹头离开多目标威胁弹道，在离目标 100km 以上处进入大气层，然后突然以大过载将弹头拉起，在敌高空拦截下限平飞一段后，以负攻角俯冲命中目标，即图 9.38 中的弹道 C。

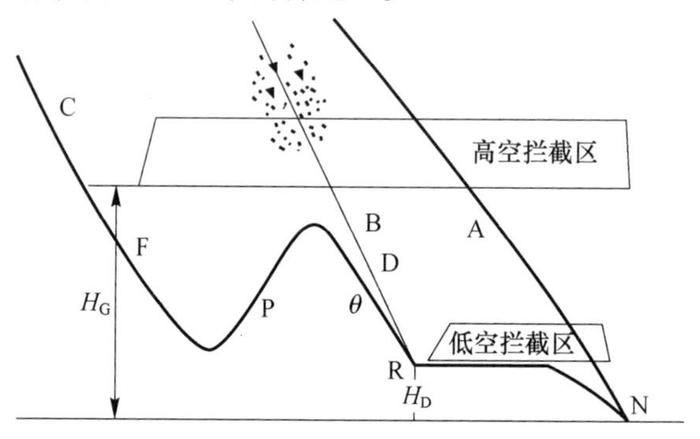

图 9.38　弹头机动弹道示意图[10]

这类机动变轨的特点是弹头按程序飞行，机动范围大，用控制飞行高度来躲避反导拦截器的拦截，以大过载拐弯造成反导拦截器大的脱靶量以达到突防目的。在低空拦截下限平飞段中，需要有制导系统来修正误差，以提高命中精度。

2）螺旋机动弹道

对这种机动弹道，除控制飞行攻角外，还要控制弹头旋转速度，使弹道呈空间螺旋形状。采用这种机动弹道时，弹头外形一般为弯头锥。可以通过选取不同攻角（或弯头锥的锥角）和调整弹头滚动速度，实现所要求的螺旋弹道。这种机动方式的特点是：以大过载、空间变轨、高速俯冲达到突防的目的；控制滚速和攻角，以修正导弹命中精度。

3）空间机动弹道

这是一种高级机动方式。机动开始阶段，弹头按一定的攻角程序和侧滑角程序，实施空间变轨机动，当低空拉平弹道后，启动末制导系统，使弹头自动寻的，命中目标；也可以来用自适应机动，即弹头装有寻的装置，当发现反导拦截器时，弹头自动改变飞行程序，躲避拦截，突破反导防御系统，命中目标。

弹头机动对飞行高度也有限制。在弹头接近敌反导目标防御区时，要求在敌反导拦截区的下界飞行,即要求弹头第一次机动后,就只能在敌高空拦截区下界飞行,不允许再进入敌高空拦截区。同时,弹头第二次机动进入敌低空拦截区下界飞行,不得再进入敌低空拦截区。

由于敌高空拦截区的范围很大,这就要求弹头离目标区很远时(一般为 100km 以上)就开始机动,并使弹头保持在高空拦截区的下界飞行。当离目标 10 ~ 100km 时,弹头进行第二次机动,迅速进入平飞弹道,进入低空拦截区下界飞行。这种飞行的能量损失很大,在设计上必须保证有足够的能量,以确保弹头不得在亚声速、跨声速飞行区内飞行。

弹头机动主要发生在再入段,高度在 100km 以下。

机动事件的主要表现在于目标位置、速度和加速度方面的变化。机动事件发生时,目标偏离原来预定的自由落体轨道,可通过观测目标的位置和速度变化来判断机动事件的发生。

机动事件发生时,虽然目标的姿态变化会引起目标 RCS 和一维像的变化,然而,由于再入段大气摩擦严重,目标的 RCS 和一维像本来就不稳定,因此,目标 RCS 和一维像上的变化并不能反映目标姿态的变化。

9.3.2　关键事件判别方法

1. 分离事件判别方法

1）基于宽带信息的分离事件判别技术

一维距离像(HRRP)由于带宽大、距离分辨力高,因此其对于目标结构变化敏感,可以对分离动作进行精细描述,基于 HRRP 的相关性与散布情况可对目标分离事件进行判别提取。

目标分离过程中由于目标数目变多,在一维像上体现为强点个数变多,能量散布情况发生变化。分离之后目标散射点基本确定空间相对位置发生变化。通过回波熵值和相关性来进行分析,目标分离会导致回波熵变大,分离前一维像自相关性好,而分离后由于多散射点的相位位置变化导致相关性减小,这都为分离事件的判断提供了条件。

2）基于运动特征的分离事件判别技术

由于获取宽带信息需要耗费很多的雷达资源,并且宽带探测距离较近,因此,雷达大部分时间工作窄带模式下,这需要研究基于窄带运动特征的分离事件判别技术。在跟踪质量良好、无目标丢失、新目标出现后较快起批的假设条件下,可以通过目标运动特征进行分离事件的判别。

判别的依据如下:计算新起批目标与现有目标的距离,如果最小距离小于一定阈值,那么认为新起批目标是由分离事件产生。该方法无法准确判断哪个目标发生了分离事件,因为一般目标起批发生在分离事件之后,与新起批目标的距离小于一定阈值的现有目标都可能发生分离事件。

2. 翻滚事件判别方法

翻滚事件判别的基本原理是首先采用循环自相关方法增强 RCS 序列的周期性,然后采用 FFT 变换判断序列是否有明显的周期特性。

采用周期估计的方法进行翻滚事件判别。周期估计最简便的方法是进行频谱分析,通过峰值提取来得到信号周期。但这种方法本身对信号有一定的要求,即要求信号是平稳的。另外,它对信号长度的要求也较苛刻,举例来说,要达到 0.1Hz 的估计精度则要求观测数据长达 10s。对 RCS 序列进行谱分析的方法虽可获取 RCS 序列的周期特征,但存在以下几点不足:①由于受多种运动合成的影响,弹道中段目标的 RCS 呈现明显的非平稳特性,该方法常会出现误判;②该方法实质是一种谱估计方法,其精度取决于数据长度,要达到较高的精度必须要有较长的观测数据,这对于防御系统目标识别的实时要求是难以容忍的;③这种方法的抗噪性能较差,当存在测量误差时,其估计精度的鲁棒性无法保证。显然,该方法非最佳选择,在实际周期估计中用得较多的方法是自相函数法和平均幅度差函数方法。

自相关函数是周期估计的常用方法。设所收到的信号序列 $x(n)$,则信号的自相关函数定义为

$$\phi(k) = \frac{1}{N}\sum_{n=1}^{N-k} x(n)x(n+k) \tag{9.23}$$

设当 $k = k_0$ 时自相关函数取得最大值,则信号的周期估计为 $T = k_0/f_s$,f_s 为样本的采样频率。自相关函数法的优点是具有一定的抗噪性能,运算也较简单。但这种方法的缺点也很明显:使用该方法常会导致半倍和双倍的提取误差,而且,由式(9.23)可以看出,当 k 值较大时,求和项变少,导致 $\phi(k)$ 峰值随着时间的增加而逐渐下降,这一点在序列较短时表现得尤其突出,常会导致估计偏差。

平均幅度差函数(Average Magnitude Difference Function,AMDF)是另一种周期估计中采用较多的方法,该法由 Ross 等人于 1974 年提出,其定义为

$$D(k) = \frac{1}{N}\sum_{n=1}^{N-k} |x(n) - x(n+k)| \tag{9.24}$$

若 $k = k_0$ 时平均幅度差函数取得最小值,则采样序列的周期初步估计为 $T = k_0/f_s$ 。一般而言,AMDF 的估计精度较自相关函数略好,但该方法面临的问题与后者相似:当 k 值增大时,求和差值项逐渐减少,AMDF 将出现多个谷点,造成直接采用上式的周期估计方法失效。

由于 RCS 周期估计的特殊性,在周期估计中着重要考虑的是避免误判发生及如何实现短序列的高精度周期估计。考虑到 RCS 序列虽是非平稳的,但是准

平稳的周期信号,因此可以采用类似谱估计中的自回归一滑动模型方法一将 RCS 序列进行周期“延拓”,这样可以有效解决随 k 值增大的求和项减少问题。具体来说,是采用类似循环卷积的方法将式(9.23)和式(9.24)重新定义为循环自相关函数和循环平均幅度差函数(CAMDF):

$$\phi_c(k) = \sum_{n=1}^{N} x(n)x(\mathrm{mod}(n+k,N)) \tag{9.25}$$

与

$$D_c(k) = \sum_{n=1}^{N} |x(n) - x(\mathrm{mod}(n+k,N))| \tag{9.26}$$

当实际使用环境中噪声比较强,雷达接收信号的信噪比比较低的时候,通过一次计算循环自相关函数和循环平均幅度函数仍然不能很好地从原始信号中得到周期信息,因此可以使用多重循环自相关或者多重循环平均幅度差来检测周期信号。

在大信噪比情况下只用一次相关即可明显观察到周期性,而小信噪比信号取一次循环平均幅度差的周期性不明显,但是取二次循环平均幅度差后,信号的周期性体现得非常明显。对于无翻滚的 RCS 信号,即使经过两次处理,依然没有周期性体现。通过这种方法,就可以对 RCS 的周期性做出较为准确的判断。

除 RCS 信息之外,目标的 HRRP 信息也可以用来进行翻滚事件的判别。目标的 HRRP 信息与 RCS 周期变化基本一致,都是由目标姿态区域的周期遍历引起的,相对窄带情况,宽带一维像刻画更加细致。基于一维像序列进行微动频率估计的基本原理是首先选择一维像序列中 SNR 较高的参考一维像模板,计算一维像序列中每个一维像与该模板的相关系数,之后对相关系数序列采用 FFT 变换提取微动频率。距离像相关的计算方法如下:

设 $x(n)$ 、$y(n)$ 为两个归一化距离像。则它们的最大滑动相关系数定义为

$$\rho_{xy} = \max_{0 \leq \Delta n \leq N-1} \rho'_{xy}(\Delta n) = \sum_{n=1}^{N} x(n) y'^{*}(n+\Delta n) \tag{9.27}$$

式中:$y'(n)$,$n = -(N-1), -(N-2), \cdots, 0, 1, 2, \cdots, N, N+1, N+2, \cdots, 2N$ 是对 $y(n)$ 的周期延拓。

3. 机动事件判别方法

机动事件的判别采用测量目标加速度的判别方法,机动事件按照其机动的阶段可分为中段机动事件和再入段机动事件。

中段非机动目标,除了受重力作用之外,不再受其他外力的作用。中段目标进行机动时,受到重力和外力的共同作用。因此,判断中段目标是否机动,可采用估计目标在“东北天”(ENU)坐标系下的加速度的方法。当 U 方向的加速度大于 $-g$,或者 E(或 N)方向的加速度不为 0 时,即目标存在机动现象。

再入段非机动目标,除了受重力作用之外,还受到大气阻力的作用,并且不同类型的目标受到的大气阻力情况也不相同,这种情况下利用目标加速度判别机动需要考虑大气阻力的影响。因此,再入段目标是否机动的判别步骤如下:首先估计再入段非机动目标由大气阻力和地球重力产生的加速度在 ENU 坐标系下的大概范围,其次在得到目标 ENU 坐标系下的加速度之后,如果该加速度超出预先设定的加速度范围,则目标机动,否则目标非机动。机动事件判别流程如图 9.39 所示。

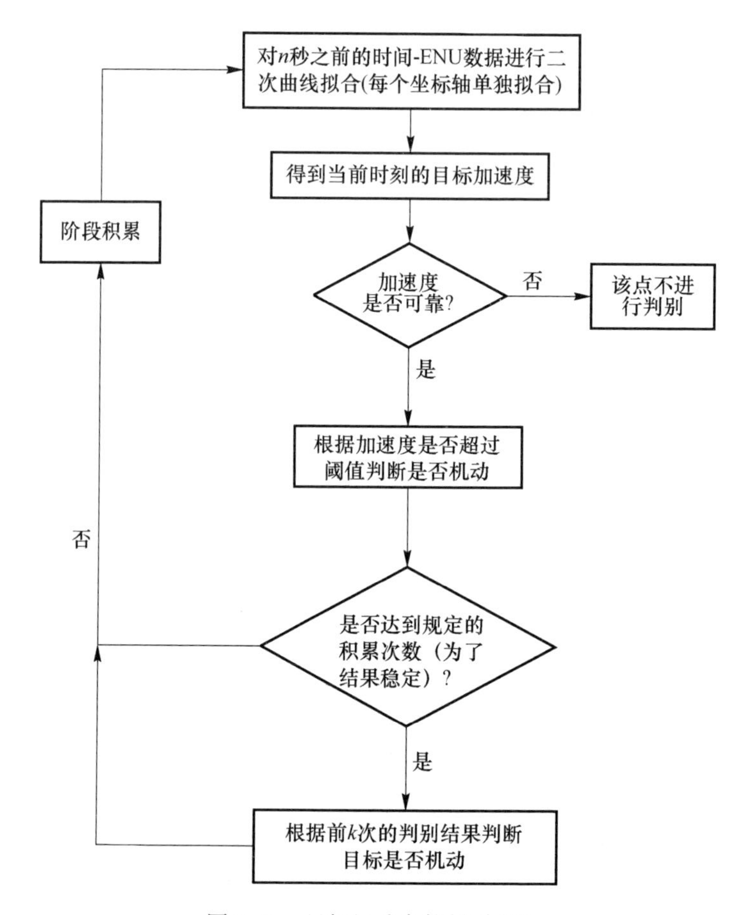

图 9.39 目标机动事件判别流程

9.4 基于威胁度排序的综合目标识别技术

反导系统是一个集成了多平台、多传感器的复杂系统。在整个反导作战的过程中,任何时候都不会只用一种特征进行识别,单一识别手段也无法给出令人信服的结果。因此,必须综合应用各种识别手段。飞行过程中不同阶段的识别结果,同一阶段的多种手段的识别结果都必须加以综合利用,形成合理的识别决策流程,最终给出逼近真实情况的识别结果。

弹道导弹的识别,需要在弹道导弹不同阶段呈现出来的物理特性和对抗条件基础上,利用多平台、多传感器、多特征进行综合识别。因此,需要开展弹道导弹目标全流程识别设计,结合弹道导弹的飞行过程,分阶段分层完成目标识别任务。

9.4.1　识别流程设计

在导弹目标的不同飞行阶段,有不同的观测设备,目标呈现不同的运动、散射特性。识别工作流程要设计主动段(助推段)、中段、再入段各采用哪些探测装备的什么数据、提取什么特征进行识别,设计识别层次和各层次能给出的识别结果。图9.40给出了利用导弹飞行不同阶段可以获得的不同类型的测量数据,由粗到精,逐步识别出弹头的过程。

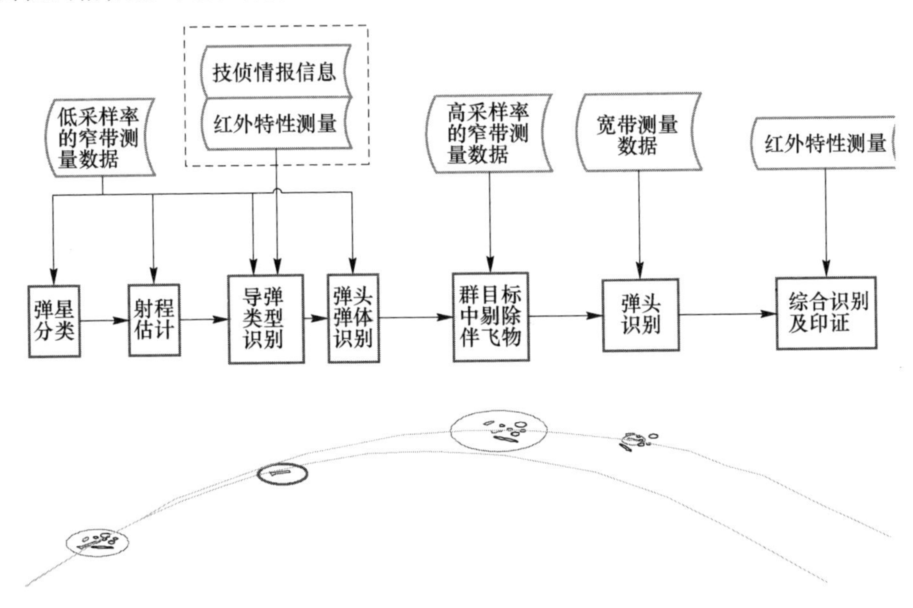

图9.40　结合弹道导弹飞行全程的识别过程(见彩图)

弹道导弹飞行分为主动段、中段和再入段3个阶段。在主动段,导弹在发动机的作用下冲向天空,弹头和弹体连成一体,其尾焰包含有可见光、短/中波红外和紫外等波段的能量。在中段,弹头与弹体分离,基于突防目的,通常释放诱饵及各种干扰装置,形成包括弹头、发射碎片、各种诱饵和假目标的威胁目标群,在近似真空的环境中惯性飞行。再入段是弹头返回大气层飞行的阶段，由于大气阻力使得目标产生减速特性，轻诱饵在该阶段很快被大气过滤掉，剩下的弹头和重诱饵在高速再入过程中会引起大气电离，形成等离子鞘和尾流。

雷达综合目标识别技术是指根据特征提取的结果和导弹关键事件判别的结果，选择综合识别算法，最终给出待识别目标真假（或者类属）的判断。对于弹道目标这类典型非合作目标识别问题，单凭一种特征进行识别往往难以奏效，需要将雷达获取的多种特征进行综合。根据雷达能够获取的目标测量信息，设计识别流程如图 9.41 所示。有了综合识别流程，还需要研究单特征识别方法、多特征融合时序融合方法。

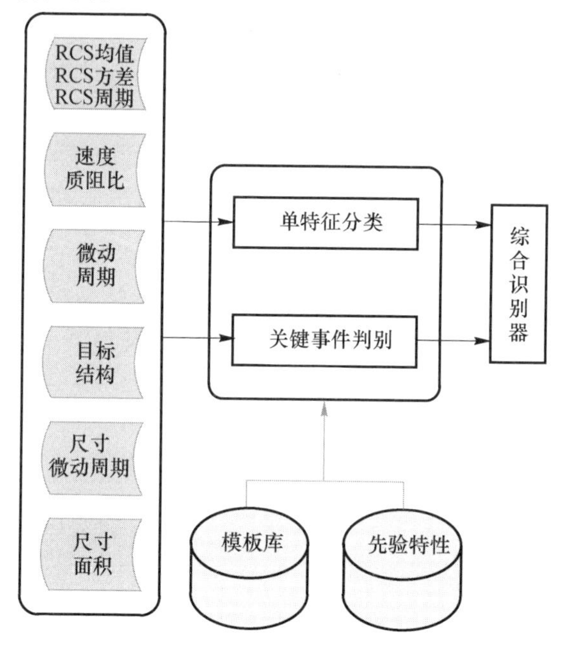

图 9.41　目标综合识别基本流程

综合识别基本框架如图 9.42 所示。每个模块的说明如下。

输入数据流：识别系统的输入数据按时间序列依次输入，每个时刻的数据是一个向量，包含时间、航迹坐标、RCS，甚至 I/Q 数据等信息。

单特征提取及识别：该模块具备特征提取和判别的功能，其中特征提取方面，需提取积累特征（RCS 特征等）和瞬时特征（高度特征等），判别方法需实现基于威胁度排序的判别（结果及可信度）。该模块的输入为按时序输入的数据，输出为基于威胁度排序的判别结果（结果及可信度）。

关键事件判别：该模块具备依据目标 RCS 特征、运动特征和宽带信息实现分离事件、翻滚事件、调姿事件、机动事件等关键事件的判别。

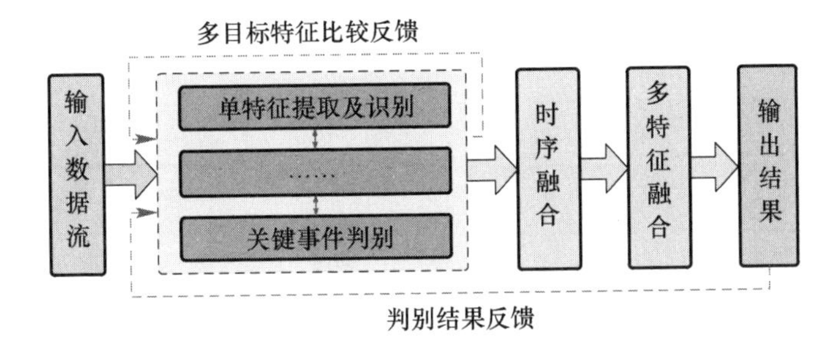

图 9.42 综合目标识别基本框架(见彩图)

时序融合和多特征融合:输入为按时序输入的各个单特征及判别结果,输出的是多特征融合识别结果。

具体的目标识别流程如图 9.43、图 9.44 所示。各模块的功能及原理如下。

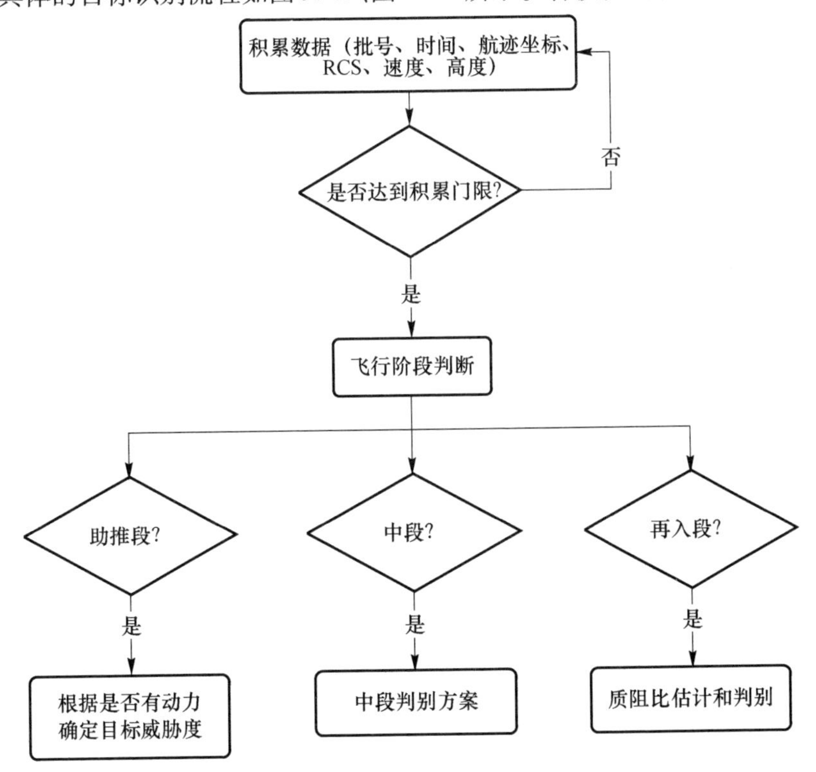

图 9.43 基于不同飞行阶段的判别流程

(1) 飞行阶段判断模块:判断目标处于助推段、自由段和再入段的哪个飞行阶段。可采用的信息有加速度信息、高度信息、目标上升下降信息、目标数目信息等。输出:某个飞行阶段。助推段判别原则主要是判断 z 方向加速度与重力加速度的关系(例如大于 $-9\mathrm{m/s^2}$ 即为助推段),并辅助目标高度、目标数目、前

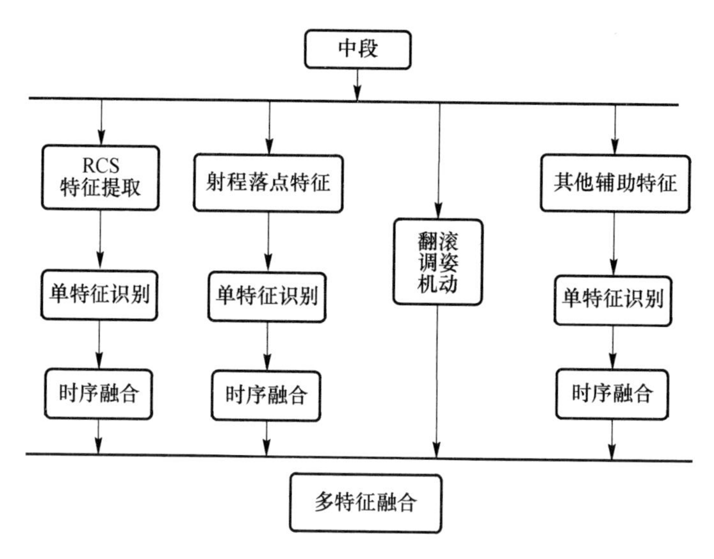

图 9.44　中段判别方案

序判断结果融合等信息。

（2）落点射程判断模块：根据目标自由段的速度信息，判断目标的射程落点。输出：落点、射程。原则是利用关机点（或中段）的位置和速度推测航迹，从而预测落点和射程，根据射程推测是战术弹还是战略弹。该特征需要建立多目标比较判别模型。

（3）RCS 特征判别模块：提取 RCS 特征并进行模糊判别，输出判别结果及置信度。提取一定积累时间内的均值特征和方差特征，并给出模糊判别结果。建立由弹体 RCS 或助推段的头体 RCS 演化弹头 RCS 的模型，利用弹体 RCS 特征或者助推段的头体 RCS 特征，推测弹头 RCS 的大致范围，并结合弹型确定弹头 RCS 的判别范围。该特征需要建立多目标比较判别模型。

（4）质阻比估计模块：对再入段目标估计质阻比，实现目标判别。

（5）单特征识别模块：采用单特征威胁排序技术对目标的威胁等级做出判别，作为融合识别的输入信息。

（6）时序融合：对时间序贯识别结果进行融合，保证识别结果的稳健性。

（7）多特征融合：采用证据理论对多特征识别结果进行决策级融合，提高识别可靠性。

9.4.2　单特征威胁排序技术

对弹道目标雷达识别而言，存在以下 3 个特点[50]。

（1）先验信息有限，出于保密等各方面的原因，识别方很难得到弹道类目标的训练样本，或者建立识别模板库。先验信息很大程度上只是待识别目标的几种物理特征,如真假目标 RCS 的大致范围、目标长度的粗略范围、运动速度的大小等。

(2) 识别器的输入/输出有其特殊性。待识别目标群往往多达几十甚至上百个,其中仅含几个甚至一个真弹头,识别器只需判决出真目标所在,而不必对剩余输入目标详细分类(统一归为假目标即可),这种输入输出的不对等性是弹道目标识别的第二个特点。

(3) 时间的持续性,识别器会对同一目标群进行多次观测,但是最终的判决结果却仅是有限的几次,即指导火控武器对威胁目标进行打击。因此,识别器在进行判决结果输出时,不能只根据"当前时刻"的判决结果,还需考虑的问题是:当前结果与历史的观测是否一致?如何利用不同时刻的决策以提高最终判决的准确率?

鉴于弹道导弹目标识别的第一个特点,采用模糊函数分类器进行分类识别;从第二个特点出发,将弹道导弹目标归为弹头和非弹头两类,进行真假弹头识别;考虑第三个特点即雷达目标识别的连续、动态特性,拟采取基于置信度的序贯识别方法。

模糊函数分类器是在模糊集理论上发展起来的一种模式识别技术,在先验知识难以准确给出的非合作目标识别中有着其他算法难以比拟的优势。

设 X 为待识别目标群的全体集合 $X=\{x_1,x_2,\cdots,x_n\}$(n 为目标个数)。传统的模糊函数分类器将待识别对象 X 分为弹头和诱饵两类,二者均为 X 上的一个模糊集,记作 $\tilde{A}_1,\tilde{A}_2$。模糊识别就是把对象 x_i 划归到与其最相似的一个类别($\tilde{A}_1$ 或 $\tilde{A}_2$)中。理想情况下,当某一识别算法作用于对象 x_i 时,将产生一组隶属度$\{\tilde{A}_1(x_i),\tilde{A}_2(x_i)\}$,它们分别表示对象 x_i 隶属于类别 $\tilde{A}_1$ 和 $\tilde{A}_2$ 的程度,之后按照某种判决原则对$\{\tilde{A}_1(x_i),\tilde{A}_2(x_i)\}$进行判断,确定 x_i 应归属于哪一个类别。

由上述识别流程可以看出,模糊函数分类器仍然需要知道待分类目标的模糊模式,但是在实际的弹道目标识别中,所释放的诱饵数目通常多达几十甚至上百个(有源假目标数目较多),这些诱饵的种类也多种多样,所代表的分类模式可能高达十几到几十种。同时,突防诱饵的种类、雷达特性和释放方式无一例外被各国高度保密。因此对识别方而言,很难建立起诱饵的模糊模式。但是对真弹头而言,受空气动力学、载荷等因素的限制,其外形尺寸、质量分布、运动参数等物理参数总是被限定在一定的范围内,因此可以建立弹头的模糊模式,进而求出待识别对象的关于弹头的隶属度。由模糊函数的相关理论可知,隶属度表明了待识别对象属于特定类别的可能程度,而弹道目标识别只关心待识别目标是否为真弹头,因此可以直接采用真弹头模糊模式的隶属度绝对大小来进行识别。

以基于一维距离像特性的单特征分类器为例,特征描述子包括一维像长度、强散射点数目、一维像起伏度(0～1,值越小越稳定)等[50]。而关于真弹头的先验信息为:长度范围约为1～3m,散射点数目3～7个,且起伏稳定(小于0.3)。根据这三种描述子的特点,可选择适合的隶属度函数,描述随着特征分布变化目标是弹头的可能性,即目标的威胁等级。

9.4.3 融合识别策略

弹道目标识别是一个连续识别的过程,在进行单特征威胁等级排序过程中,不仅要根据当前的目标特征和判别结果,还需要参考历史判别结果,因此需要进行时间序贯融合处理。多特征融合则依据各个单特征得出的威胁等级排序结果和权重给出最终的威胁度排序。

DS证据理论作为贝叶斯理论的推广,可以实现多个证据不同层次上的有效融合,能够对各种识别信息的模糊性进行较好的处理,有效降低判决的不确定性。同时,证据理论摆脱了对严格概率的计算,采用信任函数而不是概率作为度量,极大方便了融合的进行。另外,证据理论还可以对未知与不确定进行区分,对可用信息进行更好的利用。因此,弹道导弹综合识别主要是通过DS证据融合实现的。

1. DS证据理论的基本概念

在证据理论中,用于描述不确定性的函数主要有:基本概率赋值函数(Basic probability assign function)、信任函数(Belief function)、似然度函数(Plausibility function)。

定义1:设U为一识别框架,则函数$m: 2^U \to [0,1]$在满足下式条件时称$m(A)$为A的基本概率赋值,表示对A的信任程度,$m(\cdot)$为框架U上的基本概率赋值函数。

$$\begin{cases} m(\Phi) = 0 \\ \sum_{A \subset U} m(A) = 1 \end{cases} \tag{9.28}$$

定义2:设U为一识别框架,$m: 2^U \to [0,1]$是U框架上的基本概率赋值,则可定义

$$\mathrm{Bel}(A) = \sum_{B \subset A} m(B) \tag{9.29}$$

称该函数为U框架上的信任函数。如果$m(A) > 0$,则A称为信任函数的焦元。

定义3:设U为一识别框架,定义$\mathrm{Pl}: 2^U \to [0,1]$为

$$\mathrm{Pl}(A) = 1 - \mathrm{Bel}(\bar{A}) = \sum_{B \cap A \neq \Phi} m(B) \tag{9.30}$$

$\mathrm{Pl}(\cdot)$为似然度函数。$\bar{A}$为否定A的命题。由信任函数与似然函数可以确定命题A的信任区间$[\mathrm{Bel}(A), \mathrm{Pl}(A)]$,信任度、似然度和信任区间的关系表示见图9.45。

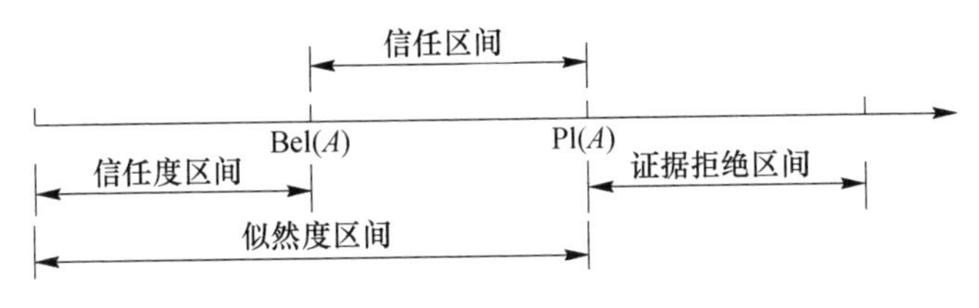

图 9.45　不同区间的表征关系

2. DS 证据理论的组合规则

在得到同一识别框架下的多个证据后，为降低不确定性，需要对多个证据进行组合，由 Dempster 给出的组合规则如下：

定义 4：设 Bel_1 和 Bel_2 为同一识别框架 U 上的信任函数，$m_1(\cdot)$，$m_2(\cdot)$ 分别为其对应的基本概率赋值函数，焦元分别为 A_1，A_2，…，A_k 和 $B_1, B_2, \cdots, B_r$，则

$$m_F(C) = \begin{cases} \dfrac{\sum\limits_{\substack{i,j \\ A_i \cap B_j = C}} m_1(A_i) m_2(B_j)}{1 - K_1} & \forall C \subset U \quad C \neq \Phi \\ 0, & C = \Phi \end{cases}$$

$$K_1 = \sum_{\substack{i,j \\ A_i \cap B_j = \Phi}} m_1(A_i) m_2(B_j) < 1 \tag{9.31}$$

式(9.31)可简写为 $m_F = m_1 \otimes m_2$。当两证据的辨识框架一致时，对于非空焦元 C，Dempster 的组合规则可以如式(9.32)表示：

$$m_F(C) = \frac{m_1(C)m_2(C) + m_1(C)m_2(\theta) + m_1(\theta)m_2(C)}{1 - K}$$

$$K = \sum_{\substack{i,j \\ A_i \cap B_j = \Phi}} m_1(A_i) m_2(B_j) < 1 \tag{9.32}$$

对于合成证据 K 仅起到归一化的作用，剔除了冲突所对应的概率赋值。通过观察上式，$m_F(C)$ 的值可以看作由两部分确定，一是两证据对焦元支持的一致性，对应 $m_1(C)m_2(C)$，二是单个证据在不确定的前提下，对其他证据的取信程度，θ 为证据的不确定性焦元，$m(\theta)$ 不仅反映了对于证据本身的不确定性，而且还表示了对于其他证据的采纳程度，因此对于不确定性的获取要综合考虑这两个因素。

3. 基于证据理论的决策

证据理论的决策是与实际应用情况密切相关的，具体的决策方法需要根据证据的可信度、实际应用的要求等条件进行选择，常用的决策方法有以下种类。

1）基于基本概率赋值的决策

设有 $A_1, A_2 \subset U$ 满足

$$\begin{cases} m(A_1) = \max\{m(A_i), A_i \subset U\} \\ m(A_2) = \max\{m(A_i), A_i \subset U \text{ 且 } A_2 \neq A_1\} \end{cases} \tag{9.33}$$

且有

$$\begin{cases} m(A_1) - m(A_2) > \varepsilon_1 \\ m(U) < \varepsilon_2 \\ m(A_1) > m(U) \end{cases} \tag{9.34}$$

此时判定 A_1 为最终结果，ε_1 ，ε_2 分别限定了当前判决的相对可信度与组合证据的不确信程度。

2）基于信任函数的决策

可以直接将不同焦元的信任函数求出，作为一组软判决结果，也可以利用“最小点原则”不断减小当前最优集合的元素，即设定一定的阈值，根据集合去掉某一元素前后信任函数值得变化是否小于该阈值，来决定是否将该元素剔除，直到没有可去的元素，得到的集合作为判决结果。

3）基于最小风险的决策

对于实际中考虑风险差异的判决情况，在证据理论中可以运用最小风险决策，获得最优决策。设状态集 $S = \{x_1, x_2, \cdots, x_q\}$ ，决策集 $\Omega = \{a_1, a_2, \cdots, a_p\}$ ，在状态 x_l 是作出决策 a_i 的损失函数 $r(a_i, x_l)$ ，设证据 E 在 S 上有一组基本概率赋值，焦元为 $A_1, A_2, \cdots, A_n$ ，基本概率赋值函数为 $m(A_1), m(A_2), \cdots, m(A_n)$ ，令

$$\bar{r}(a_i, A_j) = \frac{1}{|A_j|}\sum_{x_k \in A_j} r(a_i, x_k) \qquad i = 1,2,\cdots,p, j = 1,2,\cdots,n \tag{9.35}$$

总体风险函数定义为

$$R(a_i) = \sum_{j=1}^{n} \bar{r}(a_i, A_j) m(A_j) \tag{9.36}$$

若 $a_k = \operatorname{argmin}\{R(a_1), R(a_2), \cdots, R(a_p)\}$ ，则 a_k 即为所求的最优决策。

4. DS 融合策略的研究

假设初始概率赋值函数为[0.9 0.1 0]，新的概率赋值函数为[0.1 0.9 0]，并且新的概率赋值函数融合 N 次，那么融合策略的目标是经过 N 次（例如 10 次）融合之后，概率赋值函数由[0.9 0.1 0]逐渐过渡到[0.1 0.9 0]。目前 DS 冲突融合主要有 3 类方法：第一类是对冲突部分的指派处理；第二类是对概率赋值函数的加权处理；第三类是对每条证据进行加权处理。

下面讨论对冲突证据的指派处理方案。设同一识别框架 U 下的 2 个证据，$m_1(\cdot)$ ，$m_2(\cdot)$ 分别为其对应的基本概率赋值函数，焦元分别为 A_1 ，$A_2, \cdots, A_k$ 和 $B_1, B_2, \cdots, B_r$ 。假设 A_i 和 B_j 是相互冲突的焦元，那么它们之间的冲突概率为 $K_{ij} = m_1(A_i)m_2(B_j)$ ，如果不对冲突证据进行指派处理，那么在证据融合之后，

会把 K_{ij} 部分丢弃。在冲突证据的指派处理中，则不丢弃 K_{ij}，而是合理地分配到其他焦元上，我们采用的分配方案如下：

$m_1^{\Delta}(A_i)=K_{ij}m_1(A_i)/(m_1(A_i)+m_2(B_j))$ 分配给焦元 A_i

$m_2^{\Delta}(B_j)=K_{ij}m_2(B_j)/(m_1(A_i)+m_2(B_j))$ 分配给焦元 B_j

同时，考虑到不确定焦元的情况，还应该把一部分冲突证据分配给不确定焦元，定义 $I_p=\sum_{i=1}^{k}\frac{m_1(A_i)}{|m_1(A_i)|}$，则分配给焦元 A_i 的证据为

$$m_1^{\Delta}(A_i)=I_1K_{ij}m_1(A_i)/(m_1(A_i)+m_2(B_j)) \tag{9.37}$$

分配给焦元 B_j 的证据为

$$m_2^{\Delta}(B_j)=I_2K_{ij}m_2(B_j)/(m_1(A_i)+m_2(B_j)) \tag{9.38}$$

分配给包含焦元 A_i 和 B_j 的焦元的证据为

$$K_{ij}-m_1^{\Delta}(A_i)-m_2^{\Delta}(B_j) \tag{9.39}$$

下面讨论对证据加权的处理方案。设同一识别框架 U 下的 2 个证据，$m_1(\cdot)$，$m_2(\cdot)$ 分别为其对应的基本概率赋值函数，焦元分别为 $A_1,A_2,\cdots,A_k$ 和 $B_1,B_2,\cdots,B_r$。假设证据 $m_2(\cdot)$ 的权重较小，权值为 $k\in[0,1]$，那么，重新构造证据：

$$\tilde{m}_2(\cdot)=km_2(\cdot)+(1-k)m_1(\cdot) \tag{9.40}$$

然后对 $\tilde{m}_2(\cdot)$ 和 $m_1(\cdot)$ 进行融合。经过仿真实验，当 $k\in[0.3,0.4]$ 时，经过 10 次左右的融合之后，概率赋值函数可由[0.9 0.1 0]逐渐过渡到[0.1 0.9 0]。

9.4.4　综合识别仿真实验

仿真了射程 3000km 的弹道导弹目标。导弹射高 566km，飞行时间 879s。两级弹体依次分离，第二级弹体分离后炸裂为 5 个碎片。弹头分离后开始调姿，随后进动，进动周期 1Hz。中段释放 2 枚诱饵（对称释放）。部分弹体碎片、诱饵具有翻滚特性，翻滚周期 0.1Hz。仿真导弹群目标高度随时间的变化曲线如图 9.46所示。

图 9.47 给出了随着目标数目变化，根据威胁度判别结果，不断增加识别特征，威胁度排序结果。弹头威胁度始终能够排在前面。

由于弹道类目标的先验信息有限，识别方很难得到弹道类目标的训练样本，或者建立识别模板库。先验信息很大程度上只是待识别目标的几种物理特征，如真假目标 RCS 的大致范围、目标长度的粗略范围、运动速度的大小等。威胁度排序根据各种特征的先验信息，建立弹头的模糊模式，以求出待识别对象关于弹头的隶属度。由于先验信息的不充分，而且各种特征的分布特性都不同，因此

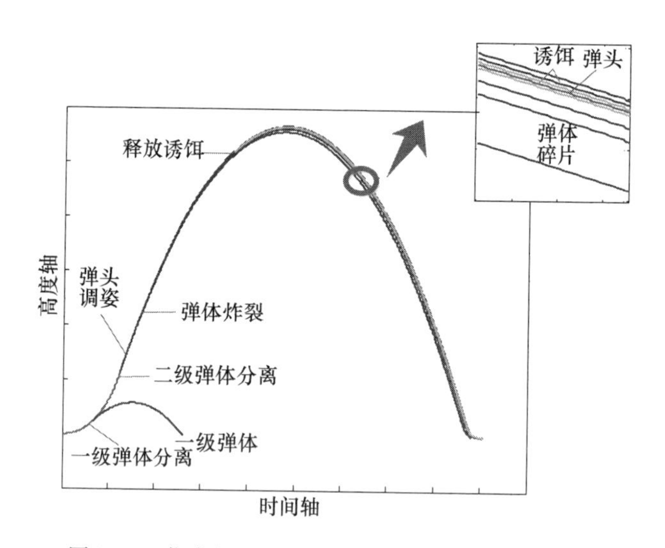

图 9.46　仿真导弹群目标高度随时间变化(见彩图)

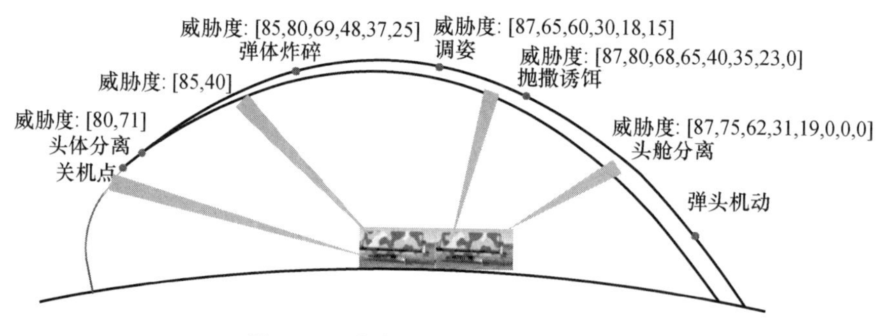

图 9.47　威胁度排序结果(见彩图)

较难对各种特征都找到合适的隶属度函数。

为在威胁度排序方法上取得进展,需要利用大量弹头、诱饵、碎片等的实测数据,进行分析建模,评价各种特征排序结果的置信度,综合利用多特征、时间序贯等信息,实现置信度较高的群目标威胁排序。

9.5 展　　望

反导预警探测装备需要具有对弹道导弹及早发现、精密跟踪、全程观测能力。然而,反导雷达探测的弹道导弹目标采用干扰、隐身、机动、分导、诱饵等多种突防措施,伴随弹头飞行的目标群包括进攻弹头、母舱、发射碎片、诱饵、干扰机等。干扰条件下弹头目标难以检测跟踪,隐身技术造成跟踪丢失情况时有发生,各种目标在飞行过程中相继释放,造成目标数目不断变化,群目标在雷达视线方向上的相对投影距离不断变化,这些问题对雷达传统检测跟踪技术提出了新的挑战。

针对弹道导弹抗干扰检测跟踪识别一体化的需求,有必要结合弹道导弹特点,针对整个飞行过程的不同阶段,对各种目标行为、电磁特性综合利用,研究带目标状态、识别结果反馈的雷达系统资源调度方法,对有限的雷达系统资源进行智能优化配置,支持弹道导弹群目标的全程监测,保证重点威胁目标的高数据率跟踪和有效识别。

研究面向弹道导弹复杂探测场景的雷达系统资源智能优化配置,突破传统检测跟踪技术,研究综合目标状态描述、识别结果、雷达资源利用效率评估对雷达资源调度进行反馈控制的方法,优化搜索方式、资源利用,减少目标丢失,实现群目标连续稳定检测跟踪,保证重点目标识别资源需求。

针对干扰突防手段,研究对干扰状态、干扰样式的识别方法,并采取相应的干扰抑制方法,去除干扰对小目标的遮蔽效应。

针对群目标跟踪问题,研究目标丢失、丢失后重新起批为新的批号、混批、重新起批现象的判别方法,保证目标批号单一、连续跟踪。

研究参数估计、关键事件监测等方法。在低数据率、低信噪比条件下,能够对目标尺寸、微动方式、机动性、目标数目变化等群目标状态给出准确描述,支持对雷达系统资源的智能优化。

研究弹道导弹目标特性,结合交叉学科理论,深入研究真假弹头识别机理,对不同识别方法适用阶段、雷达系统资源需求进行分析,保证识别结果稳健,支持识别结果对雷达资源调度的反馈控制。

研究雷达系统资源智能优化配置策略,包括目标丢失、目标分离情况的搜索方式控制,目标机动情况的跟踪滤波方法选择,非弹头目标的跟踪方式,重点威胁目标有利于识别的资源配置方法等,有效利用雷达资源完成弹道导弹复杂背景下的群目标检测、跟踪、识别。

参考文献

[1] 肖志河,任红梅,袁莉,等. 弹道导弹防御的雷达目标识别技术[J]. 航天电子对抗,2010,26(6):14-19.

[2] Baker B D, et al. TMR processing procedures for GSRS spin and attitude measurements [R]. AD-A074947, August 1979.

[3] 黄培廉. 反导弹系统中的目标识别技术[J]. 战略防御,1981,(5):1-14.

[4] 朱玉鹏,王宏强,黎湘,等. 基于一维距离像序列的空间弹道目标微动特征提取[J]. 宇航学报,2009,30(3):1133-1140.

[5] 张毅,肖龙旭,王顺宏. 弹道导弹弹道学[M]. 长沙:国防科技大学出版社,2005.

[6] Chen V C, Li F, Ho S S, et al. Micro－Doppler effect in radar: phenomenon model and simulation study[J]. IEEE Trans On Aerospace and Electronic System, 2006, 42(1): 2－21.
[7] 周万幸. 弹道导弹雷达目标识别技术[M]. 北京:电子工业出版社,2011.
[8] 高红卫,谢良贵,文树梁,等. 弹道导弹目标微多普勒特征提取[J]. 雷达科学与技术,2008,6(2):96－101.
[9] 金林. 弹道导弹目标识别技术[J]. 现代雷达,2008,30(2):1－5.
[10] 陆伟宁. 弹道导弹攻防对抗技术[M]. 北京:中国宇航出版社,2007.
[11] 赵延,姚康泽,孙俊华,等. 导弹预警卫星目标识别算法研究[J]. 系统工程与电子技术,2005,27(10):1811－1813.
[12] 马君国. 空间雷达目标特征提取与识别方法研究[D]. 长沙:国防科学技术大学,2006.5.
[13] Knott E F. Simulation of reentry vehicle motion during laboratory measurements of radar cross section[J]. IEEE Trans. on Antennas and Propagation, 1969, 17(2): 242－244.
[14] 姚辉伟. 基于RCS序列的弹道中段目标特性反演技术研究[D]. 长沙:国防科学技术大学,2007.
[15] 张贤达. 现代信号处理(第二版)[M]. 北京:清华大学出版社,2002.
[16] 柏林,刘小峰,秦树人. 基于时频脊线的瞬时频率特征提取[J]. 机械工程学报,2008,44(10):222－227.
[17] 向道朴,周东明,何建国. 微多普勒瞬时频率估计算法对噪声的适应性能研究[J]. 电路与系统学报,2010,15(6):90－94.
[18] 陈家琳. 基于微多普勒特征的目标识别技术研究[D]. 南京:南京电子技术研究所,2012.
[19] 刘进. 微动目标雷达信号参数估计与物理特征提取[D]. 长沙:国防科学技术大学,2010.
[20] 刘进,马梁,王雪松,等. 微多普勒的参数化估计[J]. 信号处理,2009,25(11):1759－1765.
[21] 刘进,马梁,等. 基于随机Hough变换的零基线正弦曲线检测[J]. 计算机工程,2010,36(15):1－3.
[22] 孙照强,李宝柱,鲁耀兵. 弹道中段进动目标的微多普勒研究[J]. 系统工程与电子技术,2009,31(3):538－540,587.
[23] 金文彬,刘永祥,任双桥,等. 锥体目标空间进动特性分析及其参数提取[J]. 宇航学报,2004,25(4):408－410,422.
[24] 陈行勇,黎湘,郭桂蓉,等. 微进动弹道导弹目标雷达特征提取[J]. 电子与信息学报,2006,28(4):643－646.
[25] 朱玉鹏,王宏强,黎湘,等. 基于一维距离像序列的空间弹道目标微动特征提取[J]. 宇航学报,2009,30(3):1133－1140.
[26] 贺思三,周剑雄,付强. 利用一维距离像序列估计弹道中段目标进动参数[J]. 信号处理,2009,25(6):925－929.

[27] 黄培康,殷红成,许小剑. 雷达目标特性[M]. 北京:电子工业出版社,2005.

[28] 冯德军,陈志杰,王雪松,等. 基于一维距离像的导弹目标运动特征提取方法[J]. 国防科技大学学报,2005,27(6):43-47.

[29] 韩纪庆,张磊,郑铁然. 语音信号处理[M]. 北京:清华大学出版社,2004.

[30] 王世一. 数字信号处理[M]. 北京:北京理工大学出版社,1997.

[31] 桑玉杰,王洋,郭汝江. 雷达宽带与窄带回波信噪比对比分析[J]. 现代雷达,2013,35(10):27-31,35.

[32] 李康乐,刘永祥,姜卫东,等. 基于逆 Radon 变换的微动目标重构研究[J]. 雷达科学与技术,2010,8(1):74-81.

[33] 李崇谊,刘世龙,邓楚强,等. 基于解析法的再入目标实时质阻比估计[J]. 现代雷达,2013,35(7):42-44,49.

[34] Jesionowski R, Zarchan P. Comparison of filtering options for ballistic coefficient estimation [R]. USA, Defense Technical In formation Center, 1998, ADA355740.

[35] Pierre Minvielle. Tracking a Ballistic Re-entry Vehicle with a Sequential Monte-Carlo Filter [J]. IEEE Aerospace Conference Proceedings, March 2002, (4): 1773-1784.

[36] Farina A, Ristic B, Benvenuti D. Tracking a ballistic target: comparison of several nonlinear filters[J]. IEEE Transactions on Aerospace and Electronic Systems, 2002, 38(3): 854-867.

[37] Marcelo G S Bruno, Auto Pavlov. A density-assisted particle filter algorithm for target tracking with unknown ballistic coeficient[C]. IEEE International Conference on ICASSP, Philadelphia, USA, March 2005, 4: 5-8.

[38] Dodin P, Minvielle P, Le Cadre J P. Estimating the Ballistic Coefficient of a Re-Entry Vehicle[J]. IET Radar Sonar Navig, 2007, 1(3): 173-183.

[39] Chongyi Li, Shi-guo Li, Shi-long Liu, et al. Research on Estimation of Mass-to-Drag of Reentry Vehicle[J]. APSAR, 2011.

[40] Cardillo G P, Mrstik A V, Plambeck T. A Track Filter for Rentry Object with Uncertain Drag [J]. IEEE Trans. on Aerospace and Electronic Systems, 1999, 35(2): 394-408.

[41] Bruce R. Bowman. True Satellite Ballistic Coefficient Determination for HASDM. AIAA, 2002. 8.

[42] Li X R. Jilkov V P. Survey of Maneuvering Target Tracking. Part II: Motion Models of Ballistic Targets[J]. IEEE Transactions on Aerospace and Electronic Systems, 2010, 46(1): 96-119.

[43] Li X R, Jilkov V P. A Survey of Maneuvering Target Tracking-Part III: Measurement Models[C]. In Proc. 2001 SPIE Conf. on Signal and Data Processing of Small Targets, 2001, 4473: 423-446.

[44] 金文彬,刘永祥,黎湘,等. 再入目标质阻比估计算法研究[J]. 国防科技大学学报,2004,26(5):46-51.

[45] 宗志伟,饶彬,丹梅,等. 一种基于 Runge. Kutta 积分的 UKF 跟踪算法[J]. 雷达科学与技术,2010,8(4):353-356.

[46] 赵艳丽. 弹道导弹雷达跟踪与识别研究[D]. 长沙:国防科技大学,2007:54-60.

[47] 饶彬,王雪松,丹梅,等. 基于动力学守恒定律的弹道有源假目标鉴别方法[J]. 宇航学

报,2009,30(3):908－913.

[48] 张泓,万自明,袁起. 弹道系数估计误差与雷达测量精度的关系[J]. 现代防御技术,2007,35(6):97,101.

[49] 张泓. 再入目标弹道系数的估计、辨识、建模及其数学仿真研究[D]. 长沙:国防科技大学,2006:16－18.

[50] 马梁. 弹道中段目标微动特性及综合识别方法[D]. 长沙:国防科学技术大学,2011.

第10章 雷达目标识别技术展望

雷达目标识别技术是雷达系统、雷达信号处理技术、模式识别技术等多学科的交叉学科,应用领域广阔。在过去的几十年间,对雷达目标识别技术的研究一直是国内外雷达领域研究的热点,雷达目标识别在自己的发展过程中,针对不同的目标和不同的应用环境,积累了一大批卓有意义的理论与技术成果,但是由于雷达自动目标识别问题的复杂性、识别性能的高要求以及日益复杂的电磁环境,雷达目标识别技术距离实际应用的要求尚有差距,特别是在目标特性、识别方法、模板库的建立等方面,还存在较大的差距。要想实现雷达目标识别的工程化,仍然有大量的工作需要开展。

首先,目标识别的顶层设计尚欠缺。由于雷达自动目标识别是一个信息提取的过程,随着目标属性判别的层次从低到高,其所需要利用的信息和资源也增多,针对不同目标、不同应用场景、不同雷达资源,需要通过顶层设计,并进行合理的识别流程设计,以获得稳定可靠的识别结果。

目标识别对雷达资源的需求分析,作为雷达顶层设计的参考,尤其是在探测体系中各种资源的合理布局和利用,是目标识别需要解决的重要问题。要明确对识别的要求以作为目标识别的输入,包括识别的层次、识别的作用距离、识别的效果、识别所需的资源要求。在一定的应用背景下,要获得好的识别效果,对雷达需要提供的资源要求就高。现实情况是需要在作战需求、识别要求、现有条件三者之间进行折中。

其次,在目标特性研究上,需要更精确、更全面地反映目标的散射特性。主要解决:

(1) 更准确的目标特性:能够定量地反映目标的真实散射特性,特别是目标的宽带特性,是急需解决的问题。

(2) 加快电磁仿真速度:在满足仿真精度要求的条件下,提高仿真速度。

(3) 扩大仿真目标范围:随着雷达分辨力的提高,目标自身的细微结构对目标特性的影响增大,要求能够对进气道、旋翼、天线等细微部分进行仿真,并可以仿真不同介质,特别是各种涂覆材料下的散射特性。

最后,在目标识别方法上还需要进一步改善,主要解决:

(1) 特征提取:在目标特性研究的基础上,针对不同目标的特点,提取目标特征。提高特征提取的稳健性、有效性,满足不同应用环境,特别是复杂环境下的识别需要。

(2) 多特征融合:在进一步挖掘目标精细特征的基础上,通过多特征的融合识别,提高识别的效率。

(3) 模板库建立:由于识别的目标模板库是和识别算法密切相关,需要根据不同的识别算法建立不同的模板库。模板库建立的是否合理、高效,直接关系到各种识别处理算法的效果,并且算法的改进也会对模板库提出新的要求,因此,模板库的建立应当面向用户,研究如何自动建立模板库,如何通过自学习建模,如何自动添加和完善模板库,以方便用户使用。

10.1 目标识别技术要求

随着现在作战条件下对目标识别的要求越来越高,目标识别技术本身技术的发展越来越紧迫,包括更稳健的特征提取、更精细的目标特征、更全面的目标特性以及更实用的建模技术。

10.1.1 更稳健的特征提取

特征提取是目标识别的基础,由于目标的非合作性和应用环境的复杂性,造成目标特征提取的困难。同时,由于作战需求越来越高,要求在尽可能远的距离上给出更详细准确的目标属性,特征提取需要面对低信噪比、低数据率等限制,因此需要发展更稳健的特征提取技术。

1. 低数据率

由于雷达的工作方式是先搜索后跟踪,目标识别是在跟踪后进行的,这时雷达仍然需要维持搜索和跟踪,在目标数量较多时,感兴趣目标的雷达回波数量和照射时间都是有限的,造成目标识别数据率较低,使得有些特征难以提取,甚至无法实现正常的特征提取。如何在较低的数据率下进行有效特征提取,是目标识别能够实用化的基础。

2. 低信噪比

现在战争需要在尽可能远的距离提供目标的属性信息,但是距离较远会造成目标信噪比的下降,以宽带一维像为例,图 10.1 是某飞机分别在 30km、60km、80km 时的雷达实测一维距离像,可以看到,随着目标距离的增加,一维像的信噪比有明显下降,在 80km 时由于一维距离像的信噪比太低,已经不能基于一维像特征进行有效特征提取和识别,这严重影响了目标识别的实际应用。需要研究低信噪比下的稳健特征提取技术,包括对信号的积累以提高信噪比、小波变换等降噪技术、低信噪比下的特征提取等。

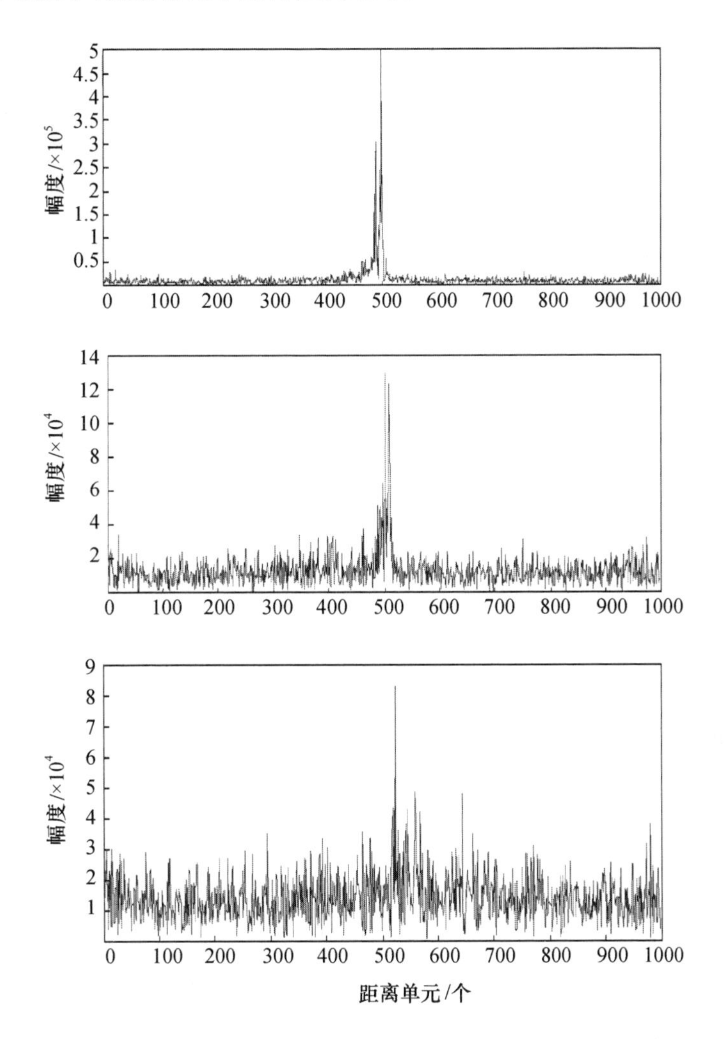

图 10.1　不同距离下(30km、60km、80km)的目标一维距离像

10.1.2　更精细的目标特征

雷达的分辨力越高,获得的目标信息越丰富,后续的识别性能就越好。获得高分辨力的方法包括提高雷达带宽、带宽外推或者带宽合成的方法。

1. 提高雷达带宽

由于雷达带宽和中心频率有关,通过提高雷达中心频率,可以更容易获得较大的相对带宽,从而实现高分辨。因此,雷达朝高频发展是一个重要方向。2008

年,德国应用科学研究所(FGAN)高频物理与雷达技术实验室(FHR)Helmut Essen、Alfred Wahlen 等人成功研制了 COBRA－220 雷达成像系统,这套系统基于调频连续波体制,工作频率为 220GHz,带宽 8GHz,脉宽 120ms,输出功率 20mW,在 200m 距离上实现了 1.8cm 的分辨力。图 10.2 是自行车在 94GHz 与 220GHz 的 ISAR 成像与光学照片的对比结果,94GHz 的成像分辨力 3.5cm,220GHz 的成像分辨力 1.8cm。

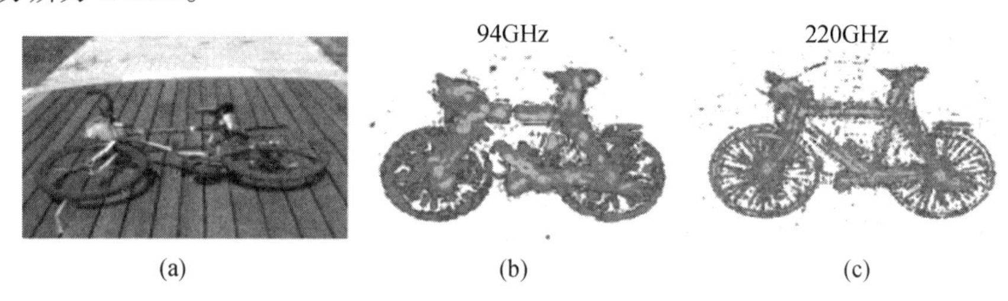

图 10.2　自行车(a)和 94GHz(b)及 220GHz(c)的 ISAR 成像对比(见彩图)

从上面自行车 ISAR 成像结果对比可见,频率越高、瞬时带宽越大,则成像分辨力越高,能获得更多的目标细节信息,有利于目标识别。

2. 宽带外推

带宽外推技术是以当前测量数据作为初始值,对距离向和方位向空间谱带宽进行外推,得到较大带宽的空间谱估计值。美国林肯实验室从 20 世纪 70 年代就开始了增强宽带图像分辨力的研究,提出了带宽外推处理技术,通过多个不同波段的稀疏子带外推合成超宽带雷达图像。

通过宽带外推技术,可以在不增加雷达实际带宽的条件下,得到更好的目标分辨能力,为目标识别提供更精细的目标特征。

10.1.3　更全面的目标特性

目标识别的基础是对目标特性的充分了解,要提高识别性能,必须对目标特性有更全面的了解,包括散射特性、辐射特性、极化特性、多源特性等。

1. 散射特性

由于作战环境日益复杂,各种新型作战平台层出不穷,目标的散射特性研究必须面对超高速平台、隐身等挑战。同时随着雷达的工作频率逐渐向低频和高频两端扩展,高频已经扩展到太赫兹频段,而在低频和高频两个频段的目标特性还研究较少,目标特性需要向更高频和更低频发展,以支撑目标识别技术的发展。

2. 辐射特性

随着对抗手段的增强,被动探测的重要性日益显现。需要研究目标的辐射特性，包括红外、太赫兹、多光谱等，还要研究各种作战平台的雷达辐射信号特征，通过辐射信号的差异，确定平台的属性，是目标识别的重要手段。

3. 极化特性

不同极化条件下，目标的散射存在较大差异，在同一波段的不同极化方式中，同极化对于发现位置与雷达视线平行的目标更有利，而交叉极化对于与雷达视线成一定夹角的目标探测效果更好，此外，极化信息还与目标表面粗糙度、对称性和材质等因素有关，对目标极化特性的研究有助于克服目前极化应用上的困难，通过提取稳定的极化特征，提高雷达目标识别的能力。例如全极化 SAR 由于比单极化 SAR 能提供更多关于地物的极化散射信息，在一些应用中取得了比单极化更好的分类效果。

4. 多源特性

通过雷达、声光电等多源信息融合，可使目标特征增强，提高分类精度。例如，在遥感领域中，通过光学图像和雷达图像的融合，提高了图像解译能力。这是由于不同的物质特性在成像数据中有所反映：光学图像包含了矿物质的反射率的信息，雷达数据则是和地形的表面粗糙程度，水分含量，雷达波的入射方向等有关。同时，信息互补有助于不同类型的识别，增强特征分类能力。

10.1.4　更实用的建模技术

模板库是目标识别的基础，模板库直接影响目标识别的性能。由于目标模板库和识别算法密切相关，不同的识别算法提取的目标特征不一样，相应模板库中的特征也会不一样，需要根据不同的识别算法建立不同的模板库。模板库的可扩充性、完备性决定了目标识别技术实际应用中的有效性。

1. 面向应用的建模技术

由于模板库的建立需要大量实测数据，雷达交付用户时可能并没有可用的模板库，或者只有一个初级版本的小规模模板库，因此需要研究实际交付用户使用的雷达如何自动建立模板库，包括自学习建模、自动添加和完善模板库等，以方便用户使用。

2. 替代数据建模

目前的模板库主要是利用雷达实测数据建立模板库的，基于实测数据来建立模板库具有局限性，一方面，有些目标很难获得实测数据，另一方面，即使可以获得数据，也很难获得目标的全方位数据。因此，要从根本上解决目标识别的实用化问题，需要研究替代数据建模技术，例如，基于目标电磁特性仿真软件或暗室测量来建立目标模板库。尝试通过替代数据（仿真数据或微波暗室数据）与实测数据的反复对比，研究利用替代数据建立识别模板库的可行性。

10.2 目标识别面临的新问题

虽然目标识别技术取得了一定的进展,但是距离实际应用的要求尚有距离,尤其是随着武器装备技术的发展和作战模式的变化,面临更大的挑战。

10.2.1 新型目标的出现

随着科技的进步,雷达除了面临传统的军事目标外,还出现了各种新型作战平台,使目标识别面临更大的挑战,如超高速飞行器、隐身目标等。

新一代的作战平台大多采用了隐身技术(如美国 F22 等),通过减少自身的雷达反射截面积,一方面增加了雷达发现目标的难度,给雷达防空和远程预警提出了更加苛刻的要求,另一方面给目标识别带来了困难,由于其较小的 RCS 和特殊的外形设计,造成特征提取困难,降低了目标识别作用距离,增加了识别难度,特别是对目标特征提取影响较大。

10.2.2 战场环境的复杂

复杂的外界环境是指雷达的工作环境、生存环境、电磁环境,以及目标的周边环境变得更加复杂和恶劣。在现代信息化战争中,电子对抗是十分重要和有效的作战手段,战场上的主动权是以夺得“制电磁权”为前提的。有效抵抗敌方干扰机释放的高强度、多样式干扰,已成为提高雷达作战水平、生存能力的重要体现。而电磁干扰对目标识别的影响更大,会造成目标特征的缺失、虚假特征的出现、有效特征提取困难以及数据率下降,都对原有目标识别技术提出了新的挑战。

10.2.3 作战方式的变化

随着新军事变革的深入,以美国为首的军事强国正在大力推进军队现代化转型,精确打击能力是其发展重点。2003 年,美国 DARPA 和美国空军联合制定了 FALCON 计划,研究可以在 2h 内进行全球精确打击的武器系统。在精确打击系统中,除了要具备对指定区域的战场态势连续监视能力,还必须具备识别目标的能力,以准确的判定攻击目标、选择打击部位等。雷达探测已经从最初的目标存在及活动的检测和监视,发展到对目标属性和状态的检测及持续观测。目标识别能力是实施精确打击的前提之一。

10.3　目标识别发展趋势

10.3.1　多特征综合

随着雷达作战环境日益复杂,目标的种类也越来越多,特别是一些新型目标(如超高速、隐身、超低空等)的出现,要从根本上解决雷达目标识别问题,需要多种手段综合利用。特征提取是与传感器的物理量紧密相关的,而各种传感器往往只能反映目标某一方面的特征信息。综合利用各种信息(信息融合、信息集成)将会明显提高识别率并增强识别结果的鲁棒性。

例如目标的宽带和窄带信息有很强的互补性,若能够同时利用雷达的宽带窄带信息以及其他信息源,对目标识别是大有好处的,主要体现在以下几个方面:

(1) 窄带作用距离远,充分利用窄带信息,可以提高识别距离,更好地满足作战应用需要。

(2) 利用窄带信息估计得到的目标姿态信息可以用于提高识别率、降低运算量。

(3) 目标类别数较多时,先利用窄带信息现对目标进行分类再利用宽带信息识别的策略有利于目标识别的实时处理和实际工程应用。

(4) 目标宽带特征和 RCS、速度、加速度、运动轨迹、微多普勒等窄带特征有较强的互补性,综合利用上述特征可以进一步提高系统识别的稳健性。

在复杂背景下,宽、窄带多特征的利用可以增加目标识别系统的识别信息的输出量,在和其他信息源融合后,可以提高决策准确性。

由于雷达需要兼顾搜索、跟踪、识别,因此,目标识别算法不能独立于雷达的各项功能之外,而是融合在雷达的检测到识别的全过程。需要研究目标识别如何在雷达中应用,宽窄带信息的综合,以及目标识别策略。

如何利用目标的各种窄带特征、宽带特征结合其他情报来源信息科学地设计整个目标识别的流程,即在雷达观测目标的整个阶段中决定哪个阶段依靠何种特征能够科学地给出目标的何种属性特征;如何针对目标不同属性设计目标分类层次,简言之,设计目标识别的策略目的在于最大限度利用多信息来源能够提供的目标信息,增加识别信息量的输出,提高识别效率。

可以利用的特征包括:

(1) 目标运动特征:包括速度、加速度等。目标运动特征与目标类型有一定关系,例如一般而言,战斗机的正常飞行速度要大于运输机和民航机,军用船只的最高速度和巡航速度要高于民用船只。

(2) 位置信息:包括距离、方位、俯仰、经度和纬度等。通过目标位置可以获取航道,军事训练区域位置等信息,位置信息还可以与电子地图相匹配,区分岛礁等固定目标。

(3) 雷达散射截面积:RCS 特征与目标大小有一定关系,可以作为判断目标大小的手段之一,还可以结合 RCS 时间序列进行判别。

(4) 窄带回波数据:通过窄带回波可以判断编队目标的数量,也可以作为目标大小的判断依据之一。

(5) 宽带回波数据:包括高分辨一维距离像、二维 SAR/ISAR 像。目标宽带一维像和二维 SAR/ISAR 像可以提供目标结构信息特征,描述目标结构特性,是目标的精细识别的主要手段之一。

(6) ESM 提供的目标雷达载频、脉宽、重频等信息:提供目标平台雷达等传感器的基本参数,对于区分军用与民用船只有重要意义。

10.3.2 多平台协同

由于目标识别是非合作目标识别,实际应用中必须面对复杂的应用条件,包括环境影响、隐身技术、电子对抗等,这就使得只利用传统的单雷达进行识别日益困难。单平台探测系统由于受观测视角和探测系统性能局限,对目标的观测能力和特征提取能力有限,常常难以获得理想的识别效果。

未来战争是空、天、地、海一体化的战争,通过多平台的协同探测,可以极大提高探测系统的识别能力。

(1) 多视角:利用不同平台的视角差异,可以提高特征提取的有效性,克服单一平台在某些视角的识别盲区,并通过多视角的融合,提高系统的识别能力。

(2) 多频率:通过多平台不同工作频率的协同,利用不同频率下目标散射特性的差异,更好地提取目标特征,实现对目标的分类识别。

10.3.3 多传感器融合

随着科学技术的进步、作战样式的多样化以及作战环境的复杂化,仅靠单一传感器提供的信息已无法满足目标识别的需要。对于目标识别来说,单传感器提取的特征往往是待识别目标的不完全描述,而利用多个传感器提取的独立、互补的特征构造的特征向量,比单传感器提取的特征向量更能实现对目标的完整描述,有利于提高正确地识别概率,降低错误概率。因此,通过综合运用微波、电光、红外、声、电子支援措施(ESM)等,可以高效可靠地获取目标信息,从而更好地实现目标识别。

以弹道导弹防御系统为例,在弹道导弹突防中,假弹头常常会针对雷达设计隐身、诱饵以及干扰措施,也会针对红外探测设计相应对抗措施,以增加防御系统的识别难度。

目前,国外主要是美国在弹道导弹防御目标融合识别方面取得了较多成果。林肯实验室利用 X 波段雷达、CO_2 激光雷达和 IR 传感器组成的分布式网络观测 Firefly 试验,利用神经网络融合各观测结果,可以判断诱饵释放前、释放中和释放后 3 个阶段。

10.3.4 人工智能技术的应用

机器学习在人工智能领域具有举足轻重的地位,机器学习通过算法,让机器可以从外界输入的大量的数据中学习到规律,从而进行识别判断。机器学习的发展经历了浅层学习和深度学习两次浪潮。深度学习可以理解为神经网络的发展,神经网络是对人脑或生物神经网络基本特征进行抽象和建模,可以从外界环境中学习,并以与生物类似的交互方式适应环境,是当前应用最为成功的机器学习技术。深度学习模拟大脑的分层结构,研究如何从海量数据中自动地获取具有层次性的多层特征表达。该技术在本质上是一种数据驱动的人工智能方法,它采用一系列的非线性变换,构建起具有多个隐层的学习模型,从而从原始数据中提取出由低层到高层逐层抽象的特征表达,实现提升分类或预测准确性的最终目的。

目前深度学习的理论研究还基本处于起步阶段,但在应用领域已经显现巨大能量,在语音识别、人脸识别等方面都取得了突破性的进展。由于雷达获得的一维像和二维像也是图像,可以利用深度学习的方法提升识别效率。

下面的实验数据为某雷达录取的 6 种飞机的外场实测数据。实验雷达为 X 波段的宽带雷达,带宽为 1GHz,距离分辨力 0.15m。数据包含 6 种飞机全姿态宽带一维像。表 10.1 对比了基于深度置信网络和传统模板匹配方法的 6 种飞机目标一维像识别结果。

表 10.1 基于深度置信网络和传统模板匹配的一维像识别性能对比

	基于深度置信网络方法	基于传统模板匹配方法
全姿态(0 ~ 180°)	88.9%	67%
迎头姿态(0 ~ 30°)	96.25%	88.4%
尾追姿态(150° ~ 180°)	88.67%	80.1%
切向姿态(75° ~ 105)	85.37%	57.7%

结果显示,基于深度置信网络的识别率较传统模板匹配方法识别率有显著提升,全姿态平均识别率提升 20 多个百分点,对于切向姿态的识别率提升尤其明显,这是由于在切向姿态时飞机一维像散射点堆叠严重,传统的一维像特征提取方法难以提取有效特征,基于深度置信网络的一维像识别方法能够自提取稳

健可区分特征，获得更好的识别效果。

10.4 结束语

伴随着探测技术的发展，雷达目标识别技术经历了识别目标从简单目标到复杂目标，识别层次从粗分类到精细识别，识别手段从单传感器到多传感器的发展过程，目前进入了一个蓬勃发展的新阶段。同时，由于探测需求、探测目标以及探测环境的变化，给目标识别技术带来了新的挑战。目标识别技术需要通过更深入的目标特性研究，获得目标更本质的可区分特征；同时，需要和雷达信号流程更紧密结合，提升雷达目标识别的性能，促进目标识别技术的实际应用；雷达目标识别还需要更多地借鉴模式识别、机器学习、人工智能等领域的最新进展，通过学科交叉，用全新的思路和手段，实现目标识别技术的飞跃。

目标识别技术前途广阔，任重道远。

主要符号表

A	弹头在速度方向上的投影面积
	发射信号振幅
	幅度
$\bar{A}$	否定 A 的命题
A_1, A_2	弹头和诱饵两个 X 上的模糊集
A_e	天线口径面积
A_s	目标相对雷达观测姿态方位角
$\{A_1(x_i), A_2(x_i)\}$	隶属度,对象 x_i 隶属于类别 A_1 和 A_2 的程度
	弹道系数
$\boldsymbol{a}$	测试目标矢量
$a(x,y)$	二维函数方向
a_i	决策
a_k	最优决策
$\bar{a}_i$	测试矢量的估计
$\boldsymbol{B}$	磁感应强度
$\boldsymbol{B}_1$	媒质 1 磁感应强度
$\boldsymbol{B}_2$	媒质 2 磁感应强度
$\mathrm{Bel}(A)$	信任函数
Bel_1 和 Bel_2	同一识别框架 U 上的两个信任函数
	雷达带宽
	信号带宽
$B_{单}$	单边谱带宽
b	带宽
b_i	模型幅度系数
C	非空焦元
	集合,类别集合
$C(f,g)$	归一化相关系数

$C(k)$	目标在一维距离像中所占据的距离单元数
C_{D}	阻力系数
C_{e}	峰度系数
C_{F}	噪声方差系数
C_i	集合,特征集合
$\mathrm{Cost}(Q,S_i)$	代价函数
C_{s}	偏度系数
C_{v}	变异系数
c	光速
	目标类别数
c_i	类别符号
D	去极化系数
$\boldsymbol{D}$	电位移矢量
	排水量
$D(k)$	平均幅度差函数
$\boldsymbol{D}_1$	媒质 1 电位移矢量
$\boldsymbol{D}_2$	媒质 2 电位移矢量
$D_c(k)$	循环平均幅度差函数
D_n	类别隶属度集合
$D_n(P_i)$	某一类的类别隶属度
$D_v(v,P_i)$	速度描述函数
$D_\alpha(\alpha,P_i)$	加速度的描述函数
d	两个目标之间的距离
	特征参数矢量的维数
$d(\boldsymbol{x},\boldsymbol{y})$	距离函数
$d(x_k^i,x_t^j)$	两种模式间距离
$\bar{d}(\boldsymbol{\omega}_i,\boldsymbol{\omega}_j)$	类间平均距离
$\bar{d}^2(\boldsymbol{\omega}^i)$	类内均方欧氏距离
d_1、d_2	隶属度判决门限
$\boldsymbol{E}$	电场强度
$\boldsymbol{E}_1$	媒质 1 电场强度
$\boldsymbol{E}_2$	媒质 2 电场强度
$\begin{bmatrix} E_1^{\mathrm{I}} \\ E_2^{\mathrm{I}} \end{bmatrix}$	一组正交极化入射电场

$\boldsymbol{E}_{\mathrm{i}}$	入射电场强度
$\begin{bmatrix} E_1^{\mathrm{S}} \\ E_2^{\mathrm{S}} \end{bmatrix}$	一组正交极化散射电场
$\boldsymbol{E}_{\mathrm{S}}$	散射电场强度
$\boldsymbol{E}_{\mathrm{T}}$	总电场强度
E_x	频域波形熵
E_θ^{s}	θ 方向散射电场强度
$E\{\boldsymbol{a} \mid H_i) = m_i$	矢量 a 的均值
e	偏心率
$e(n)$	噪声
F_N	傅里叶变换
F_N^{-1}	逆傅里叶变换
f	雷达频率
$f(\boldsymbol{a} \mid H_i)$	矢量 a 在 H_i 条件下的概率分布
$f(n)$	瞬时频率估计
$f(x)$、$g(x)$	复数值波形
$f(x,y)$	二维函数 $\boldsymbol{g}$ 二维函数梯度
	图像二维函数
$f(\cdot)$	函数,分类器
f_0	载频起始频率
f_c	中心频率
f_{DC}	正侧视情况下中心频率和调频率
f_{d}	多普勒频率
f_{d1}	目标 1 多普勒频率
f_{d2}	目标 2 多普勒频率
f_{mD}	微多普勒
f_m	tfr 矩阵第 m 行代表的频率
f_{rot}	桨叶旋转频率
f_{r}	旋转因子
f_{R}	正侧视情况下调频率
f_{s}	采样频率
$f_x(x,y)$	算子的卷积模板
f_{d}'	多普勒频率在不同夹角下的变化率
$\boldsymbol{G}$	格林函数

$\boldsymbol{G}$	极化散射矩阵对应的 Graves 功率矩阵
G_{r}	天线接收增益
G_{t}	天线发射增益
G_x	x 方向偏导数
G_y	y 方向偏导数
g	重力加速度
$g(t)$	窗函数
$g(x,y)$	二维函数幅值
$g(\cdot)$	函数，分类器
$\boldsymbol{H}$	磁场强度
$H_0,H_1,\cdots,H_K$	K 类目标
$\boldsymbol{H}_1$	媒质 1 磁场强度
$\boldsymbol{H}_2$	媒质 2 磁场强度
$\boldsymbol{H}_I$	入射磁场强度
$\boldsymbol{H}_{\mathrm{S}}$	散射磁场强度
$\boldsymbol{H}_{\mathrm{T}}$	总磁场强度
$\hat{\mathrm{H}}_n^{(2)}$	第二类球汉开尔函数
$\hat{\mathrm{H}}_n^{(2)\prime}$	第二类球汉开尔函数的导数
I	集合，特征集合
	图像强度
$I(x,y)$	各类图像目标区域的能量
I_0	窗口中心像素原始强度值
i	大于噪声阈值 th_k 的距离单元序号
	回波序号
	类别序号
	散射点序号
i_{t}	目标速度
$\boldsymbol{J}$	电流强度
$J(\varphi)$	核映射后的 Fisher 比
$\hat{\mathrm{J}}_n$	球面贝塞尔函数
$\hat{\mathrm{J}}_n'$	球面贝塞尔函数的导数
$\boldsymbol{J}_{\mathrm{s}}$	分界面表面电流强度
K	合成证据

K_{ij}	冲突概率
$\boldsymbol{K}_k$	滤波增益
	区间内的图像数目
	整数
	总类别数
$1-k$	归一化因子
k	波数
	观测距离像序号
	类别序号
	散射中心幅度系数
$k(x_i,x)$	核函数
k_{b}	比例系数
$\boldsymbol{k}_{\mathrm{b}}$	核类间矩阵
$\boldsymbol{k}_{\mathrm{w}}$	核类内矩阵
L	L 波段
	图像视数
L_0	目标在雷达视线方向的投影长度
$L_k(i)$	第 k 次观测时目标的一维距离像幅度值大于噪声阈值 th_k 的位置序列
$L_{\max}$	同一距离单元内两散射点的最大距离
L_n	第 n 个距离单元散射点个数
L_{s}	目标观测长度
l	单叶片长度
	桨叶长度
M	混合度
	散射中心个数
	图像宽度
	虚构的磁流
M	整数
$M(x,y)$	模板
M_1	一阶原点矩
$\boldsymbol{M}_{\mathrm{s}}$	虚构的表面磁流
m	弹头质量
	方位角序号

	回波幅度均值
	训练样本个数
$m(A)$	A 在框架 U 上的基本概率赋值函数
m_i	第 i 类样本数量
$m_N(P)$	基本概率赋值
m_{pq}	阶原点矩
$\boldsymbol{m}_i$	模板矢量
$\boldsymbol{m}_i$	样本均值矢量
N	步进频脉冲数
	回波数
	桨叶数目
	距离单元数
	图像高度
	信噪比区间
	总像素
N,N_i	整数
N_0	目标在 HRRP 中占据个距离单元数
$N_4(p)$	像素的 4 邻域集合
$N_8(p)$	像素的 8 邻域集合
N_i	某一类样本集中的样本个数
N_{mean}	HRRP 的噪声均值
n	距离单元序号
	零均值高斯分布的噪声或干扰
	整数
$\hat{\boldsymbol{n}}$	边界面上的法线单位矢量
O	转台中心
$o(m^3)$	计算复杂度
$\boldsymbol{o}_t$	多维特征空间的一个观察矢量
P_{t}	发射功率
	辐射功率
P_n^1	第一类连带勒让德函数
$\text{P}_n^{1'}$	第一类连带勒让德函数的导数
P_i	概率
$\text{Pl}(A)$	A 的似然度函数

$\boldsymbol{P}_k$	估计均方误差
$\boldsymbol{P}_0$	状态预测均方误差矩阵
$\boldsymbol{P}_x(k/k-1)$	预测均方误差
p	像素点
$p(i\|X_t,\boldsymbol{\lambda})$	训练数据落在假定的隐状态 i 的概率
$p(k\|x)$	测试样本 x 在各类别 $k(k=1,2,\cdots,K)$ 下的类后验概率
$p(X\|\boldsymbol{\lambda})$	参数化模型 $\boldsymbol{\lambda}$ 的似然度
p_i	出现的概率
$p_i(o_t)$	不同高斯分量的概率输出函数
$p_i(o_t\|\boldsymbol{\lambda})$	混合度为 $\boldsymbol{M}$ 的高斯模型进行匹配的概率
$p_i(X\|\boldsymbol{\lambda})$	训练中高斯分量的分布
Q	$t=n$ 时刻的瞬时频率值
$Q(\alpha)$	函数
$\boldsymbol{Q}_x,\boldsymbol{R}_x$	系统噪声和量测噪声的方差阵
q	门限(阈值)
R	雷达与目标的距离
	两目标中点到雷达的距离
$R(a_i)$	总体风险函数
$R(k)$	$\rho(m)$ 的自相关函数
$\hat{R}$	窗口中心元素的滤波输出值
R_{H}	不模糊距离单元
$R_i(\cdot)$	基函数
$R_{\max}$	最大探测距离
R_{ref}	参考信号距离
R_{Δ}	距离差
r	散射点距旋转中心的距离
$\boldsymbol{r}$	场点位置矢量
	叶毂半径
$r(a_i,x_l)$	在状态 x_l 是作出决策 a_i 的损失函数
$r(k)$	自相关函数
r_0	雷达与目标旋转中心距离
$\hat{r}_m$	窄带回波信号测得的目标距离
r_{mni}	第 n 个距离单元第 i 个散射点在第 m 个方位角时与雷达

	的径向距离
S	接收机输入端的信号强度
$\boldsymbol{S}$	极化散射矩阵
	协方差矩阵
$S(n)$	回波频谱
$S_1, S_2, \cdots, S_{M-1}, S_M$	$t=n+1$ 时刻,时频图上的 M 个点
$S=\{x_1, x_2, \cdots, x_q\}$	状态集
S_{b}	螺旋桨雷达回波的复包络
$\boldsymbol{S}_i$	类内散布矩阵
$S_{\max}$	HRRP 的幅度峰值
$S_{\min}$	最小可检测功率
$\mathrm{STFT}_x(t,f)$	信号 $x(t)$ 的短时傅里叶变换
$\boldsymbol{S}_w$	总类内散布矩阵
s	标准差
$s(k)$	一次回波
$s(n)$	周期信号
$s(t)$	时域复信号
$s_{\mathrm{if}}(\hat{t}, t_m)$	差频信号
$s_{\mathrm{r}}(\hat{t}, t_m)$	雷达接收信号
T	分辨多目标所需的最短观测时间
	雷达波束驻留时间
	脉冲重复周期
	强度阈值
	上标,转置符号
	信号的周期
T_0	脉冲宽度
T_0	强度阈值初值
$T_1 \sim T_8$	目标长度及结构特征
T_{P}	脉宽
T_{ref}	参考信号脉宽
T_{r}	脉冲重复周期
T_{s}	合成孔径时间
t	灰度门限值

	时间
t^*	灰度最佳阈值
$\hat{t}$	快时间
$\mathrm{tfr}(m,n)$	离散短时傅里叶变换
th_k	噪声阈值
t_i	第 i 个散射中心的类型
U	识别框架
$\bar{u}_i$	投影样本均值
u_i	第 i 类样本均值
V	体积
v	目标速度
$\mathrm{var}\{\boldsymbol{a} \mid H_i) = \sigma_N^2$	矢量 a 的方差
v_{max}	桨叶边缘的最大线速度
v_{max}	频谱展宽引起的最大速度
v_α	载机速度
W_v	控制收敛速度快慢的权重因子
$w(n)$	噪声
$w(t)$	窗函数
$\boldsymbol{w},\boldsymbol{w}_i$	权重向量
w_i	各个高斯分量的权重
w_{ik},w_i	系数,权重
X	$X-(X_1,X_2,\cdots,X_N)$ 雷达波束照射目标时间内回波序列的频域数据
$\boldsymbol{X}$	训练特征矢量序列
	一维像矢量
X_0	状态初值
$X_i(k)$ 和 $X_j(k)$	$X_i(n)$ 和 $X_j(n)$ 的傅里叶变换
$\hat{\boldsymbol{X}}\ k/k-1 = f(\hat{\boldsymbol{X}}_{k-1})$	状态预测方程
X_i	第 i 个频点的回波数据
$x(n),y(n)$	归一化距离像
$x(n)$	目标高分辨回波
	信号波形, $n=1,2,\cdots,N$,是采样点序号
	信号序列

符号	含义
	一维像序列
$x(t)$	信号
x,y	向量
$x \in [a,b]$	自变量 x 在闭区间$[a,b]$内变化
$\bar{x}(n)$	归一化一维像
$\bar{x}$	RCS 均值
$\hat{x}_i(n)$	第 i 帧原始距离像,$n=0,1,2,\cdots,N-1$,N 为距离单元数
$x_i(n)$	归一化距离像
x_i,y_i	变量
x_k^i	某一类样本集中的样本
x_i	第 i 类样本子集
$\boldsymbol{x}_i$	特征向量
x_j	距离单元幅度
x_l	状态
x_n	一维像的第 n 个采样值
$\tilde{x}_j^*(n)$	$\tilde{x}_j(n)$的共轭
$\tilde{x}_j(n)$	$\tilde{x}_j(n)$的周期延拓
$\{x_k \mid 1<k<N\}$	目标的 RCS 序列
Y	归一化一维像幅度
$Y(n)$	距离像幅度函数
Y_i	类别符号
y	直角坐标系 y 方向
$y(n)$	接收信号
$y'(n)$	$y(n)$的周期延拓
	一维像序列
y_i	变量,类别变量
	归一化一维像幅度的第 i 个采样值
$y_m(n)$	第 m 个方位角时第 n 个距离单元回波的复包络
$\lvert y_m(n) \rvert^2$	$y_m(n)$ 的功率,也称功率型距离像
$\lvert y_m(n) \rvert$	第 n 个方位角时目标的幅度型距离像
Z	一维像的离散梅林变换
$Z(k)$	第 k 次观测大于噪声阈值 th_k 的距离单元数
Z_i	因子系数
z_i	模型极点

	一维像离散梅林变换的第 i 个采样值
z_{i1}	直流因子
z_{i2}	尺度因子
α	常数
	金属球半径
	雷达视线与桨叶旋转平面的夹角
	椭圆长半轴
α_i	GDA 模型参数估计值
β	波束水平张角
	目标相对于雷达的姿态角
	质阻比
β'	目标姿态角
Δf	步进频的阶梯频率
	调制谱间隔
Δf_{dmax}	两编队目标所对应的最大多普勒频率差
Δf_{d}	多普勒分辨力
	两编队目标所对应的多普勒频率差
ΔR	距离分辨力
Δr_{mnik}	第 n 个散射点和第 i 个散射点到雷达的路程差
$\Delta T_{3\mathrm{dB}}$	旋翼回波闪烁的 3dB 时间宽度
$\Delta\theta$	标在相干积累时间内旋转的角度
	姿态角变化
$\Delta\varphi$	两目标雷达视线夹角的差异
$\Delta\psi_{mnik}$	第 n 个散射点和第 i 个散射点的残留相位差
δ	冲击函数
δ'	归一化方差
δ_{α}	方位向分辨力
	回波时域方差
ε	介电常数
ε_1	当前判决的相对可信度
ε_2	组合证据的不确信程度
φ	极化基旋转角
	目标飞行方向与雷达视线的夹角
	特征核映射后的投影方向

φ_0　回波的初始相位

φ_1　目标 1 飞行方向与雷达视线的夹角

φ_2　目标 2 飞行方向与雷达视线的夹角

$<\varphi,\boldsymbol{\Phi}(x)>$　特征样本 在 方向上的投影

γ　调频率

　雷达视线与进动轴的夹角

η_{pq}　归一化中心矩

$\boldsymbol{\Phi}(\boldsymbol{x}_i)$　映射 $\boldsymbol{\Phi}$ 将输入特征矢量 x_i 映射至高维空间的特征样本

ϕ　φ 方向角度

　不变矩

　相位

$\phi(k)$　信号的自相关函数

$\phi(\omega)$　函数

ϕ_0　初始相位

$\phi_c(k)$　循环自相关函数

ϕ_r、ϕ_p、ϕ_y　三个方向的初始角

λ　波长

　参数化模型

λ_0　雷达波长

μ　不确定性限度因子

　磁导率

$\bar{\mu}(n-1)$　前一次连续识别融合结果隶属度

μ_1　亮度值大于 T 的所有像素的平均亮度值

μ_2　亮度值小于 T 的所有像素的平均亮度值

$\mu_A(x)$　隶属度函数,表示一个对象 x 隶属于集合 A 的程度

$\mu_i(n)$　第 i 个目标第 n 次的当前隶属度

$\boldsymbol{\mu}_i$　第 i 个高斯分量的 i 维均值矢量

μ_p　P 阶中心矩

μ_{pq}　阶中心矩

ρ　电荷密度

　矢径

　原点到直线的距离

$\rho(m)$　有 M 帧距离像的距离像序列,每帧距离像与其中某帧参考距离像的最大相关系数序列

ρ^*	虚构的磁荷密度
ρ_{ij}	第 i 帧和第 j 帧距离像 $x_i(n)$ 和 $x_j(n)$ 的最大滑动相关系数
ρ_r	距离分辨力
ρ_s	表面电荷密度
ρ_{xy}	最大滑动相关系数
$\tilde{\rho}(m)$	$\rho(m)$的周期延拓
θ	进动角
	梯度方向
	证据的不确定性焦元
	直线的法线与 x 轴的夹角
θ_k	每片桨叶的旋转初相角
θ_{mnik}	第 n 个散射点和第 i 个散射点的相位差
θ_n	各频率信号的相对位置差异
θ_r、θ_p、θ_y	三个方向的摇幅
$\boldsymbol{\Sigma}_i$	第 i 个高斯分量的协方差矩阵
σ	电导率雷达散射截面
σ_1	方差
$\sigma^2(t)$	目标选择函数
σ^2	图像强度的方差
σ_{dB}	以分贝为单位的雷达散射截面积
σ_{ni}	第 n 个距离单元第 i 个散射点的散射强度
$\tau(t)$	回波时延
Ω	目标的自旋频率
$\Omega=\{a_1,a_2,\cdots,a_p\}$	决策集
ω	地物实际后向散射截面
	角频率
ω_0	微动频率
ω_i	某一类样本集
ω_r、ω_p、ω_y	三个方向的频率
ψ_{mni}	残留视频相位
$\oplus$	图像处理中的膨胀算法

缩略语

ABC	Absorbing Boundary Conditions	吸收边界条件
AFRL	Air Force Research Laboratory	空军研究实验室
AGE	Angular Glint Error	角闪烁误差
AIC	Akaike Information Theoretic Criteria	最小信息准则
AIM	Adaptive Integral Method	自适应积分法
AIS	Automatic Identification System	自动识别系统
AMDF	Average Magnitude Difference Function	平均幅度差函数
AR	Auto Regressive	自回归
ART	Adaptive Resonance Theory	自适应共振理论
ATR	Automatic Target Recognition	自动目标识别
BP	Back Propagation	反向传播
CAD	Computer Aided Design	计算机辅助设计
CAMDF	Circular Average Magnitude Difference Function	循环平均幅度差函数
CATR	Compact Antenna Test Range	紧缩测试场
CG－FFT	Conjugate Gradient-Fast Fourier Transformation	共轭梯度－快速傅里叶变换法
CNN	Convolutional Neural Network	卷积神经网络
DARPA	Defense Advanced Research Projects Agency	美国国防高级研究计划局
DBN	Deep Belief Network	深度置信网络
DCT	Discrete Cosine Transform	离散余弦变换

DFT	Discrete Fourier Transform	离散傅里叶变换
DMT	Discrete Mellin Transform	离散梅林变换
ECM	Equivalent Current Method	等效电流法
EEC	Equivalent Edge Current	等效边缘电流
EKF	Extended Kalman Filter	扩展卡尔曼滤波
ESM	Electronic Supporting Measures	电子支援措施
FDTD	Finite Difference Time Domain	时域有限差分法
FEM	Finite Element Method	有限元法
FFT	Fast Fourier Transform	快速傅里叶变换
FMM	Fast Multipole Method	快速多极子方法
FMT	Fourier Mellin Transform	傅里叶梅林变换
FSS	Frequency Selective Surface	频率选择性表面
GBR	Ground – Based Radar	地基雷达
GDA	Generalized Discriminant Analysis	广义判别分析
GO	Geometrical Optics	几何光学
GPS	Global Positioning System	全球定位系统
GPU	Graphics Processing Unit	图形处理单元
GTD	Geometrical Theory of Diffraction	几何绕射理论
HRRP	High Resolution Range Profile	高分辨距离像
IFFT	Inverse Fast Fourier Transform	逆傅里叶变换
ILDC	Increment Length Diffraction Coefficient	增量长度绕射系数
IML	Impedance Matrix Localization	阻抗矩阵局部化
ISAR	Inverse Synthetic Aperture Radar	逆合成孔径雷达
JEM	Jet Engine Modulation	喷气发动机调制
K – L 变换	Kauhumen – Loeve Transform	卡南 – 洛伊夫变换
KNN	K – Nearest Neighbor	K 最近邻

LDA	Linear Discriminant Analysis	线性判别分析
LFM	Linear Frequency Modulation	线性频率调制
LOS	Line of Sight	视线
LSSC	Lincoln Space Surveillance Complex	林肯空间监视组合体
MAP	Maximum a Posterior	最大后验概率估计
MDL	Minimum Description Length	最小描述长度
MDMT	Modified Direct Mellin Transform	修正的直接梅林变换
MICOM	Army Missile Command	陆军导弹司令部
MLFMA	Multilevel Fast Multipole Algorithm	多层快速多极子方法
MoM	Method of Moment	矩量法
MSE	Mean Square Error	均方误差
MTRC	Migration Through Resolution Cells	越距离单元走动
NCTR	Non Cooperative Target Recognition	非合作目标识别
NRL	Naval Research Laboratory	海军实验室
Otsu	日本学者 Otsu	最大类间方差法
PCA	Principal Component Analysis	主成分分析
PF	Particle Filter	粒子滤波
PML	Perfectly Matched Layer	完全匹配层
PO	Physical Optics	物理光学法
PTD	Physical Theory of Diffraction	物理绕射理论
Radar	Radio Detection and Range	雷达
RAM	Radar Absorbing Material	雷达吸波材料
RATR	Radar Automatic Target Recognition	雷达自动目标识别
RBF	Radial Basis Function	径向基函数
RBF	Radial Basis Function	径向基函数
RBM	Restricted Boltzman Machine	限制玻耳兹曼机

RCS	Radar Cross Section	雷达散射截面积
RLOS	Radar Line of Sight	雷达视线方向
RNN	Recurrent Neural Network	递归神经网络
ROI	Region of Interest	感兴趣区域
RVP	Residue Video Phase	残留视频相位
SAHARA	Semi-Automatic Help for Aerial Region Analysis	半自动场景分析
SAIR	Semi-Automated Image Intelligence Processing	半自动图像情报处理
SAR	Synthetic Aperture Radar	合成孔径雷达
SBR	Shooting and Bouncing Ray	弹跳射线
SNR	Signal - to - noise	信噪比
STFT	Short Time Fourier Transform	短时傅里叶变换
SVM	Support Vector Machine	支持向量机
SVM	Support Vector Machine	支持向量机
SWD	Sliding Window Doppler	滑窗多普勒
UAT	Uniform Asymptotic Theory	一致性渐近理论
UAV	Unmanned Aerial Vehicle	无人机
UKF	Unscented Kalman Filter	不敏滤波
UTD	Uniform Theory of Diffraction	一致性几何绕射理论
VHF	Very High Frequency	甚高频

图 1.1 美国“和平卫士”洲际弹道导弹

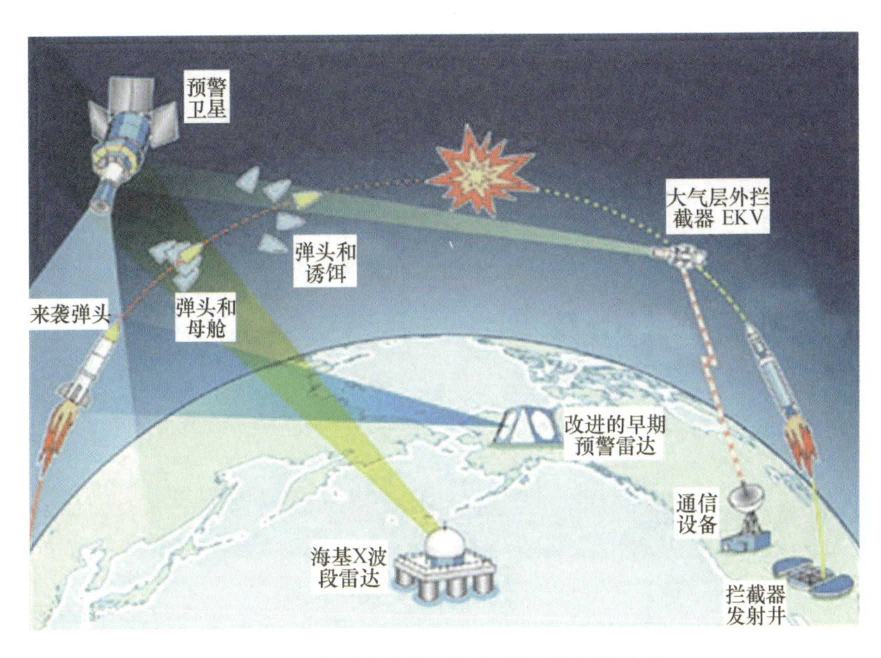

图 1.2 美国弹道导弹防御系统拦截示意图

图 1.4　参与试验的德国 TIRA 雷达

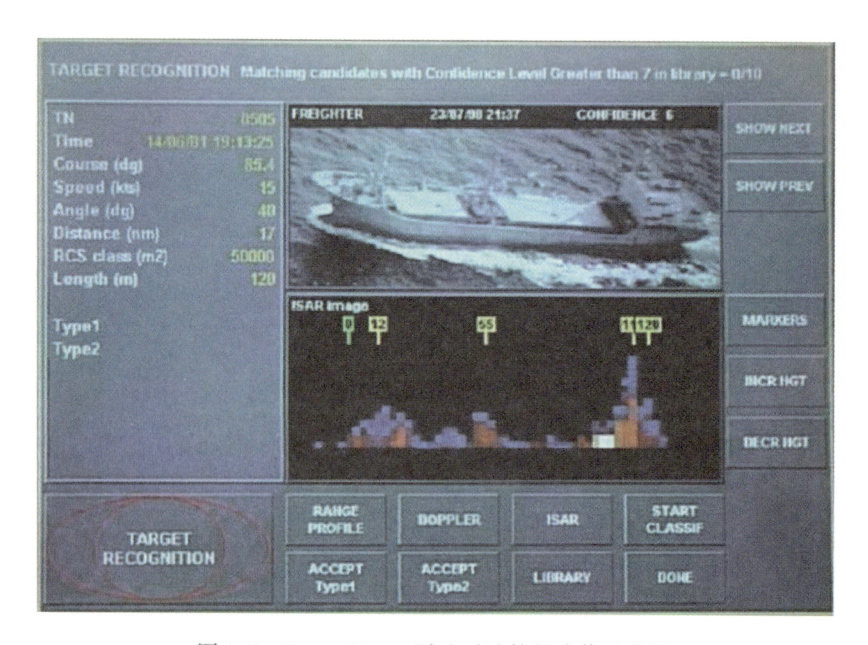

图 1.5　Ocean Master 雷达对油轮的成像及分类

(a) 舰船

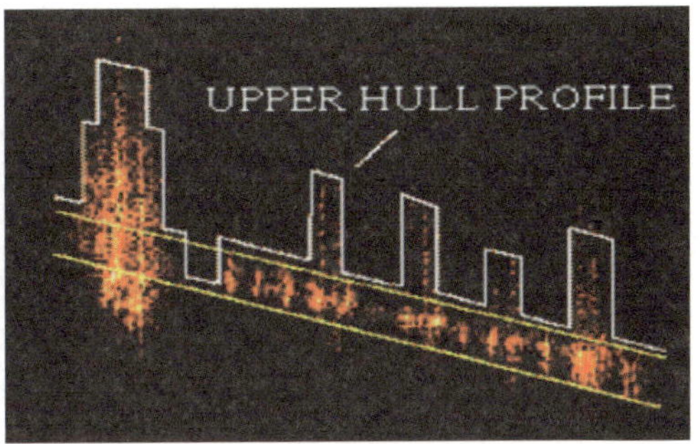

(b) 舰船成像

图 1.6　舰船成像识别图

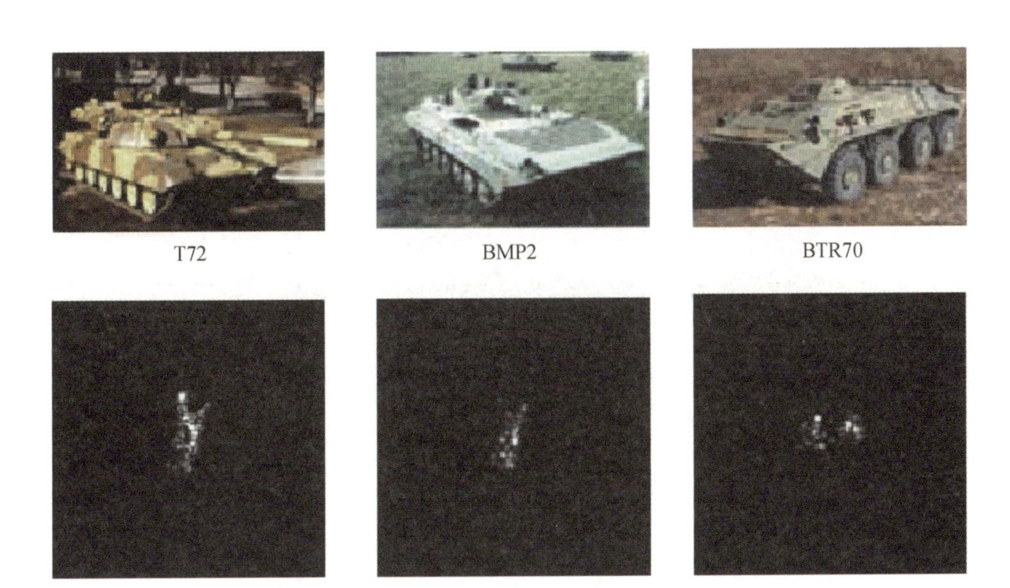

图 1.7　MSTAR 计划中录取的三类目标的光学图像和 SAR 图像

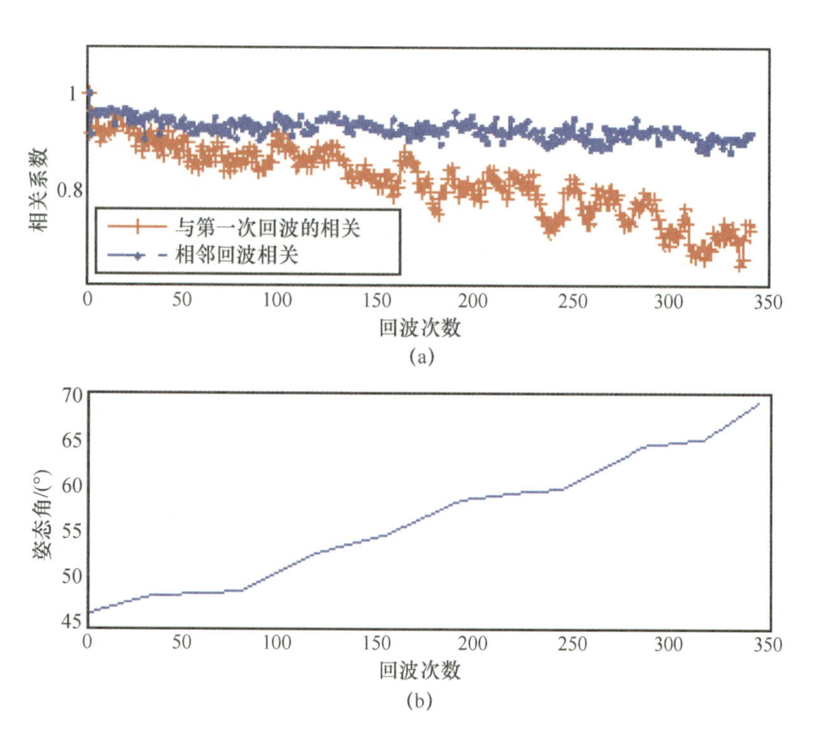

图 2.4 不同姿态一维像的相关性

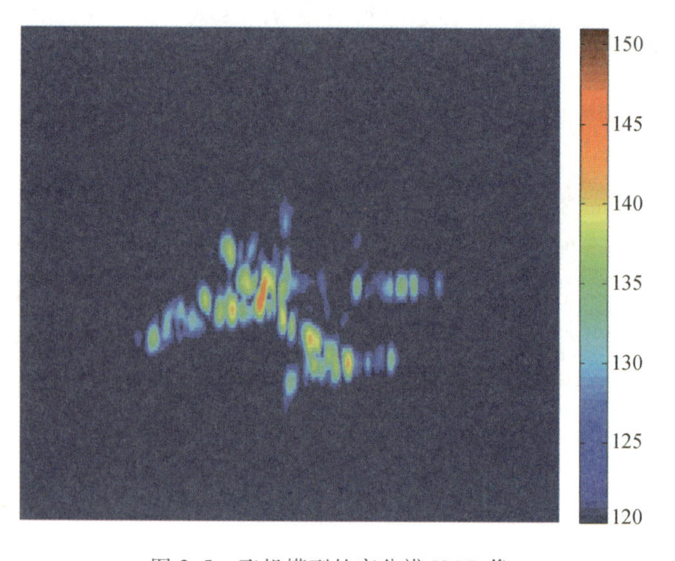

图 2.5 飞机模型的高分辨 ISAR 像

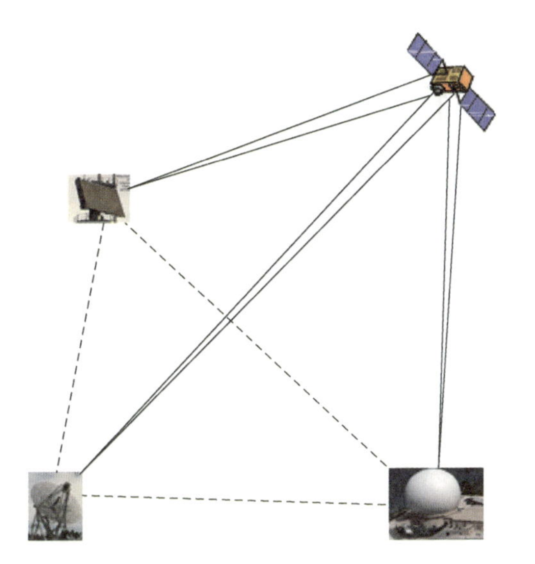

图 2.7　多雷达定位提高测量精度

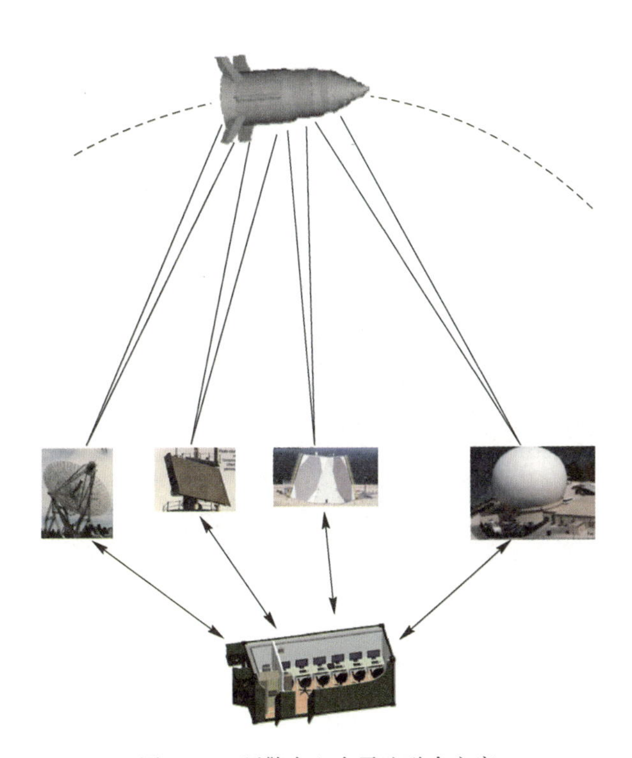

图 2.10　预警中心多雷达融合方案

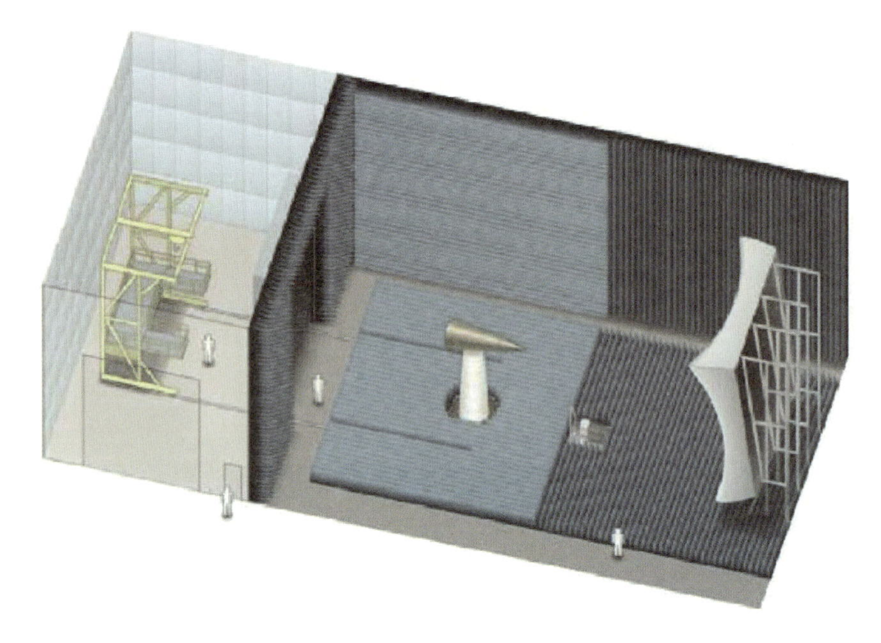

图 3.9　美国林肯实验室的室内场测量系统

图 3.10　美国海军的室内紧缩场测量系统

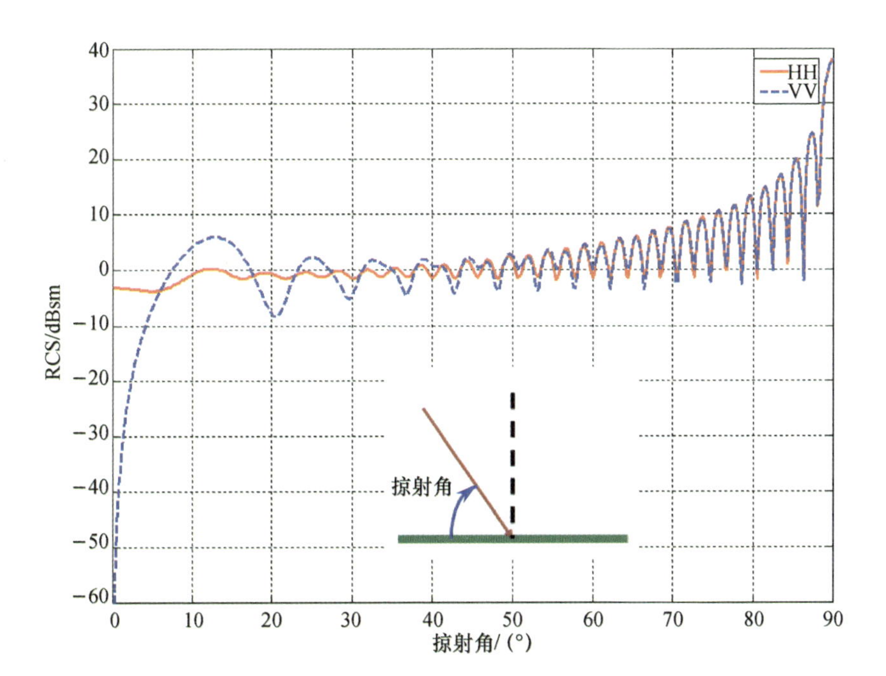

图 3.20　金属方板单站 RCS 曲线

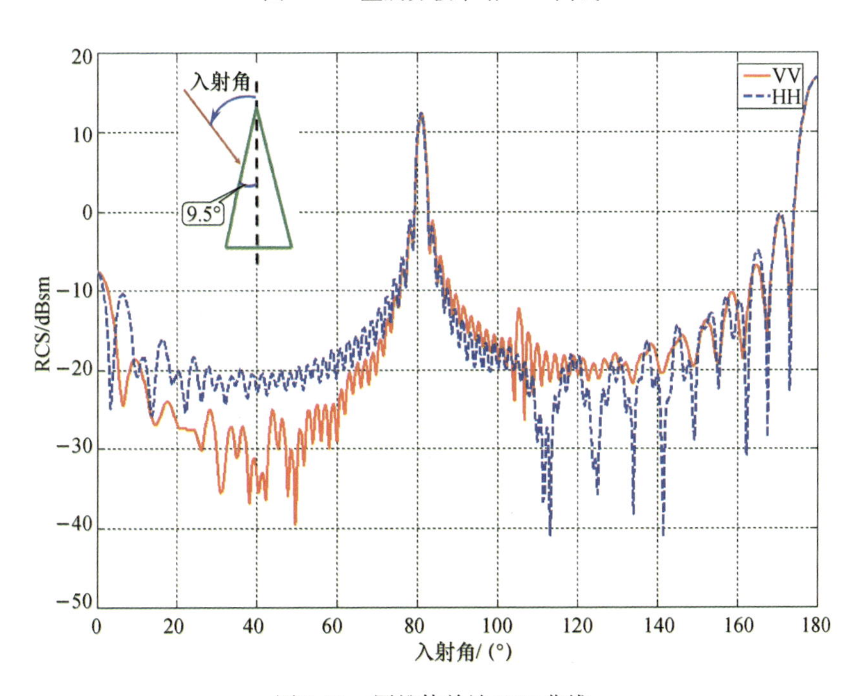

图 3.21　圆锥体单站 RCS 曲线

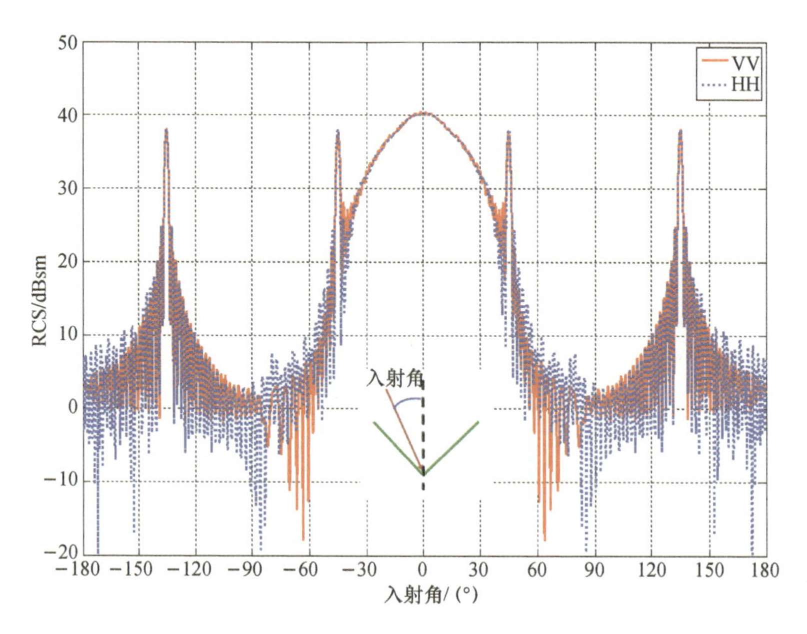

图 3.22　二面角反射器单站 RCS 曲线

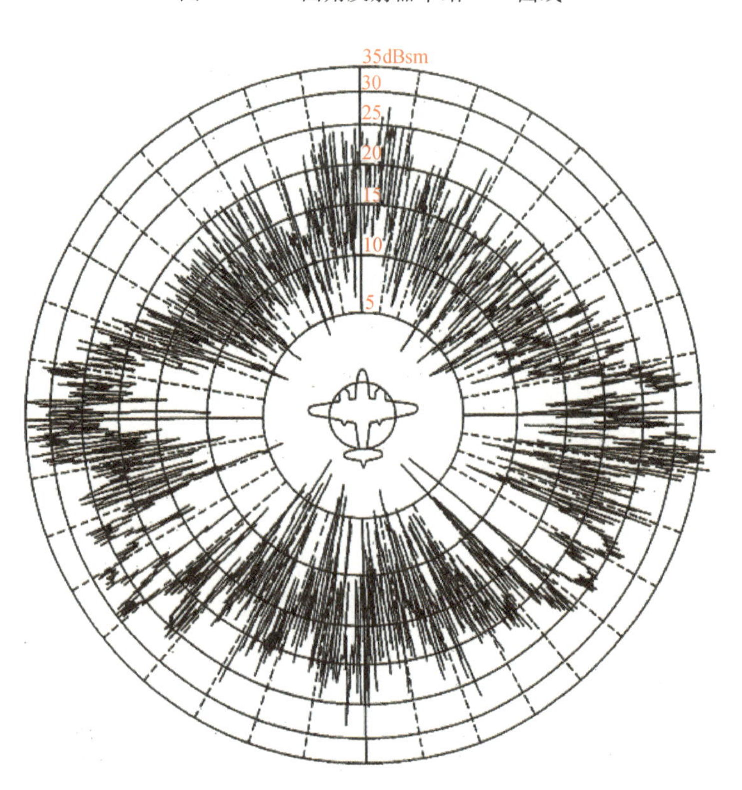

图 3.23　B－26 轰炸机单站 RCS 曲线

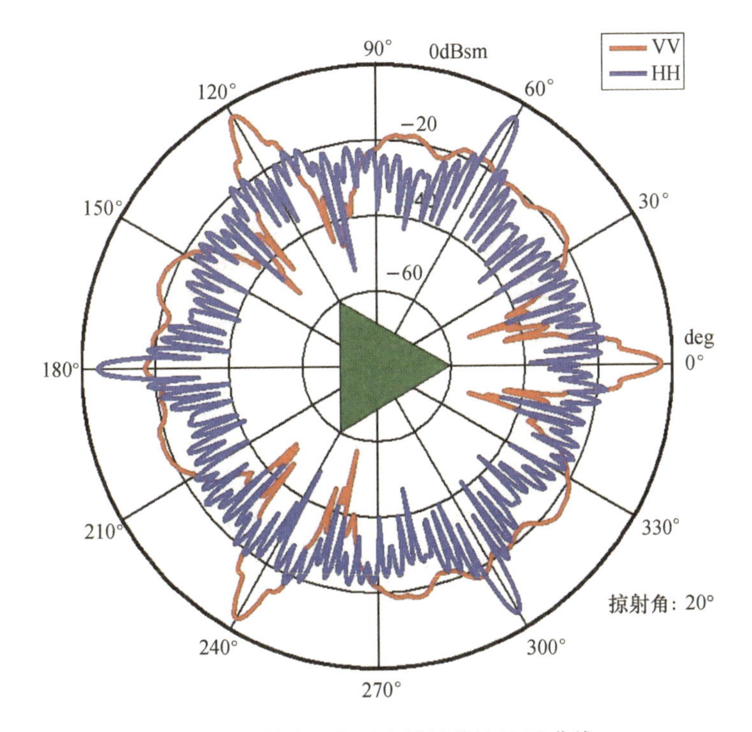

图 3.26　等边三角形金属板单站 RCS 曲线

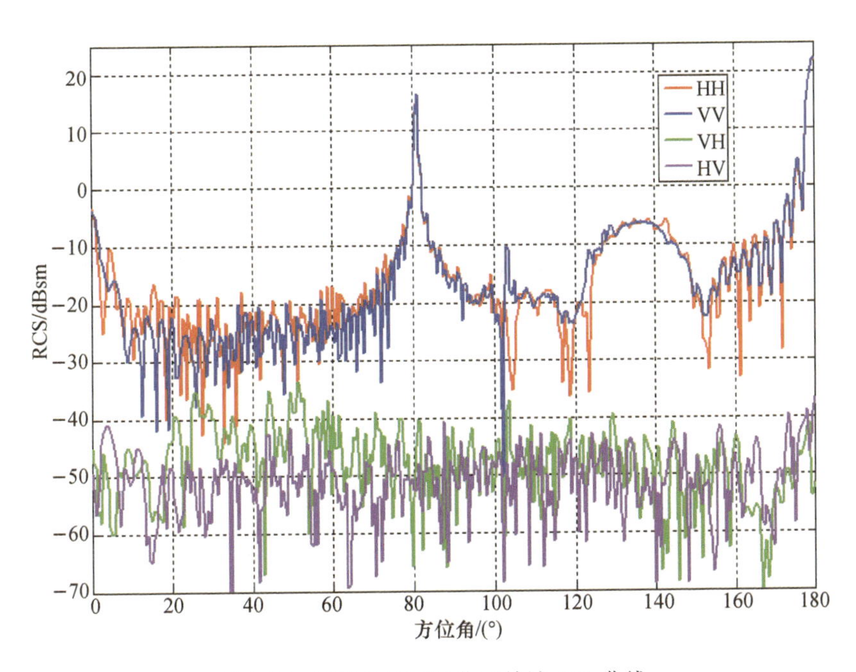

图 3.27　圆锥体不同极化下单站 RCS 曲线

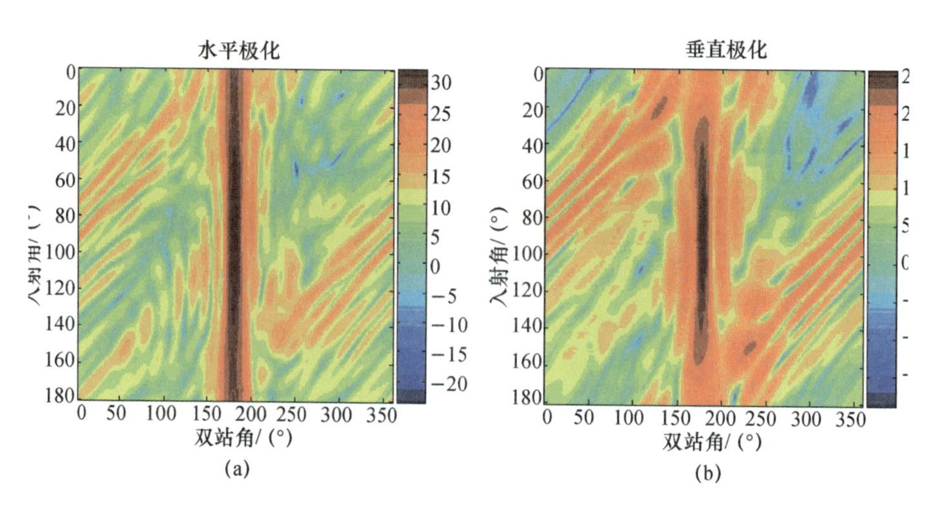

图 3.28　某飞机双站 RCS 结果

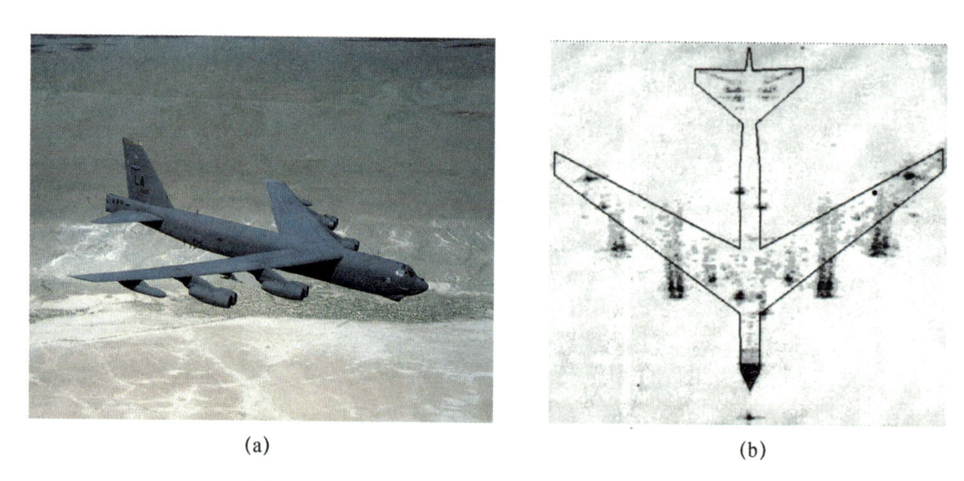

图 3.30　B-52 飞机(a)与 X 波段 ISAR 像(b)

图 3.31　T-62 坦克

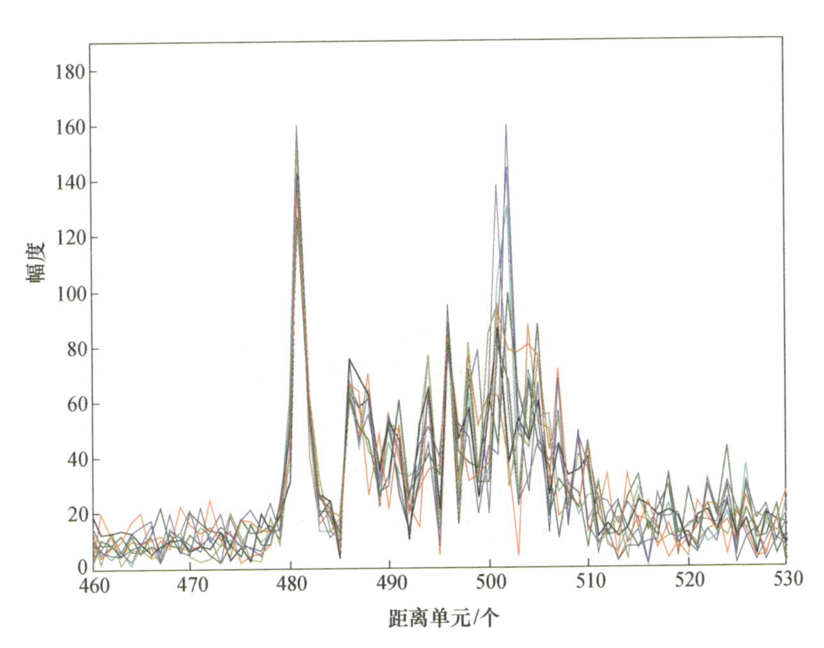

图 4.10　飞机 3 连续 100 幅距离像

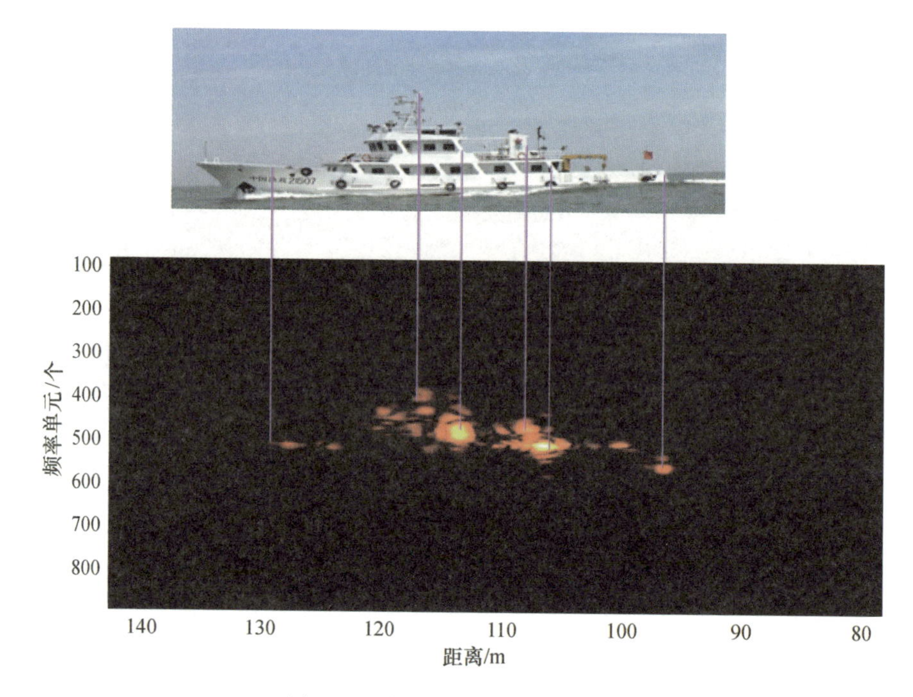

图 4.15　舰船光学图片与 ISAR 像

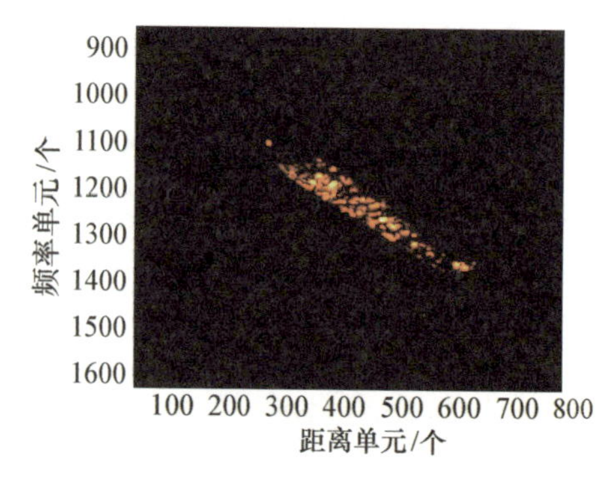

图 4.16　舰船目标的 ISAR 俯视像

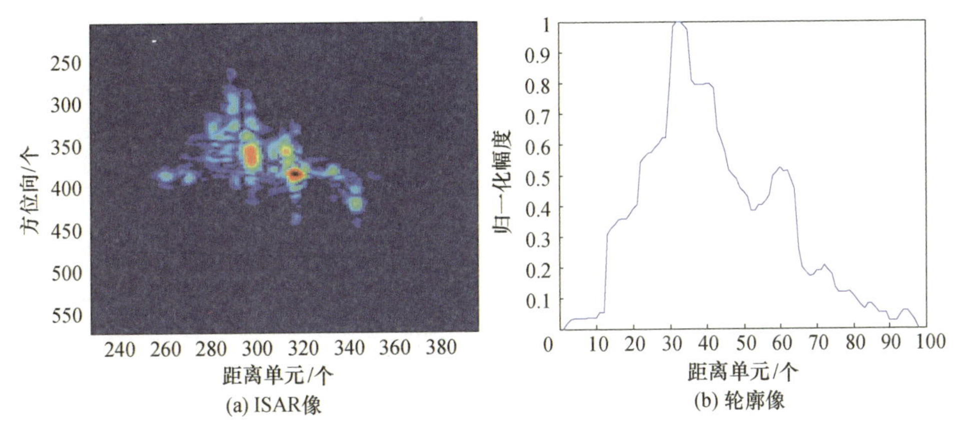

(a) ISAR像　(b) 轮廓像

图4.17　舰船轮廓特征

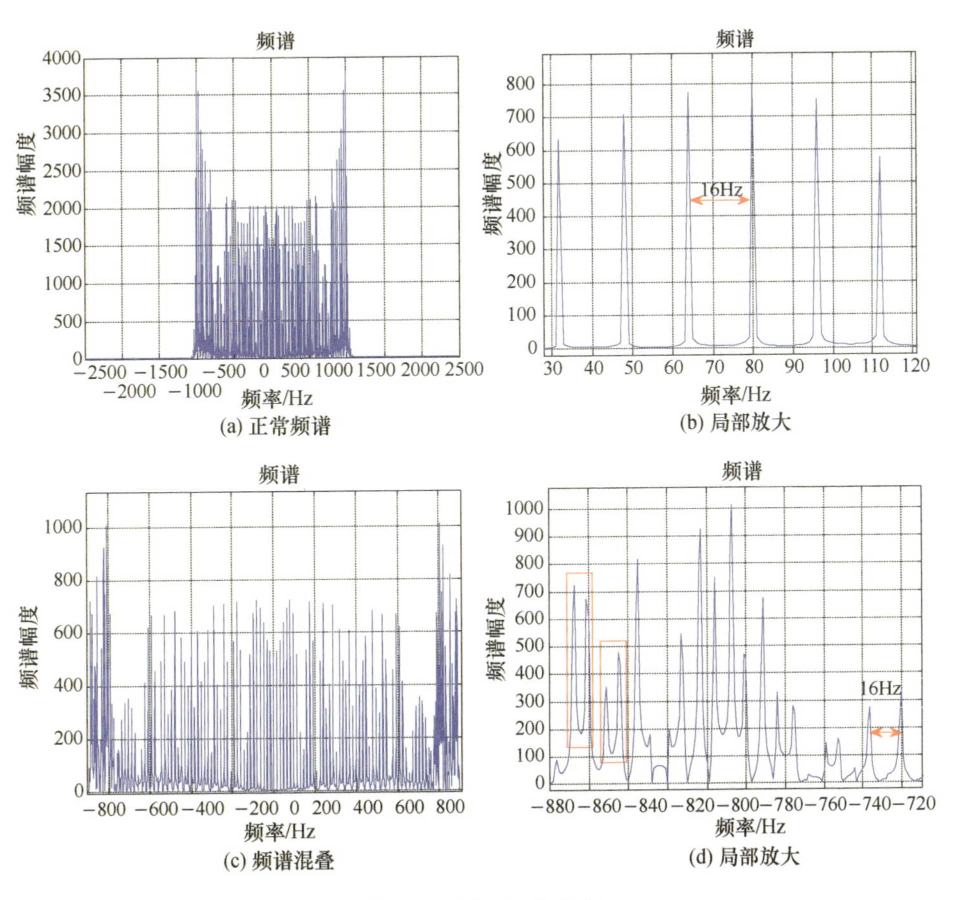

(a) 正常频谱　(b) 局部放大

(c) 频谱混叠　(d) 局部放大

图4.22　混叠效应仿真

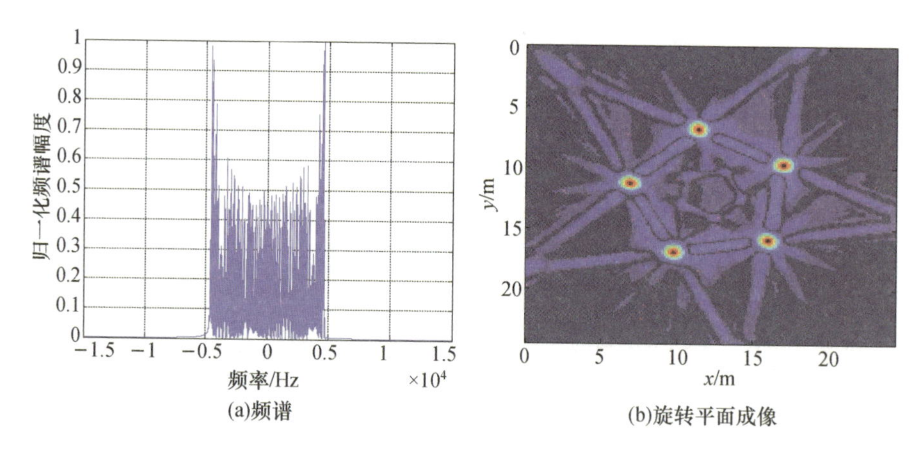

图 4.24　旋转平面成像仿真

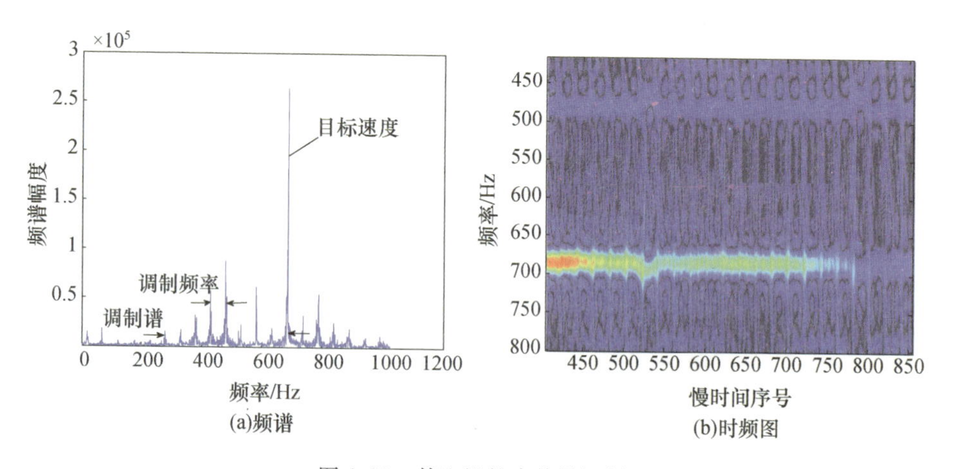

图 4.25　某飞机的多普勒调制

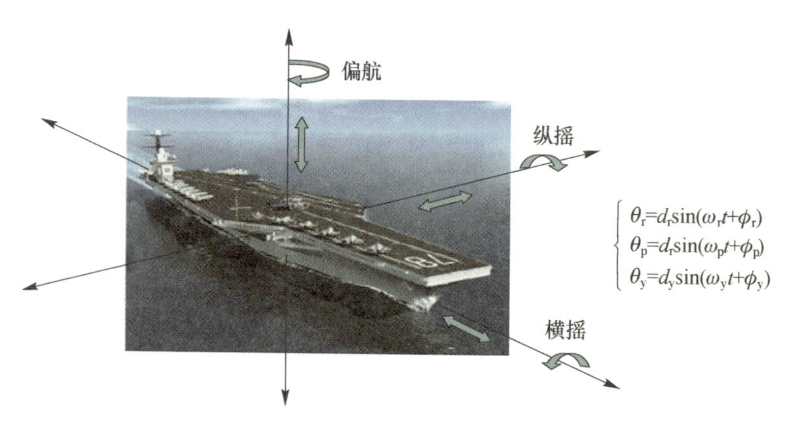

图 4.26　舰船运动示意图及摇摆幅度表达式

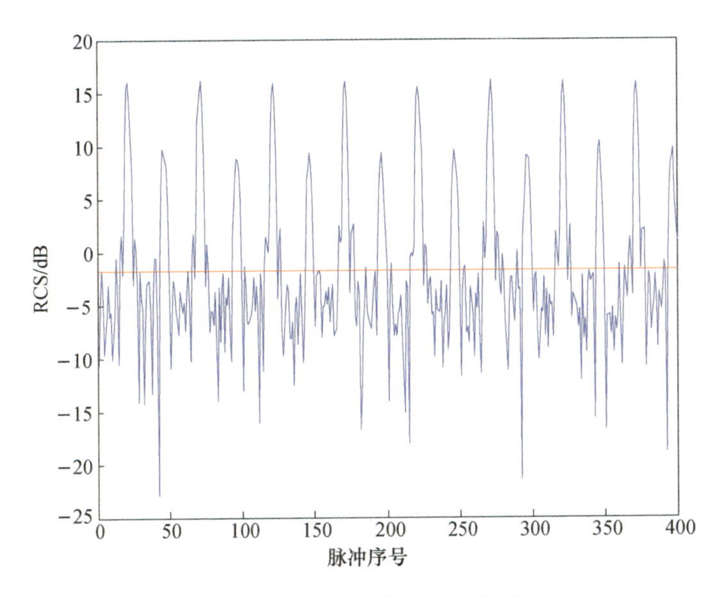

图 4.28　翻滚柱体的 RCS 序列

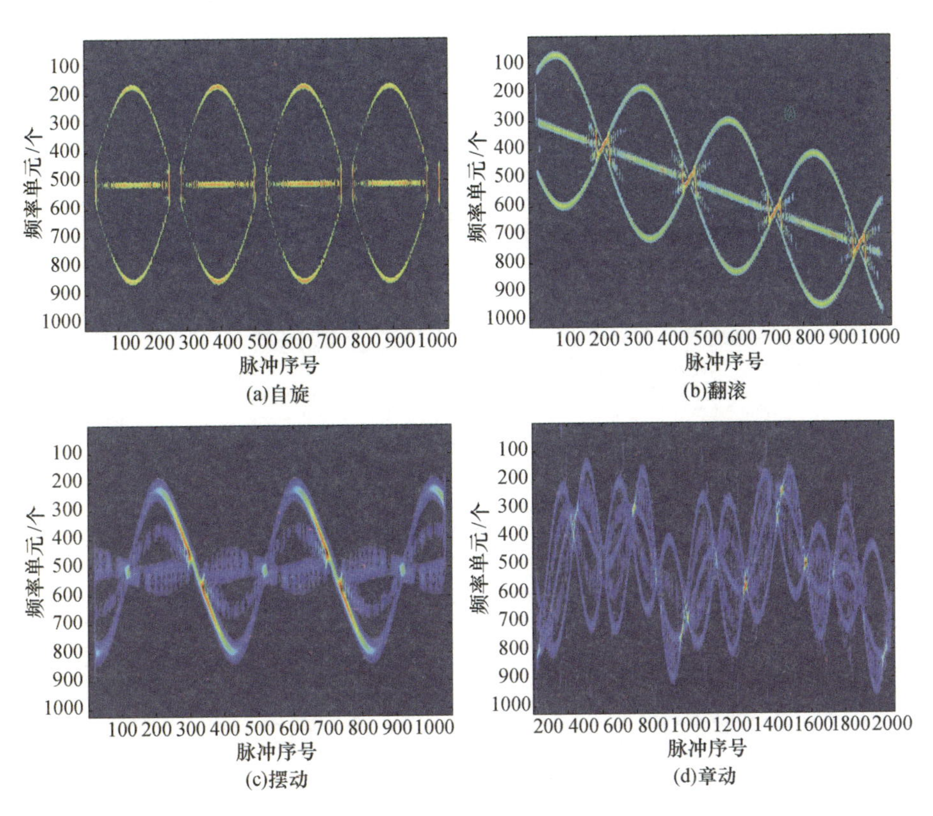

图 4.29　4 种典型微动的时频分析

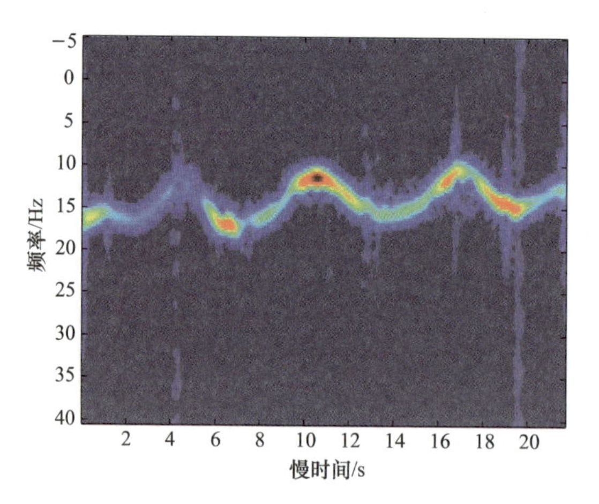

图 4.30　船只颠簸的时频图像

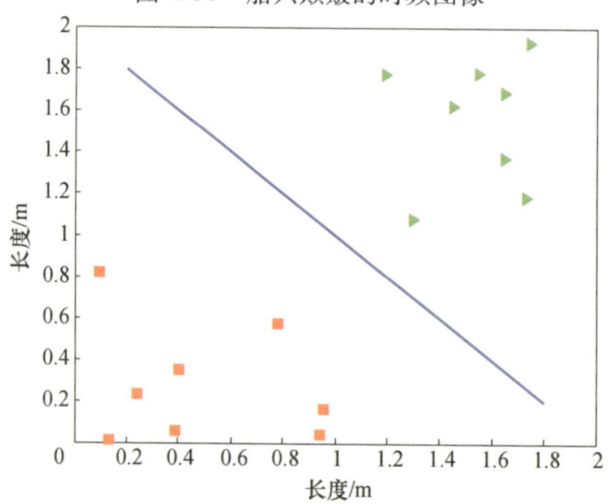

图 5.2　线性分类问题示例

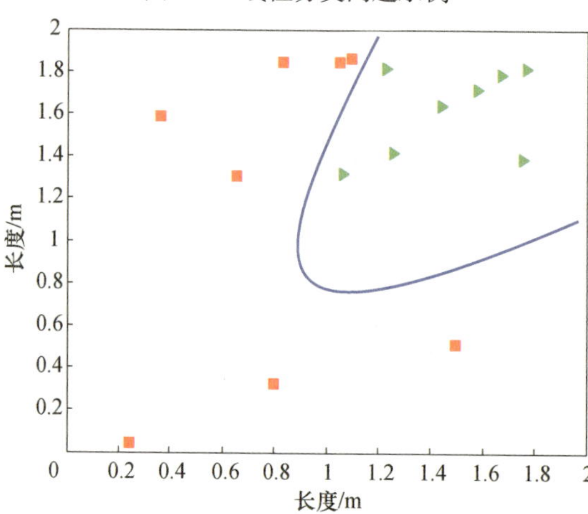

图 5.3　非线性分类问题示例

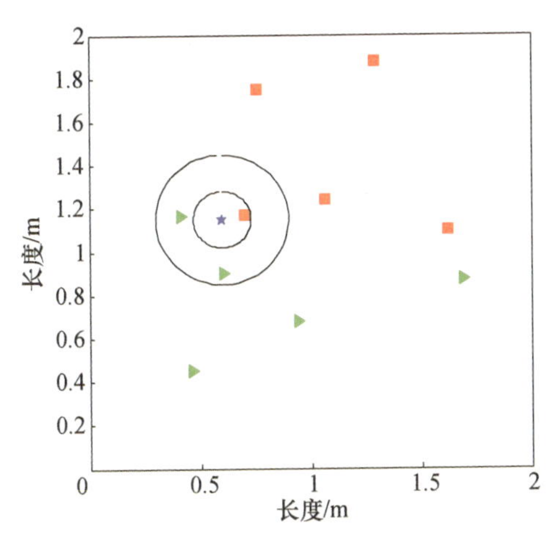

图 5.4　K 近邻算法示例

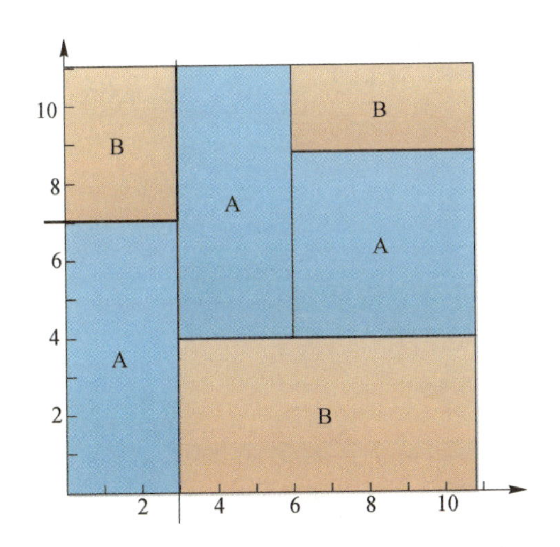

图 5.6　图 5.5 中决策树对应的分类区域示意图

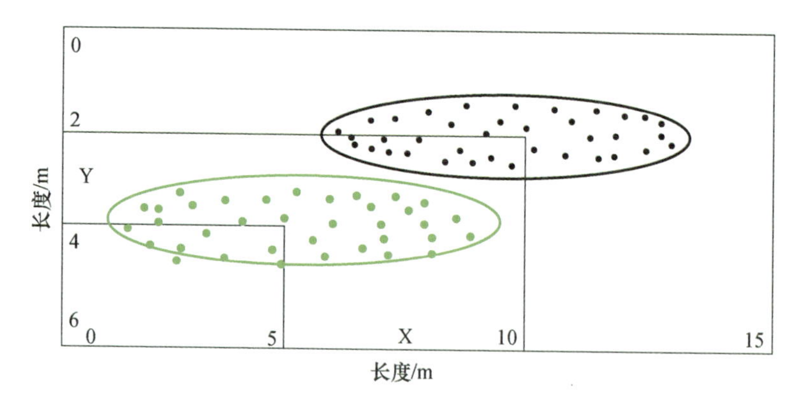

图 5.7　投影样本均值差的大小并不能完全体现两类数据的可分性

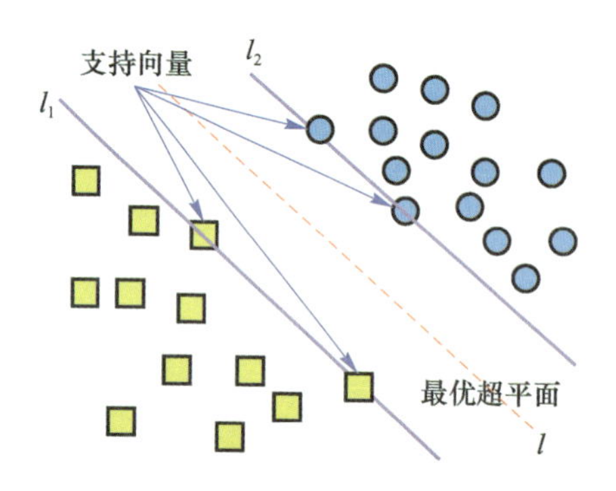

图 5.8　最优超平面与支持向量

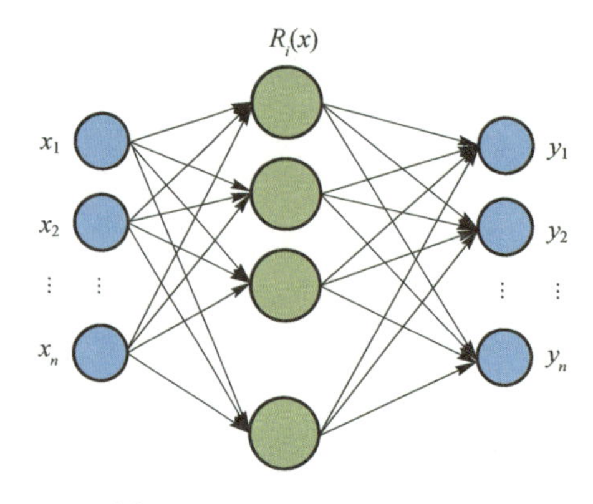

图 5.10　径向基函数神经网络

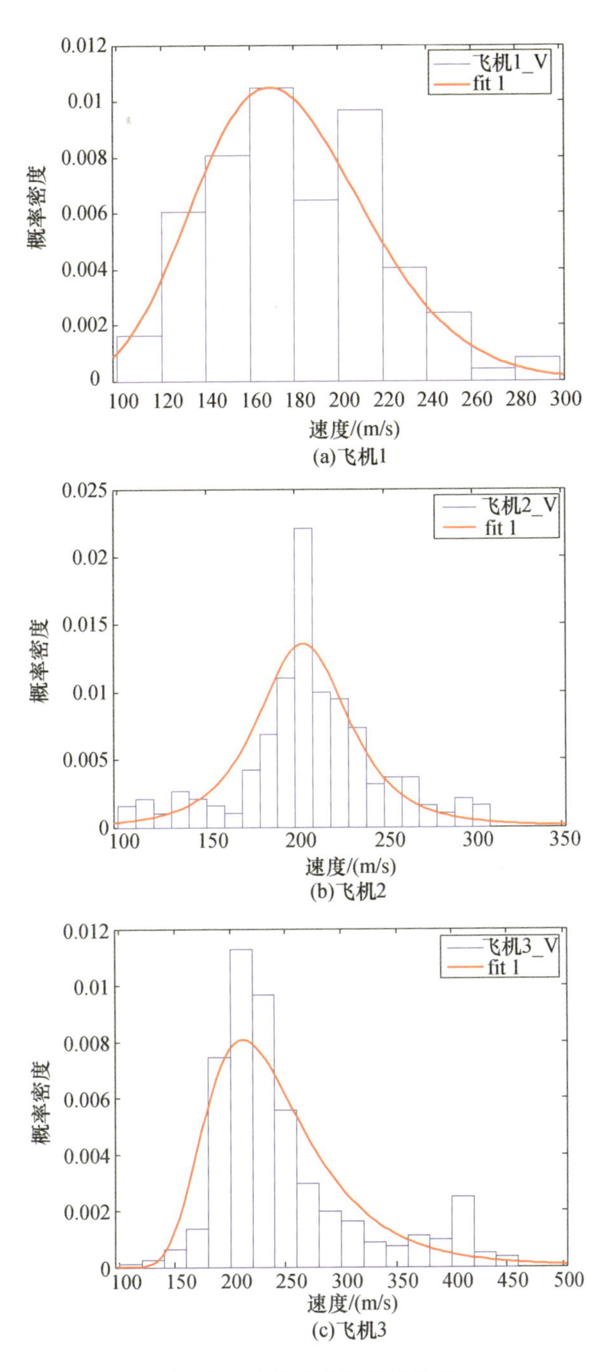

图 6.2 飞行速度的概率分布

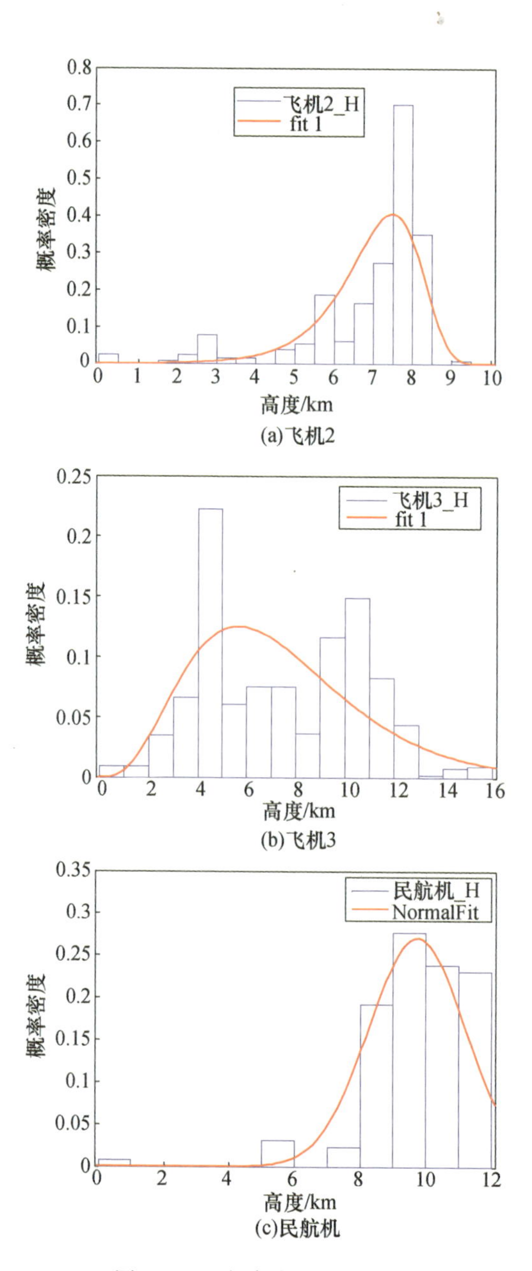

(a)飞机2

(b)飞机3

(c)民航机

图 6.3 飞行高度的概率分布

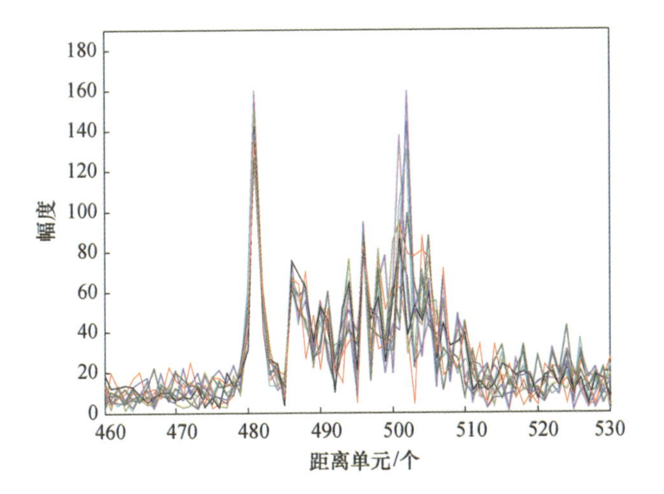

图 6.11　某飞机连续 100 幅一维距离像

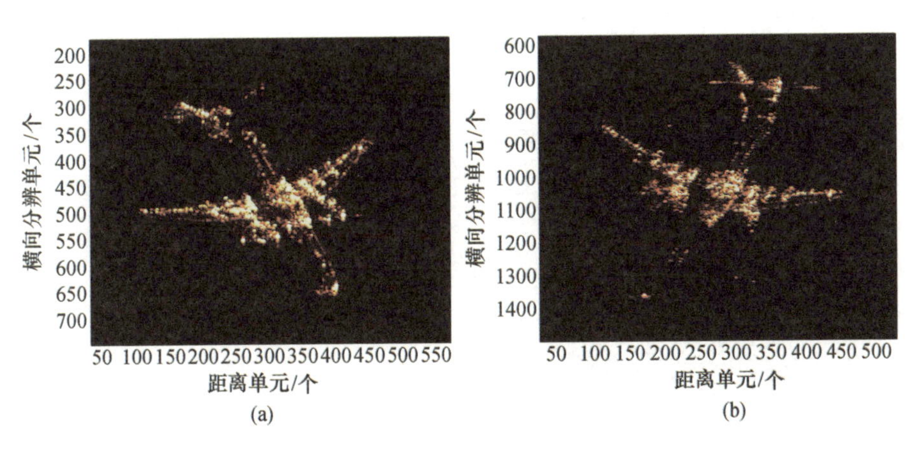

图 6.16　民航机不同姿态的 ISAR 成像结果

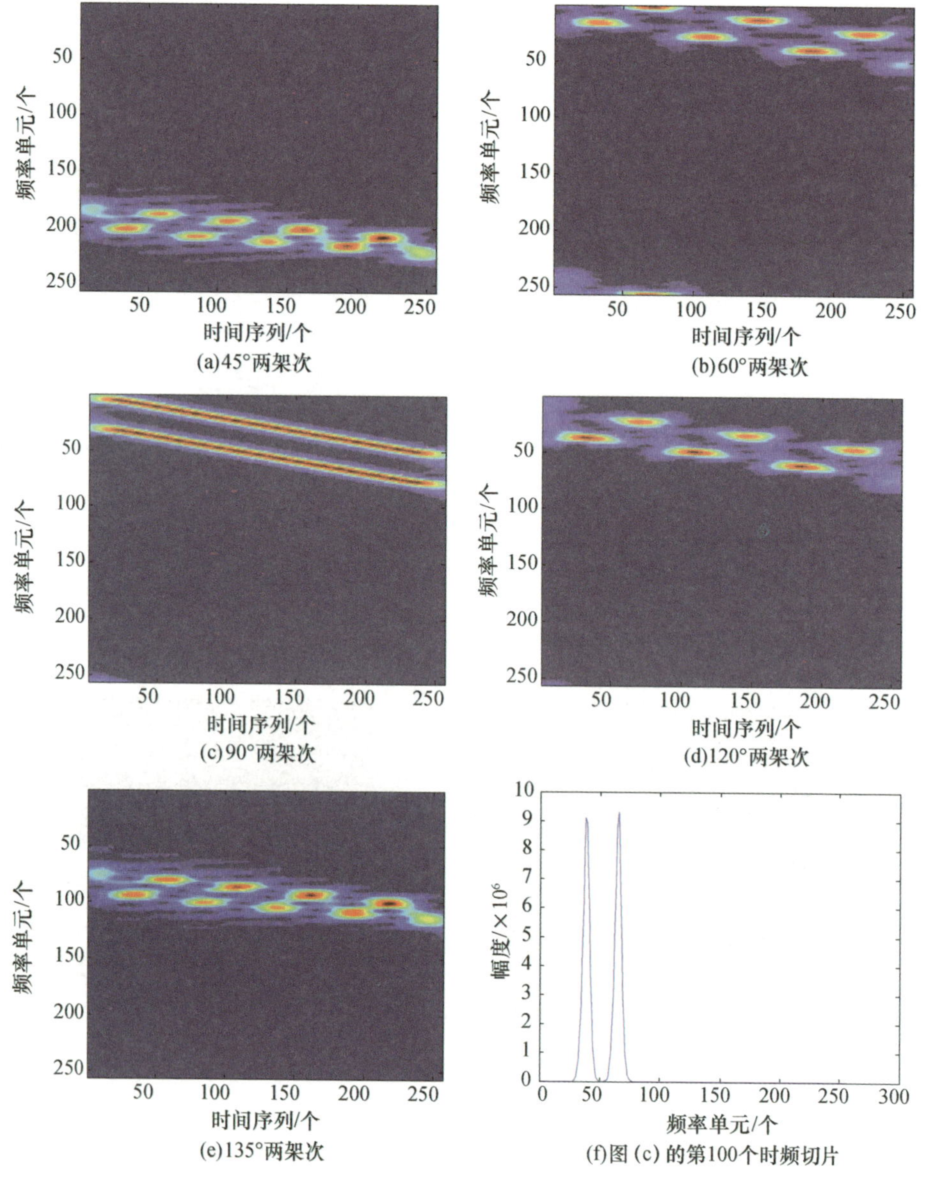

图 6.20 不同夹角情况下编队目标的时频分布

(图(a)～(e)为不同夹角下的时频变换结果,图(f)为 90°夹角某时刻的一个时频切片)

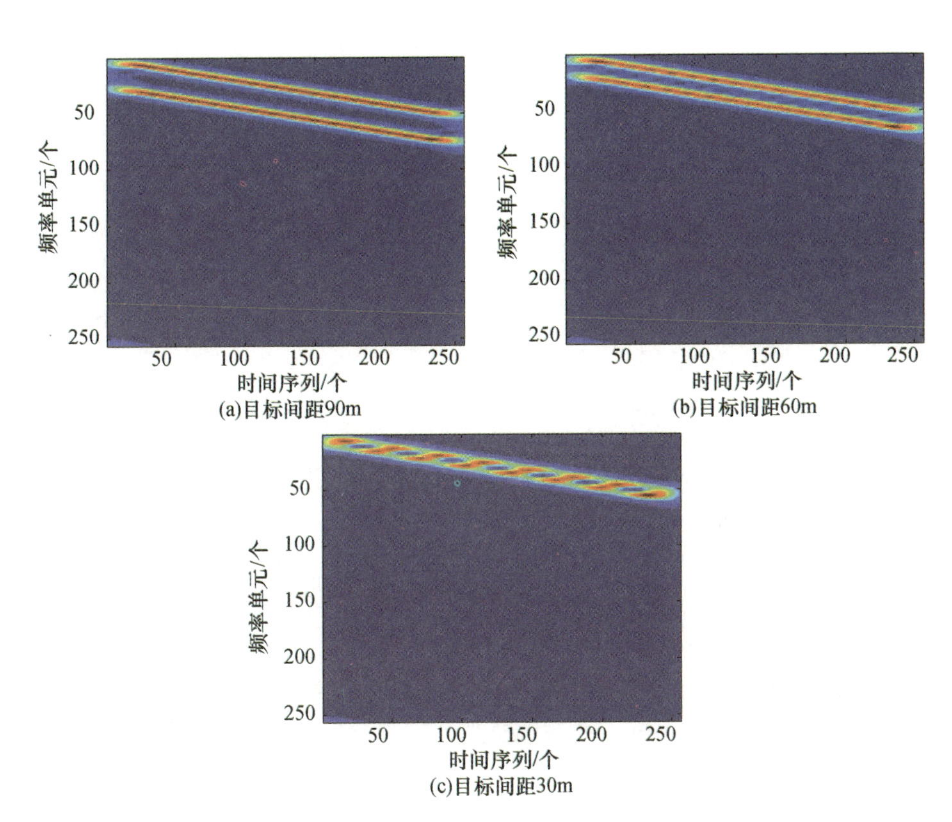

图 6.21 不同目标间距情况下编队目标的时频分布

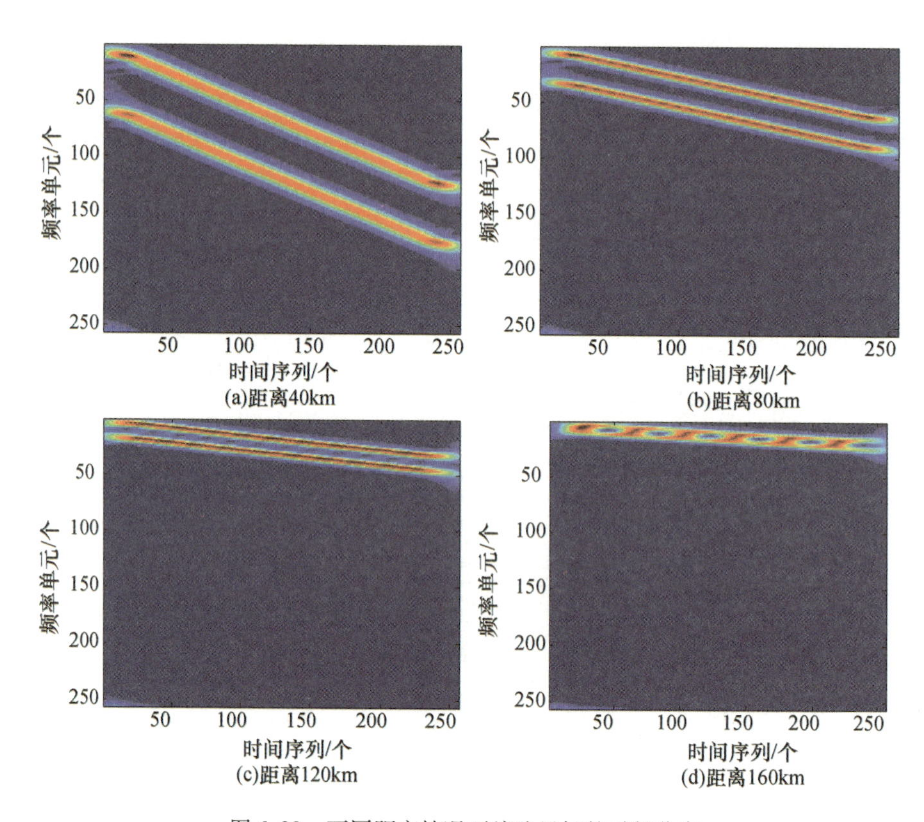

(a)距离40km (b)距离80km (c)距离120km (d)距离160km

图 6.22　不同距离情况下编队目标的时频分布

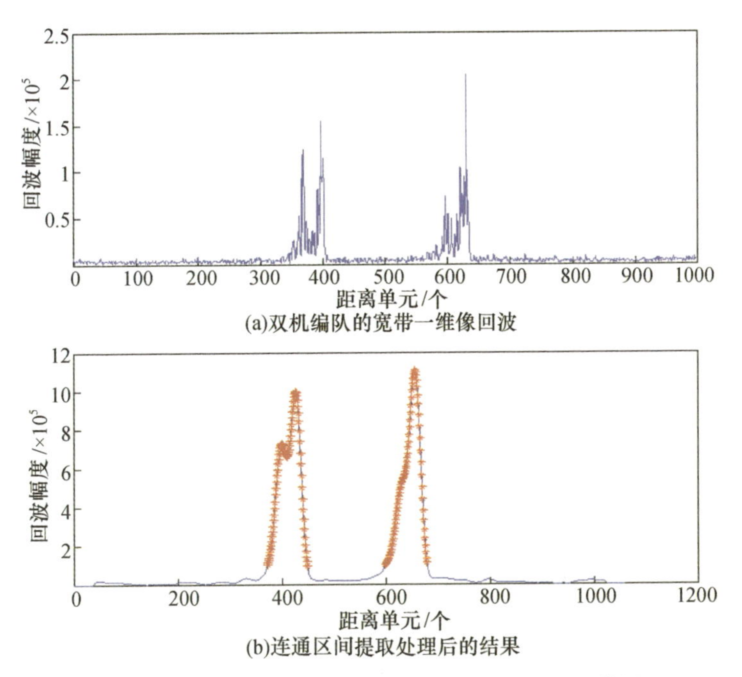

图 6.24　基于宽带回波进行飞机架次识别的处理结果

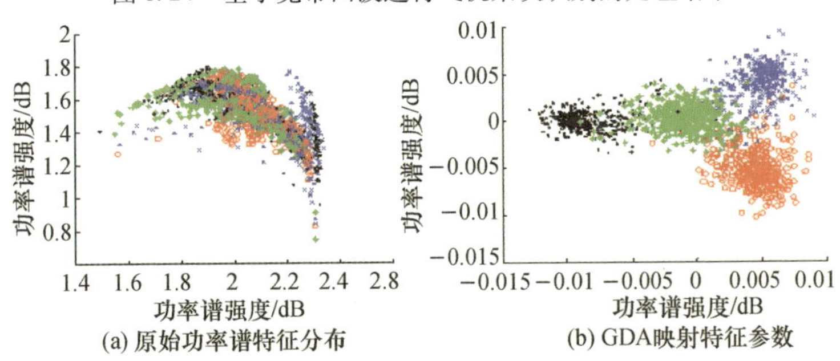

图 6.29　GDA 方法映射前后特征参数的分布情况对比[14]

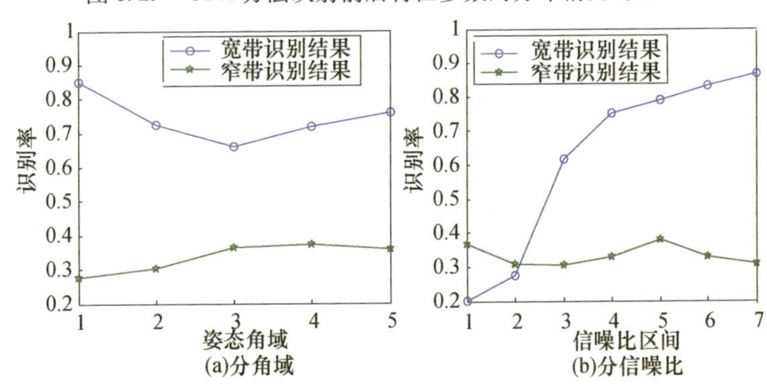

图 6.36　宽窄带识别方法特点

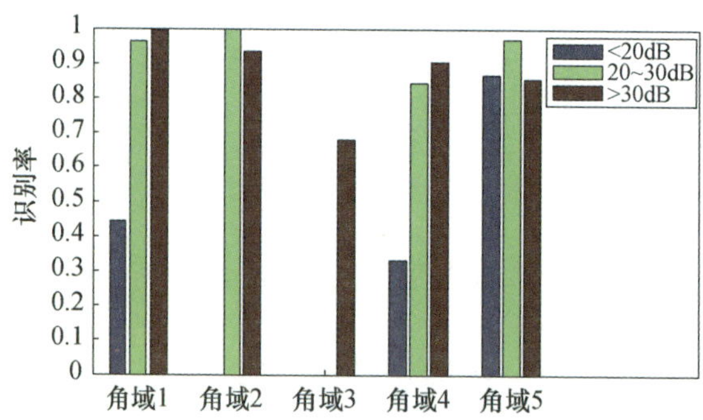

各角域不同的信噪比区间

(a) 机型1在各角域不同信噪比区间的识别情况

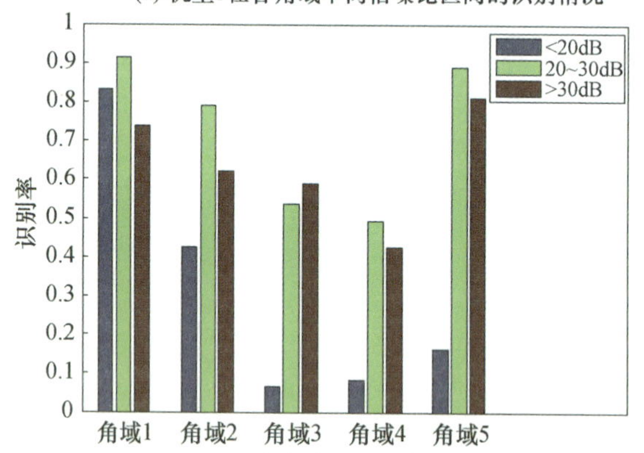

各角域不同的信噪比区间

(b) 机型2在各角域不同信噪比区间的识别情况

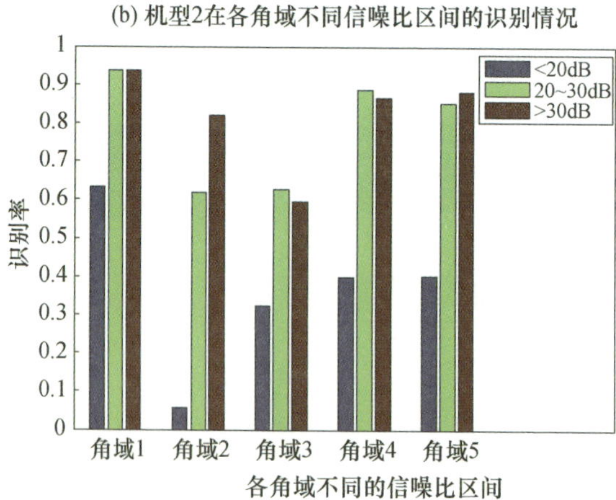

(c) 机型3在各角域不同信噪比区间的识别情况

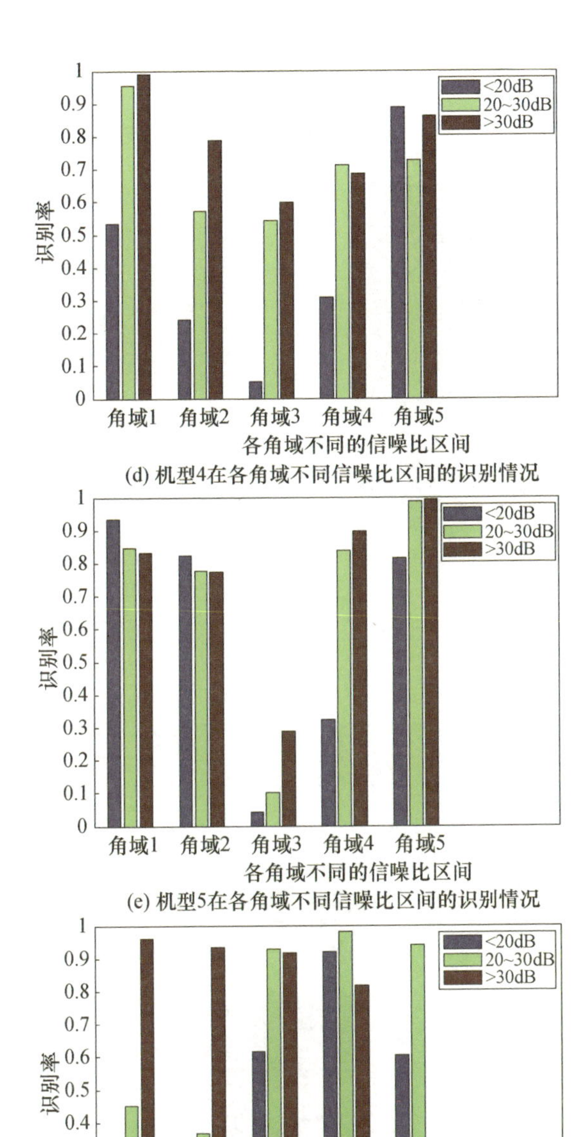

(d) 机型4在各角域不同信噪比区间的识别情况

(e) 机型5在各角域不同信噪比区间的识别情况

(f) 民航机在各角域不同信噪比区间的识别情况

图 6.47　6 种目标在不同角域不同信噪比区间的识别率

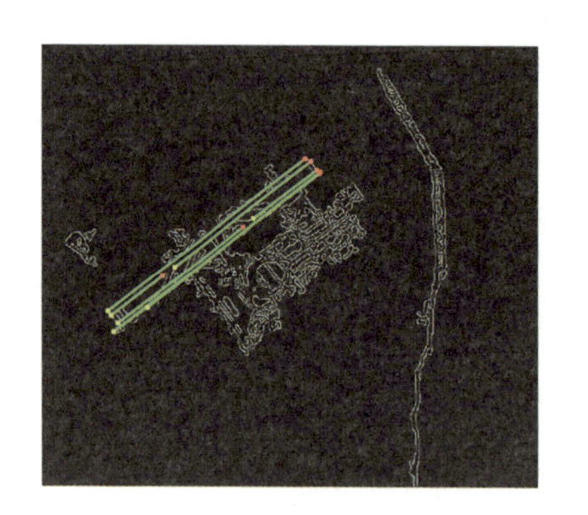

图 7.17　确定的机场区域

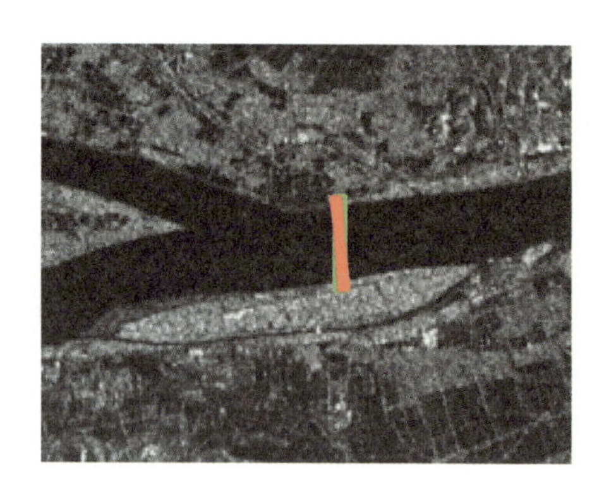

图 7.24　最终检测的桥梁位置

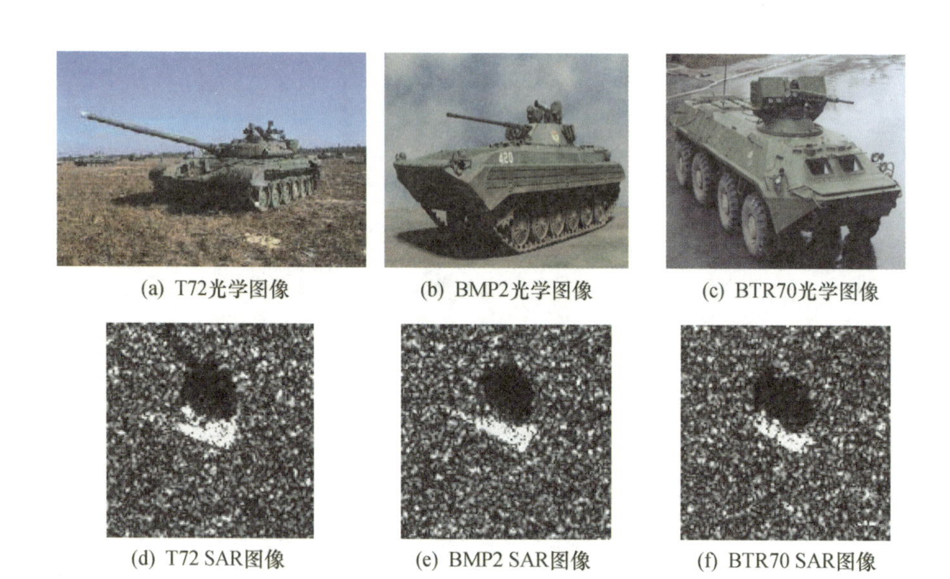

图 7.28　MSTAR 目标的光学像及 SAR 图像

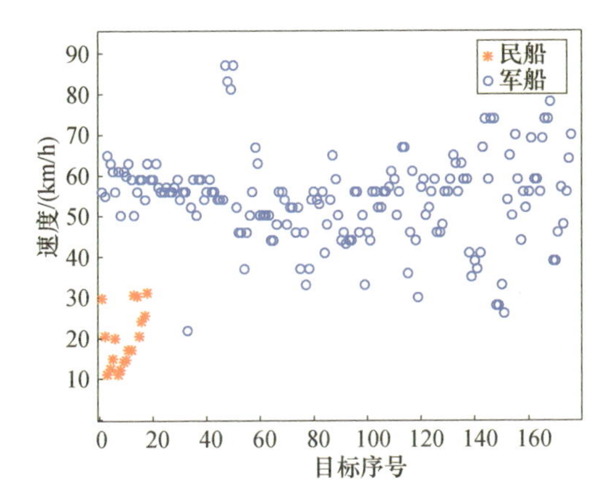

图 8.1　军民船最大速度分布情况

(a)T.M. Harmony油轮

(b)美国Ticonderoga级导弹巡洋舰

图 8.2　舰船光学图片

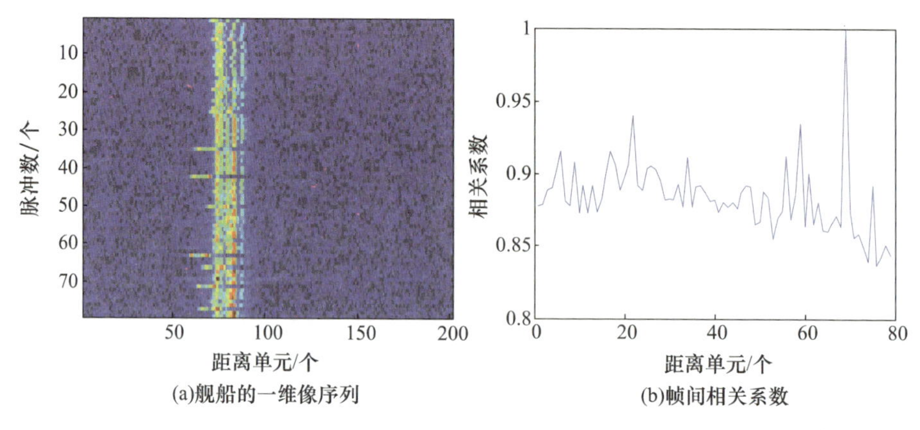

图 8.4　一维像的稳定性示例

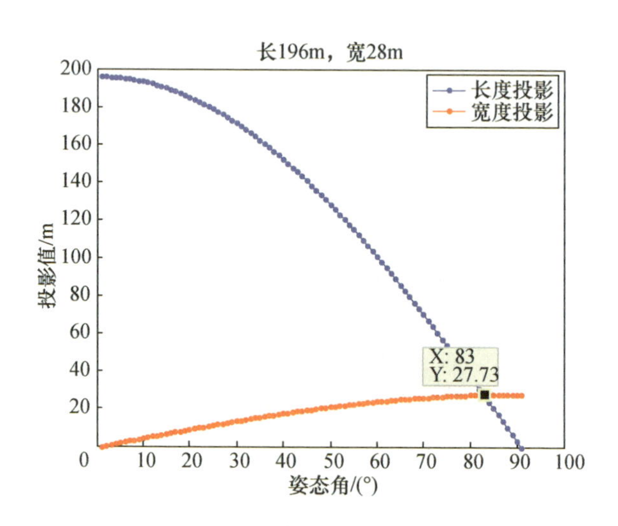

图 8.8　目标径向投影尺寸

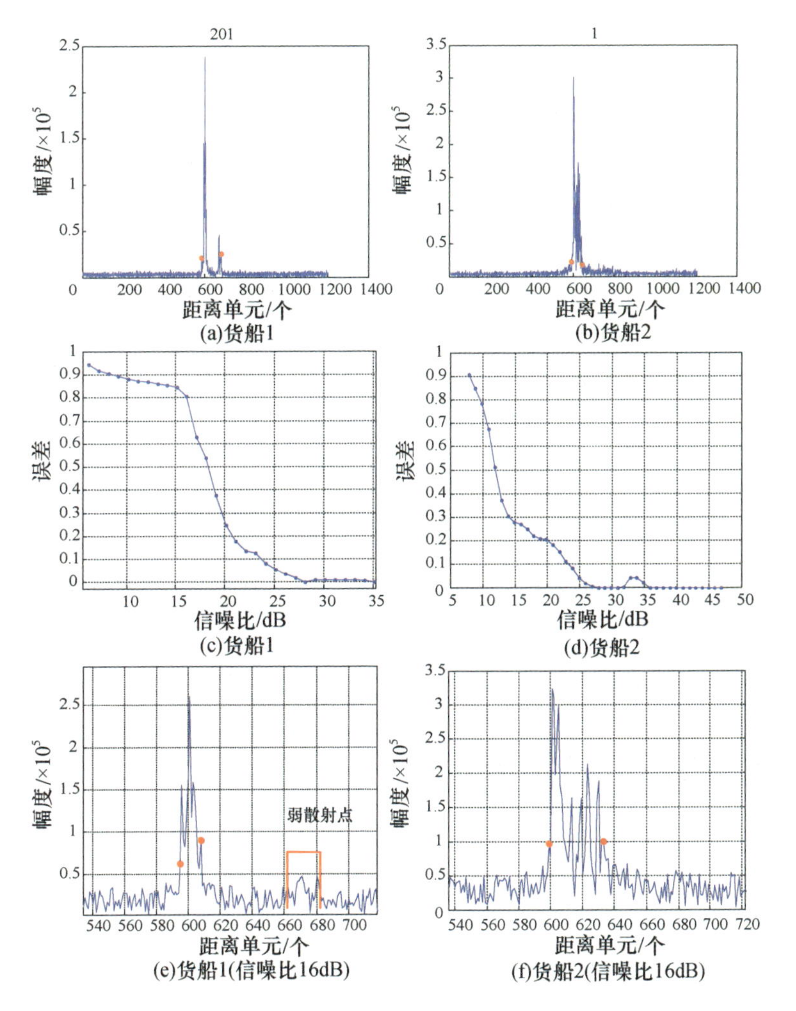

图 8.9　货船径向长度提取误差与信噪比的关系

图 8.13　军民船一维像编码值分布情况

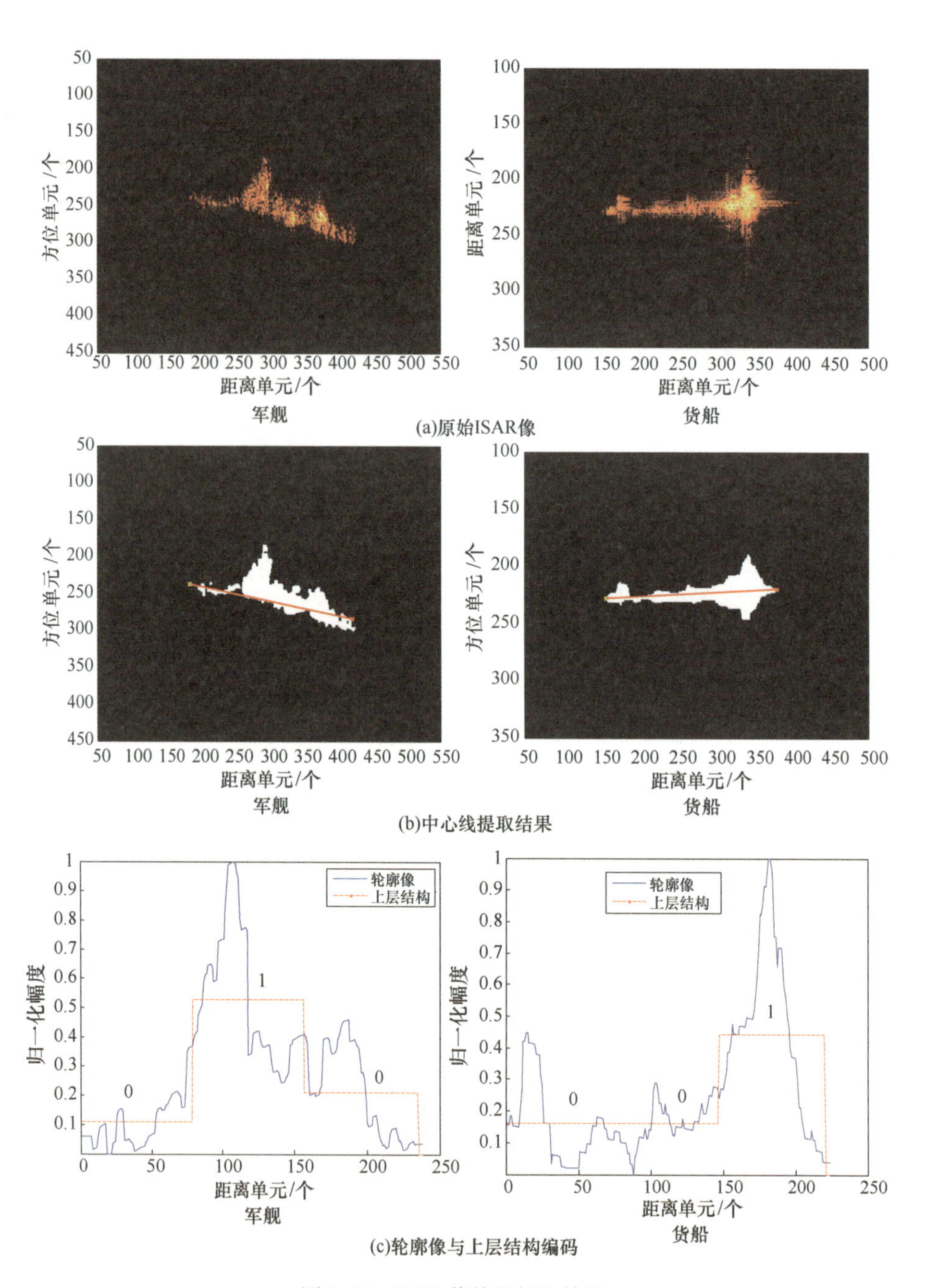

图 8.15 ISAR 像特征提取结果

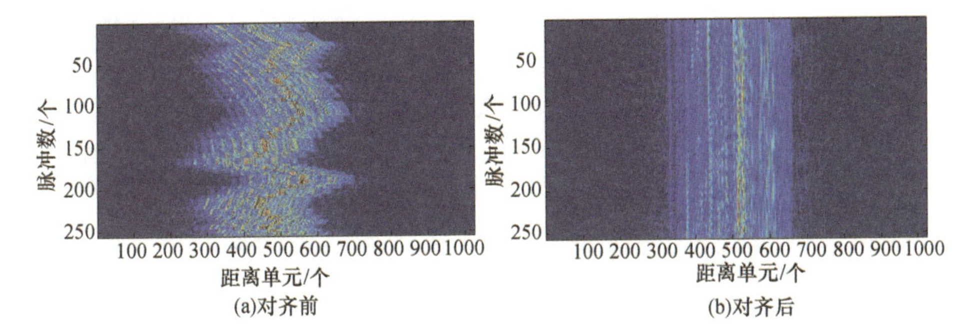

图 8.16　某目标的一维像序列

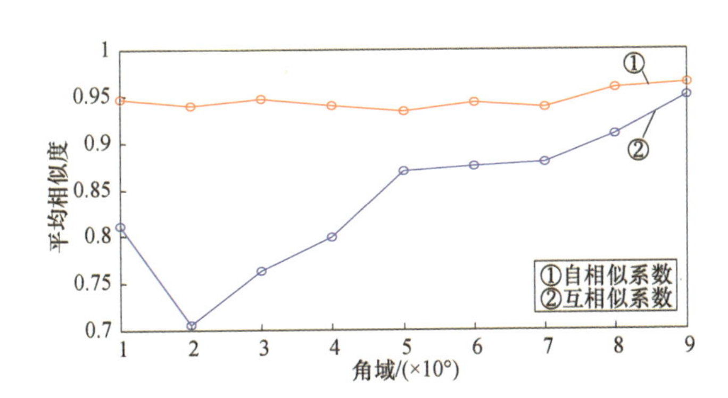

图 8.20　不同角域两目标的自相关与互相关系数

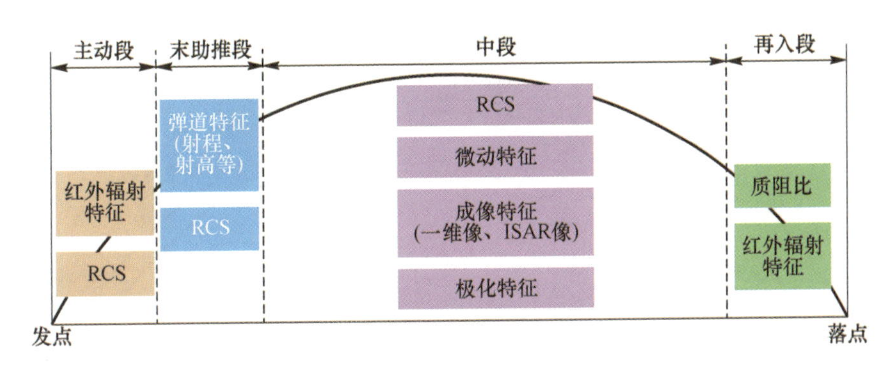

图 9.7　弹道导弹目标识别特征

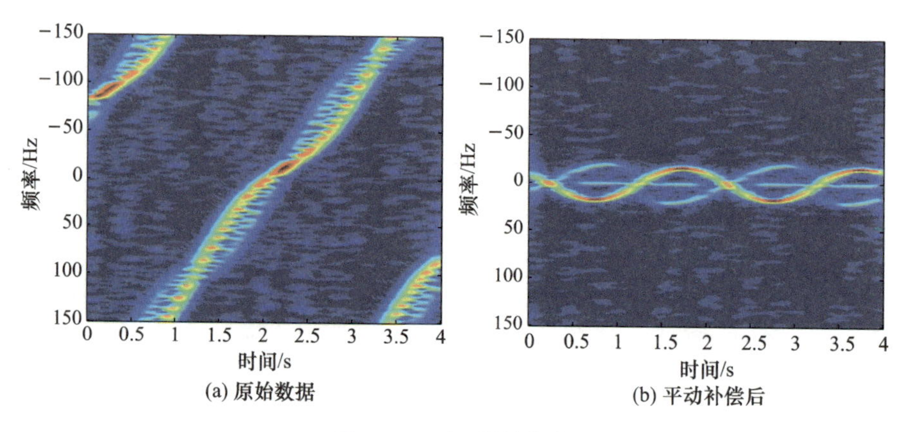

图 9. 14　平动补偿仿真

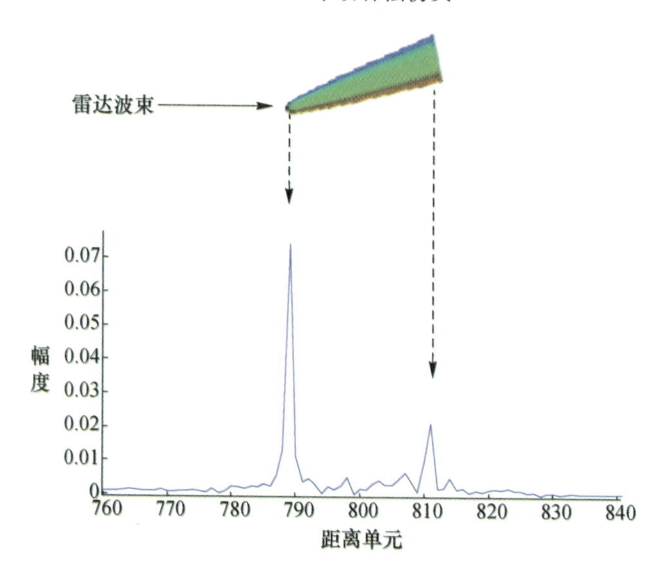

图 9. 23　导弹目标与一维距离像的对应示意图

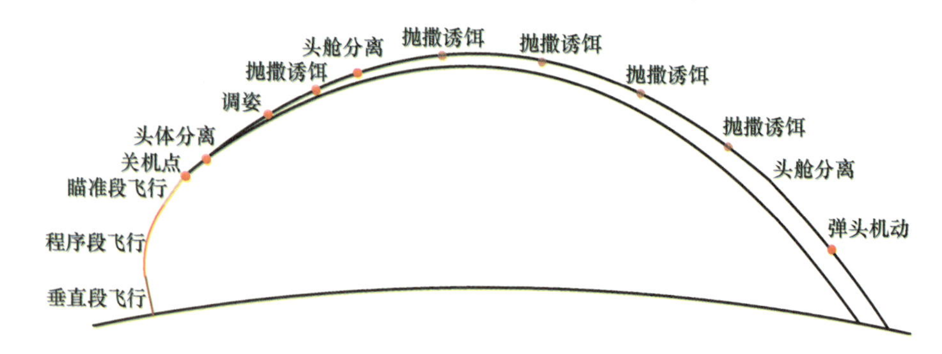

图 9. 31　导弹飞行过程中的关键事件

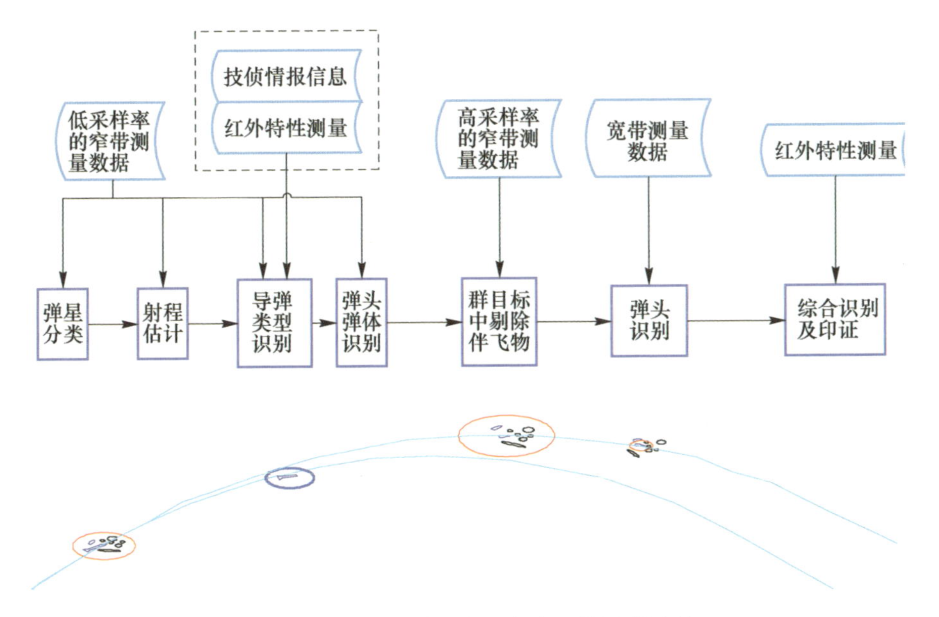

图 9.40 结合弹道导弹飞行全程的识别过程

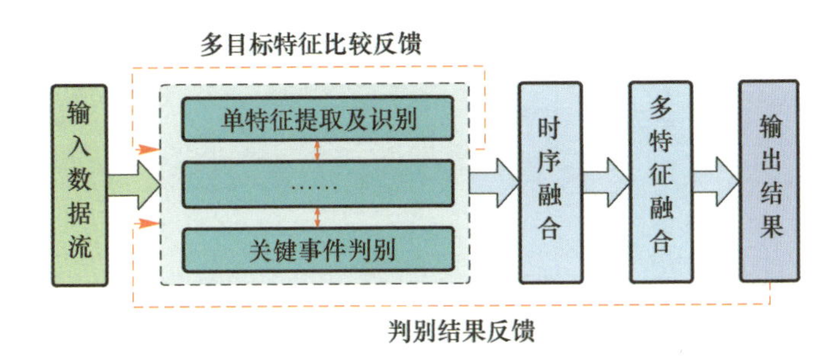

图 9.42 综合目标识别基本框架

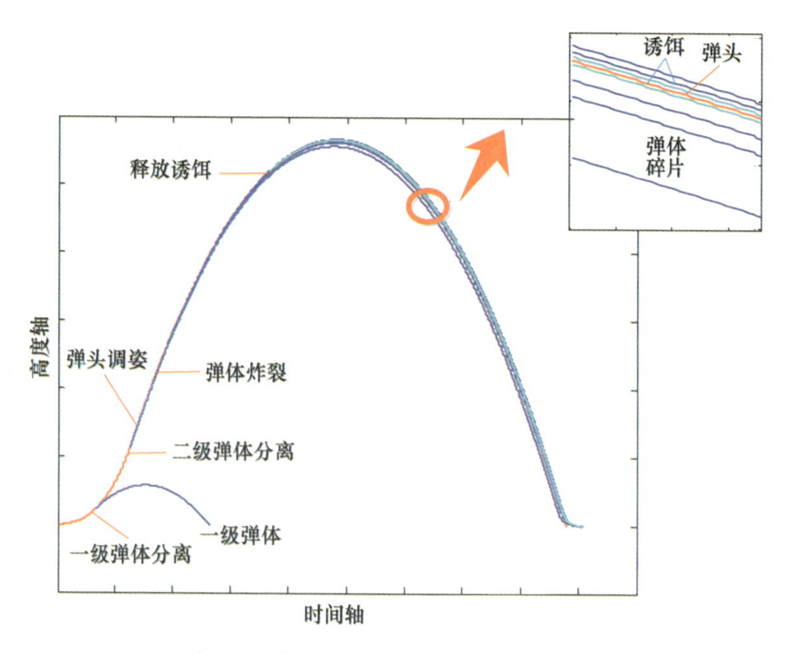

图 9.46　仿真导弹群目标高度随时间变化

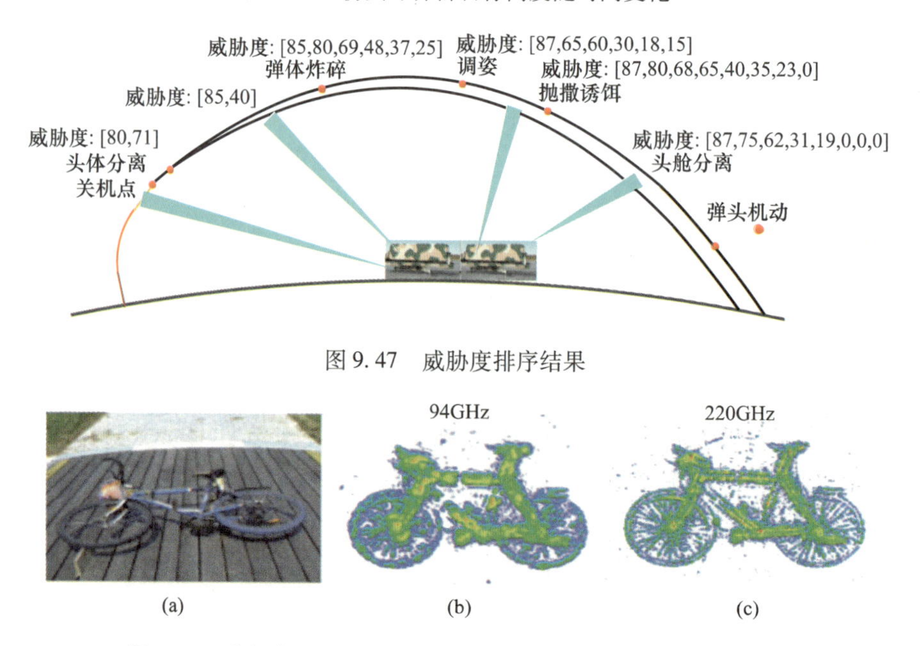

图 9.47　威胁度排序结果

图 10.2　自行车(a)和 94GHz(b)及 220GHz(c)的 ISAR 成像对比